面向新工科普通高等教育系列教材

计算机软件技术基础

第3版

李　平　王秀英　胡立栓　孙　雪　王育平　编著

机 械 工 业 出 版 社

本书是在全国教育科学“十一五”规划课题“应用型大学发展与学科专业建设研究”教学研究成果的基础上，基于北京市高等教育精品教材立项项目和校本科规划教材建设项目的建设成果，根据高等院校非计算机专业对计算机软件技术的知识要求，结合多年的教学和实践经验集体编写而成的。

全书共分10章，内容包括计算机软件技术基础概论、数据结构概述、线性结构、树、图、查找、内部排序、操作系统、软件工程和数据库技术的基础知识。附录中结合理论知识，给出了实用的实验案例，供读者参考。

本书讲解清晰，内容系统，实例丰富，既可作为高等院校本、专科计算机软件技术基础课程的教材，又可作为各类计算机应用人员或相关人员的技术参考书。

本书配有电子课件，需要的教师可登录 www.cmpedu.com 免费注册，审核通过后下载，或联系编辑索取（微信：13146070618，电话：010-88379739）。

图书在版编目（CIP）数据

计算机软件技术基础/李平等编著．—3版．—北京：机械工业出版社，2024.1（2025.1重印）
面向新工科普通高等教育系列教材
ISBN 978-7-111-74248-7

Ⅰ．①计…　Ⅱ．①李…　Ⅲ．①软件-高等学校-教材　Ⅳ．①TP31

中国国家版本馆CIP数据核字（2023）第220949号

机械工业出版社（北京市百万庄大街22号　邮政编码100037）
策划编辑：解　芳　　　　责任编辑：解　芳
责任校对：贾海霞　李　婷　　责任印制：单爱军

北京虎彩文化传播有限公司印刷

2025年1月第3版第2次印刷
184mm×260mm · 17.5印张 · 466千字
标准书号：ISBN 978-7-111-74248-7
定价：69.00元

电话服务
客服电话：010-88361066
010-88379833
010-68326294

网络服务
机　工　官　网：www.cmpbook.com
机　工　官　博：weibo.com/cmp1952
金　书　网：www.golden-book.com
机工教育服务网：www.cmpedu.com

前　言

随着计算机应用领域的扩大和深入，掌握必要的计算机软件技术基础知识成为工程技术人员提高计算机应用水平的重要途径之一。

本次修订根据高等院校非计算机专业对计算机软件技术的知识要求，在知识内容、逻辑体系的优化、知识关联度、实例程序的统一调试等方面做了进一步的完善。

全书共分 10 章，内容涉及与计算机软件有关的基础知识和一些常用的系统软件。第 1 章 计算机软件技术基础概论，主要介绍了计算机软件技术基础概论的相关知识；第 2 章 数据结构概述，主要介绍了数据结构的概念、数据的逻辑结构与存储结构、数据类型与抽象数据类型、算法的概念、时间复杂度和空间复杂度以及算法的描述方法；第 3 章 线性结构，主要介绍了线性表顺序存储及运算，线性链表基本概念和结构特征及其操作运算，栈、队列的基本概念和结构特征及其应用，其他线性结构的存储结构与应用实例；第 4 章 树和第 5 章 图，主要介绍了非线性数据结构树和图的基本知识与相关应用；第 6 章 查找，主要介绍了查找的一些基本方法；第 7 章 内部排序，主要介绍了排序的基本概念、内部排序的主要算法及时空效率分析，最后通过实例讲解了相关内容；第 8 章 操作系统，主要介绍了操作系统的工作原理；第 9 章 软件工程，主要介绍了软件工程的相关知识；第 10 章 数据库技术，主要介绍了数据库原理和应用；附录 软件技术基础实验，提供了课程实践的相关内容。

本书的主要特色如下。

1）注重基础知识的讲解，内容由浅入深，重点与难点突出，各部分既相互独立，又存在必要的联系。重点讲授软件基本原理、技术、方法和工具。

2）按照国家对应用型人才培养的要求，注重实践性和应用性，强调培养学生的实践应用能力。结合案例教学的特点将抽象理论具体化，加深学生对知识的理解。本书选用最常用的 C 语言，适合各类工程技术人员学习和实践。

3）满足学生深造的需求，本书在深入研究工学、管理学、理学、经济学等学科大类领域的计算机基础知识和计算机应用能力的需求基础上，突出重点和完善数据结构、数据库技术和软件工程应用等相关知识内容，为学生进一步深造打下良好的基础。

本书第 1~4 章、第 6~7 章由李平、胡立栓编写，第 5、10 章由王秀英编写，第 8 章由胡立栓、王育平编写，第 9 章由孙雪编写，附录由胡立栓编写。全书由李平、胡立栓统稿。

由于时间仓促，书中难免有疏漏之处，恳请各位读者批评指正。

编　者

目　录

前言
第1章　计算机软件技术基础概论 …… 1
1.1　计算机基础 …… 1
1.1.1　计算机的发展概况 …… 1
1.1.2　计算机的基本组成 …… 2
1.1.3　计算机的应用 …… 4
1.2　计算机软件基础 …… 5
1.2.1　计算机软件的基本概念 …… 5
1.2.2　计算机语言 …… 6
1.3　计算机软件技术的发展 …… 6
1.4　软件的设计方法 …… 7
1.5　程序设计的基本算法与应用 …… 8
1.5.1　迭代法与应用 …… 8
1.5.2　递推法与应用 …… 9
1.5.3　递归法与应用 …… 10
1.5.4　穷举法与应用 …… 11
1.5.5　回溯法与应用 …… 12
1.5.6　贪婪法与应用 …… 13
1.5.7　分治法与应用 …… 14
1.6　习题 …… 16
第2章　数据结构概述 …… 17
2.1　数据结构基本知识 …… 17
2.1.1　数据结构的概念 …… 17
2.1.2　数据的逻辑结构与存储结构 …… 19
2.1.3　数据类型与抽象数据类型 …… 20
2.2　算法分析 …… 21
2.2.1　算法的概念 …… 21
2.2.2　时间复杂度和空间复杂度的概念 …… 21
2.2.3　算法的描述 …… 23
2.3　习题 …… 25
第3章　线性结构 …… 27
3.1　线性表顺序存储及运算 …… 27
3.1.1　线性表的基本概念 …… 27
3.1.2　顺序表的基本概念和结构特征 …… 28
3.1.3　顺序表的算法 …… 29
3.1.4　顺序表算法编程实例 …… 31
3.2　栈及其应用 …… 33

3.2.1 栈的基本概念和结构特征 …… 33
3.2.2 栈的基本运算 …… 34
3.2.3 栈的应用 …… 36
3.3 队列及其应用 …… 40
3.3.1 队列的基本概念和结构特征 …… 40
3.3.2 队列的基本运算 …… 41
3.3.3 队列的应用 …… 42
3.4 线性链表及其运算 …… 45
3.4.1 链表的基本概念和结构特征 …… 45
3.4.2 单链表 …… 46
3.4.3 线性链表算法编程实例 …… 51
3.5 其他线性结构 …… 53
3.5.1 串的定义和串的存储方式 …… 53
3.5.2 定长顺序串运算 …… 55
3.5.3 二维数组的结构特点和存储方式 …… 58
3.5.4 矩阵和特殊矩阵元素的存储结构与应用实例 …… 64
3.5.5 稀疏矩阵的压缩存储方式和简单运算实例 …… 66
3.6 习题 …… 67
第4章 树 …… 71
4.1 树的概念 …… 71
4.1.1 树结构数据举例 …… 71
4.1.2 树的定义 …… 72
4.1.3 树的基本术语 …… 73
4.2 二叉树的基本概念和主要性质 …… 74
4.2.1 二叉树的基本概念 …… 74
4.2.2 二叉树的主要性质 …… 75
4.3 二叉树的存储 …… 75
4.3.1 顺序存储方式 …… 75
4.3.2 链式存储方式 …… 77
4.4 二叉树的遍历 …… 77
4.4.1 二叉树遍历的概念 …… 77
4.4.2 二叉树遍历的算法 …… 78
4.4.3 二叉树遍历算法应用举例 …… 79
4.5 二叉树的应用 …… 80
4.6 树与森林 …… 85
4.6.1 树的存储方法 …… 85
4.6.2 树和森林与二叉树的转换 …… 86
4.6.3 树与森林的遍历 …… 88
4.7 习题 …… 89
第5章 图 …… 91
5.1 图的基本概念 …… 91

5.2 图的存储结构 …… 93
5.2.1 邻接矩阵 …… 93
5.2.2 邻接表 …… 94
5.3 图的遍历 …… 95
5.3.1 深度优先搜索 …… 96
5.3.2 广度优先搜索 …… 97
5.4 图的应用 …… 98
5.4.1 生成树和最小生成树 …… 98
5.4.2 最短路径 …… 100
5.4.3 AOV 网与拓扑排序 …… 104
5.5 习题 …… 106
第6章 查找 …… 110
6.1 查找的基本概念 …… 110
6.1.1 查找的相关概念 …… 110
6.1.2 查找的基本思想 …… 111
6.2 查找方法和算法 …… 111
6.2.1 顺序查找 …… 111
6.2.2 有序表的二分查找 …… 112
6.2.3 分块查找 …… 114
6.3 二叉排序树的查找算法 …… 116
6.3.1 二叉排序树的基本概念 …… 116
6.3.2 二叉排序树的运算 …… 117
6.4 散列表查找 …… 122
6.4.1 散列表的基本概念 …… 122
6.4.2 常用的散列函数的构造方法 …… 123
6.4.3 处理冲突的方法 …… 124
6.5 习题 …… 127
第7章 内部排序 …… 132
7.1 排序的基本思想和基本概念 …… 132
7.2 内部排序的主要算法及时空效率分析 …… 133
7.2.1 直接插入排序 …… 134
7.2.2 希尔排序 …… 136
7.2.3 冒泡排序 …… 137
7.2.4 直接选择排序 …… 139
7.2.5 归并排序 …… 141
7.2.6 快速排序 …… 142
7.2.7 堆排序 …… 145
7.3 内部排序实例 …… 148
7.4 习题 …… 150
第8章 操作系统 …… 153
8.1 操作系统的形成与发展 …… 153

8.1.1 “手工操作”阶段 …… 153
8.1.2 联机批处理 …… 153
8.1.3 脱机批处理 …… 154
8.1.4 执行系统 …… 154
8.2 操作系统的定义、特征和功能 …… 154
8.2.1 操作系统的定义 …… 154
8.2.2 操作系统的特征 …… 155
8.2.3 操作系统的功能 …… 155
8.3 操作系统的分类 …… 156
8.3.1 批处理操作系统 …… 156
8.3.2 分时操作系统 …… 157
8.3.3 实时操作系统 …… 158
8.3.4 网络操作系统 …… 158
8.3.5 分布式操作系统 …… 158
8.4 处理机管理 …… 158
8.4.1 多道程序设计的概念 …… 159
8.4.2 进程的概念 …… 159
8.4.3 进程的并发控制 …… 162
8.4.4 进程通信 …… 164
8.4.5 死锁 …… 165
8.5 存储管理 …… 167
8.5.1 存储管理概述 …… 167
8.5.2 地址重定位 …… 168
8.5.3 实存储器管理技术 …… 169
8.5.4 虚拟存储管理技术 …… 171
8.6 文件管理 …… 174
8.6.1 文件系统概述 …… 174
8.6.2 文件的结构 …… 174
8.6.3 文件目录 …… 177
8.6.4 存储空间的分配 …… 178
8.7 习题 …… 181
第9章 软件工程 …… 182
9.1 软件工程概述 …… 182
9.1.1 软件工程的形成和发展 …… 182
9.1.2 软件工程的内容和目的 …… 183
9.1.3 软件生命周期 …… 184
9.1.4 软件过程模型 …… 185
9.2 软件的需求定义 …… 190
9.2.1 软件可行性研究 …… 190
9.2.2 软件需求分析定义概述 …… 191
9.2.3 结构化分析方法 …… 192

9.2.4 数据流图 …… 193
9.2.5 数据字典 …… 194
9.2.6 加工规格说明 …… 195
9.3 软件设计 …… 196
9.3.1 软件设计概述 …… 196
9.3.2 软件设计原则 …… 197
9.3.3 软件设计方法 …… 198
9.4 软件编程 …… 201
9.4.1 软件编程概述 …… 201
9.4.2 软件编程风格 …… 201
9.5 软件测试 …… 202
9.5.1 软件测试概述 …… 202
9.5.2 软件测试用例的设计 …… 203
9.5.3 软件测试步骤 …… 205
9.6 软件维护 …… 206
9.7 习题 …… 206
第10章 数据库技术 …… 207
10.1 数据库系统概述 …… 207
10.1.1 数据管理技术的产生和发展 …… 207
10.1.2 数据库系统基本术语 …… 209
10.1.3 数据模型 …… 209
10.2 关系数据库基本理论 …… 212
10.2.1 关系的定义 …… 213
10.2.2 关系模型的常用术语 …… 215
10.2.3 关系代数 …… 216
10.2.4 关系的完整性 …… 220
10.3 数据库系统结构 …… 221
10.3.1 数据库的三级模式 …… 221
10.3.2 数据库的两级映像 …… 222
10.4 数据库设计 …… 222
10.4.1 数据库设计过程 …… 223
10.4.2 需求分析 …… 223
10.4.3 概念结构设计 …… 224
10.4.4 逻辑结构设计 …… 226
10.4.5 物理结构设计 …… 229
10.4.6 数据库实施 …… 230
10.4.7 数据库运行与维护 …… 230
10.5 关系模式的规范化 …… 230
10.5.1 问题的提出 …… 230
10.5.2 函数依赖和键 …… 231
10.5.3 关系模式的范式与规范化 …… 232

10.6 SQL Server 使用初步 …… 234
10.6.1 SQL Server 的管理工具和使用方法 …… 234
10.6.2 数据库中主要对象 …… 237
10.6.3 SQL 初步 …… 238
10.7 习题 …… 245
附录 软件技术基础实验 …… 248
实验一 斐波那契数列的实现算法及分析 …… 248
实验二 顺序表的实现和应用 …… 249
实验三 链表的实现和应用 …… 251
实验四 栈的实现和应用 …… 253
实验五 二叉树的创建和遍历 …… 254
实验六 哈夫曼树及哈夫曼编码 …… 257
实验七 查找算法的实现 …… 259
实验八 内部排序算法的实现 …… 267
实验九 数据库应用 …… 269
参考文献 …… 270

第1章　计算机软件技术基础概论

本章介绍计算机软件技术基础概论的相关知识，包括计算机基础、计算机软件基础、计算机软件技术的发展、软件的设计方法以及程序设计的基本算法与应用。这些都是学习本书后续内容的必要准备。

1.1　计算机基础

计算机自20世纪40年代诞生以来，经过几十年的发展，其应用已经遍及世界各地，深入到人类活动的各个领域，意义巨大。面对这一伟大发明，人们迫切需要了解其发展历史、工作原理和应用现状等知识。本节深入浅出地介绍了计算机的发展历程、计算机的基本组成以及计算机应用方面的基础知识，为读者了解计算机基础提供了便捷途径。

1.1.1　计算机的发展概况

1946年，世界上第一台计算机ENIAC诞生于美国宾夕法尼亚大学实验室。ENIAC是Electronic Numerical Integrator And Calculator的缩写，中文为"电子数字积分器和计算器"。ENIAC用了18000个电子管、70000个电阻、10000个电容和6000个开关，整个机器长39 m、高3 m、宽1 m、重30 t，运行时耗电140 kW，运算速度达5000次/s，其用途是计算炮弹、导弹等武器的弹道轨迹。第一台计算机的计算速度在当时比人工计算速度快20万倍，比手摇计算机的计算速度快1000倍。

从ENIAC的诞生到现在的几十年时间里，计算机科学技术发展迅速，已经成为迄今为止发展最快、应用最广泛的一门学科。计算机的发展经历了4个阶段。

第一个阶段是1946—1957年的电子管计算机阶段。在这个阶段，计算机的主要元器件是电子管，使用磁带作为外存储器，用机器语言和汇编语言来编写程序，具有体积大、能耗高、价格昂贵、可靠性差、容易出故障的缺点。主要应用于科学计算、军事和科研等方面的工作。主要代表机型是IBM701。

第二个阶段是1958—1964年的晶体管时代。在这个阶段，计算机的主要逻辑单元更新为晶体管，主存储器采用磁芯，外存储器采用磁带和磁盘。开始使用管理程序，并出现了操作系统，出现了FORTRAN、COBOL等高级语言。这时的计算机除了进行数值计算外，还扩展到了数据、事务处理等方面，计算机的体积是第一代体积的1/1000，而寿命和速度提高了100倍。主要代表机型有IBM7090等。

第三个阶段是1965—1971年的集成电路时代。在这个阶段，计算机主要使用了中小规模集成电路取代了原来的分立元器件，采用了半导体存储器，使用磁盘作为外存储器。这个阶段计算机的操作系统日益完善、高级程序设计语言进一步完善和发展，出现了结构化和模块化的程序设计方法。计算机的体积比第二代体积又缩小了许多，其速度、操作系统的精确度、容量和可靠性大大提高。第三代计算机广泛地应用于科学计算、数据处理、事务管理、工业控制等领域。主要代表机型有IBM360、IBM370等。

第四个阶段是从 1972 年到现在的大规模和超大规模集成电路时代。在这个阶段，计算机的主要逻辑元器件是大规模和超大规模集成电路，主存储器采用了半导体存储器，外存储器主要采用大容量的软、硬磁盘。操作系统不断完善和发展，同时数据库技术、通信软件也得到了广泛的应用和发展。计算机的运行速度每秒可达上千万次到万亿次，计算机的存储容量和可靠性大大提高，功能也愈加完善。这时计算机应用于社会各个领域，其特点是体积更小、集成度更高的微型化、并行化、网络化、智能化，具有高扩展性和海量存储功能。主要代表机型有 IBM-PC、曙光 6000 等。

计算机作为一种通用的数据处理工具，具有运算速度快、计算精度高等特点，具有记忆力和自动操作功能。其应用于社会的各个领域，包括科学与研究计算、数据处理、生产过程控制、计算机辅助功能、人工智能、多媒体技术、计算机网络的应用等领域，改变了人们工作、学习和生活的方式，推动了人类的发展。

1.1.2 计算机的基本组成

从 1946 年第一台以电子管为基本元器件的计算机的诞生到今天超大规模集成电路的广泛应用，计算机已经经过了几代的更新换代，形成了一个庞大的计算机家族。尽管计算机在应用领域、硬件配置和工作速度上有着很大的差别，然而从组成结构上来看，计算机系统是由硬件和软件两部分组成的。

所谓硬件(Hardware)是指计算机的物理存在，包括计算机的物理设备和外围设备。所谓软件(Software)是指计算机程序、方法、文档和数据的集合。虽然计算机经历了几代的发展，但各种计算机的硬件结构基本上是相同的，这就是由美籍匈牙利数学家冯·诺依曼提出的“冯·诺依曼”体系结构，这个结构沿用至今。冯·诺依曼认为计算机是由运算器、控制器、存储器、输入设备和输出设备 5 个基本部分组成，这 5 个部分也称为计算机的 5 大部件。它们的结构和功能如图 1-1 所示。

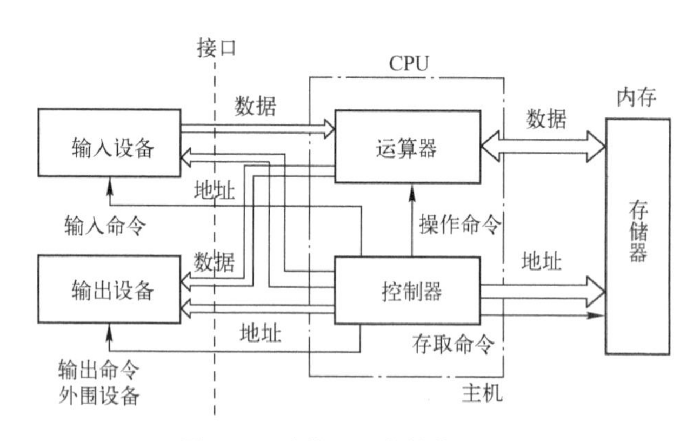

图 1-1　计算机硬件结构和功能

冯·诺依曼体系结构计算机的基本设计思想是存储程序和程序控制，它具有以下特点。

(1) 采用二进制形式表示数据和指令

在存储程序的计算机中，数据和指令都是以二进制形式，即由 0 和 1 组成的代码序列存储在存储器中的。计算机在读取指令时，把从计算机读到的信息看作是指令；而在读取数据时，把从计算机读到的信息看作是操作数。把存储在存储器中的数据和指令统称为数据，因为程序信息本身也可以作为被处理的对象进行加工处理，如对程序进行编译，就是将源程序当作被加工处理的对象。

(2) 采用存储程序方式

冯·诺依曼思想的核心是先编制程序，然后将程序(包含指令和数据)存入主存储器中，计算机在运行程序时就能自动地、连续地从存储器中依次取出指令并执行。这是计算机能高速自动运行的基础，许多具体工作方式也是由此派生的。

(3) 计算机系统5大部件

由运算器、控制器、存储器、输入设备和输出设备5大部件组成计算机系统，并规定了这5部分的基本功能。下面具体介绍这5大部件的功能。

1) 运算器。运算器主要由算术逻辑单元(Arithmetic Logic Unit，ALU)、寄存器(包括通用寄存器、暂存寄存器、标志寄存器等)以及一些控制数据传送的电路组成。运算器是对数据进行运算的部件，它能够快速地对数据进行加、减、乘、除等基本算术运算以及与、或、非等逻辑运算。在运算过程中，运算器不断得到由存储器提供的数据，运算后把结果(包括中间结果)送回存储器保存起来。整个运算过程在控制器统一指挥下，按程序中编排的操作次序进行。

2) 控制器。控制器是计算机的控制中心，主要由程序计数器(Program Counter，PC)、指令寄存器(Instruction Register，IR)、指令译码器(Instruction Decoder，ID)、时序电路及操作控制器等电路组成。控制器通过地址访问内存储器，逐条取出选中单元的指令，然后分析指令，并根据指令产生相应的控制信号作用于其他部件，控制这些部件完成指令所要求的操作，保证了计算机能自动、连续地工作。计算机就是在控制器的控制下有条不紊地协调进行工作。

3) 存储器。存储器具有记忆功能，用来保存数据、指令和运算结果等。存储器分为内存储器(也称主存储器，简称内存)和外存储器(也称辅助存储器，简称外存)两种。

内存储器直接与中央处理器(CPU)相连，可由CPU直接读写信息，是CPU能根据地址线直接寻址的存储空间。它一般用来存放正在执行的程序或正在处理的数据。由于内存的数据交换非常频繁，因此内存的速度会直接影响整机的性能。目前的内存大多由半导体存储器芯片组成，其特点是耗电低、体积小、可靠性好、存取速度快、集成度高，但成本越来越低。因此，即使是个人计算机也可配置较大的内存(如4 GB或8 GB)。按读写功能来划分，半导体存储器可分为只读存储器(Read Only Memory，ROM)和随机存储器(Random Access Memory，RAM)。ROM需要预先写入程序或数据，写入的程序称为固化程序，具有很高的可靠性，在计算机正常工作时，其内容可以反复被读出，但不能改写，断电后片内信息不会丢失。ROM适用于数据写入后不变或极少需要改变的应用场合，如固定的数据和程序、存放字库等。ROM又分为掩模型、可编程型、可擦写可编程型等多种类型。RAM的特点是在计算机正常工作时，可随时对存储器写入或读出信息，读写信息的时间和地址都是任意、无关的，但RAM存储的信息在断电后会丢失。RAM常用于存放频繁访问或频繁更新的程序或数据。计算机的内存就是由随机存储器构成的。

外存储器不能与CPU直接交换信息，这部分存储空间需要CPU按输入输出方式访问。存放在外存的程序必须调入内存后才能运行。外存一般用来存放暂时不用但又需长期保留的程序或数据，一般是由磁性介质材料(如磁盘、磁带)或光盘制成的，其存放的信息不会因断电而丢失。与内存相比，外存的存储容量较大，价格也相对便宜，但存取速度较慢。常用的外存有软盘、硬盘、磁带及光盘等。

存储器所能存取的二进制信息的位数叫作存储容量，一般以字节为单位。一个字节(Byte，B)可以存放8位(bit，b)二进制数。在此基础上，有下面的换算关系：

$$1\ \text{KB}=2^{10}\ \text{B}=1024\ \text{B},\ 1\ \text{MB}=2^{10}\ \text{KB}=1024\ \text{KB},\ 1\ \text{GB}=2^{10}\text{MB}=1024\ \text{MB}$$

4）输入/输出设备。输入/输出设备简称为I/O(Input/Output)设备。I/O设备是用来输入/输出程序和数据的部件，微型计算机是通过I/O接口电路与I/O设备相连接的。不同的I/O设备，物理性能相差极大，它们有各自的工作特点，因此这些实际的I/O设备不能直接与主机交换信息，而必须在主机与I/O设备之间插入一块称为“接口电路”的硬件电路，通过它实现主机与I/O设备之间的信息交换。常用的输入设备有键盘、鼠标、扫描仪、数字化仪等，常用的输出设备有显示器、打印机、绘图仪等。

1.1.3 计算机的应用

计算机的应用已经深入到科学、技术、社会的各个领域，按照计算机应用问题处理的状态，可将计算机的应用分为以下几部分。

(1) 科学计算(Scientific Computing)

计算机最初发明主要用于科学计算，直到今天，科学计算仍然是它的一个重要的应用领域。自从有了计算机，许多用手工难以完成的计算就变得非常容易，利用计算机来计算，可以节省大量的时间、人力和物力。例如，计算机应用在地质勘测时对大量地质资料进行计算、地震预测中对大量数据的计算、气象预报对大量云图等气象信息的计算等，这些必须由计算机来实现。因此，计算机是现代科学发展必不可少的工具，科学技术的不断发展，也促进了计算机的发展。

(2) 数据处理(Data Processing)

从20世纪60年代以来，人们发现应用计算机不仅能进行科学计算，还可以进行数据处理，由此，数据处理技术逐渐发展成计算机应用领域中占比最大的领域。数据处理即用计算机收集、记录数据，经处理产生新的信息形式，主要包括数据的采集、转换、分组、组织、计算、排序、存储、检索等。例如，对企业信息的管理，对会计、统计、仓库、档案等资料的整理等，它的特点是计算方法比较简单，但处理的数据量大、输入/输出操作频繁。

(3) 过程控制(Process Control)

计算机可以对连续的工业生产的过程进行自动化控制。例如，在汽车制造业中使用计算机控制整个装配流水线，在钢铁、化工等生产中控制生产流程，利用计算机控制机器人可以代替人们进行危险作业等，这些可以大大提高生产自动化水平，减轻人们的劳动强度，还可以提高控制的准确性、产品质量及成品的合格率。

(4) 计算机辅助系统(Computer Aided System)

计算机还可以辅助人们进行设计，包括先进的制造技术(Advanced Manufacturing Technology，AMT)和计算机辅助教学(Computer Assisted Instruction，CAI)。AMT包括计算机辅助设计(Computer Aided Design，CAD)、计算机辅助制造(Computer Aided Manufacture，CAM)、计算机辅助工艺设计(Computer Aided Process Planning，CAPP)和现代集成制造系统(Contemporary Integrated Manufacturing System，CIMS)。

(5) 人工智能(Artificial Intelligence，AI)

人工智能是一门新兴的研究、开发用于模拟、延伸和扩展人类智能的理论、方法、技术及应用系统的科学技术，主要任务是建立智能信息处理理论，设计可展现人类智能行为的计算机系统，是计算机技术的前沿科技领域。人工智能包括知识表示、知识发现、信息获取及处理、机器学习、自然语言理解、计算机视觉、智能机器人、人工神经网络等，人工智能具有广泛的用途。

(6) 办公自动化(Office Automation, OA)

办公自动化(OA)是办公信息处理的自动化。它利用先进的技术，使人们的办公业务活动逐步由各种设备、各种人机信息系统来协助完成，充分达到信息的合理应用，提高工作效率和工作质量。办公自动化不仅包括利用计算机进行文本的书写、排版和输出，还包括人与人、部门与部门、人与部门之间利用计算机实现信息的共享、交换、组织、分类、传递和处理等活动。例如，电子邮件系统为办公自动化提供了良好的支持。人们可以根据不同的情况、不同的工作状态采取相应的措施，更好地处理事务。

此外，计算机还应用到文化娱乐、家用电器、数字图书馆、远程医疗诊断、金融保险、交通运输等社会生活的方方面面。

1.2 计算机软件基础

硬件和软件是一个完整的计算机系统互相依存的两大部分，硬件是软件赖以工作的物质基础，软件的正常工作是硬件发挥作用的唯一途径。硬件是计算机的“躯体”，软件是计算机的“灵魂”，没有配备软件的计算机称为“裸机”，是没有多少实用价值的。计算机系统必须要配备完善的软件系统才能正常工作，且充分发挥其硬件的各种功能。

1.2.1 计算机软件的基本概念

计算机软件是计算机程序、程序所使用的数据以及有关的文档资料的集合，即软件=程序+数据+文档。计算机软件的作用是确定计算机做什么以及如何做，软件是用户与硬件之间的界面，它控制着硬件该做什么并如何去做。人们通常把未安装任何程序的计算机称为“裸机”，硬件好像人的躯体，而软件就是灵魂，没有软件计算机就没有办法工作。软件按照功能一般分为系统软件和应用软件两类。

系统软件是直接控制和协调计算机、通信设备及其他外部设备的软件。这类软件一般紧靠硬件，是用户与计算机之间的第一层界面，它们与具体的应用无关，只在系统一级提供服务，它使用户可以高效率地使用和管理计算机。它是为用户提供友好界面、帮助用户编写和调试应用程序的通用程序集合。最典型的系统软件是操作系统，另外还有语言处理程序、服务性程序和数据库管理系统等。操作系统(Operating System, OS)是用于控制和管理计算机硬件系统和软件资源、方便用户使用、由一系列程序组成的系统软件。操作系统主要有进程和处理机调度、作业管理、存储管理、文件管理、设备管理5大管理系统。其目的有两个：一是尽可能地使计算机系统中的各种资源得到充分而合理的利用；二是可以方便用户使用计算机，为用户提供一个清晰、简洁、易于操作的界面。

应用软件是指用户借助系统软件而开发编制的用来解决各种实际问题的软件。应用软件处于计算机软件层的最外层，计算机系统中是否配置高质量、丰富的应用软件，将直接影响到计算机的应用范围和实际效益。常用的应用软件有工程计算软件，如天气预报的预报系统；文字处理软件，如Word文字处理软件；数据处理软件，如各种图形数据处理软件；实时过程控制软件，如监测控制和数据采集系统；辅助设计软件，如计算机绘图软件AutoCAD；智能处理软件，如医疗辅助诊断专家系统软件；信息处理软件，如高效的管理信息系统等。支持应用软件运行的系统软件称为应用软件环境，在不同的系统软件下开发的应用程序要在不同的系统软件下运行。

1.2.2 计算机语言

计算机作为一种运算工具，需要人们按照一定的运算步骤，一步步地操作，来完成某个问题的求解过程。而计算机是不可能直接理解人类所使用的自然语言的，计算机能接受的信息只能是“0”和“1”两种符号。因此，人类必须使用计算机所能接受的语言来告诉计算机完成什么操作，这就是计算机语言。

计算机语言用来书写计算机可以执行的程序。计算机只能够接受和处理二进制代码所表示的数据，所以为了实现对计算机的有效控制，人类发明了各种计算机程序设计语言来编制程序。常用的计算机程序设计语言有机器语言、汇编语言、高级语言和面向对象的语言等。

1）机器语言（Machine Language）。机器语言是一种用二进制代码“0”和“1”的形式表示的、能被计算机直接识别和执行的语言。用机器语言编写的程序称为计算机机器语言程序。机器语言是一种低级语言，用低级语言书写的程序不便于记忆、阅读和书写，所以一般不直接用机器语言来编写程序。

2）汇编语言（Assemble Language）。汇编语言是一种用助记符表示的面向机器的程序设计语言。不同类型的计算机系统一般有不同的汇编语言，汇编语言的每条指令对应一条机器语言代码。汇编语言适用于编写直接控制机器操作的低层程序，它与机器密切相关，不容易使用。汇编语言同样十分依赖于机器硬件，移植性不好，但效率仍十分高，针对计算机特定硬件而编制的汇编语言程序，能准确发挥计算机硬件的功能和特点，程序精炼而质量高，所以至今仍是一种常用而强有力的软件开发工具。

3）高级语言（High Level Language）。人们从最初与计算机交流的经历中就意识到，应该设计一种接近于数学语言或人的自然语言，同时又不依赖于计算机硬件，编出的程序能在所有机器上通用。1954 年，第一个完全脱离机器硬件的高级语言——FORTRAN 问世了，至今共有几百种高级语言出现，具有重要意义的有几十种。影响较大、使用较普遍的有 FORTRAN、ALGOL、COBOL、BASIC、LISP、SNOBOL、PL/1、Pascal、C、PROLOG、Ada、C++、Visual C++、Visual Basic、Delphi、Java、Python 等。一般用高级语言编写的程序称为“源程序”，计算机是不能识别和执行的，计算机要把高级语言编写的源程序翻译成机器指令，通常有编译和解释两种方式。编译就是将整个源程序编译成目标程序，然后通过链接程序将目标程序链接成可执行程序；解释方式就是将源程序逐句翻译，翻译一句执行一句，一边翻译一边执行，不产生目标程序。

1.3 计算机软件技术的发展

计算机软件作为一门学科，从其诞生到现在不过 70 余年，但已取得了令人瞩目的发展，同时也随着技术的进步而在不断创新。目前，世界各国都把计算机软件技术列为国家发展的关键技术。

计算机软件的发展经历了程序设计、软件和软件工程 3 个时代。

（1）程序设计时代（1946—1955 年）

这个时代计算机硬件的特点：逻辑电路是由电子管组成的，计算机内存容量比较小，运行速度慢，外部设备少，系统稳定性差。系统设计与实现是以硬件为中心，而不是程序设计，编程只是处于从属地位，程序设计的工具是机器语言、汇编语言及服务性程序。

（2）软件时代（1955—1970 年）

这个时代硬件已经广泛采用了晶体管和小规模的集成电路，计算机容量增大，运算速度加快，外部设备也比较齐全，运行稳定性高。同时，计算机产量也大幅度上升，程序员需求量猛增，软件人员极缺。这时已经提出了软件的概念，软件工具已经使用了第二代语言，如 FORTRAN、COBOL 等编译系统。

（3）软件工程时代(1970 年至今)

在 20 世纪 60 年代中后期，计算机硬件迅速发展，而传统的软件开发方法不能适应大型软件的生产，导致软件危机。于是人们想到了用工程化的思想来开发软件，主要是研究软件开发的方法、技术和原理，由此软件生产开始进入了软件工程时代。人们开始重点关注软件的设计方法，提出了诸如自顶向下、逐步求精的结构程序设计方法，面向对象的方法等新的程序设计方法。软件工程是从管理和技术两方面来研究和解决如何更好地开发和维护计算机软件的一门新兴的工程学科。

1.4 软件的设计方法

软件设计的主要方法有面向数据流的软件设计方法、面向数据结构的软件设计方法和面向对象的软件设计方法 3 种。

1）面向数据流的软件设计是以需求分析阶段产生的数据流图为基础，按一定的步骤映射成的软件结构，因此又称结构化设计(Structured Design，SD)。这个方法与结构化分析(SA)衔接，构成了完整的结构化分析与设计技术，是目前使用最广泛的软件设计方法之一。将需求分析中得到的数据流程图(Data Flow Diagram，DFD)转化为软件结构，必须要了解 DFD 的类型和结构，DFD 一般可以分为变换型和事务型。变换型 DFD 由输入、变换和输出 3 部分组成，变换型数据处理的工作过程一般分为 3 步：取得数据、变换数据和给出数据，这 3 步体现了变换型 DFD 的基本思想。变换是系统的主加工，变换输入端的数据流为系统的逻辑输入，输出端为逻辑输出。变换型 DFD 如图 1-2 所示。

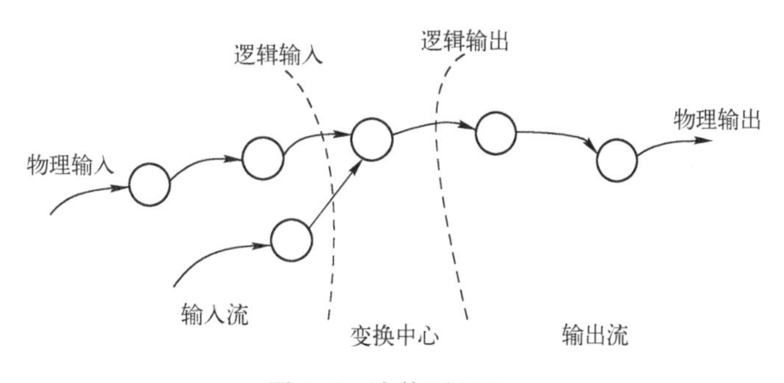

图 1-2　变换型 DFD

若某个加工处理将它的输入流分离成许多发散的数据流，形成许多加工路径，并根据输入的值选择其中一条路径来执行，这种特征的 DFD 称为事务型 DFD，这个加工节点称为事务处理中心。事务型 DFD 如图 1-3 所示。

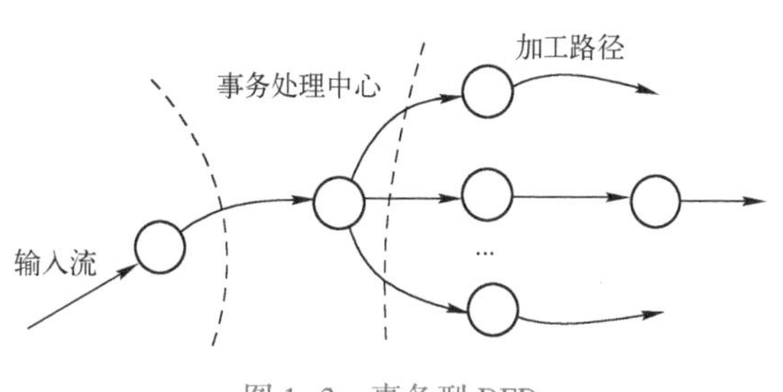

图 1-3　事务型 DFD

2）面向数据结构的软件设计方法是用数据结构作为程序设计的基础。这种方法的最终目的是得出对程序处理过程的描述，最适合在详细设计阶段使用。也就是说，在完成了软件结构设计之后，可以使用面向数据结构的方法来设计每个模块的处理过程。使用面向数据结构的设计方法，当然首先需要分析确定数据结构，并且用适当的工具清晰地描述数据结构。比较有代表性的是 Jackson 程序设计方法。

3）面向对象的软件设计方法就是把面向对象的思想应用到软件工程中，并指导开发维护软件。它是一种支持模块化设计和软件重用的编程方法，把程序设计的主要活动集中在建立对象和对象之间的联系上，所以一个面向对象的程序就是相互关联的对象的集合。面向对象程序设计的主要特点是抽象、封装、继承和多态。

1.5 程序设计的基本算法与应用

算法是解决问题方法的精确描述，程序=数据结构+算法。在解决数学和工程问题时，形成了很多经典的算法，这些算法能为特定类型的问题提供快速解决方案。对这些算法的了解有助于人们提升兴趣、开阔视野，同时对计算机解决实际问题的能力形成较直观的概念。

1.5.1 迭代法与应用

迭代法是一种不断用变量的旧值递推新值的过程，跟迭代法相对应的是直接法(或称为一次解法)，即一次性解决问题。迭代算法是用计算机解决问题的一种基本方法，它利用计算机运算速度快、适合做重复性操作的特点，让计算机对一组指令(或一定步骤)进行重复执行，在每次执行这组指令(或这些步骤)时，都从变量的原值推出它的一个新值。迭代法又分为精确迭代和近似迭代。比较典型的迭代法如“二分法”和“牛顿迭代法”属于近似迭代法。

(1) 运用迭代法的基本步骤

1）确定迭代变量。在可以用迭代算法解决的问题中，至少存在一个直接或间接的不断由旧值递推出新值的变量，这个变量就是迭代变量。

2）建立迭代关系式。迭代关系式是指如何从变量的前一个值推出其下一个值的公式(或关系)。迭代关系式的建立是解决迭代问题的关键，通常可以使用递推或倒推的方法来完成。

3）对迭代过程进行控制。不能让迭代过程无休止地重复执行下去，结束迭代过程的时间是编写迭代程序必须考虑的问题。迭代过程的控制通常可分为两种情况：一种是所需的迭代次数是个确定的值，可以计算出来；另一种是所需的迭代次数无法确定。对于前一种情况，可以构建一个固定次数的循环来实现对迭代过程的控制；对于后一种情况，需要进一步分析出用来结束迭代过程的条件。

(2) 利用迭代法来求方程的根

例如，设方程为$f(x)=0$，用某种数学方法导出等价的形式 $x=g(x)$，然后按以下步骤执行：

1）选方程的一个近似根，赋给变量 x_0。

2）将 x_0 的值保存于变量 x_1，然后计算 $g(x_1)$，将结果存于变量 x_0。

3）当 x_0 与 x_1 的差的绝对值小于指定的精度要求时，重复步骤 2)的计算。

若方程有根并且用上述方法计算出来的近似根收敛，则按上述方法计算得到的 x_0 就是方程的根。

根据上面的叙述用 C 语言来表示求方程根的程序代码如下：

```
{x0=初始近似根;
 do {
 x1=x0;
 x0=g(x1);        /* 按特定的方程计算新的近似根 */
  } while( fabs(x0-x1)>Epsilon);
 printf("方程的近似根是%f\n", x0);
  }
```

在使用迭代法求方程的根时，应该注意下面两种可能发生的情况：

1）如果方程无解，算法求出的近似根序列就不会收敛，迭代过程会变成死循环，因此在使用迭代算法前应先考查方程是否有解，并在程序中对迭代的次数给予限制。

2）方程虽然有解，但若迭代公式选择不当，或迭代的初始近似根选择不合理，也会导致迭代失败。

【例1-1】 利用牛顿迭代法求方程的根。方程为 $ax^3+bx^2+cx+d=0$，系数 a、b、c、d 由主函数输入。求 x 在 1 附近的一个实根，求出的根由主函数输出。

分析：对于方程 $f(x)=ax^3+bx^2+cx+d=0$，通过牛顿迭代公式 $x_{k+1}=x_k-f(x_k)/f'(x_k)$，可以推出迭代公式为 $x=x-(ax^3+bx^2+cx+d)/(3ax^2+2bx+c)$，其中 $f'(x)=3ax^2+2bx+c$。根据上面的分析，利用 C 语言编写的程序代码如下：

```
#include "math.h"
#include <stdio.h>
float fun(float,float,float,float);
void main()
{
  float a,b,c,d;
  printf("a,b,c,d=");
  scanf("%f,%f,%f,%f ",&a,&b,&c,&d);
  printf("x=%10.7f\n",fun(a,b,c,d));
}
float fun(float a,float b,float c,float d)
{
  float x=1,y;
  do{
  y=x;
  x=x-(((a*x+b)*x+c)*x+d)/((3*a*x+2*b)*x+c);
  }while(fabs(x-y)>=0.0000001);
  return(x);
}
```

1.5.2 递推法与应用

递推法是利用问题本身所具有的递推关系求问题解的一种方法。设要求问题规模为 N 的解，当 N=1 时，解或为已知，或能非常方便地得到。能采用递推法构造算法的问题必须要有重要的递推性质，即当得到问题规模为 i-1 的解后，由问题的递推性质，能从已求得的规模为 1,2,…,i-1 的一系列解，构造出问题规模为 i 的解。这样，程序可从 i=0 或 i=1 出发，重复地，由已知 i-1 规模的解，通过递推获得规模为 i 的解，直至得到规模为 N 的解。

【例1-2】 使用递推法来输出斐波那契(Fibonacci)数列的前 20 项的值。Fibonacci 数列：

```
{0,1,1,2,3,5,8,13,21,34,55,…}
```

这个数列利用递推过程可以得到如下公式：f(0)=0；f(1)=1；f(n)=f(n-2)+f(n-1)(n>1)。

通过上面的分析，可以用C语言程序来输出Fibonacci数列(输出前20项)。

```
int f[20];
f[0]=0;
f[1]=1;
for(int i=0;i<20;i++)
{if(i>1)
   f[i]=f[i-2]+f[i-1]; /* 递推公式 */
   printf("Fibonacci[%d]=%d\n",i,f[i]);
}
```

1.5.3 递归法与应用

递归法是设计和描述算法的一种有力的工具，它在复杂算法的描述中被经常采用，能采用递归描述的算法通常有这样的特征：为求解规模为N的问题，设法将它分解成规模较小的问题，然后从这些小问题的解方便地构造出大问题的解，并且这些规模较小的问题也能采用同样的分解和综合方法，分解成规模更小的问题，并从这些更小问题的解构造出规模较大问题的解。特别地，当规模N=1时，能直接得到解。

【例1-3】 编写计算Fibonacci数列的第n项函数fib(n)。Fibonacci数列：0,1,1,2,3,…，即

```
fib(0)=0;
fib(1)=1;
fib(n)=fib(n-1)+fib(n-2)      (当n>1时)
```

写成递归函数如下：

```
int fib(int n)
{
     if(n==0)     return 0;
     if(n==1)     return 1;
     if(n>1)    return fib(n-1)+fib(n-2);
}
```

递归算法的执行过程分递推和回归两个阶段。在递推阶段，把较复杂问题(规模为n)的求解推到比原问题简单一些的问题(规模小于n)的求解。例如，在【例1-3】中求解fib(n)，把它推到求解fib(n-1)和fib(n-2)。也就是说，为计算fib(n)，必须先计算fib(n-1)和fib(n-2)，而计算fib(n-1)和fib(n-2)，又必须先计算fib(n-3)和fib(n-4)。依此类推，直至计算fib(1)和fib(0)，分别能得到结果1和0。在递推阶段，必须要有终止递归的情况。例如，在函数fib中，当n为1和0的情况。

在回归阶段，当获得最简单情况的解后，逐级返回，依次得到稍复杂问题的解。例如，得到fib(1)和fib(0)后，返回得到fib(2)的结果，…，在得到了fib(n-1)和fib(n-2)的结果后，返回得到fib(n)的结果。

在编写递归函数时要注意，函数中的局部变量和参数局限于当前调用层，当递推进入“简单问题”层时，原来层次上的参数和局部变量便被隐蔽起来。在一系列“简单问题”层，它们各

有自己的参数和局部变量。

由于递归会引起一系列的函数调用，并且可能会有一系列的重复计算，递归算法的执行效率相对较低。当某个递归算法能较方便地转换成递推算法时，通常按递推算法编写程序。例如，【例 1-3】计算 Fibonacci 数列的第 n 项的函数 fib(n)应采用递推算法，即从 Fibonacci 数列的前两项出发，逐次由前两项计算出下一项，直至计算出要求的第 n 项。

1.5.4 穷举法与应用

穷举搜索法对可能是解的众多候选解按某种顺序进行逐一枚举和检验，并从中找出那些符合要求的候选解作为问题的解。

【例 1-4】 百钱买百鸡问题。

问题描述：一百个铜钱买了一百只鸡，其中公鸡一只 5 钱、母鸡一只 3 钱，小鸡一钱 3 只，问一百只鸡中公鸡、母鸡、小鸡各多少只。

这是一个古典数学问题，设一百只鸡中公鸡、母鸡、小鸡分别为 x、y、z，问题化为三元一次方程组：

$$\begin{cases} 5x+3y+z/3=100(\text{钱}) \\ x+y+z=100(\text{只鸡}) \end{cases}$$

这里 x、y、z 为正整数，且 z 是 3 的倍数；由于鸡和钱的总数都是 100，可以确定 x、y、z 的取值范围：x 的取值范围为 1～20，y 的取值范围为 1～33，z 的取值范围为 3～99，步长为 3。

对于这个问题可以用穷举的方法，遍历 x、y、z 的所有可能组合，最后得到问题的解。

初始算法：

1）x、y 初始化为 1，z 初始化为 3。

2）计算 x 循环，找到公鸡的只数。

3）计算 y 循环，找到母鸡的只数。

4）计算 z 循环，找到小鸡的只数。

5）结束，程序输出结果后退出。

具体分析：

算法的步骤 1)实际上是分散在程序之中的，由于用的是 for 循环，初始条件放到了表达式之中。

步骤 2)和步骤 3)是按照步长 1 去寻找公鸡和母鸡的只数。

对于步骤 4)：

① z=3。

② 是否满足百钱买百鸡：

- 满足，输出最终百钱买到的百鸡的结果。
- 不满足，不做处理。

③ 变量增加，这里注意步长为 3。

算法流程如图 1-4 所示。

运行结果：

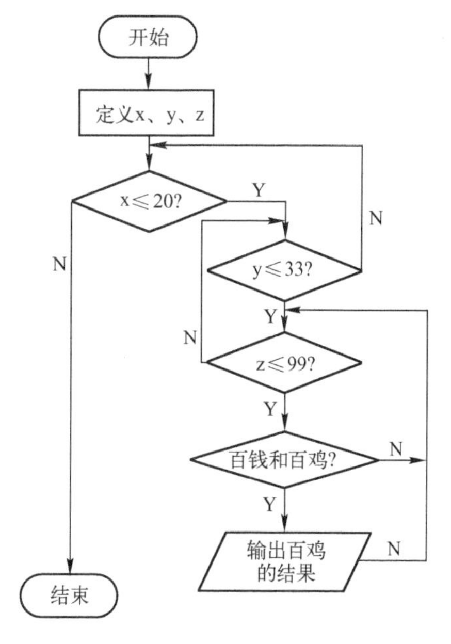

图 1-4 算法流程图

```
公鸡数: 4        母鸡数:18        小鸡数:78
公鸡数: 8        母鸡数:11        小鸡数:81
公鸡数: 12       母鸡数:4         小鸡数:84
```

1.5.5 回溯法与应用

回溯法也称为试探法，该方法首先暂时放弃关于问题规模大小的限制，并将问题的候选解按某种顺序逐一枚举和检验。发现当前候选解不可能是解时，就选择下一个候选解；若当前候选解除了还不满足问题规模要求外，满足所有其他要求时，继续扩大当前候选解的规模，并继续试探。如果当前候选解满足包括问题规模在内的所有要求，该候选解就是问题的一个解。在回溯法中，放弃当前候选解，寻找下一个候选解的过程称为回溯。扩大当前候选解的规模，以继续试探的过程称为向前试探。

【例 1-5】 填字游戏。

问题描述：在 3×3 的方阵中要填入数字 1～N(N≥10)内的某 9 个数字，每个方格填一个整数，所有相邻两个方格内的两个整数之和为质数。试求出所有满足这个要求的各种数字填法。

可用回溯法找到问题的解，即从第 1 个方格开始，为当前方格寻找一个合理的整数填入，并在当前位置正确填入后，为下一方格寻找可填入的合理整数。如不能为当前方格找到一个合理的可填入整数，就要回退到前一方格，调整前一方格的填入数。当第 9 个方格也填入合理的整数后，就找到了一个解，将该解输出，并调整第 9 个填入的整数，寻找下一个解。

为找到满足要求的 9 个数的填法，从还未填一个数开始，按某种顺序(如从小到大的顺序)每次在当前位置填入一个整数，然后检查当前填入的整数是否满足要求。在满足要求的情况下，继续用同样的方法为下一方格填入整数。如果最近填入的整数不能满足要求，就改变填入的整数。如果对当前方格试尽所有可能的整数都不能满足要求，就得回退到前一方格，并调整前一方格填入的整数。如此重复执行扩展、检查或调整、检查，直到找到一个满足问题要求的解，将解输出。

回溯法找一个解的算法：

```
{   int m=0,ok=1;
int n=8;
do{
    if(ok)   扩展;
    else     调整;
    ok=检查前 m 个整数填入的合理性;
}   while((!ok||m!=n)&&(m!=0))
if(m!=0)   输出解;
else       输出无解报告;
}
```

如果程序要找全部解，则在将找到的解输出后，继续调整最后位置上填入的整数，试图去找下一个解。

回溯法找全部解的算法：

```
{   int m=0,ok=1;
int n=8;
```

```
        do{
            if(ok)
            {
                if(m==n)
                {   输出解;
                    调整;
                }
                else 扩展;
            }
            else    调整;
            ok=检查前 m 个整数填入的合理性;
        }   while(m!=0);
    }
```

为了确保程序能够终止，调整时必须保证曾被放弃过的填数序列不会再次实验，即要求按某种有序模型生成填数序列。给解的候选者设定一个被检验的顺序，按这个顺序逐一形成候选者并检验。从小到大或从大到小，都是可以采用的方法。如扩展时，先在新位置填入整数 1，调整时，找当前候选解中下一个还未被使用过的整数。将上述扩展、调整、检验都编写成程序，细节见找全部解的算法程序。

1.5.6 贪婪法与应用

贪婪法是一种不追求最优解，只希望得到较为满意解的方法。贪婪法一般可以快速得到满意的解，因为它省去了为找最优解要穷尽所有可能而又必须耗费的大量时间。贪婪法常以当前情况为基础做最优选择，而不考虑各种可能的整体情况，所以贪婪法不考虑回溯。

例如，平时购物找钱时，为使找回零钱的硬币数最少，不考虑找零钱的所有方案，而是从最大面值的币种开始，按递减的顺序考虑各币种，先尽量用大面值的币种，当不足大面值币种的金额时才去考虑下一种较小面值的币种，这就是在使用贪婪法。这种方法在这里总是最优的，归功于银行对其发行的硬币种类和硬币面值的巧妙安排。如只有面值分别为 1、5 和 11 单位的硬币，而希望找回总额为 15 单位的硬币。按贪婪算法，应找 1 个 11 单位面值的硬币和 4 个 1 单位面值的硬币，共找回 5 个硬币。但最优的解应是 3 个 5 单位面值的硬币。

【例 1-6】 装箱问题。

问题描述：设有编号为 0,1,…,n-1 的 n 种物品，体积分别为 $v_0,v_1,\cdots,v_{n-1}$。将这 n 种物品装到容量都为 V 的若干箱子里。约定这 n 种物品的体积均不超过 V，即对于 $0\leqslant i<n$，有 $0<v_i\leqslant V$。不同的装箱方案所需要的箱子数目可能不同。装箱问题要求使装尽这 n 种物品的箱子数尽可能少。

若将 n 种物品的集合划分成 n 个或小于 n 个物品的所有子集，最优解就可以找到，但所有可能划分的总数太大。对适当大的 n，找出所有可能的划分要花费的时间是无法承受的。为此，对装箱问题采用非常简单的近似算法，即贪婪法。该算法依次将物品放到它第一个能放进去的箱子中，该算法虽不能保证找到最优解，但还是能找到非常好的解。不失一般性，设 n 件物品的体积是按从大到小排好序的，即有 $v_0\geqslant v_1\geqslant\cdots\geqslant v_{n-1}$。如果不满足上述要求，只要先对这 n 件物品按它们的体积从大到小排序，然后按排序结果对物品重新编号即可。

装箱算法简单描述如下：

```
{   输入箱子的容积;
    输入物品种数 n;
```

```
    按体积从大到小顺序，输入各物品的体积；
    预置已用箱子链表为空；
    预置已用箱子计数器 box_count 为 0；
    for(i=0;i<n;i++)
    {  从已用的第 1 只箱子开始顺序寻找能放入物品 i 的箱子 j；
       if(已用箱子都不能再放物品 i)
       {   另用一个箱子，并将物品 i 放入该箱子；
           box_count++;
       }
       else
           将物品 i 放入箱子 j；
    }
}
```

上述算法能求出需要的箱子数 box_count，并能求出各箱子所装物品。下面的例子说明该算法不一定能找到最优解，设有 6 种物品，它们的体积分别为：60、45、35、20、20 和 20 单位体积，箱子的容积为 100 个单位体积。按上述算法计算，需 3 只箱子，各箱子所装物品分别为：第 1 只箱子装物品 1、3；第 2 只箱子装物品 2、4、5；第 3 只箱子装物品 6。而最优解为两只箱子，分别装物品 1、4、5 和 2、3、6。

若每只箱子所装物品用链表来表示，链表首结点指针存于一个结构中，结构记录尚剩余的空间量和该箱子所装物品链表的首指针。另将全部箱子的信息也构成链表。

1.5.7 分治法与应用

1. 分治法的基本思想

任何一个可以用计算机求解的问题所需的计算时间都与其规模 N 有关。问题的规模越小，越容易直接求解，解题所需的计算时间也越少。例如，对于 n 个元素的排序问题，当 $n=1$ 时，不需要任何计算；当 $n=2$ 时，只要做一次比较即可排好序；当 $n=3$ 时只要做 2 次比较即可。而当 n 较大时，问题就不那么容易处理了。要想直接解决一个规模较大的问题，有时是相当困难的。

分治法的设计思想是，将一个难以直接解决的大问题，分割成一些规模较小的相同问题，以便各个击破，分而治之。

如果原问题可分割成 k 个子问题($1<k\leqslant n$)，且这些子问题都可解，并可利用这些子问题的解求出原问题的解，那么这种分治法就是可行的。由分治法产生的子问题往往是原问题的较小模式，这就为使用递归技术提供了方便。在这种情况下，反复应用分治手段可以使子问题与原问题的类型一致而其规模却不断缩小，最终使子问题缩小到很容易直接求出其解，这自然导致递归过程的产生。分治与递归像一对孪生兄弟，经常同时应用在算法设计之中，并由此产生许多高效算法。

2. 分治法的适用条件

分治法所能解决的问题一般具有以下几个特征：

1）该问题的规模缩小到一定的程度就很容易解决。

2）该问题可以分解为若干个规模较小的相同问题，即该问题具有最优子结构性质。

3）利用该问题分解出的子问题的解可以合并为该问题的解。

4）该问题所分解出的各个子问题是相互独立的，即子问题之间不包含公共的子问题。

上述的第 1)条特征是绝大多数问题都可以满足的，因为问题的计算复杂性一般随着问题规模的增加而增加；第 2)条特征是应用分治法的前提，它也是大多数问题可以满足的，此特征反映了递归思想的应用；第3)条特征是关键，能否利用分治法完全取决于问题是否具有第3)条特征，如果具备了第1)条和第2)条特征，而不具备第3)条特征，则可以考虑贪婪法或动态规划法；第4)条特征涉及分治法的效率，如果各子问题是不独立的，则分治法要做许多不必要的工作，重复地解公共的子问题，此时虽然可用分治法，但一般用动态规划法较好。

3. 分治法的基本步骤

分治法在每一层递归上都有以下3个步骤：

1）分解。将原问题分解为若干个规模较小、相互独立、与原问题形式相同的子问题。

2）解决。若子问题规模较小而容易被解决则直接解，否则递归地解各个子问题。

3）合并。将各个子问题的解合并为原问题的解。

4. 分治法的算法设计模式

它的一般算法设计模式如下：

```
Divide_and_Conquer(P)
    if |P|≤n0
        then return(ADHOC(P))
    /*将P分解为较小的子问题P1,P2,…,Pk*/
    for i←1 to k
        do
            yi← Divide-and-Conquer(Pi)                  /* 递归解决Pi*/
    T ← MERGE(y1,y2,…,yk)                                /* 合并子问题*/
Return(T)
```

其中，|P|表示问题P的规模；n_0为一阈值，表示当问题P的规模不超过n_0时，问题容易直接解出，不必再继续分解；ADHOC(P)是该分治法中的基本子算法，用于直接解小规模的问题P。因此，当P的规模不超过n_0时，直接用算法ADHOC(P)求解。

算法MERGE($y_1,y_2,\cdots,y_k$)是该分治法中的合并子算法，用于将P的子问题$P_1,P_2,\cdots,P_k$的相应解$y_1,y_2,\cdots,y_k$合并为P的解。

根据分治法的分割原则，原问题应该分为多少个子问题才较适宜？各个子问题的规模应该怎样才为适当？这些问题很难予以肯定的回答。但人们从大量实践中发现，在用分治法设计算法时，最好使子问题的规模大致相同。换句话说，将一个问题分成大小相等的k个子问题的处理方法是行之有效的。许多问题可以取k=2。这种使子问题规模大致相等的做法是出自一种平衡子问题的思想，它几乎总是比子问题规模不等的做法要好。

分治法的合并步骤是算法的关键所在。有些问题的合并方法比较明显，有些问题的合并方法比较复杂，或者是有多种合并方案，或者是合并方案不明显。究竟应该怎样合并，没有统一的模式，需要具体问题具体分析。

【例1-7】 循环赛日程表。

问题描述：设有$n=2^k$个运动员要进行网球循环赛。现要设计一个满足以下要求的比赛日程表：

1）每个选手必须与其他n-1个选手各赛一次。

2）每个选手一天只能参赛一次。

3）循环赛在n-1天内结束。

请按此要求将比赛日程表设计成有n行和n-1列的一个表。在表中的第i行、第j列处填入第i个选手在第j天所遇到的选手。其中，$1\leq i\leq n$，$1\leq j\leq n-1$。

分治法分析：

按分治策略，可以将所有的选手分为两队，则 n 个选手的比赛日程表可以通过 n/2 个选手的比赛日程表来决定。递归地用这种一分为二的策略对选手进行划分，直到只剩下两个选手时，比赛日程表的制定就变得很简单。这时只要让这两个选手进行比赛就可以了。

图 1-5c 所列出的正方形表是 8 个选手的比赛日程表。其中左上角与左下角的两小块分别为选手 1 至选手 4 和选手 5 至选手 8 前 3 天的比赛日程。据此，将左上角小块中的所有数字按其相对位置抄到右下角，又将左下角小块中的所有数字按其相对位置抄到右上角，这样就分别安排好了选手 1 至选手 4 和选手 5 至选手 8 在后 4 天的比赛日程。依此思想容易将这个比赛日程表推广到具有任意多个选手的情形。

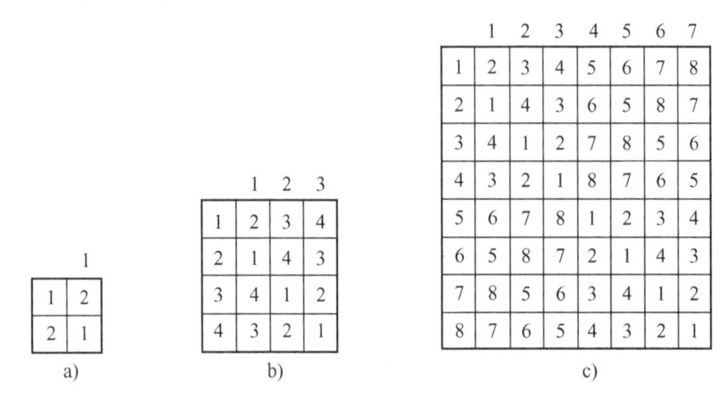

a)

	1
1	2
2	1

b)

	1	2	3
1	2	3	4
2	1	4	3
3	4	1	2
4	3	2	1

c)

	1	2	3	4	5	6	7
1	2	3	4	5	6	7	8
2	1	4	3	6	5	8	7
3	4	1	2	7	8	5	6
4	3	2	1	8	7	6	5
5	6	7	8	1	2	3	4
6	5	8	7	2	1	4	3
7	8	5	6	3	4	1	2
8	7	6	5	4	3	2	1

图 1-5　循环赛日程表

a) 2 个选手　b) 4 个选手　c) 8 个选手

1.6　习题

1. 简述计算机发展的几个阶段的特点。

2. 什么叫计算机软件？其有哪几个发展阶段？

3. 简述本章所述的基本算法。

4. 打印所有的“水仙花数”，并编写此问题的算法。所谓“水仙花数”是指一个 3 位数，其各位数字三次方和等于该数字本身。

5. 一个数如果恰好等于它的因子之和，这个数就称为“完数”。例如，6 的因子为 1、2、3，而 6=1+2+3，因此 6 是“完数”。编写程序找出 1000 以内的所有完数。

6. 分别用穷举法、回溯法和递归法找出 n 个自然数{1,2,…,n}中 r 个数的组合。例如，n=5，r=3 时，可能的组合有 543,532,452,…,共 60 种组合。

第2章　数据结构概述

本章主要介绍数据结构的基本概念，包括数据结构的基本知识和算法分析。数据结构的基本知识包括数据结构的概念、数据的逻辑结构与存储结构、数据类型与抽象数据类型；算法分析主要包括算法的概念、时间复杂度和空间复杂度以及算法的描述。

2.1　数据结构基本知识

计算机已被广泛用于数据处理。所谓数据处理，是指对数据集合中的各元素以各种方式进行运算和分析。在数据处理领域中，人们最感兴趣的是分析数据集合中各数据元素之间的关系，为了提高处理效率，应如何组织它们？这些就形成了数据结构所要研究的基本内容。

2.1.1　数据结构的概念

早期计算机主要是处理数值计算的问题，程序设计者的主要精力集中于程序设计的技巧。随着计算机应用领域的逐渐扩大以及计算机软件、硬件的迅速发展，非数值计算问题就越来越重要了，这就涉及数据元素之间的关系。数据元素之间的关系一般无法用数学方程式来描述，解决这类问题的方法不再是数学分析和计算方法，而是应用合理的数据结构，才能更好地解决问题。

数据结构广泛地应用于信息学科、系统工程、应用数学以及各种工程领域，它是介于数学及计算机软件、硬件之间的一门计算机科学与技术专业的核心课程。例如，金融管理、文献查找、商业系统、学生信息检索系统、图书馆系统等，都涉及数据结构的问题。所有的计算机系统软件和应用软件不仅是编程，它们都需要用到各种数据结构。因此，数据结构对学习计算机软件有着非常重要的作用，学习数据结构对学习操作系统、数据库、计算机网络、人工智能等其他课程都是十分有益的。

学习数据结构的相关概念，必须把握以下几个概念。

数据(Data)是信息的载体，是可以被计算机识别、存储并加工处理的描述客观事物的信息符号的总称。数据是计算机加工处理的对象，包括数值数据和非数值数据。数值数据包括整数、实数或复数，主要用于科学计算、工程计算和商务处理等；非数值数据包括字符、文字、图像、图形、音频、视频等。

数据元素(Data Element)是数据的基本单位，表现为数据集合中的一个个体。数据元素可以由很多具有不同数据类型的数据项(Data Item)组成，数据项是数据的最小单位。在不同情况下，数据元素又被称为元素、结点、顶点、记录等。例如，在教师信息管理系统中，教师信息表的一个数据元素就是一个教师的记录，一般由职工号、姓名、年龄、性别、出生年月、开始工作时间等数据项组成。组成数据元素的各个数据项也被称为数据域或字段，能够用来唯一表示一个记录的数据项被称为主关键字。例如，教师信息表中的职工号，可以唯一标识一名教师。在解决实际问题时，通常把一个记录当成一个基本单位进行访问和处理。

数据对象(Data Object)是具有相同属性的数据元素的集合。在面向对象的程序设计中，数据对象可以看作是数据元素类(Data Element Class)。在具体问题中，有同一属性的数据元素称为一个数据对象类，数据元素是数据对象类的一个实例。例如，在计算机网络中，每台计算机都是一个数据元素的类，计算机 A 和计算机 B 是该数据元素类的两个实例，其数据元素值为 A 和 B。

数据、数据元素、数据对象之间的关系如图 2-1 所示。

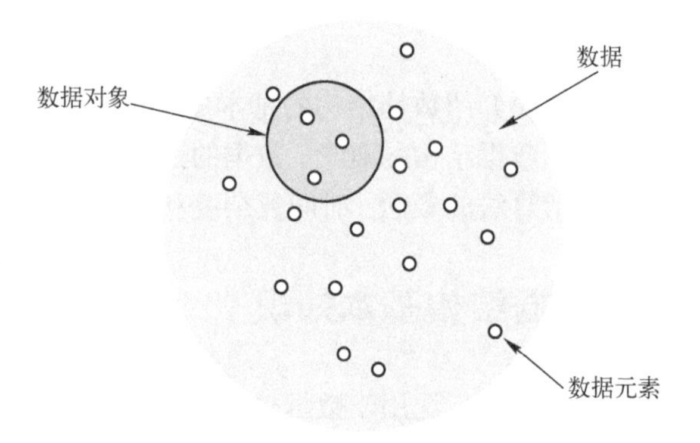

图 2-1　数据、数据元素、数据对象之间的关系

数据是描述客观事物信息符号的总称，是一个非常广的概念，图 2-1 为一个数据集合。数据元素是数据的基本单位，在图中表示为数据集合的许多个体。而数据对象是具有相同性质的数据元素的集合，在图中为许多具有同一性质的数据元素的集合。

【例 2-1】 学生信息管理系统。通常学生信息管理系统是用顺序文件来存储数据的，在查询的时候需要顺序查询。数据通常存放在数据库中，利用数据库来组织、管理数据，以备查询。表 2-1 为学生信息数据表。

表 2-1　学生信息数据表

学　号	姓　名	性　别	出生年月	籍　贯	专　业	学　制
2023001	王军	男	2005.1	北京	自动化	4 年
2023002	张红	女	2005.2	北京	计算机	4 年
⋮	⋮	⋮	⋮	⋮	⋮	⋮

学生信息数据表中，存储数据的结构就是线性结构。用户可以利用该表对数据进行查询、增加、删除和更新操作，还可以利用一些查找方法对数据进行查找。

【例 2-2】 输出 n 的全排列。例如，输出 3 的全排列，也就是 n=3，应该如何处理？可以利用图 2-2 所示的结构来输出。

图 2-2 所示的结构属于树结构，可以利用这种结构输出树中某层的全部结点。

【例 2-3】 已知某省各县之间的交通图。现要在这个省内建立一所省级医院，问题是这所医院应该建在哪个县，才能使离这个医院最远的县与该医院的距离最近？

可以把这个问题转化为求一个有向图的中心点，如图 2-3 所示。

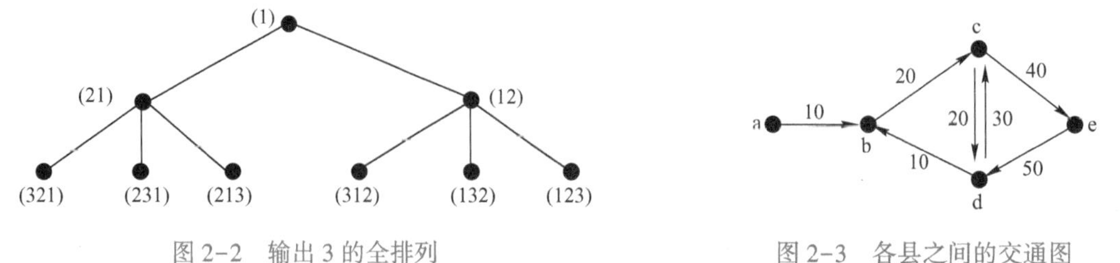

图 2-2　输出 3 的全排列

图 2-3　各县之间的交通图

根据有向图中心点的概念，计算出 d 点为中心点，所以省医院应该建立在 d 县。这种结构是图结构，本例是有向图结构，对有向图的基本操作主要有生成有向图和求有向图的中心点等。

通过以上例子可以看出，数据结构主要研究诸如线性结构、树结构及图结构等非数值性数学模型在计算机中的表示及操作。数据结构的概念在计算机科学界至今没有标准的定义，很多专家、学者根据各自的理解有不同的表述方法：

Sartaj Sahni 在《数据结构、算法与应用》一书中称："数据结构是数据对象，以及存在于该对象的实例和组成实例的数据元素之间的各种联系。这些联系可以通过定义相关的函数来给出。"他将数据对象(Data Object)定义为"一个数据对象是实例或值的集合"。

Clifford A. Shaffer 在《数据结构与算法分析》一书中对数据结构的定义："数据结构是抽象数据类型(Abstract Data Type，ADT) 的物理实现。"

Lobert L. Kruse 在《数据结构与程序设计》一书中，将一个数据结构的设计过程分成抽象层、数据结构层和实现层。其中，抽象层是指抽象数据类型层，它讨论数据的逻辑结构及其运算；数据结构层和实现层讨论一个数据结构的表示和在计算机内的存储细节以及运算的实现。

一般认为，数据结构(Data Structure)是指相互之间存在一种或多种特定关系的数据元素的集合。数据结构有两个要素，一个是数据元素的集合，另一个是建立在数据元素集合之上的关系的集合。我们用集合论的方法来定义数据结构，将之表示成一个二元组，即

$$DS=(D,R)$$

其中，D 是数据元素的集合，R 是定义在 D 上关系的有限集合。这是一个广泛数据结构的定义，是计算机进行数据处理的基础。数据结构不同于数据类型，也不同于数据对象，它不仅要描述数据对象，而且要描述数据对象各元素之间的相互关系。

数据结构作为计算机的一门学科，主要研究和讨论以下 3 个问题：

1）数据集合中各数据元素之间所固有的逻辑关系，即数据的逻辑结构。

2）在对数据进行处理时，各数据元素在计算机中的存储关系，即数据的存储结构，也称物理结构。

3）对各种数据结构进行的运算。

讨论以上各问题的主要目的是提高数据处理的效率。主要包括两个方面：一是提高数据处理的速度，二是尽量节省在数据处理过程中所占用的计算机存储空间。

2.1.2 数据的逻辑结构与存储结构

数据的物理结构是数据结构在计算机中的表示(映像)，它包括数据元素的表示和关系的表示。数据元素之间的关系有两种不同的表示方法：顺序映像和非顺序映像，并由此得到两种不同的存储结构：顺序存储结构和链式存储结构。顺序存储方法是把逻辑上相邻的结点存储在物理位置相邻的存储单元里，结点间的逻辑关系由存储单元的邻接关系来体现，由此得到的存储表示称为顺序存储结构。顺序存储结构是一种最基本的存储表示方法，通常借助于程序设计语言中的数组来实现。链式存储方法不要求逻辑上相邻的结点在物理位置上亦相邻，结点间的逻辑关系是由附加的指针字段表示的，由此得到的存储表示称为链式存储结构，链式存储结构通常借助于程序设计语言中的指针类型来实现。当然，存储结构除了常用的顺序存储结构和链式存储结构外，还有索引存储和散列存储。

根据数据元素之间的逻辑关系，可以把数据结构分成线性结构和非线性结构。线性结构的顺序存储结构是一种随机存取的存储结构，线性表的链式存储结构是一种顺序存取的存储结构。线性表若采用链式存储表示，所有结点之间的存储单元地址可连续也可不连续。逻辑结构与数据元素本身的形式、内容、相对位置、所含结点个数都无关。

在数据结构中，数据元素相互之间的关系称为结构。数据结构有 4 类基本结构：集合结构、

线性结构、树结构、图结构(网状结构)。树结构和图结构全称为非线性结构。集合结构中的数据元素除了同属于一种类型外，别无其他关系。线性结构中元素之间存在一对一关系；树结构中元素之间存在一对多关系；图结构中元素之间存在多对多关系。在图结构中，每个结点的前驱结点数和后续结点数可以有多个。

集合是一定范围的、确定的、可以区别的事物，可以当作一个整体来看待，简称集，其中各事物称为集合的元素或简称元。例如，电影中出现的不同汉字、全体英文大写字母等。任何集合都是它自身的子集。在定义中主要是各种元素之间的关系是否属于同一集合。

线性结构是数据元素之间仅存在前后关系，又称为一对一的关系，如图 2-4 所示。后面讲到的线性表、栈和队列都属于线性结构。

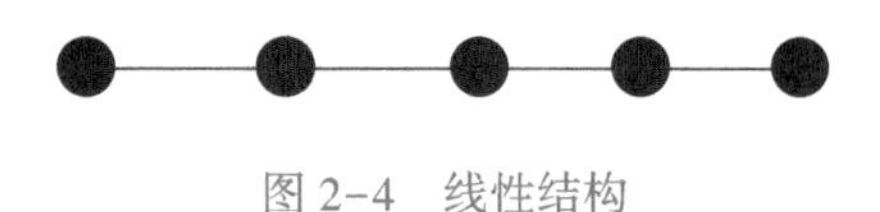

图 2-4　线性结构

树结构表示数据元素(结点)之间存在层次关系，又称一对多关系，如图 2-5 所示。后面所讲到的树就属于树结构。

图结构(网状结构)是指数据元素(顶点)之间存在邻接关系，又称多对多关系，如图 2-6 所示。后面讲到的图就属于这种结构。

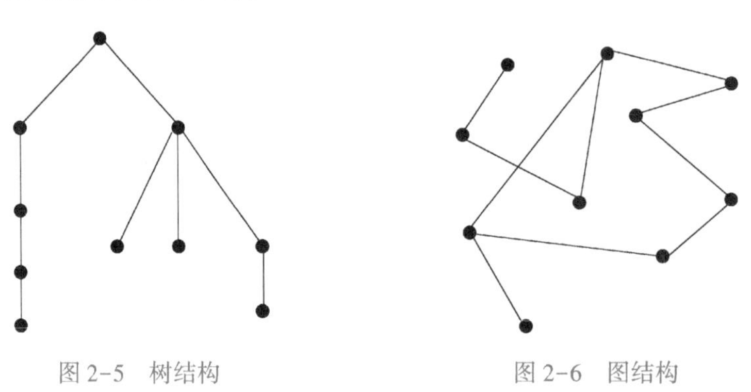

图 2-5　树结构　　　　图 2-6　图结构

2.1.3　数据类型与抽象数据类型

数据类型是与数据结构相关的一个概念，在用高级语言编写的程序中，每个变量、常量或表达式都有一个它所属的确定的数据类型。数据类型(Data Type)是一个值的集合和定义在这个值集上一组操作的总称，是程序设计语言中允许的变量类型。在高级语言中，数据类型可以分为基本类型和构造类型。基本类型是不可分解的基本数据单位，如 C 语言中的整型、字符型、浮点型、双精度型等；而构造类型则是由多个域(字段)按某种结构组成的，是可以分解的，其中的任意域可以是基本数据类型，也可以是其他数据类型。

在数据类型的基础上，又定义了抽象数据类型。抽象数据类型(Abstract Data Type，ADT)是指一个数学模型以及定义在此数学模型上的一组操作。抽象数据类型是与表示无关的数据类型，是一个数据模型及定义在该模型上的一组运算。对一个抽象数据类型进行定义时，必须给出它的名字及各运算的运算符名，即函数名，并且规定这些函数的参数性质。一旦定义了一个抽象数据类型及具体实现，程序设计中就可以像使用基本数据类型那样，十分方便地使用抽象数据类型。

抽象数据类型描述的一般格式：

```
抽象数据类型名称 {
数据对象:
```

```
……
数据关系：
……
操作集合：
操作名1：
……
操作名n：
}
```

抽象数据类型可以使人们更容易描述现实世界。例如，用线性表描述学生成绩表，用树或图描述遗传关系等。使用它的人可以只关心它的逻辑特征，不需要了解它的存储方式。定义它的人同样不必要关心它如何存储。

数据类型与抽象数据类型实质上是一个概念。例如，各种计算机都拥有的整数类型就可以看作抽象数据类型，尽管它们在不同处理器上的实现方法不同，但其定义的数学特性，在用户看来是相同的。因此，“抽象”的意义在于数据类型的抽象数学特性。但是，抽象数据类型的范畴更广，它不再局限于已经定义并实现的数据类型，还包括用户在设计软件系统时自己定义的数据类型。

2.2 算法分析

算法(Algorithm)是解题的步骤。在计算机科学中，算法代表用计算机解一类问题的精确、有效的方法。算法分析是对一个算法需要多少计算时间和存储空间进行定量分析，可以预测这一算法适合在什么样的环境中有效地运行，对解决同一问题的不同算法的有效性做出比较。

2.2.1 算法的概念

算法是一系列解决问题的清晰指令。要使计算机完成某一工作，首先必须为如何完成预定工作设计一个算法，然后根据算法编写程序。也就是说，算法能够对一定规范的输入，在有限时间内获得所要求的输出。计算机程序要对问题的每个对象和处理规则给出正确、详尽的描述，其中程序的数据结构和变量用来描述问题的对象，程序结构、函数和语句用来描述问题的算法。算法和数据结构是程序的两个重要方面，两者的有机结合就构成了程序。

算法可以理解为由基本运算及规定的运算顺序所构成的完整的解题步骤，或者看成按照要求设计好的、有限的、确切的计算序列，并且这样的步骤和序列可以解决一类问题。

算法应该具有以下5个重要的特征：

1）有穷性。一个算法必须保证执行有限步之后结束。

2）确切性。算法的每一个步骤必须有确切的定义。

3）输入。一个算法有0个或多个输入，以描述运算对象的初始情况，所谓0个输入是指算法本身定义了初始条件。

4）输出。一个算法有一个或多个输出，以反映对输入数据加工后的结果。没有输出的算法是毫无意义的。

5）可行性。算法原则上能够精确运行，而且用笔和纸做有限次运算后即可完成。

2.2.2 时间复杂度和空间复杂度的概念

程序设计是以算法为基础的，能完成某一个任务的算法并不一定是最好的算法，对算法进行分析是一个非常复杂的事情。如果一个算法有缺陷，或不适合于某个问题，执行这个算法将不会解决这个问题。不同的算法可以用不同的时间、空间或效率来完成同样的任务，一个算法的优劣可以用空间复杂度与时间复杂度来衡量。在算法分析中，用数学符号“O”来表示复杂度的数量级。

- O(1)为常量级。
- $O(n)$, $O(n^2)$, …, $O(n^k)$为多项式级。
- $O(2^n)$、$O(e^n)$为指数级。
- $O(\log_2 n)$、$O(n\log_2 n)$为对数级。

某一具体语句在算法的运行过程中执行的次数称为该语句的频度，记作F(n)。如下面算法的语句频度$F(n)=n^2+n^3$。

```
for(i=1;i<=n;i++)
  for(j=1;j<=n;j++)
  {
      c[i][j]=0;
      for(k=1;k<=n;k++)
          c[i][j]+=a[i][k] * b[k][j]
  }
```

算法的时间复杂度是指算法需要消耗的时间资源，是以算法中频度最大的语句来度量的，可记作T(n)=O(F(n))。例如，下面程序段的时间复杂度是$O(n^3)$。

```
for(i=0;i<n;i++)
  for(j=0;j<n;j++)
    for(k=0;k<n;k++) a[k]=2;
```

问题的规模n越大，算法执行时间的增长率与F(n)的增长率正相关，叫作渐进时间复杂度(Asymptotic Time Complexity)。常见的时间复杂度有O(1)，$O(\log_2 n)$，O(n)，$O(n\log_2 n)$，$O(n^2)$，$O(n^3)$，…。时间T与n的线性关系如图2-7所示。

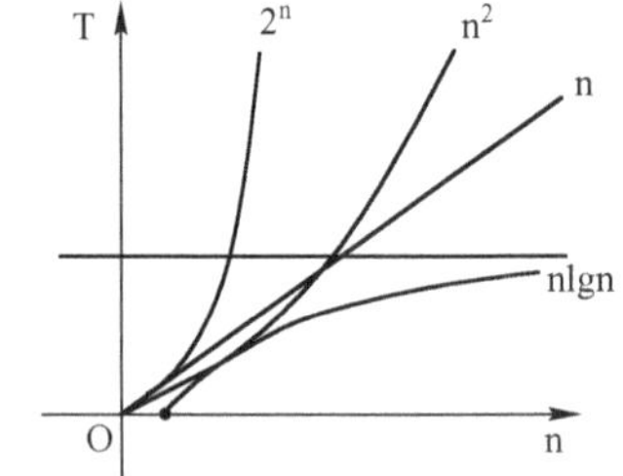

图2-7　时间T与n的线性关系图

算法的空间复杂度是指算法需要消耗的空间资源。其计算和表示方法与时间复杂度类似，一般都用复杂度的渐近性来表示。算法实现所占用的存储空间一般可以分成3种：

1) 指令、常数和系统变量所占用的存储空间。
2) I/O数据所占用的存储空间。
3) 算法执行过程中所需要的存储空间。

算法的空间复杂度分析是指对其执行过程中所需辅助空间大小的分析。空间复杂度也用O(n)来表示，常见的几种空间复杂度有O(1)、O(n)、$O(n^2)$、$O(n^3)$。例如：

```
for(i=0; i<n; i++)
  for(j=0;j<n;j++)
    for(k=0;k<n;k++) a[k]=2;
```

例中，辅助变量i、j、k与变量n没有关系，所以其空间复杂度为O(1)，为常量级。

算法的时间复杂度和空间复杂度是一对矛盾，要节省执行时间就必须占有更多的存储空间，要节省存储空间就必然会增加算法的执行时间，两者不可以兼顾。在分析具体问题时，对时间和空间的消耗，要根据具体问题具体侧重。在软件设计中，算法要求正确、易读、高效、占用空间少。

2.2.3 算法的描述

1. 算法描述语言

算法必须通过算法描述语言来表达，或选用某一种高级语言在计算机上实现。常用的算法描述语言如下。

（1）自然语言

自然语言就是人们日常使用的语言，利用这种语言来描述算法，比较习惯且容易接受，但是叙述较烦琐和冗长，极易出现歧义，所以在进行算法描述时要谨慎使用此方法。

（2）类 Pascal 语言描述

类 Pascal 语言描述是用一种类似于 Pascal 语法规则的程序语言来描述算法，在算法中可随意注释，无须考虑是否合乎语法约束。

（3）高级语言描述

高级语言描述是用严谨的某一高级语言的语法和函数来描述算法的。例如，常用的 C、Java、Python 等高级语言。

2. 流程图

流程图是用一些图框表示各种操作。在图形上用扼要的文字和符号表示具体的操作，用箭头的流线来表示操作的先后顺序。流程图表示算法，直观形象，易于理解。图 2-8 给出了常用的数据流程图符号。

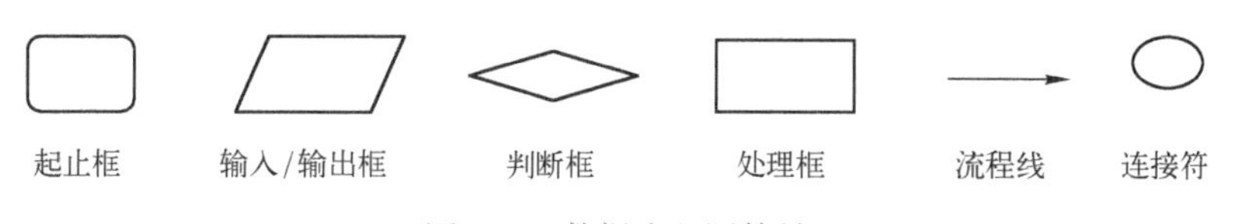

图 2-8　数据流程图符号

起止框表示算法的开始和结束。输入/输出框，也叫作 I/O 框，表示进行的输入/输出操作。处理框表示某一处理或运算功能。判断框有一个入口、两个出口，表示根据给定的条件判断是否满足决定算法的执行路径。流程线表示程序执行的路径，即箭头所指的方向。连接符用圆表示，用以表明转向流程图的他处，或从流程图他处转入，它是流线的断点，在图内注明某一标识符表明该流线将在具有相同标识符的另一连接符处继续下去。

【例 2-4】 将求 5！的算法用流程图表示，如图 2-9 所示。

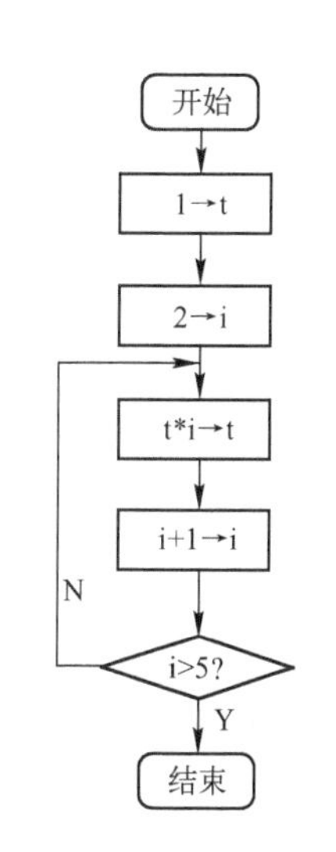

图 2-9　5！算法流程图

一个流程图包括：

- 表示相应操作的框。
- 带箭头的流程线。
- 框内外必要的文字说明。

每一个程序编制人员都应当熟练掌握流程图。

下面具体介绍常用来描述算法的 3 种基本结构和改进的流程图。

（1）传统流程图的弊端

传统流程图用流程线指出各框的执行顺序，对流程线的使用没有严格限制，流程可以随意转来转去，使流程图变得毫无规律。为了限制箭头的滥用而使流程随意转向，规定了3种基本结构。对于所有的程序，整个程序由基本结构通过并列(即顺序)和嵌套构成。

（2）3种基本结构

1）顺序结构，如图2-10所示。

2）选择结构，如图2-11所示。

3）循环结构：循环结构分为while型和until型。

● while型循环结构如图2-12所示。

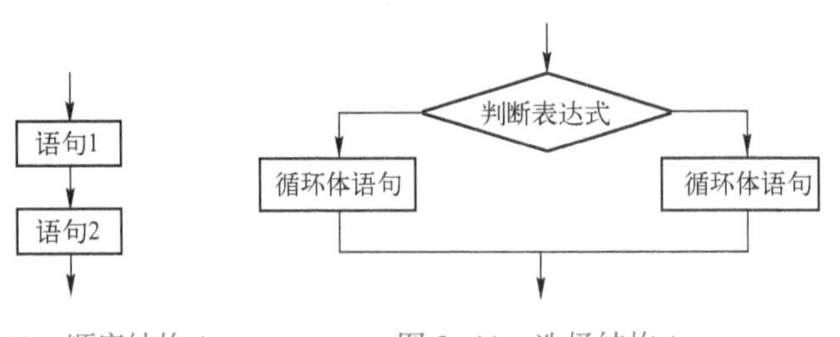

图2-11　选择结构1

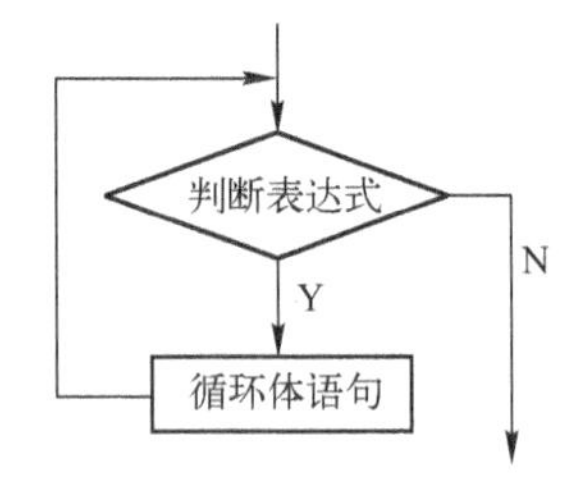

图2-10　顺序结构1

图2-12　while型循环结构

● until型循环结构如图2-13所示。

（3）3种基本结构的特点

1）只有一个入口。

2）只有一个出口。

3）结构内的每一部分都有机会被执行到。

4）结构内不存在死循环。

已经证明，由以上3种基本结构顺序组成的算法结构可以解决任何复杂的问题。

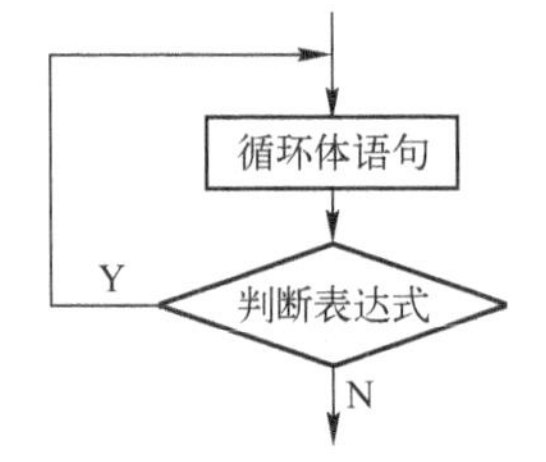

图2-13　until型循环结构

（4）用N-S流程图表示算法

1）顺序结构，如图2-14所示。

2）选择结构，如图2-15所示。

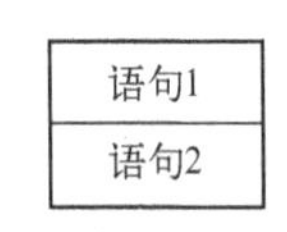

图2-14　顺序结构2

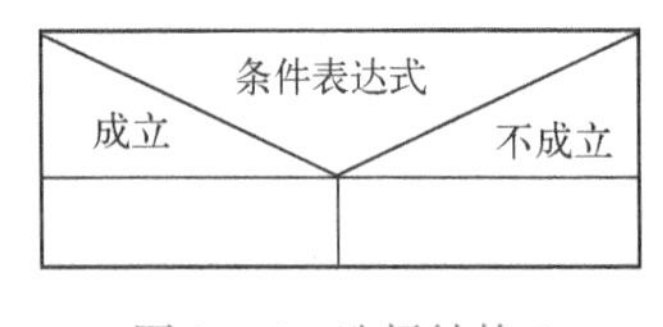

图2-15　选择结构2

3）循环结构，如图2-16所示。

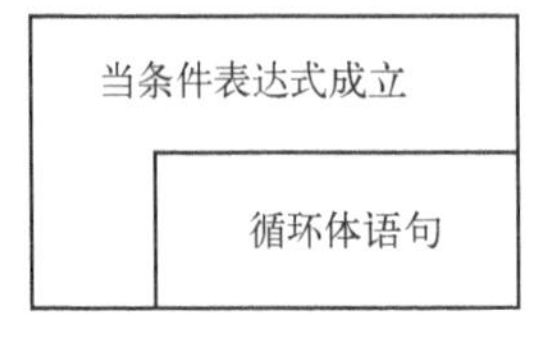

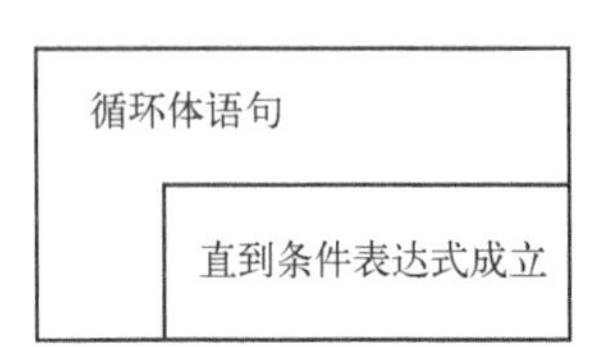

图2-16　循环结构

2.3 习题

一、选择题

1. 在数据结构中，从逻辑上可以把数据结构分为(　　)。

A. 动态结构和静态结构　　B. 紧凑结构和非紧凑结构

C. 线性结构和非线性结构　　D. 内部结构和外部结构

2. 算法分析的目的是(　　)。

A. 找出数据结构的合理性　　B. 研究算法中的输入和输出的关系

C. 分析算法的效率以求改进　　D. 分析算法的易懂性和文档性

3. 计算机算法指的是(　　)，它必须具备输入、输出、(　　)5 个特征。

(1) A. 计算方法　　B. 排序方法

C. 解决某一问题的有限运算序列　　D. 调度方法

(2) A. 可行性、可移植性和可扩充性　　B. 可行性、确定性和有穷性

C. 确定性、有穷性和稳定性　　D. 易读性、稳定性和安全性

4. 根据数据元素之间关系的不同特性，以下 4 类基本的逻辑结构反映了 4 类基本的数据组织形式，其中解释错误的是(　　)。

A. 集合中任何两个结点之间都有逻辑关系但组织形式松散

B. 线性结构中结点按逻辑关系依次排列形成一条“锁链”

C. 树形结构具有分支、层次特性，其形态有点像自然界中的树

D. 图状结构中的各个结点按逻辑关系互相缠绕，任何两个结点都可以邻接

5. 以下说法正确的是(　　)。

A. 数据元素是数据的最小单位

B. 数据项是数据的基本单位

C. 数据结构是带有结构的各数据项的集合

D. 数据结构是带有结构的数据元素的集合

二、判断题

1. 数据元素是数据的最小单位。(　　)
2. 数据项是数据的基本单位。(　　)
3. 数据的逻辑结构是指各数据元素之间的逻辑关系，是用户按使用需要建立的。(　　)
4. 数据的物理结构是数据在计算机中实际的存储形式。(　　)
5. 算法和程序没有区别，所以在数据结构中两者是通用的。(　　)

三、填空题

1. 所谓数据的逻辑结构指的是数据元素之间的________。
2. 数据的逻辑结构包括________、________、________和________ 4 种类型。
3. 算法的 5 个重要特性是________、________、________、________和 ________。
4. 下列程序段的时间复杂度是________。

```
for(i=1;i<=n;i++)      A[i,i]=0;
```

5. 下列程序段的时间复杂度是________。

```
s=0;
```

```
for(i=1; i<=n; i++)
    for(j=1; j<=n; j++) s=s+B[i,j];
sum=s;
```

6. 存储结构是逻辑结构的________实现。

7. 一个算法的时空性能是指该算法的________和________，前者是算法包含的________，后者是算法需要的________。

8. 常见时间复杂度的量级有：常量级 O(________)、对数级 O(________)、线性级 O(________)、二次方级 O(________)和指数级 O(________)。通常认为，具有指数级的算法是________的。

四、应用题

1. 分析下列程序段的时间复杂度。

```
……
i=1;
while(i<=n)    i=i*2;
……
```

2. 叙述算法的定义及其重要特性。

3. 简述下列术语：数据、数据元素、数据结构和数据对象。

4. 逻辑结构与存储结构是什么关系？

第3章　线性结构

本章主要介绍数据线性结构的有关知识，线性表顺序存储的基础知识及运算，线性链表基本概念和结构特征及其操作运算，堆栈、队列基本概念和结构特征及其应用，其他线性结构的存储方式与应用实例。

3.1　线性表顺序存储及运算

线性表是一种最简单也最常见的数据结构，采用顺序存储方式存储的线性表称为顺序表。顺序表是在计算机内存中以数组的形式保存的线性表，是指用一组地址连续的存储单元依次存储数据元素的线性结构。顺序表的主要运算有插入、删除、查找和排序等。

3.1.1　线性表的基本概念

线性表(Linear List)是n个类型相同的数据元素的有限序列，数据元素之间是一对一的关系，即每个数据元素最多有一个直接前驱和一个直接后继。例如，英文字母表(a,b,…,z)就是一个简单的线性表，如图3-1所示。

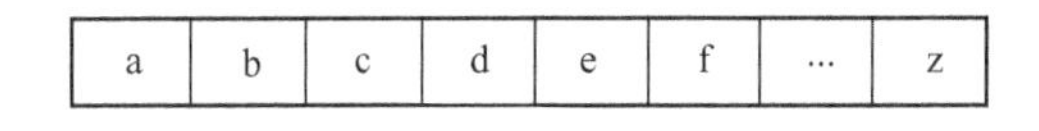

图3-1　英文字母表的数据结构

表中的每一个英文字母是一个数据元素，每个元素之间存在唯一的顺序关系，如在英文字母表字母b的前面是字母a，而字母b后面是字母c。

在较为复杂的线性表中，数据元素(Data Elements)可由若干数据项组成，如图书馆的书目检索系统的图书书目信息表中，每种图书及其各种相关信息是一个数据元素，它由图书编号、书名、作者及出版时间等数据项(Item)组成，常被称为一个记录(Record)，含有大量记录的线性表称为文件(File)。数据对象(Data Object)是性质相同的数据元素集合，见表3-1。

表3-1　书目检索系统的图书书目信息表

编　号	书　名	作　者	出版时间	代　号
001	大数据分析	王星	2013.9.1	S01
002	物联网技术	刘军	2013.5.1	L01
003	云计算架构	祁伟	2013.8.1	S02
…	…	…	…	…

1. 线性表的定义

线性表(Linear List)是由n(n≥0)个类型相同的数据元素组成的有限序列，数据元素之间是一对一的关系，即每个数据元素最多有一个直接前驱和一个直接后继，记作(a_1,a_2,…,a_{i-1},

$a_i, a_{i+1}, \cdots, a_n$)。

我们把线性结构中的结点叫作元素，如图 3-2 所示。

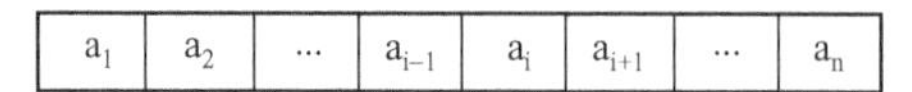

a_1是开始结点；a_{i-1}是a_i的直接前驱；a_{i+1}是a_i的直接后继；a_n 是终端结点

图 3-2　线性表中的结点

这里的数据元素 $a_i(1 \leqslant i \leqslant n)$ 只是一个抽象的符号，其具体含义在不同情况下可以不同，它既可以是原子类型，也可以是结构类型，但同一线性表中的数据元素必须属于同一数据对象。

线性表中相邻数据元素之间存在着序偶关系，即对于非空的线性表($a_1, a_2, \cdots, a_{i-1}, a_i, a_{i+1}, \cdots, a_n$)，表中 a_{i-1} 领先于 a_i，称 a_{i-1} 是 a_i 的直接前驱，而称 a_i 是 a_{i-1} 的直接后继。除了第一个元素 a_1 外，每个元素 a_i 有且仅有一个直接前驱的结点 a_{i-1}；除了最后一个元素 a_n 外，每个元素 a_i 有且仅有一个直接后继的结点 a_{i+1}。线性表中元素的个数 n 被定义为线性表的长度，当 $n=0$ 时称为空表。

2. 线性表的特点

线性表的特点可概括如下：

1）同一性。线性表由同类数据元素组成，每一个 a_i 必须属于同一数据对象。

2）有穷性。线性表由有限个数据元素组成，表长度就是表中数据元素的个数。

3）有序性。线性表中相邻数据元素之间存在着序偶关系 $<a_i, a_{i+1}>$。

由此可以看出，线性表是一种最简单的数据结构，因为数据元素之间是由一个前驱与一个后继的直观有序的关系确定的；线性表又是一种最常见的数据结构，因为矩阵、数组、字符串、堆栈、队列等都符合线性条件。

3.1.2　顺序表的基本概念和结构特征

1. 顺序表的基本概念

线性表的顺序存储是指用一组地址连续的存储单元依次存储线性表中的各个元素，使得线性表中在逻辑结构上相邻的数据元素存储在相邻的物理存储单元中，即通过数据元素物理存储的相邻关系来反映数据元素之间逻辑上的相邻关系。

采用顺序存储结构的线性表通常称为顺序表。

2. 顺序表的结构特征

假设顺序表中有 n 个元素，每个元素占 k 个存储单元，第一个元素的地址为 $loc(a_1)$，则可以通过式(3-1)计算出第 i 个元素的地址 $loc(a_i)$：

$$loc(a_i) = loc(a_1) + (i-1) \times k \qquad (3-1)$$

其中，$loc(a_1)$ 称为顺序表的起始位置或基地址。

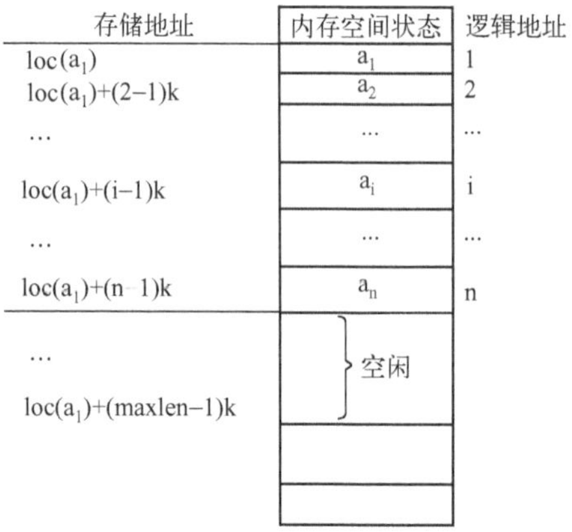

图 3-3 给出了顺序表的顺序存储结构示意。从图中可看出，在顺序表中，每个结点 a_i 的存储地址是该结点在表中的逻辑位置 i 的线性函数，只要知道顺序表中第一个元素的存储地址(基地址)和表中每个元素所占存储单元的多少，就可以计算出顺序表中任

存储地址	内存空间状态	逻辑地址
$loc(a_1)$	a_1	1
$loc(a_1)+(2-1)k$	a_2	2
…	…	…
$loc(a_1)+(i-1)k$	a_i	i
…	…	…
$loc(a_1)+(n-1)k$	a_n	n
…	空闲	
$loc(a_1)+(maxlen-1)k$		

图 3-3　顺序表存储结构示意

意一个数据元素的存储地址，从而实现对顺序表中数据元素的随机存取。

```
#define MAXSIZE 100 /*定义线性表可能达到的最大长度*/
typedef int DataType ; /*定义数据元素类型，类型命名为DataType，此处所定义的数据元素只包含
                        一个int型的数据项*/
typedef struct      /*定义顺序表类型，类型命名为SeqList，包含两个数据项：数组data存放数据元
                     素，整数last指示数组使用状态*/
{
DataType data[MAXSIZE];     /* 定义线性表占用的数组空间*/
    int last;/*记录线性表中最后一个元素在数组data[ ]中的位置(下标值)，空表置为-1*/
} SeqList;      /*顺序表类型命名为SeqList*/
```

说明：

1）类型标示符DataType可以是基本数据类型，如int、float、char等，也可以是struct定义的复合数据类型。在算法中，除特别说明外，规定DataType的默认类型是int。

2）在C语言程序中，数组下标从0开始，但元素序号仍从1开始。例如：顺序表中第一个元素是data[0]，第i个元素是data[i-1]。如图3-4所示。

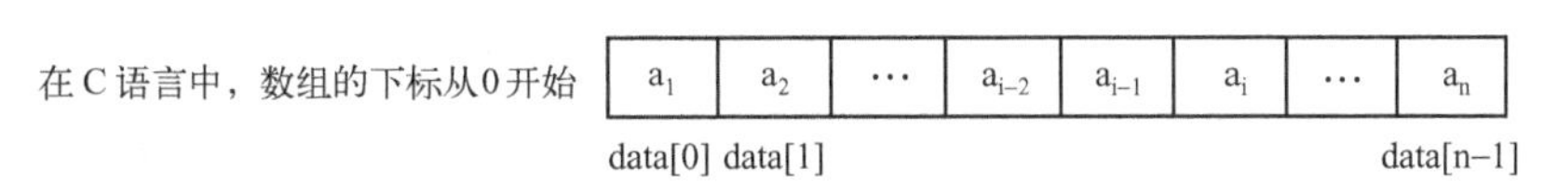

图3-4　在C语言中线性表的数据结构

顺序表中每个元素在存储器中占用的空间大小相同，若第一个元素存放的位置是$loc(a_0)$，每个元素占用的空间大小为k，元素a_i的存放位置：

$$loc(a_i) = loc(a_0) + k * i \tag{3-2}$$

3.1.3　顺序表的算法

1. 初始化顺序表

此处对顺序表进行初始化使用了InitSList函数，在函数中对传来的顺序表L进行操作，将L的last分量赋值为-1即可实现。在C函数中有值传递和引用传递两种形式，引用传递中形参名称形式：&变量名称。引用传递时被调用函数和主调函数共享同一个变量。

代码如下：

```
SeqList InitSList (SeqList &L)
{ //初始化线性表
    L.last=-1;//表示为空表
}
```

2. 求顺序表长度

顺序表的长度是顺序表中数据元素的个数，在顺序表的结构中，last分量是最后一个元素在数组中的位置，所以顺序表的长度为last+1，代码如下：

```
int GetLength(SeqList &L)
{
    return(L.last+1);
}
```

3. 插入操作

顺序表的插入运算是指在表中的第i(1≤i≤n+1)个位置，插入一个新元素x，使长

度为 n 的顺序表($a_1, \cdots, a_{i-1}, a_i, \cdots, a_n$) 变成长度为 n+1 的顺序表($a_1, \cdots, a_{i-1}, x, a_i, \cdots, a_n$)。

用顺序表作为线性表的存储结构时，由于结点的物理顺序必须和结点的逻辑顺序保持一致，因此必须将原表中位置 n,n-1,…,i 上的结点，依次后移到位置 n+1,n,…,i+1 上，空出第 i 个位置，然后在该位置上插入新结点 x。当 i=n+1 时，是指在顺序表的末尾插入结点，所以无须移动结点，直接将 x 插入表的末尾即可。

```
int InsertSList (SeqList &L,int i,DataType x)
{   //在第 i 个位置插入一个新结点，第 i 个元素在 data[ ]中的下标为 i-1
    int j;
    if (i<1||i>L.last+2) return (-1);
    if (L.last==MAXSIZE-1) return (0);
    for (j=L.last;j>=i-1;j--)
        L.data[j+1]=L.data[j];
    L.data[i-1]=x;
    L.last++;
    return 1;
}
```

说明：

1) 返回值为 1 代表正确插入，返回值为-1 代表插入位置出错；返回值为 0 代表顺序表已满，无法插入。也可以在代码中直接打印出错原因。

2) 顺序表的插入过程中，插入的位置 i 最大为表长度+1，最小为 1。

4. 删除操作

线性表的删除运算是指将表中的第 i($1 \leqslant i \leqslant n$)个元素删去，使长度为 n 的顺序表 ($a_1, \cdots, a_{i-1}, a_i, a_{i+1}, \cdots, a_n$)，变成长度为 n-1 的顺序表($a_1, \cdots, a_{i-1}, a_{i+1}, \cdots, a_n$)。

```
int ListDelete (SeqList &L,int i)
{   //删除第 i 个元素，该元素在 data[ ]中的下标为 i-1
    int j;
    if (i<1||i>L.last+1) return (-1);
    if (L.last==-1) return (0);
    for (j=i;j<=L.last;j++)
        L.data[j-1]=L.data[j];
    L.last--;
    return 1;
}
```

说明：

1) 返回值为 1 代表正确删除，返回值为-1 代表删除位置出错；返回值为 0 代表顺序表为空，不能删除。也可以在代码中添加打印出错原因。

2) 顺序表的删除过程中，删除的位置 i 最大为表长度，最小为 1。

在顺序表中插入或删除一个数据元素时，其时间主要耗费在移动数据元素上。对于插入算法而言，设 P_i 为在第 i 个元素之前插入元素的概率，并假设在任何位置上插入的概率相等，即 $P_i = \frac{1}{n+1}(i=1,2,\cdots,n+1)$。设 E_{ins} 为在长度为 n 的表中插入一个元素所需移动元素的平均次数，则

$$E_{ins}=\sum_{i=1}^{n+1}P_i(n-i+1)=\frac{1}{n+1}\sum_{i=1}^{n+1}(n-i+1)=\frac{1}{n+1}\sum_{k=0}^{n}k=\frac{n}{2} \tag{3-3}$$

同理，设 Q_i 为删除第 i 个元素的概率，并假设在任何位置上删除的概率相等，即 $Q_i=\frac{1}{n}(i=1,2,\cdots,n)$。则删除一个元素所需移动元素的平均次数 E_{del} 为

$$E_{del}=\sum_{i=1}^{n}Q_i(n-i)=\frac{1}{n}\sum_{i=1}^{n}(n-i)=\frac{1}{n}\sum_{k=0}^{n-1}k=\frac{n-1}{2} \tag{3-4}$$

由以上分析可知，在顺序表中插入和删除一个数据元素时，其时间主要耗费在移动数据元素上。进行一次插入或删除操作平均需要移动表中一半的元素，当 n 较大时效率较低。

5. 查找操作

顺序表有两种基本的查找运算。

按序号查找 Locate（SeqList &L，int i），查找线性表 L 中第 i 个数据元素，要求函数首先判断 i 的取值范围是否为 $1\leqslant i\leqslant n$。因为线性表（$a_1,a_2,\cdots,a_{i-1},a_i,a_{i+1},\cdots,a_n$）对应的数组下标为各元素的序号-1，因此在 i 取值合法时，函数直接返回 L. data[i-1]。

按内容查找 GetData（SeqList &L，DataType x），查找线性表 L 中与给定值 x 相等的数据元素，其结果是：若在表 L 中找到与 x 相等的元素，则返回该元素在表中的序号；若找不到，则返回一个“空序号”，如-1。

查找运算可采用顺序查找法实现，即从第一个元素开始，依次将表中元素与 x 相比较，若相等，则查找成功，返回该元素在表中的序号；若 x 与表中的所有元素都不相等，则查找失败，返回“-1”。

```
int GetData (SeqList &L, DataType x)
{  //查找值为 x 的元素序号 i
   int i=0;
   if (L.last==-1) return (-1);
   while (i<=L.last && L.data[i]!=x) i++;
   if (i<n)      return(i+1);
   else          return(-1);
}
```

说明：

1）返回值为查找到的元素位置，返回值为-1 代表查找失败。

2）当顺序表为空时查找失败。

3.1.4 顺序表算法编程实例

使用顺序表实现一个电话簿管理程序，电话簿中的每条记录包括姓名和电话两项。程序实现了菜单、初始化、添加、删除和显示等功能。

C 语言程序源代码：

```
#include  "string.h"
#include  "stdio.h"
#define   MAXNUM 200
#define   TRUE 1
#define   FALSE 0
typedef   struct
```

```
{ char  name[20];
  char  telno[20];
}TelRecord;
typedef struct
{ TelRecord  records[MAXNUM];
  int last;
}SqTelPad;
void  AddRecord(SqTelPad &telPad);
void  DeleteRecord(SqTelPad &telPad);
void  DispRecord(SqTelPad &telPad);
void  InitSqTelPad(SqTelPad &telPad);

void  main()
{ char  selectitem[5];
  int refreshflag;
  SqTelPad  mytelpad;
  refreshflag=FALSE;
  InitSqTelPad(mytelpad);
  do
  { printf("********************************** \n");
    printf("*                                * \n");
    printf("* telephone   notepad            * \n");
    printf("*                                * \n");
    printf("**********************************\n");
    printf("1. add      record               \n");
    printf("2. delete   record               \n");
    printf("3. display  record               \n");
    printf("4. exit                          \n");
    scanf("%s",selectitem);
    while(selectitem[0])
    { switch(selectitem[0])
      { case  '1':
          AddRecord(mytelpad);
          refreshflag=TRUE;
          break;
        case  '2':
          DeleteRecord(mytelpad);
          refreshflag=TRUE;
          break;
        case  '3':
          DispRecord(mytelpad);
          refreshflag=TRUE;
          break;
        case  '4':
          return;
      }
      if(refreshflag==TRUE)
      { refreshflag=FALSE;
        break;
      }
      else
      { scanf("%s",selectitem);
```

```
            }
        }
    }while(1);
}

void    AddRecord(SqTelPad &telPad)
{ int n;
  telPad.last++;
  n=telPad.last;
  printf("请输入新的记录:Name and TelNo\n");
  scanf("%s%s",telPad.records[n].name,telPad.records[n].telno);
}
void    DeleteRecord(SqTelPad &telPad)
{ int i, j;
  char name[20];
  printf("请输入要删除记录的姓名\n");
  scanf("%s",name);
  i=j=0;
  for(i=0;i<=telPad.last;i++)
    if(strcmp(telPad.records[i].name,name)==0)break;
  if(i>telPad.last)
  { printf("no record\n");
    return;
  }
  for(j=i;j<telPad.last;j++)
    telPad.records[j]=telPad.records[j+1];
    telPad.last--;
}
void    DispRecord(SqTelPad &telPad)
{ int i;
  for(i=0;i<=telPad.last;i++)
    printf("%s,%s\n",telPad.records[i].name,telPad.records[i].telno);
}
void    InitSqTelPad(SqTelPad &telPad)
{ telPad.last=-1;
}
```

3.2 栈及其应用

栈实际上也是线性表，只不过是一种特殊的线性表。栈的运算规则较一般线性表有更多的约束和限制，因此又称为限定性数据结构。**本节将讨论栈的结构特点、顺序栈的基本运算及应用。**

3.2.1 栈的基本概念和结构特征

1. 栈的基本概念

栈作为一种限定性线性表，是将线性表的插入和删除运算限制为仅在表的一端进行，通常将表中允许进行插入、删除操作的一端称为栈顶(Top)，因此栈顶的当前位置是动态变化的，它由一个称为栈顶指针的位置指示器指示。同时，表的另一端被称为栈底(Bottom)。当栈中没有元素时称为空栈。栈的插入操作被形象地称为进栈或入栈，删除操作称为出栈或退栈。

2. 栈的结构特征

通常栈可以用线性的方式存储，分配一块连续的存储区域存放栈中的元素，并用一个变量指向当前的栈顶，如图 3-5 所示。

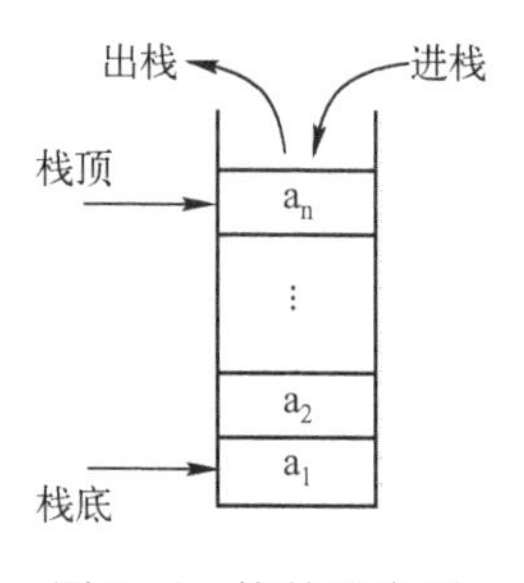

图 3-5　栈的示意图

每次进栈的元素都被放在原栈顶元素之上而成为新的栈顶，而每次出栈的总是当前栈中“最新”的元素，即最后进栈的元素。在图 3-5 所示的栈中，元素是以 $a_1, a_2, a_3, \cdots, a_n$ 的顺序进栈的，而退栈的次序却是 $a_n, \cdots, a_3, a_2, a_1$。栈的修改是按后进先出(Last In First Out,LIFO)的原则进行的。因此，栈又称为后进先出的线性表，简称为 LIFO 表。

3. 栈的建立

在 C 语言中用一维数组来实现栈。假设栈的元素个数最大不超过整数 Maxsize，所有的元素都具有同一个数据类型 DataType，则可用下列方式来定义栈的类型 Stack：

```
typedef struct
{ DataType data[Maxsize];
  int top;
} Stack;
```

说明：

1）类型标示符 DataType 可以是任何的数据类型，如 int、float、char 和复合类型等。在算法中，除特别说明外，规定 DataType 的默认类型是 int。

2）Maxsize 是一个表示栈中可容纳的最多元素的正整数，称为栈的最大容量。假设用宏定义设置其值为 100，其 C 语言程序如下：

```
#define Maxsize 100
```

3）变量 top 是栈指针，指向栈顶，栈中元素和栈顶指针之间的关系如图 3-6 所示。

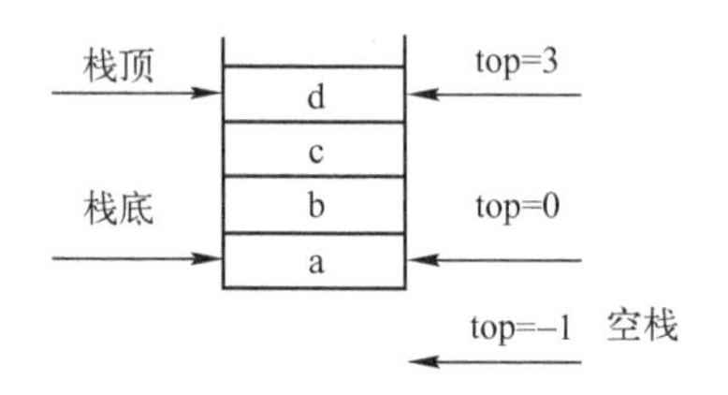

图 3-6　栈中元素和栈顶指针之间的关系

4）置空栈。初始化栈顶指针，其 C 语言程序如下：

```
void InitStack (Stack &S)
{ S.top=-1;
}
```

3.2.2　栈的基本运算

栈的基本操作除了进栈(栈的压入)、出栈(栈的弹出)外，还有读栈顶元素、判定栈是否为空等运算。

1. 栈的压入 Push(S,x)

将数据元素 x 插入到 S 栈中的函数：

```
int Push (Stack &S, DataType x) //入栈
{    if (S.top==MAXSIZE-1)
     { printf("stack is full!\n"); return (-1); //栈满
     }
     else
     { S.top ++;
       S.data[S.top]=x;
     }
     return 1;
}
```

2. 栈的弹出 Pop(S,x)

从栈中弹出栈顶元素，并获取栈顶元素的值：

```
int Pop (Stack &S, DataType &x) //出栈操作，返回 1 为正确操作，x 获取栈顶元素的值；返回-1，
                                //为空栈，x 没有获取栈顶元素的值
{ if (S.top==-1)
     { printf("stack is null! \n");
       return (-1);
     }
     else
     { x=S.data[S.top];
       S.top--;
     }
     return 1;
}
```

进栈(栈的压入)、出栈(栈的弹出)操作如图 3-7 所示。

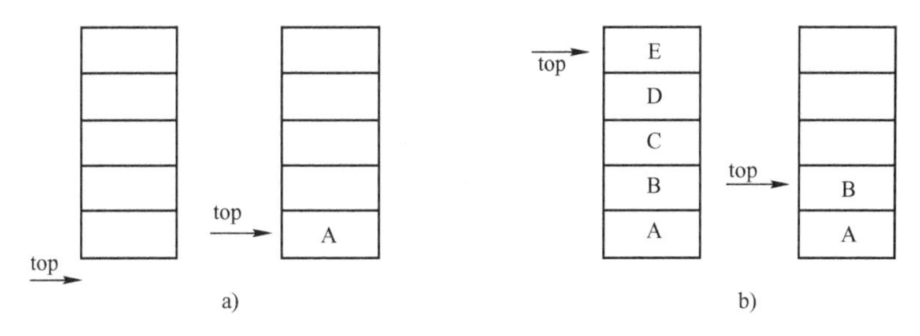

图 3-7　顺序栈中的进栈和出栈

a) 进栈　b) 出栈

3. 读栈顶元素 GetTop(S,x)

读栈顶元素而保持栈不变的函数：

```
void GetTop (Stack &S, DataType &x)
{ if (S.top==-1)
     { printf("stack is null!\n");
       return (-1);
     }
     else
     { x=S.data[S.top];
     }
```

```
        return 1;
    }
```

4. 判定栈是否为空 isEmpty(S)

判定栈 S 是否为空栈的函数：

```
int isEmpty (Stack &S)
{ if (S. top==-1) return (1);          /*若栈为空，则返回 true*/
  else             return (0);          /*否，则返回 false*/
}
```

3.2.3 栈的应用

由于栈结构具有的后进先出的特性，使得栈成为程序设计中常用的工具。以下是几个栈应用的例子。

1. 算术表达式的中缀表示

把运算符放在参与运算的两个操作数中间的算术表达式称为中缀表达式。例如，算术表达式“2+3 * 4 - 6/9”中包含了算术运算符和算术量（常量、变量、函数），而运算符之间又存在着优先级，不能简单地进行从左到右运算，编译程序在求值时，必须先算运算级别高的，再算运算级别低的，同一级运算才从左到右。在计算机中进行中缀表达式求值较麻烦，而后缀表达式求值较方便（无须考虑运算符的优先级及圆括号）。

2. 算术表达式的后缀表示

把运算符放在参与运算的两个操作数后面的算术表达式称为后缀表达式。例如，对于下列各中缀表达式：

1）3/5+8。

2）18-9 * (4+3)。

对应的后缀表达式为：

1）3 5 / 8 +。

2）18 9 4 3 + * -。

转换规则：把每个运算符都移到它的两个操作数的后面，然后删除所有的括号即可。

3. 后缀表达式的求值

将中缀表达式转换成等价的后缀表达式后，求值时，不需要再考虑运算符的优先级，只需从左到右扫描一遍后缀表达式即可。具体求值步骤为：从左到右扫描后缀表达式，遇到运算符就把表达式中该运算符前面两个操作数取出并运算，然后把结果带回后缀表达式；继续扫描直到后缀表达式最后一个表达式。

4. 后缀表达式的求值的算法

设置一个栈，开始时栈为空，然后从左到右扫描后缀表达式，若遇操作数，则进栈；若遇运算符，则从栈中退出两个元素，先退出的放到运算符的右边，后退出的放到运算符的左边，运算后的结果再进栈，直到后缀表达式扫描完毕。此时，栈中仅有一个元素，即为运算的结果。

例如，求后缀表达式：1 2 + 8 2 - 7 4 - / *（中缀表达式为(1+2) * ((8-2)/(7-4)))的值，栈的变化情况见表 3-2。

表 3-2　12+82-74-/ * 的栈变化输出表

步　骤	栈中元素	说　明
1	1	1 进栈
2	1 2	2 进栈
3		遇+号退栈 2 和 1
4	3	1+2=3 的结果 3 进栈
5	3 8	8 进栈
6	3 8 2	2 进栈
7	3	遇-号退栈 2 和 8
8	3 6	8-2=6 的结果 6 进栈
9	3 6 7	7 进栈
10	3 6 7 4	4 进栈
11	3 6	遇-号退栈 4 和 7
12	3 6 3	7-4=3 的结果 3 进栈
13	3	遇/号退栈 3 和 6
14	3 2	6/3=2 的结果 2 进栈
15		遇 * 号退栈 2 和 3
16	6	3 * 2=6 进栈
17	6	扫描完毕，运算结束

从以上可知，最后求得的后缀表达式之值为 6，与用中缀表达式求得的结果一致，但后缀表达式求值要简单得多。

5. 中缀表达式变成等价的后缀表达式的算法

将中缀表达式变成等价的后缀表达式，表达式中操作数次序不变，运算符次序发生变化，同时去掉了圆括号。转换规则是：设立一个栈，存放运算符，首先栈为空，编译程序从左到右扫描中缀表达式，若遇到操作数，直接输出，并输出一个空格作为两个操作数的分隔符；若遇到运算符，则必须与栈顶比较，运算符级别比栈顶级别高则进栈，否则退出栈顶元素并输出，然后输出一个空格作分隔符；若遇到左括号，进栈；若遇到右括号，则一直退栈输出，直到退到左括号止。当栈变成空时，输出的结果即为后缀表达式。将中缀表达式(1+2) * ((8-2)/(7-4))变成等价的后缀表达式。

现在用栈来实现该运算，栈的变化及输出结果见表 3-3。

表 3-3　(1+2) * ((8-2)/(7-4))变后缀表达式的栈变化输出表

步　骤	扫描符号	栈中元素	输出结果	说　明
1	(	(		(进栈
2	1	(	1	输出 1
3	+	(+	1	+进栈
4	2	(+	1 2	输出 2
5	)		1 2 +	+退栈输出，退栈到(止
6	*	*	1 2 +	* 进栈

(续)

步　骤	扫描符号	栈中元素	输出结果	说　明
7	(	*(	1 2 +	(进栈
8	(	*((	1 2 +	(进栈
9	8	*((	1 2+8	输出 8
10	-	*((-	1 2+8	- 进栈
11	2	*((-	1 2+8 2	输出 2
12	)	*(	1 2+8 2-	-退栈输出，退栈到(止
13	/	*(/	1 2+8 2-	/ 进栈
14	(	*(/(	1 2+8 2-	(进栈
15	7	*(/(	1 2+8 2-7	输出 7
16	-	*(/(-	1 2+8 2-7	-进栈
17	4	*(/(-	1 2+8 2-7 4	输出 4
18	)	*(/	1 2+8 2-7 4-	-退栈输出，退栈到(止
19	)	*	1 2+8 2-7 4-/	/退栈输出，退栈到(止
20	结束符		1 2+8 2-7 4-/ *	*退栈并输出

6. 数制转换

将一个非负的十进制整数 N 转换为另一个等价的基为 B 的 B 进制数的问题，很容易通过"除 B 取余法"来解决。

【例 3-1】 将十进制数 13 转化为二进制数。

解答：按除 2 取余法，得到的余数依次是 1、0、1、1，则十进制数转化为二进制数为 1101。

分析：由于最先得到的余数是转化结果的最低位，最后得到的余数是转化结果的最高位，因此很容易用栈来解决。

转换算法如下：

```
void MultiBaseOutput (int N,int B)
{  /*假设 N 是非负的十进制整数，输出等值的 B 进制数*/
   int i;
   Stack S;
   InitStack(S);
   while(N)
   {  /*从右向左产生 B 进制的各位数字 bm…b1b0，并将其进栈*/
      Push(S,N%B);            /*将 bi 进栈 0<=i<=m  */
      N=N/B;
   }
   while(!isEmpty(S))
   {  /*栈非空时退栈输出*/
      Pop(S,i);
      printf("%d",i);
   }
}
```

说明：函数 InitStack()、Push()、isEmpty()定义见 3.2.2 节。

7. 栈的应用举例之迷宫求解

求迷宫中从入口到出口的所有路径是一个经典的程序设计问题。由于计算机求解迷宫时，通常用的是"穷举求解"的方法，即从入口出发，顺某一方向向前探索，若能走通，则继续往前走；否则沿原路退回，换一个方向再继续探索，直至所有可能的通路都探索到为止。为了保证在任何位置上都能沿原路退回，显然需要用一个后进先出的结构来保存从入口到当前位置的路径。因此，在求迷宫通路的算法中应用“栈”也就是自然而然的事了。

首先，在计算机中可以用如图 3-8 所示的方块图来表示迷宫。图中的每个方块或为通道(以空白方块表示)，或为墙(以带阴影的方块表示)。所求路径必须是简单路径，即在求得的路径上不能重复出现同一通道块。

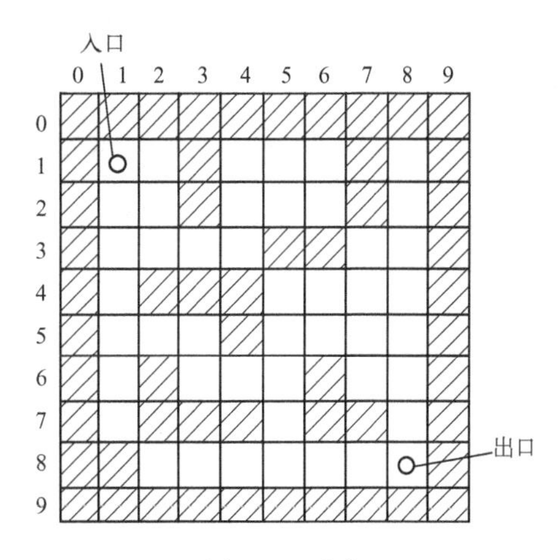

图 3-8 迷宫

假设“当前位置”指的是“搜索过程中某一时刻所在图中某个方块位置”，则求迷宫中一条路径的算法的基本思想是：若当前位置“可通”，则纳入“当前路径”，并继续朝“下一位置”探索，即切换“下一位置”为“当前位置”，如此重复直至到达出口；若当前位置“不可通”，则应顺着“来向”退回到“前一通道块”，然后朝着除“来向”之外的其他方向继续探索；若该通道块的四周 4 个方块均“不可通”，则应从“当前路径”上删除该通道块。所谓“下一位置”指的是“当前位置”四周 4 个方向(东、南、西、北)上相邻的方块。假设以栈 S 记录“当前路径”，则栈顶中存放的是“当前路径上最后一个通道块”。由此，“纳入路径”的操作即为“当前位置入栈”；“从当前路径上删除前一通道块”的操作即为“出栈”。

求迷宫中一条从入口到出口的路径的算法可简单描述如下：

```
/*设定当前位置的初值为入口位置
do{
/*若当前位置可通,则
   {    将当前位置插入栈顶;                    /*纳入路径*/
          若该位置是出口位置,则结束;         /*求得路径存放在栈中*/
          否则切换当前位置的东邻方块为新的当前位置;
   }
/*否则,
若栈不空且栈顶位置尚有其他方向未经探索,则设定新的当前位置为沿顺时针方向旋转找到的栈顶位置的下一相邻块;
若栈不为空但栈顶位置的四周均不可通*/
则{   删去栈顶位置;          /*从路径中删去该通道块*/
      若栈不为空,则重新测试新的栈顶位置,
      直至找到一个可通的相邻块或出栈至栈空;
  }
}while(栈不空);
```

在此，需说明的一点是，所谓当前位置可通，指的是未曾走到过的通道块，即要求该方块位置不仅是通道块，而且既不在当前路径上(否则所求路径就不是简单路径)，也不是曾经纳入过路径的通道块(否则只能在死胡同内转圈)。

```
typedef struct
{
   int ord;             /*通道块在路径上的“序号”*/
   PosType seat;        /*通道块在迷宫中的“从标位置”*/
   int di;              /*从此通道块走向下一通道块的“方向”*/
}SElemType;             /*栈的元素类型*/
```

```
Status MazePath( MazeType maze, PosType start, PosType end)
{
  /*若迷宫 maze 中存在从入口 start 到出口 end 的通道, 则求得一条存放在栈中(从栈底到栈顶), 并返回 TRUE; 否则返回 FALSE */
        InitStack(S); curpos=start;      /*设定"当前位置"为"入口位置" */
        curstep=1;       /*探索第1步*/
        do{
            if(Pass(curpos))
            {                                  /*当前位置可以通过, 即是未曾走到过的通道块*/
                FootPrint(curpos);  /*留下足迹*/
                e=(curstep,curpos,1);
                Push(S,e);                        /*加入路径*/
                if(curpos==end) return(TRUE);  /*到达终点(出口)*/
                curpos=NextPos(curpos,1);         /*下一位置是当前位置的东邻*/
                curstep++;                        /*探索下一步*/
            }
            else
            {                                          /*当前位置不能通过*/
                if(!StackEmpty(S))
                { Pop(S,e);
                  while(e.di==4 && ! StackEmpty(S))
                  { MarkPrint(e.seat); Pop(S,e); /*留下不能通过的标记, 并退回一步*/
                  }
                if(e.di<4)
                {
                    e.di++; Push(S,e);      /*换下一个方向探索*/
                    curpos=NextPos(e.seat,e.di); /*设定当前位置是该新方向上的相邻块*/
                  }
                }
            }
        }while(!StackEmpty(S));
    return(FALSE);
}/* MazePath */
```

3.3 队列及其应用

队列也称作队。队列和栈一样也是一种特殊的线性表, 其运算规则较一般线性表有更多的约束和限制, 称作限定性数据结构。本节将讨论队列的结构特点、循环队列的基本运算及应用。

3.3.1 队列的基本概念和结构特征

队列(Queue)是另一种限定性的线性表, 它只允许在表的一端插入元素, 而在另一端删除元素, 所以队列具有先进先出(Fist In Fist Out, FIFO)的特性。这与日常生活中的排队是一致的, 最早进入队列的人最早离开, 新来的人总是加入到队尾。

在队列中, 允许插入的一端叫作队尾(rear), 允许删除的一端叫作队头(front)。假设队列为 $q=(a_1,a_2,\cdots,a_n)$, 那么 a_1 就是队头元素, a_n 则是队尾元素。队列中的元素是按照 $a_1,a_2,\cdots,a_n$ 的顺序进入的, 退出队列也必须按照同样的次序依次出队。也就是说, 只有在 $a_1,a_2,\cdots,a_{n-1}$ 都离开队列之后, a_n 才能退出队列, 如图 3-9 所示。

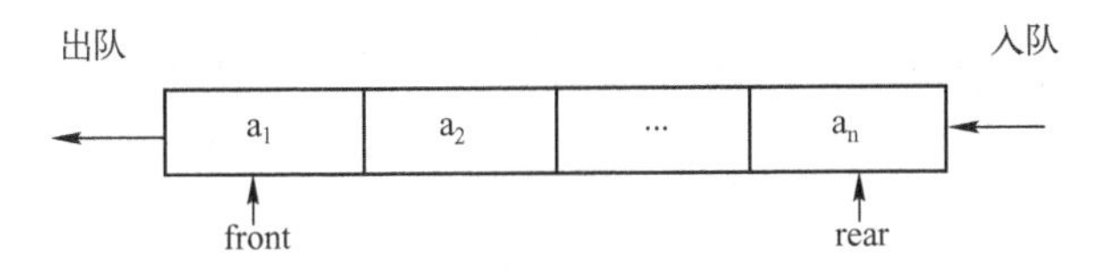

图 3-9　队列示意图

队列在程序设计中也经常出现。一个最典型的例子就是操作系统中的作业排队。在允许多道程序运行的计算机系统中，同时有几个作业运行。如果运行的结果都需要通过通道输出，那就要按请求输出的先后次序排队。凡是申请输出的作业都从队尾进入队列。

为了队列的操作方便，同时为避免占用过多的存储空间，通常开辟一个连续的存储空间来存储队列中的元素，并设想这一连续的存储空间是一个首尾相接的圆环。把这种队列的存储方式形象地叫作循环队列，如图 3-10 所示。

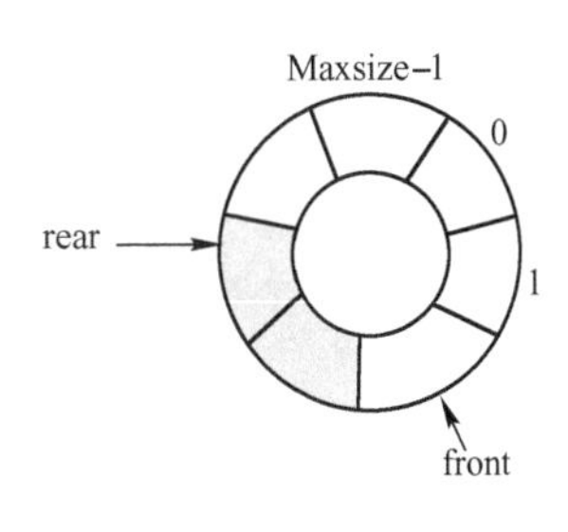

图 3-10　循环队列示意图

在队列的入队、出队操作中，设定 front 始终指向队头元素前面的一个位置，rear 指向队尾元素，最后一个元素出队后，front==rear，因此，程序中把 front==rear 当作队空的判断条件。队列初始化操作中，front 和 rear 赋相同的值。

在循环队列中，设队列的最大存储空间为 Maxsize。入队操作时，rear 需要加 1 后移一位，其值在 0~Maxsize-1 中循环出现，赋值语句为 rear=(rear+1)%Maxsize。同样，出队操作，front 加 1 后移的语句为 front=(front+1)%Maxsize。

在循环队列中，如果设队满时数据元素个数达到 Maxsize，队满时 rear==front，这个条件和判断队空条件一样，出现了混淆。为了区分队空和队满两种状态，设队满时数据元素的个数为 Maxsize-1，把(rear+1)%Maxsize==front 当作队满的条件，牺牲一个存储空间，就把队空和队满的条件区别开来。这样，在出队操作前，首先判断队列是否为空，判断条件为 front==rear；在入队操作前，首先判断队列是否已满，判断条件为(rear+1)%Maxsize==front。

3.3.2　队列的基本运算

假设队列得到元素个数最大不超过整数 Maxsize-1，所有的元素个数都具有同一数据类型 DataType。变量 front 指向队列的头部，变量 rear 指向队列的尾部。

1. 定义队列类型 queue

```
typedef struct
{
    DataType data [Maxsize];
    int front, rear;
} queue;
```

2. 循环队列的入队 enq(QU, x)

将整数 x 插入到 QU 队列中的函数：

```
void enq(queue &QU, DataType x)
{
    if ((QU.rear+1)%Maxsize==QU.front) printf("队列上溢出!\n");
    else
    {
```

```
        QU.rear=(QU.rear+1)%Maxsize;            /* 队尾指针后移 */
        QU.data[QU.rear]=x;                     /* 新元素赋给队尾单元 */
    }
}
```

3. 循环队列的出队 deq(QU,x)

一个 QU 队列尾部元素出队的函数：

```
void deq(queue &QU, DataType &x)
{
    if (QU.front==QU.rear) printf("队列为空！\ n");
    else
    {
        QU.front=(QU.front +1)%Maxsize;
        x=QU.data[QU.front];
    }
}
```

4. 读循环队列的头元素 gethead(QU,x)

读取循环队列 QU 的队列头元素的函数：

```
void gethead (queue &QU, DataType &x)
{
    if (QU.front==QU.rear) printf("队列为空！\n");
    else x=QU.data[(QU.front +1)%Maxsize];
}
```

5. 判断循环队列是否为空 isEmpty(QU)

判断循环队列 QU 是否为空的函数：

```
int isEmpty (queue &QU)
{
    if (QU.front==QU.rear) return(1);       /* 为空，则返回 true */
    else return(0);                         /* 不为空，则返回 false */
}
```

3.3.3 队列的应用

人们在日常生活中时常会通过排队来得到各种社会服务。例如，银行业务系统、各种票证出售系统等。这种服务系统设有若干窗口，用户可以在营业时间内随时前去。如果当时有空闲窗口，可以立即得到服务；若窗口均有用户占用，则需排在人数最少的队列后面。由于用户的到达时间、服务时间等均为随机的事件，特别是用户到达的时间是离散的，故称为离散事件。现要编制一个程序来模拟这种活动，并计算一天中用户在此逗留的平均时间。为了计算平均时间，要求掌握每个用户的到达时间和离开时间。

1. 具体问题

假设服务系统有 4 个窗口对外接待客户，在营业时间内不断有客户进入并要求服务。由于每个窗口只能接待一个客户，因此进入该服务系统的客户需在某一窗口前排队。如果窗口的服务员忙，则进入的客户需排队等待，闲则可立即服务，服务结束则从队列中撤离，并计算一天中进入服务系统的客户的平均逗留时间。

2. 分析

为了模拟 4 个窗口服务系统，必须有 4 个队列与每一个窗口相对应，并能反映每一个窗口当前排队的客户数。当有一个客户到达时，则排在队列最短的窗口等待服务。当有一个客户服务完毕，则离开相应的窗口，从队列中撤离。

为了计算平均逗留时间，则必须记录客户的到达时间和离开时间。

因此，影响系统队列变化的原因有以下两种：

1）新客户进入服务系统，该客户加入到队列最短的窗口队列中。

2）4 个队列中有客户服务完毕而撤离。

这两种原因共有 5 种情况，把这 5 种情况称为事件。由于这些事件是离散发生的，故称为离散事件。这些事件的发生是有先后顺序的，依次构成事件表。

在该服务系统中，某一时刻有且仅有一个事件(5 种事件中的一个)发生。一旦某一事件发生，则需改变系统状态(队列状态)，因此整个服务系统的模拟就是按事件表的次序，依次根据事件来确定系统状态的变化，即事件驱动模拟。

3. 模拟程序应如何运行

假设事件表中最早发生的是新客户到达，则随之应得到两个时间：一是本客户处理业务所需时间；二是下一客户到达服务系统的时间间隔。此时模拟程序应做的工作如下。

1）比较 4 个队列中的客户数，将新到客户插入到最短队列中。若队列原来是空的，则插入的客户为队头元素，此时应设定一个新的事件——刚进入服务系统的客户办完业务离开服务系统的事件插入事件表。

2）设定一个新的到达事件——下一客户即将到达服务系统的事件插入事件表。若发生的事件是某队列中的客户服务结束离开服务系统，则模拟程序应做两件工作：① 从队头删除客户，并计算该客户在服务系统中的逗留时间；② 当队列非空时(用户离开后)，应把新的队头客户设定为一个新的离开事件，计算该客户离开服务系统的时间，并插入事件表。当服务系统停止营业后，若事件表为空，则程序运行结束。

4. 数据结构考虑

在该仿真(模拟)程序中，主要应设置 4 个队列和一个有序事件表。此处用到 3.4 节讲到的链表知识。

队列采用单链表来实现，其中单链表中的每个结点代表一个客户应有两个数据：客户的到达时间和服务时间。该链队列有一个队头结点，包括的数据是队列中的客户数。

事件表用单链表来实现，其中的每个结点代表一个事件，包括的数据项有事件发生时间和事件类型。事件类型为 0、1、2、3、4，其中 0 表示客户到达事件，1、2、3 和 4 分别表示 4 个窗口的客户离开事件。事件表中最多有 5 个事件，当事件表为空时，程序运行结束。

根据上面的讨论，其数据结构说明如下：

```
struct queuenode
{ int arrivetime, duration;
  struct queuenode *next;
};
struct queueheader
{ struct queuenode *front, *rear;
  int queuenodenum;
};
struct eventnode
{ int occurtime;
```

```
    int eventtype;
    struct eventnode  * next;
};
struct eventlist
{ eventnode  * front, * rear;
    int eventnum;
}
struct queueheader  * queue[m];
struct eventlist  * eventlst;
```

5. 仿真程序的实现

根据以上的分析，以下给出该仿真程序的关键部分。有兴趣的读者可以据此写出完整的仿真程序。

```
void Simulation ( )
{ totaltime=0;                    /* 客户逗留时间 * /
  count=0;                        /* 客户数 * /
  generate(pe);                   /* 产生一个事件结点  * pe */
  pe->occurtime=0;                /* 初始化事件表 */
  pe->eventtype=0;                /* 第一个事件客户到达事件 */
  pe->next=NULL;                  /* 到达时刻为 0 */
  eventlst->front=pe;
  eventlst->rear=pe;
  eventlst->eventnum=1;
  for(i=0; i<4; i++)              /* 置空队列 */
    SetNullQL(queue[i]);
  while(!EmptyQL(eventlst))
  { delete_eventlist(eventlst, event);          /* 取发生事件并删除它 */
    if (event->eventtype= =0)                  /* 客户到达事件发生  */
    { count++;                                 /* 统计客户数 */
      random(durtime, interaltime); /* 产生该用户的服务时间和下一客户的到达时间间隔  */
      if ((event->occurtime+interaltime)<closetime)
      { insert_eventlist(eventlst, (event->occurtime+interaltime, 0)); /*  插入到达事件  */
      }
      len=minlength();                        /*  取最短队列号  */
      addqueue(queue[len], (event->occurtime, durtime));
      /*  把刚到达的新客户加入到 minlen 队列中  */
      if (queue[len].queuenum= =1)
      insert_eventlist(eventlst, (event->occurtime+durtime, len));
    }                                          /*  if (... = =0)  */
    else
    { i=event->eventtype;
      deletequeue(q[i],f);                   /*  删除第 i 队列的头元素赋给 f  */
      totaltime+=event->occurtime-f. arrivetime; /*  客户逗留时间统计  */
      if (queue[i] ->queuenum! =0)
      insert_eventlist(eventlst, (event->occurtime+queue[i] ->front->duration, i));
    }                                        /*  else  */
  }                                          /*  while  */
}                                            /*  Simulation  */
```

由于程序的可读性较好，因此易于理解，在此就不对它作进一步说明，只对其中的几个函数作简单介绍。

- generate( )函数：产生一个事件结点。
- delete_eventlist(eventlst,event)函数：从 eventlst 事件表中删除一个最早发生的事件结点并赋值给 event 指针。
- random(durtime,interaltime)函数：产生两个随机数 durtime 和 interaltime。durtime 是指服务时间，interaltime 是指下一个客户到达的时间间隔。
- Insert_eventlist(eventlst,eventnode)函数：在 eventlst 事件表中插入事件 eventnode。在程序中事件用(durtime,eventtype)来表示。
- minlength( )函数：取得 4 个队列中最短的队列序号。
- addqueue(queue[i],(arrivetime,duration))函数：在队列 queue[i]中插入客户(arrivetime,duration)。arrivetime 表示到达时间，duration 表示服务时间。
- deletequeue(queue[i],f)函数：在队列 queue[i]中删除队头元素，表示客户离开，并把结点的值赋给 f。

3.4 线性链表及其运算

线性表顺序表示方法因为逻辑上相邻的元素其存储的物理位置也是相邻的，所以无须为表示结点间的逻辑关系而增加额外的存储空间，并且具有可以方便地随机存取表中的任一元素的优点。但该方法也有明显的缺点，主要体现在以下两个方面。

1) 插入或删除运算不方便，除表尾的位置外，在表的其他位置上进行插入或删除操作都必须移动大量的结点，其效率较低。

2) 由于顺序表要求占用连续的存储空间，存储分配只能预先进行静态分配。因此当表的长度变化较大时，难以确定合适的存储规模。若按照可能达到的最大长度预先分配表空间，则可能造成一部分空间长期闲置而得不到充分利用；若事先对表的长度估计不足，则插入操作可能使表长超过预先分配的空间而造成溢出。

为了克服顺序表的缺点，可以采用链接方式存储线性表。通常将采用链式存储结构的线性表称为链表。

3.4.1 链表的基本概念和结构特征

在顺序表中，是用一组地址连续的存储单元来依次存放线性表的结点，因此结点的逻辑次序和物理次序是一致的。而链表则不然，链表是用一组任意的存储单元来存放线性表的结点,这组存储单元可以是连续的，也可以是非连续的，甚至是离散分布在内存的任何位置上。因此，链表中结点的逻辑次序和物理次序不一定相同。为了正确地表示结点间的逻辑关系，必须在存储线性表的每个数据元素值的同时，存储指示其后继结点的地址或位置信息，这两部分信息组成的存储映像叫作结点(Node)。它包括两个域：数据域用来存储结点的值；指针域用来存储数据元素的直接后继的地址或位置，如图 3-11 所示。

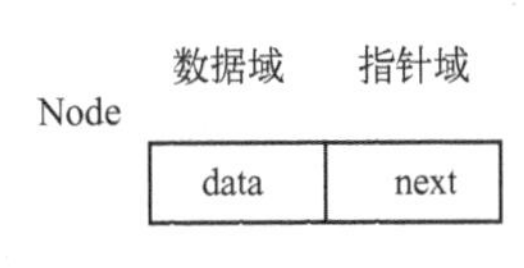

图 3-11　结点结构

3.4.2 单链表

1. 单链表的概念与存储结构

链表正是通过每个结点的指针域将线性表的 n 个结点按其逻辑顺序链接在一起。由于链表的每个结点只有一个指针域，故将这种链表又称为单链表。

由于单链表中每个结点的存储地址是存放在其前驱结点的指针域中，而第一个结点无前驱，所以应设一个头指针 head 指向第一个结点。同时，由于表中最后一个结点没有直接后继，则指定线性表中最后一个结点的指针域为“空”(NULL)。这样对于整个链表的存取必须从头指针开始。一般情况下，使用链表只关心链表中结点间的逻辑顺序，并不关心每个结点的实际存储位置，因此通常是用箭头来表示链域中的指针，于是链表就可以更直观地表示成用箭头链接起来的结点序列，如图 3-12 所示。

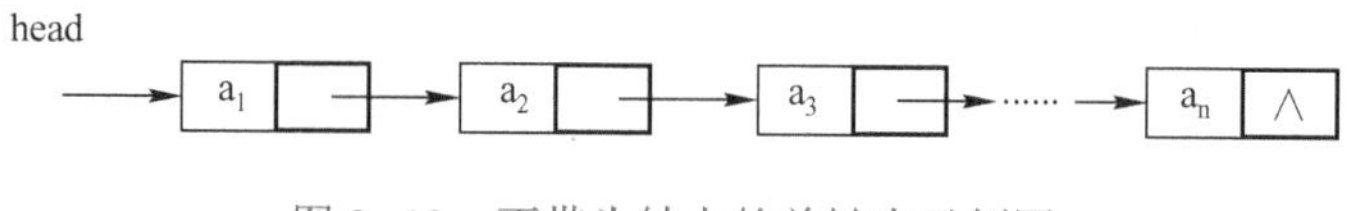

图 3-12　不带头结点的单链表示例图

有时为了操作方便，还可以在单链表的第一个结点之前附设一个头结点，头结点的数据域可以存储一些关于线性表的长度的附加信息，也可以什么都不存；而头结点的指针域存储指向第一个结点的指针(即第一个结点的存储位置)。此时带头结点的单链表头指针就不再指向表中第一个结点，而是指向头结点。如果线性表为空表，则头结点的指针域为“空”，如图 3-13 所示。

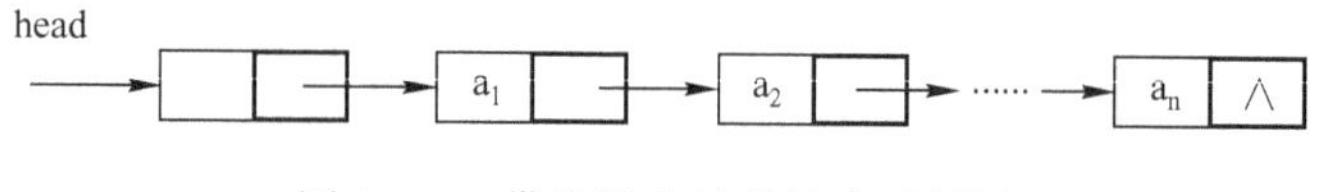

图 3-13　带头结点的单链表示例图

由图 3-13 可见，单链表可以由头指针唯一确定。单链表的存储结构描述如下：

```
typedef struct node        /* 结点类型定义 */
{
    DataType data;
    struct node * next;
}LinkList;
```

2. 单链表上的基本运算

下面通过实例讨论用单链表作存储结构时，如何实现线性表的几种基本运算。

(1) 建立一个带头结点的单链表

输入一系列整数，以 0 标志结束，将这些整数作为 data 域建立一个单链表的函数。

```
LinkList * CreateLinkList( )
{
    LinkList * head, * s, * r;        /* head 作为表头，s 作为新结点，r 作为尾结点 */
    DataType x;                       /* 此处预设 DataType 为 int 类型 */
    head=(LinkList * )malloc(sizeof(LinkList ));        /* 建立头结点，由 head 指向 */
    r=head;
    scanf("%d",&x);                                     /* 读取数据元素 */
    while(x!=0)
```

```
    {  s=(LinkList * )malloc( sizeof( LinkList ) ); / *  建立新结点，由 s 指向 * /
       s->data=x;
       r->next=s;                                  / *  把 s 结点连接到前面建立的链表尾部 * /
       r=s;                                        / *  r 指向新的链表尾部 * /
       scanf("%d",&x);
    }
    r->next=NULL;
    return head;
}
```

如果输入的整数序列是 5 1 3 8 7 9 0，则建立的单链表如图 3-14 所示。

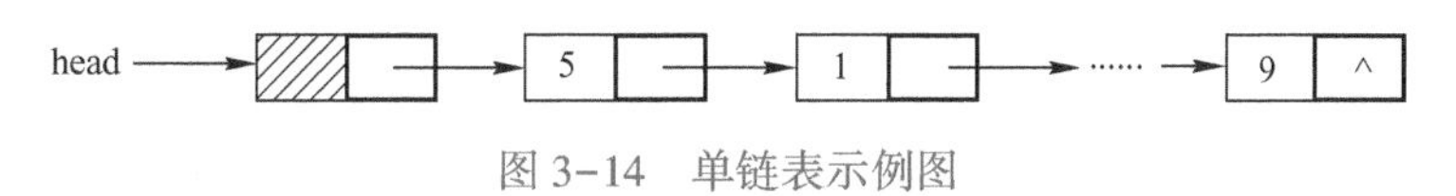

图 3-14　单链表示例图

（2）建立一个循环单链表

循环单链表的结构与普通单链表一样，只是普通单链表的最后一个结点的 next 域取值为 NULL，而循环单链表的最后一个结点的 next 域指向第一个结点。

根据上例，以 0 标志循环结束，建立一个不带头结点的循环单链表的函数如下：

```
LinkList * Create ( )
{
    LinkList * head, * r, * s
    DataType x;                                    / * DataType 为 int 类型 * /
    head=(LinkList * )malloc( size of( LinkList ) );    / *  建立头结点，由 head 所指向 * /
    r=head;
    scanf("%d",&x);
    while( x!=0)
    {  s=(LinkList * )malloc( sizeof( LinkList ) ); / *  建立新结点，由 s 所指向 * /
       s->data=x;
       r->next=s;                                  / *  把 s 结点连接到前面建立的链表尾部 * /
       r=s;                                        / *  r 指向新的链表尾部 * /
       scanf("%d",&x);
    }
     r->next=head->next;          / *  生成循环单链表，尾结点连接首元结点 * /
     r=head;
     head=head->next; free(r);    / *  删除头结点 * /
     return head;
}
```

如果输入的整数序列是 5 1 3 8 7 9 0，则建立的单链表如图 3-15 所示。

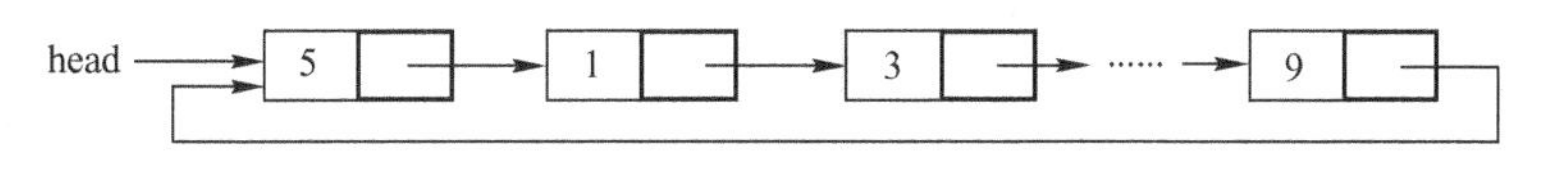

图 3-15　循环单链表示例图

（3）链表的查找算法

在已建立的循环单链表（不带头结点）中查找元素值为 x 的函数：

```
void SearchByValue (LinkList * head, DataType x)
{
```

```
    LinkList  * p;
    if (head->data==x)            /* 若头结点中的值为 x，则显示结点找到信息并返回 */
      printf ("结点找到了!\n");
    else
    {
      p=head->next;
      while (p->data!=x && p!=head) p=p->next;
      if(p!=head)
        printf ("结点找到了!\n");
      else
        printf ("结点未找到!\n");
    }
  }
```

（4）链表的长度算法

1）计算一个已建立的单链表（带头结点）的结点个数的函数：

```
int Length (LinkList  * head)
{
    LinkList  * p;
    int i=0;
    p=head->next;
    while(p !=NULL)
    { i++; p=p->next; }
  return i;
}
```

2）计算一个已建立的循环单链表（不带头结点）的结点个数的函数：

```
int Length (LinkList  * head)
{
    LinkList  * p;
    int i=0;
    if (head==NULL) n=0;      /* 如果链表为空，则长度赋值 0 并返回 */
    else
    {
        p=head->next;          /* 如果链表不为空，则长度从 1 算起 */
        i=1;
        while (p!=head)
        {
          p=p->next; i++;
        }
    }
    return i;
}
```

（5）链表的插入算法

1）在单链表（带头结点）的第 i 个结点之后插入一个元素为 x 的结点的函数（i≥0，i=0 表示插入的结点作为第一个结点）。

```
void InsertById (LinkList  * head, int i, DataType x)
{
  LinkList  * s, * p;
```

```
    int j;
    s=(LinkList * )malloc(size of(LinkList));   / * 建立一个待插入的结点 s * /
    s->data=x;
    p=head; j=0;                                / * 在单链表中查找第 i 个结点，由 p 所指向 * /
    while (p! =NULL && j<i)
    {      j++;    p=p->next;    }
    if (p! =NULL)                          / * 若查找成功，则把 s 插入到其后 * /
    {
        s->next=p->next;
        p->next=s;
    }
    else   printf("结点未找到!\n");
}
```

2) 在单链表(带头结点)的已知数据元素 a 之后插入数据元素 b。未找到 a 时，插入表尾。

```
void   InsertByValue(LinkList  * head, DataType a, DataType b)
{   //在值为 a 的结点后插入一个值为 b 的结点
        LinkList  * s, * p;
        s=(LinkList  * )malloc(sizeof(LinkList));
        s->data=b;
        p=head->next;
        while(p->next! =NULL&&p->data! =a)
                p=p->next;
        s->next=p->next;
        p->next=s;
}
```

(6) 链表删除算法

从单链表(带头结点)中删除一个其值为 a 的结点的函数：

```
int   DeleteByValue(LinkList  * head, DataType a)
{     //删除结点值为 a 的结点
        LinkList  * q, * p;
        if (head->next= =NULL)        return (-1);    //链表为空
        p=head;
        q=head->next;
        while (q! =NULL && q->data! =a)
        {p=q; q=q->next; }
        if (q= =NULL)     return 0;                   //数据元素 a 未找到
        p->next=q->next;     free(q);
        return 1;                                     //正确删除
}
```

3. 双向链表的存储结构

双向链表是另一种形式的链式存储结构。在双向链表的结点中有两个指针域：一个指向直接后继，另一个指向直接前驱。

(1) 线性表的双向链表存储结构

```
typedef struct DulNode
{ struct DulNode  * prior;
  DataType data;
```

```
    struct DulNode  * next;
} DulNode, * DuLinkList;
```

对指向双向链表任一结点的指针 d，有下面的关系：

```
d->next->prior=d->prior->next=d
```

即当前结点后继的前驱是自身，当前结点前驱的后继也是自身，如图 3-16 所示。

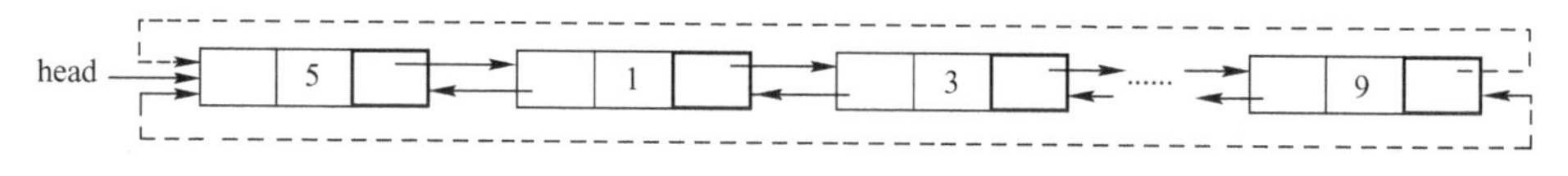

图 3-16　线性表的双向链表存储结构示意图

循环双链表的结构与普通双链表一样，只是普通双链表的第一个结点的 prior 域置为 NULL，最后一个结点的 next 域置为 NULL，而循环双链表的最后一个结点的 next 域指向第一个结点，第一个结点的 prior 域指向最后一个结点，如图 3-16 中虚线所示。

（2）双向链表的删除操作(见图 3-17)

```
Status ListDelete_DuL(DuLinkList &L,int i,DataType &e) {
    if(! (p=GetElemP_DuL(L,i)))
    return ERROR;
    e=p->data;
    p->prior->next=p->next;
    p->next->prior=p->pror;
    free(p);
    return OK;
}/ * ListDelete_DuL * /
```

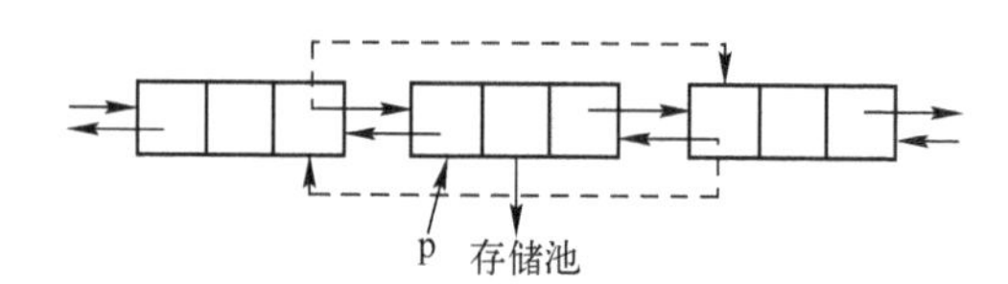

图 3-17　双向链表的删除操作

（3）双向链表的插入操作(见图 3-18)

```
Status ListInsert_DuL(DuLinkList &L,int i,DataType &e) {
    if(! (p=GetElemP_DuL(L,i)))
    return ERROR;
    if(! (s=(DuLinkList)malloc(sizeof(DuLNode)))) return ERROR;
    s->data=e;
    s->prior=p->prior;
    p->prior->next=s;
    s->next=p;
    p->prior=s;
    return OK;
}/ * ListInsert_DuL * /
```

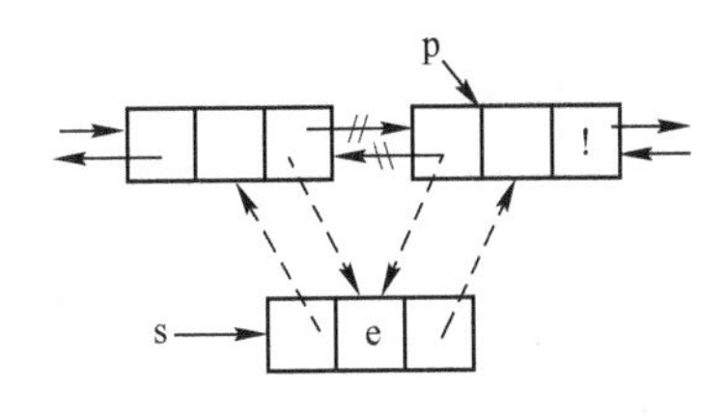

图 3-18　双向链表的插入操作

3.4.3　线性链表算法编程实例

使用单链表实现一个电话簿管理程序，电话簿中的每条记录包括姓名和电话两项。程序实现了菜单、初始化、添加、删除和显示等功能。

C 语言程序代码如下：

```
#include  "string.h"
#include  "stdio.h"
#include  "stdlib.h"
#define  MAXNUM 200
#define  TRUE 1
#define  FALSE 0
typedef  struct
{ char   name[20];
  char   telno[20];
}Record;
typedef  struct  Node
{ Record   data;
  struct Node  *next;
}Node;
void  AddRecord(Node   *head);
void  DeleteRecord(Node   *head);
void  ShowRecord(Node   *head);
Node   *InitPad();
void  main()
{ char   item[5];
  int  flag;
  Node   *head;
  flag=FALSE;
  head=InitPad();
  do
  { printf("**********************************\n");
    printf("*                                *\n");
    printf("*telephone   notepad             *\n");
    printf("*                                *\n");
    printf("**********************************\n");
    printf("1.add      record               \n");
    printf("2.delete   record               \n");
    printf("3.display  record               \n");
    printf("4.exit                          \n");
    scanf("%s",item);
    while(item[0])
    { switch(item[0])
      { case   '1':
```

```
                    AddRecord(head);
                    flag=TRUE;
                    break;
                case    '2':
                    DeleteRecord(head);
                    flag=TRUE;
                    break;
                case    '3':
                    ShowRecord(head);
                    flag=TRUE;
                    break;
                case    '4':
                    return;
            }
            if(flag==TRUE)
            { flag=FALSE;
              break;
            }
            else
            { scanf("%s",item);
            }
        }

    }while(1);
}
void    AddRecord(Node *head)
{ Node *s, *r;
  s=(Node *)malloc(sizeof(Node));
  printf("Please input new record:Name and TelNo\n");
  scanf("%s%s",s->data.name,s->data.telno);
  r=head;
  while(r->next!=NULL)r=r->next;
  r->next=s;
  s->next=NULL;
}
void    DeleteRecord(Node *head)
{ Node *s, *r;
  char name[20];
    printf("Please input name for delete\n");
    scanf("%s",name);
    s=head;r=head->next;
    while(r!=NULL)
    { if(strcmp(r->data.name,name)==0)break;
      s=r;
      r=r->next;
    }
    if(r==NULL)
    {       printf("no record\n");return;
    }
    s->next=r->next;
    free(r);
}
```

```
void    ShowRecord(Node *head)
{ Node *r;
  r=head->next;
  while(r!=NULL)
  { printf("%s,%s\n",r->data.name,r->data.telno);
    r=r->next;
  }
}
Node    *InitPad()
{ Node *head;
  head=(Node *)malloc(sizeof(Node));
  head->next=NULL;
  return head;
}
```

3.5 其他线性结构

字符串是一种常见的线性结构。字符串及定义在字符串上的运算是计算机程序进行文字处理的基础。二维数组是数学中的矩阵在程序设计语言中的表示。当矩阵中的绝大部分元素为零时，采用一般的二维数组的存储方式会浪费大量的存储空间，同时也做了大量不必要的运算。因此，本节主要讨论的内容包括：①串的结构特点及其基本操作；②一般二维数组的顺序存储结构，以及当矩阵中大部分为零元素时的表示方法。

3.5.1 串的定义和串的存储方式

1. 串的概念

串(String)是零个或多个字符组成的有限序列。一般记为

$$S='a_1a_2\cdots a_n' \quad (n\geqslant 0)$$

其中，S是串的名字，用单引号括起来的字符序列是串的值；$a_i(1\leqslant i\leqslant n)$可以是字母、数字或其他字符；n是串中字符的个数，称为串的长度，n=0时的串称为空串(Null String)。

串中任意个连续的字符组成的子序列称为该串的子串，包含子串的串相应地称为主串。通常将字符在串中的序号称为该字符在串中的位置。子串在主串中的位置则以子串的第一个字符在主串中的位置来表示。

假如有字符串A='data elements',B='elements',C='data'，则它们的长度分别为13、8和4。B和C是A的子串，B在A中的位置是6，C在A中的位置是1。

当且仅当两个字符串的值相等时，称这两个字符串是相等的。即只有当两个字符串的长度相等，并且每个对应位置的字符都相等时，两个字符串才相等。

需要特别指出的是，字符串值必须用一对单引号括起来(C语言中是双引号)，但单引号是界限符，它不属于字符串，其作用是避免与变量名或常量混淆。

由一个或多个称为空格的特殊字符组成的串，称为空格串(Blank String)，其长度为字符串中空格字符的个数。请注意空串(Null String)和空格串(Blank String)的区别。

字符串也是线性表的一种，因此字符串的逻辑结构和线性表极为相似，区别仅在于字符串的数据对象限定为字符集。

2. 串的抽象数据类型定义

```
ADT String {
    数据对象:D={a_i | a_i ∈ CharacterSet,i=1,2,…,n; n≥0}
    数据关系:R={<a_i-1,a_i>| a_i-1,a_i ∈ D,i=2,…,n; n≥0}
}
```

3. 串的基本操作

(1) StrAsign(S,chars)

初始条件：chars 是字符串常量。

操作结果：生成一个值等于 chars 的字符串 S。

(2) StrLength(S)

初始条件：字符串 S 存在。

操作结果：返回字符串 S 的长度，即字符串 S 中的元素个数。

(3) StrInsert(S,pos,T)

初始条件：字符串 S 存在，1≤pos≤StrLength(S)+1。

操作结果：在字符串 S 的第 pos 个字符之前插入串 T。

(4) StrDelete(S,pos,len)

初始条件：字符串 S 存在，1≤pos≤StrLength(S)-len+1。

操作结果：从字符串 S 中删除第 pos 个字符起长度为 len 的子串。

(5) StrCopy(S,T)

初始条件：字符串 S 存在。

操作结果：由字符串 T 复制得字符串 S。

(6) StrEmpty(S)

初始条件：字符串 S 存在。

操作结果：若字符串 S 为空串，则返回 TRUE，否则返回 FALSE。

(7) StrCompare(S,T)

初始条件：字符串 S 和 T 存在。

操作结果：若 S>T，则返回值>0；若 S=T，则返回值=0；若 S<T，则返回值<0。

(8) StrClear(S)

初始条件：字符串 S 存在。

操作结果：将字符串 S 清为空串。

(9) StrCat(S,T)

初始条件：字符串 S 和 T 存在。

操作结果：将字符串 T 的值连接在字符串 S 的后面。

(10) SubString(Sub,S,pos,len)

初始条件：字符串 S 存在，1≤pos≤StrLength(S)且 1≤len≤StrLength(S)-pos+1。

操作结果：用 Sub 返回字符串 S 的第 pos 个字符起长度为 len 的子串。

(11) StrIndex(S,pos,T)

初始条件：字符串 S 和 T 存在，T 是非空串，1≤pos≤StrLength(S)。

操作结果：若字符串 S 中存在和字符串 T 相同的子串，则返回它在字符串 S 中第 pos 个字符之后第一次出现的位置；否则返回 0。

(12) StrReplace(S,T,V)

初始条件：字符串 S、T 和 V 存在，且 T 是非空串。

操作结果：用 V 替换字符串 S 中出现的所有与 T 相等的不重叠的子串。

(13) StrDestroy(S)

初始条件：字符串 S 存在。

操作结果：销毁字符串 S。

3.5.2 定长顺序串运算

1. 定长顺序串

定长顺序串是将字符串设计成一种结构类型，字符串的存储分配是在编译时完成的。和前面所讲的线性表的顺序存储结构类似，用一组地址连续的存储单元存储字符串的字符序列。

```
#define Maxlen 20
typedef struct /* 串结构定义 */
{ char ch[Maxlen];
  int len;
} SString;
```

其中，Maxlen 表示串的最大长度；ch 是存储字符串的一维数组，每个分量存储一个字符；len 是字符串的长度。

在进行串的插入时，插入位置 pos 将字符串分为两部分(假设为 A、B，长度为 LA、LB)，以及待插入部分(假设为 C，长度为 LC)，则字符串由插入前的 AB 变为 ACB，可能有 3 种情况。

1) 插入后字符串长(LA+LC+LB)≤Maxlen：则将 B 后移 LC 个元素位置，再将 C 插入。

2) 插入后字符串长>Maxlen 且 pos+LC<Maxlen：则 B 后移时会有部分字符被舍弃。

3) 插入后字符串长>Maxlen 且 pos+LC>Maxlen：则 B 的全部字符被舍弃(不需后移)，并且 C 在插入时也有部分字符被舍弃。

在进行串的连接时(假设原来串为 A，长度为 LA，待连接串为 B，长度为 LB)，也可能有 3 种情况。

1) 连接后字符串长≤Maxlen：则直接将 B 加在 A 的后面。

2) 连接后字符串长>Maxlen 且 LA<Maxlen：则 B 会有部分字符被舍弃。

3) 连接后字符串长>Maxlen 且 LA=Maxlen：则 B 的全部字符被舍弃(不需连接)。

置换时的情况较为复杂，假设原字符串为 A、长度为 LA，被置换字符串为 B、长度为 LB，置换字符串为 C、长度为 LC，每次置换位置为 pos，则每次置换有 3 种可能。

1) LB=LC：将 C 复制到 A 中 pos 起共 LC 个字符处。

2) LB>LC：将 A 中 B 后的所有字符前移 LB-LC 个字符位置，然后将 C 复制到 A 中 pos 起共 LC 个字符。

3) LB<LC：将 A 中 B 后的所有字符后移 LC-LB 个字符位置，然后将 C 复制到 A 中 pos 起共 LC 个字符，此时可能会出现串插入时的 3 种情况，应按情况做相应处理。

下面是定长顺序串部分基本操作的实现。

2. 串插入函数

```
StrInsert(s,pos,t) /* 在字符串 s 中序号为 pos 的字符之前插入串 t */
SString *s,t;
```

```
int pos;
{
int i;
if(pos<0 || pos>s->len) return(0);/ * 插入位置不合法 * /
if(s->len + t.len<=Maxlen) / * 插入后串长≤Maxlen * /
{ for(i=s->len + t.len-1;i>=t.len + pos;i--)
  s->ch[i]=s->ch[i-t.len];
  for(i=0;i<t.len;i++) s->ch[i+pos]=t.ch[i];
  s->len=s->len+t.len;
  }
else if(pos+t.len<=Maxlen)/ * 插入后串长>Maxlen, 但字符串 t 的字符序列可以全部插入 * /
{
  for(i=Maxlen-1;i>t.len+pos-1;i--) s->ch[i]=s->ch[i-t.len];
  for(i=0;i<t.len;i++) s->ch[i+pos]=t.ch[i];
  s->len=Maxlen;
  }
else / * 字符串 t 的部分字符序列要舍弃 * /
{ for(i=0;i<Maxlen-pos;i++) s->ch[i+pos]=t.ch[i];
  s->len=Maxlen;
  }
return(1);
}
```

3. 串删除函数

```
StrDelete(s,pos,len) / * 在字符串 s 中删除从序号 pos 起 len 个字符 * /
SString *s;
int pos,len;
{
int i;
if(pos<0 || pos>(s->len-len)) return(0);
for(i=pos+len;i<s->len;i++)
    s->ch[i-len]=s->ch[i];
s->len=s->len - len;
return(1);
}
```

4. 串复制函数

```
StrCopy(s,t) / * 将字符串 t 的值复制到字符串 s 中 * /
SString *s,t;
{
int i;
for(i=0;i<t.len;i++) s->ch[i]=t.ch[i];
s->len=t.len;
}
```

5. 判空函数

```
StrEmpty(s) / * 若字符串 s 为空(即字符串长为 0), 则返回 1, 否则返回 0 * /
SString s;
{
```

```
if(s.len==0) return(1);
else return(0);
}
```

6. 串比较函数

```
StrCompare(s,t) /*若字符串s和字符串t相等，则返回0，若s>t返回1，若s<t返回-1*/
SString s,t;
{
int i;
for(i=0;i<s.len&&i<t.len;i++)
if(s.ch[i]!=t.ch[i]) return(s.ch[i] - t.ch[i]);
return(s.len - t.len);
}
```

7. 求串长函数

```
StrLength(s)/*返回字符串s的长度*/
SString s;
{
return(s.len);
}
```

8. 清空串函数

```
StrClear(s) /*将字符串s置为空串*/
SString *s;
{
 s->len=0;
 return(1);
}
```

9. 连接串函数

```
StrCat(s,t) /*将字符串t连接在字符串s的后面*/
SString *s,t;
{
int i,flag;
if(s->len + t.len<=Maxlen) { /*连接后字符串长小于Maxlen*/
  for(i=s->len; i<s->len + t.len; i++)
    s->ch[i]=t.ch[i-s->len];
  s->len+=t.len;flag=1;
  }
else if(s->len<MAXLEN) { /*连接后字符串长大于Maxlen，但字符串s的长度小于Maxlen*/
          /*即连接后字符串t的部分字符序列被舍弃*/
for(i=s->len;i<Maxlen;i++)
  s->ch[i]=t.ch[i-s->len];
s->len=Maxlen;flag=0;
  }
else flag=0;/*字符串s的长度等于Maxlen，字符串t不被连接*/
return(flag);
}
```

10. 求子串函数

```
SubString(sub,s,pos,len) /* 将字符串 s 中序号 pos 起 len 个字符复制到 sub 中 */
SString *sub,s;
int pos,len;
{
int i;
if(pos<0 || pos>s.len || len<1 || len>s.len-pos)
  { sub->len=0;return(0);}
else {
  for(i=0;i<len;i++) sub->ch[i]=s.ch[i+pos];
  sub->len=len;return(1);
  }
}
```

11. 定位函数

```
StrIndex(s,pos,t) /* 从字符串 s 的 pos 序号起,字符串 t 第 1 次出现的位置 */
SString s,t;
int pos;
{
int i,j;
if(t.len==0)return(0);
i=pos;j=0;
while(i<s.len && j<t.len)
  if(s.ch[i]==t.ch[j]) {i++;j++;}
  else {i=i-j+1;j=0;}
if(j>=t.len)return(i-j);
else return(0);
}
```

3.5.3 二维数组的结构特点和存储方式

数组已广泛应用于各种高级语言中，是比较常用的一种数据结构。从结构上看，它是线性表的推广。本节主要介绍数组的逻辑结构定义及存储方式，着重介绍特殊形式的数组——稀疏矩阵的存储结构及相应的运算。

1. 数组的定义和运算

一维数组

$$A=(a_1,a_2,\cdots,a_n)$$

二维数组

$$A_{23}=\begin{pmatrix} a_{11} & a_{12} & a_{13} \\ a_{21} & a_{22} & a_{23} \end{pmatrix}$$

一般形式二维数组

$$A_{mn}=\begin{pmatrix} a_{11} & a_{12} & \cdots & a_{1n} \\ a_{21} & a_{22} & \cdots & a_{2n} \\ \vdots & \vdots & & \vdots \\ a_{m1} & a_{m2} & \cdots & a_{mn} \end{pmatrix}$$

数组结构具有 3 个性质：

- 数据元素数目固定，即一旦说明了一个数组结构，其元素数目不再有增减变化。
- 数据元素具有相同的类型。
- 数据元素的下标关系具有上下界的约束并且下标有序。

对于数组，通常只有以下两种运算：

- 给定一组下标，存取相应的数据元素。
- 给定一组下标，修改相应数据元素中的某个数据项的值。

2. 数组的顺序存储结构

由于计算机的存储单元是一维结构，而数组是多维结构，要用一维的连续单元存放数组的元素，就有存放次序的约定问题。根据不同的存放形式，可以分为以下几种类型。

(1) 按行优先顺序存放

按行优先顺序存放就是按行切分，如上述二维数组 A_{23}，按行切分可得如图 3-19 所示存放顺序。

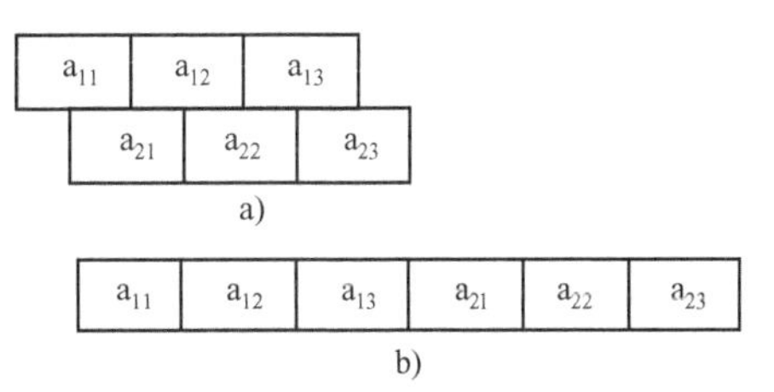

图 3-19 按行优先二维数组存放示意图

假设每个元素仅占一个存储单元，则元素 a_{ij} 的存储地址可以通过下面的关系式计算：

$$Loc(a_{ij})=Loc(a_{11})+(i-1)\times n+(j-1) \quad (1\leq i\leq m, 1\leq j\leq n) \tag{3-5}$$

对应二维数组按行优先顺序存放，在三维数组中是以左下标为主序的存储方式。例如，A_{lmn}(设 $l=2, m=3, n=4$)，如图 3-20 所示。

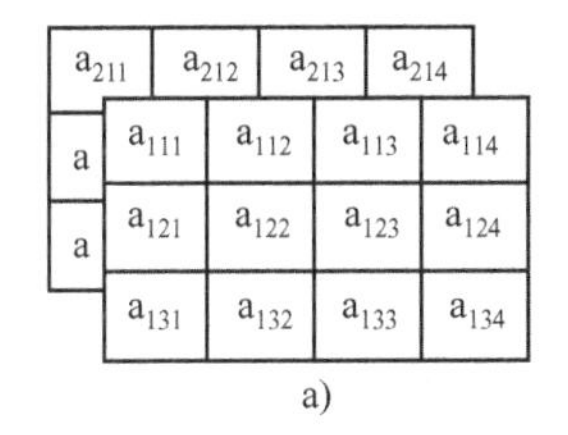

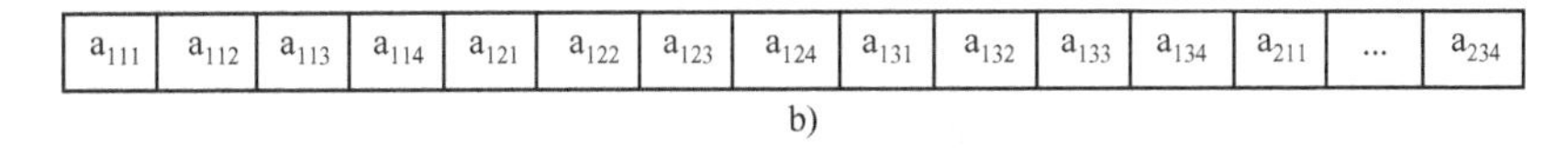

图 3-20 按行优先三维数组存放示意图

元素 a_{ijk} 的存储地址可以通过下面的关系式计算：

$$Loc(a_{ijk})=Loc(a_{111})+(i-1)\times m\times n+(j-1)\times n+(k-1) \quad (1\leq i\leq l, 1\leq j\leq m, 1\leq k\leq n) \tag{3-6}$$

在 C、BASIC、COBOL 和 Pascal 等语言中，数组的实现采用按行优先的存储方式。利用存储地址、指针，可以提高数据访问的效率。

例如，C 语言中，一维数组时：

```
char str[80], *p1;
p1=str; /* 或 p1=&str[0] */
```

要访问第 5 个元素，可以采用下面写法：

```
str[4] 或 *(p1+4)
```

二维数组时：

```
int x[ ][2]={1,1,2,4,3,9}
int *p1;
p1=&x[0][0];
```

要访问 $a_{32}=9$，则

```
x[2][1] 或 *(p1+5)
```

(2) 按列优先顺序存放

如果数组按列切分，就得到按列优先顺序存放方式，仍以上述二维数组 A_{23} 为例，按列切分可得如图 3-21 所示存放顺序。

假设每个元素仅占一个存储单元，则元素 a_{ij} 的存储地址可以通过下面的关系式计算：

$$\mathrm{Loc}(a_{ij})=\mathrm{Loc}(a_{11})+(j-1)\times m+(i-1)\quad(1\leqslant i\leqslant m,1\leqslant j\leqslant n)\tag{3-7}$$

对应二维数组按列优先顺序存放，在三维数组中是以右下标为主序的存储方式。例如，A_{lmn}（设 l=2,m=3,n=4），如图 3-22 所示。

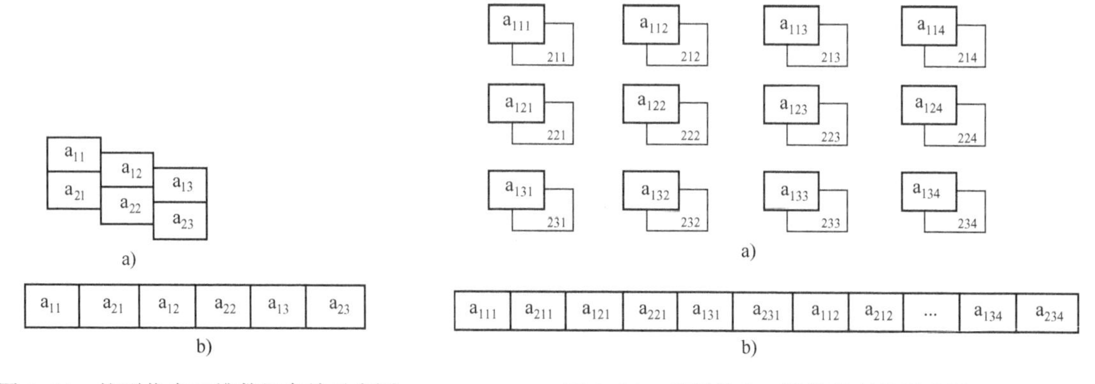

图 3-21　按列优先二维数组存放示意图

图 3-22　按列优先三维数组存放示意图

元素 a_{ijk} 的存储地址可以通过下面的关系式计算：

$$\mathrm{Loc}(a_{ijk})=\mathrm{Loc}(a_{111})+(k-1)\times l\times m+(j-1)\times l+(i-1)\quad(1\leqslant i\leqslant l,\ 1\leqslant j\leqslant m,1\leqslant k\leqslant n)\tag{3-8}$$

在 FORTRAN 语言中，数组采用按列优先的存储方式。

3. 特殊矩阵的存储方式

上述两种数组的顺序存储方式，对于绝大部分元素值不为零的数组是合适的。但是，如果数组中有很多元素的值为零时，上述存储方式会造成大量存储单元的浪费。

(1) 下三角阵的存储方式

设下三角阵数组 A_{nn} 为

$$A_{nn}=\begin{pmatrix}a_{11} & 0 & \cdots & \cdots & \cdots & 0\\ a_{21} & a_{22} & 0 & \cdots & \cdots & 0\\ \vdots & \vdots & \vdots & & & \vdots\\ a_{n1} & a_{n2} & a_{n3} & \cdots & \cdots & a_{nn}\end{pmatrix}$$

若将其中非零元素按行优先顺序存放，则有

$$\{a_{11},a_{21},a_{22},a_{31},a_{32},\cdots,a_{n1},a_{n2},\cdots,a_{nn}\}$$

从第 1 行至第 i-1 行的非零元素个数为

$$\sum_{k=1}^{i-1}k=\frac{i(i-1)}{2}$$

求取其中非零元素 a_{ij} 地址的关系式为

$$Loc(a_{ij})=Loc(a_{11})+\frac{i(i-1)}{2}+(j-1) \quad (1\leq j\leq i\leq n) \tag{3-9}$$

(2) 三对角阵的存储方式

设 A_{nn} 为三对角阵：

$$A_{nn}=\begin{pmatrix} a_{11} & a_{12} & 0 & \cdots & \cdots & \cdots & \cdots & 0 \\ a_{21} & a_{22} & a_{23} & 0 & \cdots & \cdots & \cdots & 0 \\ 0 & a_{32} & a_{33} & a_{34} & 0 & \cdots & \cdots & 0 \\ \vdots & \vdots & \vdots & \vdots & \vdots & & & \vdots \\ 0 & 0 & \cdots & \cdots & \cdots & a_{n-1,n-2} & a_{n-1,n-1} & a_{n-1,n} \\ 0 & 0 & \cdots & \cdots & \cdots & \cdots & a_{n,n-1} & a_{nn} \end{pmatrix}$$

若将其中非零元素按行优先顺序存放，则有

$$\{a_{11},a_{12},a_{21},a_{22},a_{23},a_{32},a_{33},a_{34},\cdots,a_{n,n-1},a_{nn}\}$$

求取其中非零元素 a_{ij} 地址的关系式为

$$\begin{aligned} &Loc(a_{ij})=Loc(a_{11})+2(i-1)+(j-1) \\ &(i=1,j=1,2 \text{ 或 } i=n,j=n-1,n \text{ 或 } 1<i<n,j=i-1,i,i+1) \end{aligned} \tag{3-10}$$

(3) 对称矩阵的存储方式

$$A_{mn}=\begin{pmatrix} a_{11} & a_{12} & \cdots & a_{1n} \\ a_{21} & a_{22} & \cdots & a_{2n} \\ \vdots & \vdots & & \vdots \\ a_{m1} & a_{m2} & \cdots & a_{mn} \end{pmatrix}$$

其中 $a_{ij}=a_{ji}$，类似于三对角阵的存储。

4. 稀疏矩阵

矩阵在科学计算中应用十分广泛，而且随着计算机应用的发展，大量出现处理高阶矩阵问题，有的甚至达到几十万阶、几千亿个元素，这就远远超过计算机的内存容量。然而，在大量的高阶问题中，绝大部分元素是零值。当非零元素所占比例小于等于 25%～30%时，我们称这种含有大量零元素的矩阵为稀疏矩阵。压缩这种零元素占据的空间，不但能节省内存空间，而且能够避免大量零元素进行的无意义运算，大大提高运算效率。

(1) 顺序存储结构

1) 三元组表。线性表中的每个结点由 3 个字段组成，分别是该非零元素的行下标、列下标和值，按行优先顺序排列。以下讨论矩阵下标均从 1 开始。

C 语言中数据类型：

```
#define smax 16;                /*最大非零元素个数的常数*/
typedef int datatype;
typedef struct
{ int i,j;                      /*行号，列号*/
  datatype v;                   /*元素值*/
}node;
typedef struct
{ int m,n,t;                    /*行数，列数，非零元素个数*/
  node data[smax];              /*三元组表*/
} spmatrix;                     /*稀疏矩阵类型*/
```

稀疏矩阵用三元组表示的例子如图 3-23 所示。

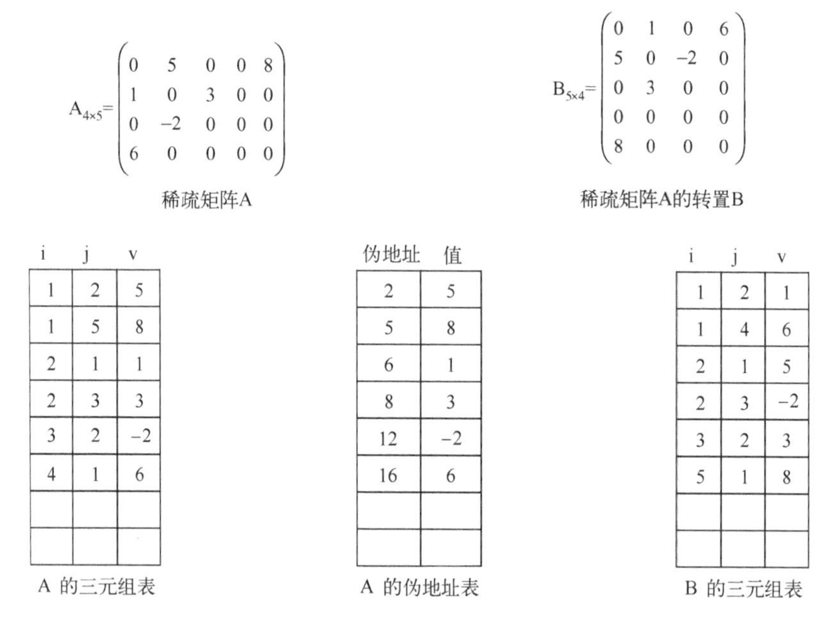

i	j	v
1	2	5
1	5	8
2	1	1
2	3	3
3	2	-2
4	1	6

A 的三元组表

伪地址	值
2	5
5	8
6	1
8	3
12	-2
16	6

A 的伪地址表

i	j	v
1	2	1
1	4	6
2	1	5
2	3	-2
3	2	3
5	1	8

B 的三元组表

图 3-23　矩阵和三元组表示

若行下标、列下标与值均占一个存储单元，非零元素个数为 N，那么这种方法需要 3N 个存储单元，由于是按行优先顺序存放，因此行下标排列是递增有序的，在检索数组元素时若用对半检索方法，则存取一个元素的时间为 $O(\log_2 N)$。

2）伪地址表示法。伪地址是指本元素在矩阵中（包含零元素在内）按行优先顺序的相对位置，上述稀疏矩阵 A 中非零元素的伪地址为

$$\{2, 5, 6, 8, 12, 16\}$$

查找元素：伪地址 $=n\times(i-1)+j$，n 为矩阵的列数。

例如，查找 $a_{23}=3$，a_{23}的伪地址 $=5\times(2-1)+3=8$。由计算得到的伪地址和伪地址表，即可查到 a_{23}的值。

伪地址表示法共需 2N 个存储单元，但要花费时间计算伪地址。

（2）顺序存储结构稀疏矩阵的转置运算

转置是一种最简单的矩阵运算，一般矩阵的转置算法为：

```
for(col=0; col<n; col++)
for(row=0; row<m; row++)
B[col][row]=A[row][col];
```

它的执行时间为 $O(m\times n)$。由于稀疏矩阵含有大量的零元素，这种方法显然不经济。以下介绍三元组表的转置算法。

```
spmatrix *TRANSMAT(spmatrix *a)
/*返回稀疏矩阵 A 的转置*/
{   int ano,bno,col;
    /*ano 和 bno 分别指示 a->data 和 b->data 中结点序号，col 指示 *a 的列号，即 b 的行号*/
    spmatrix *b;                                    /*存放转置后的矩阵*/
```

```
    b=malloc(sizeof(spmatrix));
    b->m=a->n; b->n=a->m;                              /* 行列数交换 */
    b->t=a->t;
    if(b->t>0)                                         /* 有非零元素，则转置 */
    {  bno=0;
       for(col=0;col<a->n;col++)                       /* 按 * a 的列序转置 */
           for(ano=0;ano<a->t;ano++)                   /* 扫描整个三元组表 */
                   if(a->data[ano].j==col)             /* 列号为 col 则进行置换 */
                   {  b->data[bno].i=a->data[anp].j;
                      b->data[bno].j=a->data[ano].i;
                      b->data[bno].v=a->data[ano].v;
                      bno++;                           /* b->data 结点序号加 1 */
                   }
           }
      }
      return b;                                        /* 返回转置结果指针 */
    }                                                  /* TRANSMAT */
```

它的执行时间为 O(t×n)。由于非零元素个数 t 远远大于行数，故三元组转置算法虽然节省了空间，但浪费了时间。

(3) 链表存储结构

顺序存储结构的缺点是当非零元素的位置或个数经常变动时，要进行的元素的插入或删除将会带来诸多不便，这时采用链表结构更为恰当。

1) 带行指针向量的单链表表示。本方法设置一个行指针向量，向量中每一个元素为一指针类型，指向本行矩阵的第 1 个非零元素结点，若本行无非零元素，则指针为空。例如，对上述矩阵 A 的单链表表示如图 3-24 所示。

若矩阵的行数为 m，非零元素个数为 N，则它的存储量为 3N+m；若每一行中的非零元素个数为 s，则存取元素的时间复杂度为 O(s)。

2) 十字链表结构。在十字链表中，存放表头结点和非零元素结点的结构相似，如图 3-25 所示。

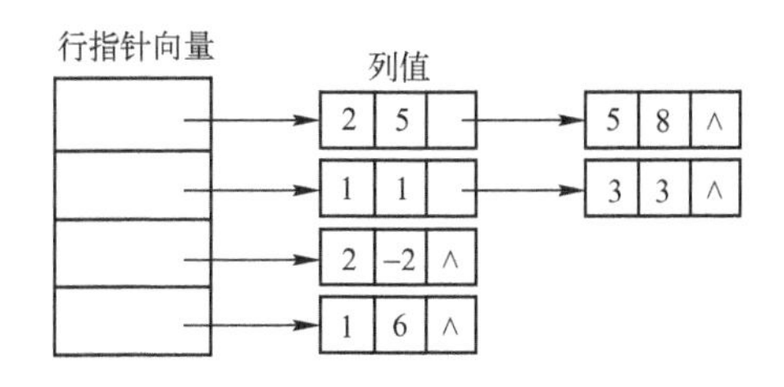

图 3-24 矩阵 A 带行指针向量的单链表表示

row	col	v(元素结点) / next(表头结点)
down		right

图 3-25 十字链表结构

例如，对上述矩阵建立十字链表。

$$A_{4\times5}=\begin{pmatrix}0 & 5 & 0 & 0 & 8\\1 & 0 & 3 & 0 & 0\\0 & -2 & 0 & 0 & 0\\6 & 0 & 0 & 0 & 0\end{pmatrix}$$

建立十字链表表头，如图 3-26 所示。

插入非零结点，行、列构成循环链表，如图 3-27 所示。

增加附加头结点，头结点中 row、col 分别存放稀疏矩阵的行数和列数，并将所有表头构成循环链表，如图 3-28 所示。

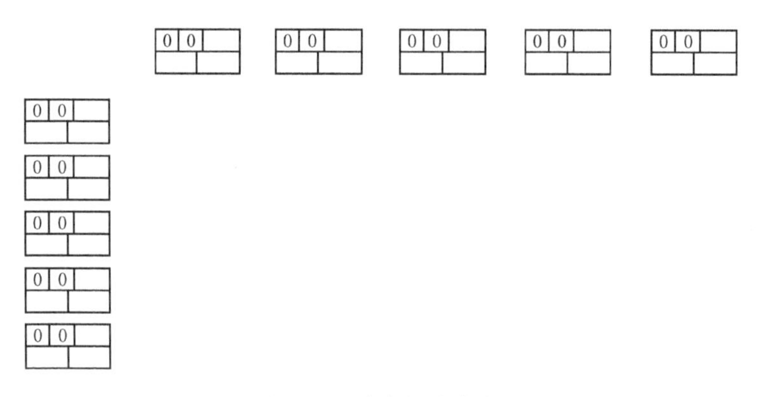

图 3-26　十字链表表头

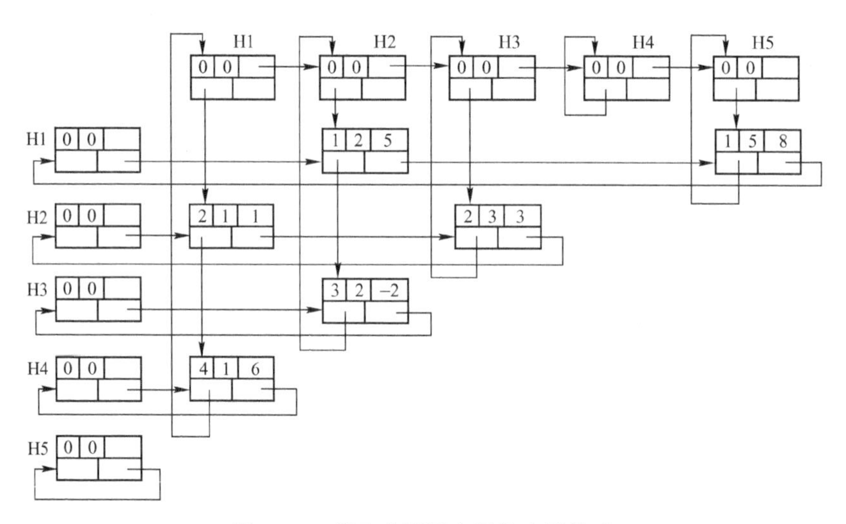

图 3-27　插入非零结点后的十字链表

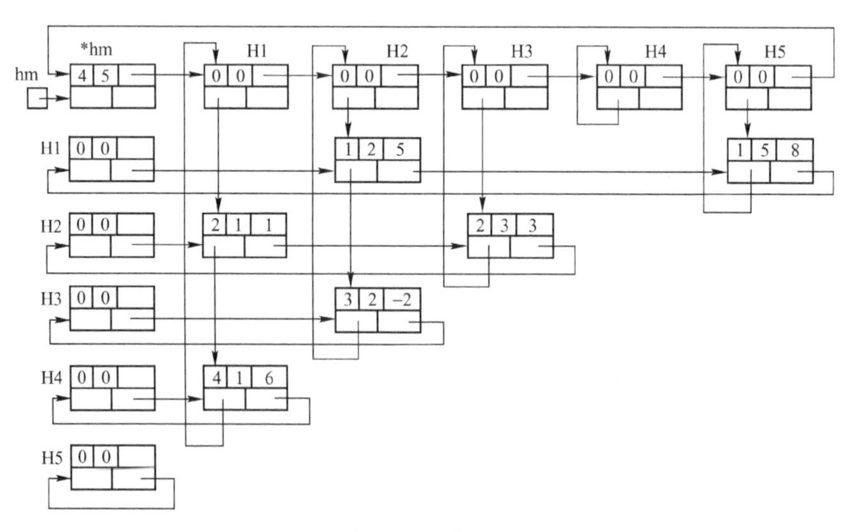

图 3-28　增加附加头结点后的十字链表

3.5.4　矩阵和特殊矩阵元素的存储结构与应用实例

【问题描述】

设已知一个 n×n 的上三角矩阵 X，其上三角元素已按行序为主序连续存放在数组 Y 中。请设计一个 tran 函数，将数组 Y 中元素按列为主序连续存放在数组 Z 中。

$$X=\begin{pmatrix}1&2&3&4&5\\0&6&7&8&9\\0&0&10&11&12\\0&0&0&13&14\\0&0&0&0&15\end{pmatrix}$$

$$Y=(1,2,3,4,5,6,7,8,9,10,11,12,13,14,15)$$

$$Z=(1,2,6,3,7,10,4,8,11,13,5,9,12,14,15)$$

【算法分析】

解题思路：用 i 和 j 表示矩阵 X 中元素的行和列下标。用 k 表示矩阵 Y 中元素的下标，初始时 i=1，j=1，k=1；将 y[k]=x[i,j]元素存放在 z[j(j-1)+i]中，且当一行没有结束时j++，否则 i++并修改下一行元素的个数及 i 和 j 的值，直到 k=n(n+1)/2 为止。

C 语言源程序如下：

```
#include <stdio.h>
#define N 5
void tran( int y[ ],int n,int z[ ])
{    int k,step=n,count=0,i=0,j=0 ;
     for(k=0;k<n*(n+1)/2;k++)
     {  count++;
        z[j*(j-1)/2+i]=y[k];
        if(count==step)
        {   step--;
            count=0;
            i++;
            j=i;
        }
        else j++;
     }
}
main( )
{   int x[N][N],y[N*(N+1)/2],z[N*(N+1)/2];
    int i,j,k=0,n=N;
    for(i=0;i<n;i++)
         for(j=0;j<n;j++)
              x[i][j]=0;
    printf("please input non zero data of Matrix on line:\n");
    for(i=0;i<n;i++)
         for(j=i;j<n;j++)
              scanf("%d",&x[i][j]);
    for(i=0;i<n;i++)
    {    for(j=0;j<n;j++)
             printf("%4d",x[i][j]);
         printf("\n");
    }
     for(i=0;i<n;i++)
     for(j=i;j<n;j++)
     {   y[k]=x[i][j];
         k++;
```

```
    }
    for(i=0;i<n*(n+1)/2;i++)
        printf("%4d",y[i]);
    printf("\n");
    tran(y,n,z);
    for(i=0;i<n*(n+1)/2;i++)
        printf("%4d",z[k]);
    printf("\n");
}
```

3.5.5 稀疏矩阵的压缩存储方式和简单运算实例

【问题描述】

输入一个稀疏矩阵 A，①将其转化为三元组的表示形式；②在三元组存储矩阵中查找值为 x 的结点是否存在于矩阵 A 中，如果存在，输出其位置，否则输出“不存在”提示信息。

【算法分析】

稀疏矩阵用二维数组 A 进行存储，三元组用结构体 B 表示。先将数组 A 中的非 0 元素及它所在的行、列位置信息按行优先顺序存储到 B 中，然后再在 B 中查找值为 x 的结点所在位置，如果存在，输出其位置，否则输出“不存在”提示信息。

C 语言源程序如下：

```
#include <stdio.h>
#define MAX 100
#typedef struct
{   int i,j;
    Elemtype v;
}Pnode;
typedef struct
{   int rows,cols,terms;
    Pnode data[MAX+1];
}PMatrix;
PMatrix B;
void crt_matrix(int A[][MAX],int m,int n)
{   int i,j,k=1 ;
    for(i=1 ;i<=m ;i++)
        for(j=1 ;j<=n ;j++)
        if(A[i][j] !=0)
        {   B.data[k].i=i ;
            B.data[k].j=j ;
            B.data[k].v=A[i][j] ;
            k++;
        }
        B.rows=m;
        B.cols=n;
        B.terms=k-1;
    printf(" the Matrix=B:\n");
    printf("%4d%4d%4d\n",B.rows,B.cols,B.terms);
    for(i=1;i<=B.terms;i++)
        printf("%4d%4d%4d\n",B.data[i].i,B.data[i].j,B.data[i].v);
}
```

```c
int searchval(int x)
{   int flag=0,t=1;
    while(t<=B.terms)
    {   if(B.data[t].v==x)
        {   printf("The %d is in row: %2d and col:%2d\n",x,B.data[t].i,B.data[t].j);
            flag=1;
        }
        t++;
    }
    if(flag)
        return(1);
    else
    {   printf("The %d is not in the Matrix-A\n",x);
        return(0);
    }
}
main()
{   int m,n,i,j,x;
    int a[MAX][MAX];
    printf("please input the Matrix-A:\n");
    for(i=1;i<=m;i++)
        for(j=1;j<=n;j++)
        {   printf("please input A[%2d][%2d]:",i,j);
            scanf("%d",&A[i][j]);
        }
    printf("the Matrix-A:\n");
    for(i=1;i<=m;i++)
    {   for(j=1;j<=n;j++)
            printf("%4d",A[i][j]);
        printf("\n");
    }
    crt_matrix(m,n)
    printf("please input x=");
    scanf("%d",&x);
    searchval(x);
}
```

3.6 习题

一、选择题

1. 线性结构中的一个结点代表一个(　　)。

   A. 数据元素　　　　B. 数据项

   C. 数据　　　　　　D. 数据结构

2. 顺序表是线性表的(　　)。

   A. 链式存储结构　　B. 顺序存储结构

   C. 索引存储结构　　D. 散列存储结构

3. 对顺序表上的插入、删除算法的时间复杂度分析来说，通常以(　　)为标准操作。

   A. 条件判断　　　　B. 结点移动

C. 算术表达式　　　　　　　　　D. 赋值语句

4. 在含有 n 个结点的顺序存储的线性表中，在任一结点前插入一个结点所需移动结点的平均次数为(　　)。

A. n　　　　　　　　　　B. n/2

C. (n-1)/2　　　　　　　D. (n+1)/2

5. 带头结点的单链表 head 为空的条件是(　　)。

A. head=NULL　　　　　　B. head->next=NULL

C. head->next=head　　　D. head!=NULL

6. 在双循环链表的 p 结点之后插入 s 结点的操作是(　　)。

A. p->next=s; s->prior=p; p->next->prior=s; s->next=p->next;

B. p->next=s; p->next->prior=s; s->prior=p; s->next=p->next;

C. s->prior=p; s->next=p->next; p->next=s; p->next->prior=s;

D. s->prior=p; s->next=p->next; p->next->prior=s; p->next=s;

7. 在一个单链表中，若 p 结点不是最后结点。在 p 之后插入结点 s，则执行(　　)。

A. s->next=p; p->next=s;　　　　B. s->next=p->next; p->next=s;

C. s->next=p->next; p=s;　　　　D. p->next=s; s->next=p;

8. 循环链表的主要优点是(　　)。

A. 不再需要头指针了

B. 已知某个结点的位置后，容易找到它的直接前驱

C. 在进行插入、删除操作时，能更好地保证链表不断开

D. 从表中任一结点出发都能扫描到整个链表

9. 设有一顺序栈 s，元素 s_1,s_2,s_3,s_4,s_5,s_6 依次入栈，如果 6 个元素出栈的顺序是 s_2,s_3,s_4,s_6,s_5,s_1，则栈的容量至少应该是(　　)。

A. 2　　　　　　　　　　B. 3

C. 5　　　　　　　　　　D. 6

10. 设有一顺序栈已经含有 3 个元素，如图 3-29 所示，元素 a_4 正等待入栈。以下序列中不可能出现的出栈序列是(　　)。

A. a_3, a_1, a_4, a_2　　　　B. a_3, a_2, a_4, a_1

C. a_3, a_4, a_2, a_1　　　　D. a_4, a_3, a_2, a_1

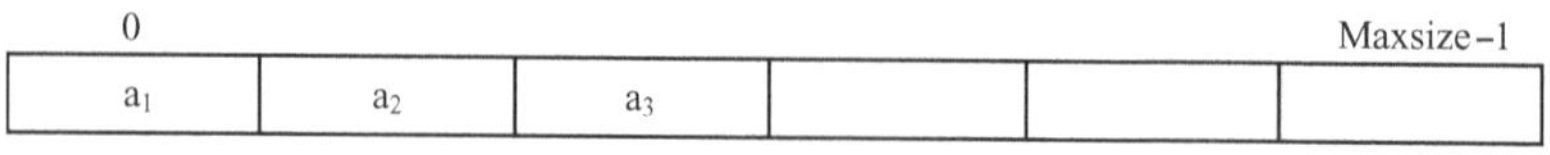

0					Maxsize-1
a_1	a_2	a_3			

图 3-29　栈示意图

11. 若一个栈的输入序列是 1, 2, 3, 4, …, n，输出序列的第一个元素是 n，则第 i 个输出元素是(　　)。

A. 不确定　　　　　　　　B. n-i

C. n-i+1　　　　　　　　D. n-i-1

12. 循环队列的队满条件为(　　)。

A. (sq.rear+1)%maxsize==(sq.front+1)%maxsize;

B. (sq. rear+1)%maxsize==sq. front+1;

C. (sq. rear+1)%maxsize==sq. front;

D. sq. rear==sq. front;

13. 一个栈的入栈序列是a,b,c,d,e，则栈的不可能的输出序列是(　　)。

A. e,d,c,b,a　　B. d,e,c,b,a

C. d,c,e,a,b　　D. a,b,c,d,e

14. 一个队列的入队序列是1，2，3，4，则队列的可能的输出序列是(　　)。

A. 4,3,2,1　　B. 1,2,3,4

C. 1,4,3,2　　D. 3,2,4,1

二、判断题

1. 顺序存储的线性表可以随机存取。(　　)

2. 顺序存储的线性表的插入和删除操作不需要付出很大的代价，因为平均每次操作只有近一半的元素需要移动。(　　)

3. 线性表中的元素可以是各种各样的，但同一线性表中的数据元素具有相同的特性，因此属于同一数据对象。(　　)

4. 在线性表的顺序存储结构中，逻辑上相邻的两个元素在物理位置上不一定相邻。(　　)

5. 在线性表的链式存储结构中，逻辑上相邻的元素在物理位置上不一定相邻。(　　)

6. 在单链表中，可以从头结点开始查找任何一个元素。(　　)

7. 线性表的链式存储结构优于顺序存储结构。(　　)

8. 在线性表的顺序存储结构中，插入和删除元素时，移动元素的个数与该元素的位置有关。(　　)

9. 在单链表中，要取得某个元素，只要知道该元素的指针即可，因此单链表是随机存取的存储结构。(　　)

10. 顺序存储方式只能用于存储线性结构。(　　)

11. 在顺序栈栈满情况下，不能再入栈，否则会产生“上溢”。(　　)

12. 若一个栈的输入序列为1,2,3,…,n，其输出序列的第一个元素为n，则其输出序列的每个元素a_i一定满足$a_i=i+1(i=1,2,\cdots,n)$。(　　)

13. 循环队列中元素个数为rear-front。(　　)

14. 一个栈的输入序列是1,2,3,4，则在栈的输出序列中可以得到4,3,1,2。(　　)

15. 一个栈的输入序列是1,2,3,4，则在栈的输出序列中可以得到1,2,3,4。(　　)

三、填空题

1. 线性结构的基本特征是：若至少含有一个结点，则除起始结点没有直接________外，其他结点有且仅有一个直接________；除终端结点没有直接________外，其他结点有且仅有一个直接________。

2. 线性表的逻辑结构是________结构，其所含结点的个数称为线性表的________。

3. 非空的单循环链表head的尾结点(由指针p所指)满足________。

4. 对于一个具有n个结点的单链表，在p所指结点后插入一个结点的时间复杂度为________，在给定值为x的结点后插入新结点的时间复杂度为________。

5. 在顺序表中插入或删除一个元素，平均需要移动________元素，具体移动的元素个数与

________有关。

6. 在单链表中，若 p 和 s 是两个指针，且满足 p->next 与 s 相同，则语句 p->next=s->next 的作用是________ s 指向的结点。

7. 在单链表中，指针 p 所指结点为最后一个结点的条件是________。

8. 在具有 n 个单元的循环队列中，队满时共有________个元素。

9. 假设以 S 和 X 分别表示入栈和出栈操作，则对输入序列 a,b,c,d,e 进行一系列栈操作 SSXSXSSXXX 之后，得到的输出序列为________。

10. 栈的逻辑特点是________，队列的逻辑特点是________，两者的共同特点是________。

11. ________可以作为实现递归函数调用的一种数据结构。

12. 在队列中，新插入的结点只能添加到________。

四、应用题

1. 何时选用顺序表，何时选用链表作为线性表的存储结构为宜？

2. 下列算法的功能是什么？

```
LinkList testl(LinkList L)
{/*L是无头结点的单链表*/
  ListNode *q, *p;
  if(L&&L->next)
    { q=L;L=L->next;p=L;
      while(p->next) p=p->next;
      p->next=q;q->next=NULL;
    }
  return L;
}
```

3. 若线性表的总数基本稳定，且很少进行插入、删除操作，但要求以最快的方式存取线性表的元素，应该用哪种存储结构？为什么？

4. 设有字符串为 3*-y-a/y^2，试利用栈写出将其转换为 3y-*ay2^/-的操作过程。假定用 X 代表扫描该字符串过程中顺序取一个字符入栈的操作，用 S 代表从栈中取出一个字符加入到新字符串尾的出栈操作。例如，ABC 变为 BCA 的操作步骤为 XXSXSS。

5. 按照运算符优先法，画出对下面算术表达式求值时，操作数栈和运算符栈的变化过程：9-2*4+(8+1)/3。

五、算法设计题

1. 设单链表 L 是一个非递减有序表，试写一个算法将 x 插入其中后仍保持 L 的有序性。

2. 设 A、B 是两个线性表，其表中元素递增有序，长度分别为 m 和 n。试写一算法分别以顺序存储和链式存储将 A 和 B 归并成一个仍按元素值递增有序的线性表 C。

3. 已知由单链表表示的线性表中，含有 3 类字符的数据元素(如字母字符、数字字符和其他字符)，试编写算法构造 3 个以循环链表表示的线性表，使得每个表中只含有同一类的字符，且利用原表中的结点空间作为这 3 个表的结点空间，头结点可另辟空间。

4. 双循环链表中，设计满足下列条件的算法。

(1) 在值为 x 的结点之前插入值为 y 的结点。

(2) 在值为 x 的结点之后插入值为 y 的结点。

(3) 删除值为 x 的结点。

第4章　树

前面章节介绍了线性逻辑结构，本章将介绍非线性逻辑结构中树的概念与应用。线性结构中结点间具有唯一前驱和唯一后继关系，而非线性结构的特征是结点间关系的前驱、后继不再具有唯一性。其中，在树结构中结点间关系是有唯一前驱而后继不唯一，即结点之间是一对多的关系。本章主要讲述树结构的特性、存储及其操作实现。

4.1　树的概念

在学习树形结构及运算之前，需要先学习树的定义、树的基本术语。

4.1.1　树结构数据举例

树结构是现实世界中大量存在的一种数据结构。这类结构中，数据元素结点间具有明显的分支和层次关系。那么，什么是树结构呢？首先看以下几个应用。

假定某学院的机构如图 4-1 所示。

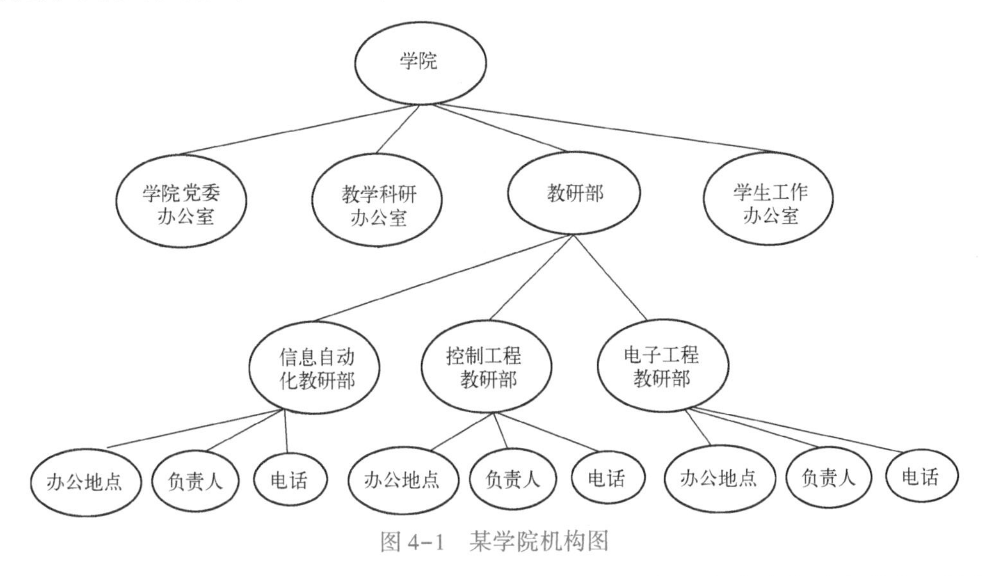

图 4-1　某学院机构图

这个学院的组织结构就具有明显的分支和层次关系。它主要由学院党委办公室、教学科研办公室、学生工作办公室和教研部组成；而教研部包括信息自动化教研部、控制工程教研部等，每个部包括办公地点、电话、负责人等信息，这样的数据特点就适合使用树结构表示，它的形式就像现实生活中的一棵倒挂的树。

如果打开计算机，通过“库”会看到“计算机”的构成层次，如图 4-2 所示，这是计算机的基本组成。当将“Windows7_OS(C:)”前的“◢”展开时，出现如图 4-3 所示的界面。

图 4-3 是最常见的一个界面，也是树结构的典型实例。计算机中的文件就是按照层次的结构方式进行管理的。

图 4-2　资源管理器

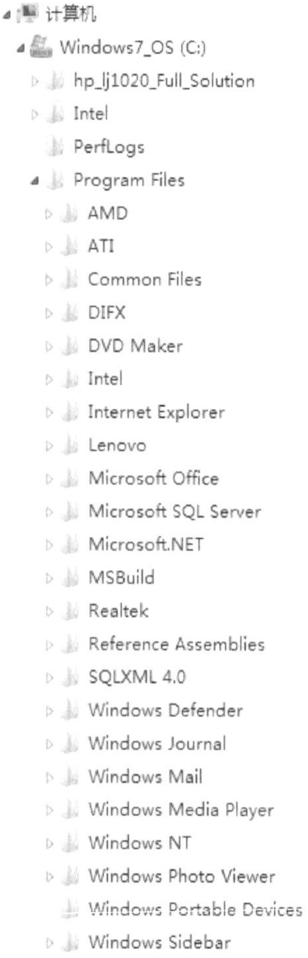

图 4-3　C 驱动器展开图

对于这种具有分支和层次特点的数据，在数据结构中采用如图 4-4 所示的方式表示。这里的结点 A 就如同树根，就像从树根会生长出树枝和树叶一样，从结点 A 向下延伸出许多结点——结点 B、结点 C、结点 D，它们都是结点 A 的后继结点，而结点 E、结点 J 等就像树叶，不再有分支。而结点 B 的前驱结点是结点 A，除树根结点 A 之外，其他所有结点都有唯一的一个前驱结点。

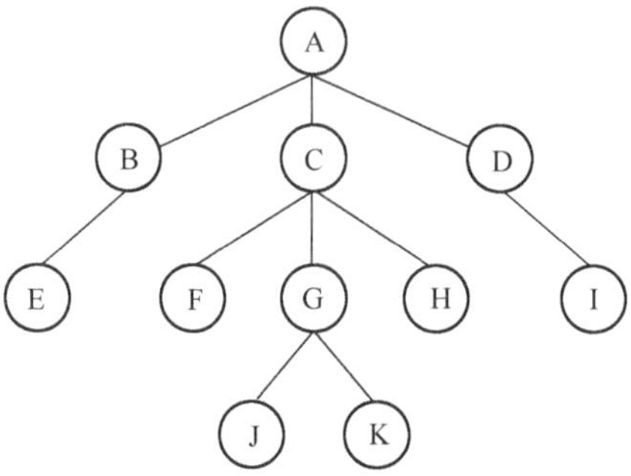

图 4-4　树结构数据表示示意图

4.1.2　树的定义

从图 4-4 所示的树结构数据表示示意图中，读者应该已经对树结构有了一个感性的认识。下面来看在数据结构中对树的定义。

树是 n(n≥0) 个结点的有限集合。当 n=0 时，称为空树；当 n>0 时，该集合满足如下条件：

1）其中必有一个称为根的特定结点，它没有直接前驱，但有零个或多个直接后继。

2）其余 n-1 个结点可以划分成 m(m≥0) 个互不相交的有限集 $T_1,T_2,T_3,\cdots,T_m$。其中，T_i

又是一棵树，称为根的子树。每棵子树的根结点有且仅有一个直接前驱，但有零个或多个直接后继。

图 4-4 是一棵具有 11 个结点的树，即 T={A,B,C,D,E,F,G,H,I,J,K}。结点 A 是树根，除根结点 A 外，其余的 10 个结点又可以分为 3 个互不相交的子树 T_1、T_2、T_3。其中，T_1={B,E}；T_2={C,F,G,H,J,K}；T_3={D,I}。而 T_1、T_2、T_3 可以继续分解，依此类推，可以将每棵子树分解到只有一个结点。

4.1.3 树的基本术语

下面以图 4-4 为例来介绍树结构中常用的术语，这是进一步学习的基础。

1. 结点

结点表示树中的元素，如 A、B。

2. 结点的度

结点的度表示结点拥有子树的个数。图 4-4 中结点 A 的度是 3，结点 B 的度是 1，而结点 E 的度是 0。

3. 叶子结点

叶子结点也称为终端结点，即度为 0 的结点，如图 4-4 中的结点 E、结点 F、结点 H、结点 I、结点 J 和结点 K。

4. 分支结点

分支结点也称为非终端结点，即度不为 0 的结点，如图 4-4 中的结点 A、结点 B、结点 C、结点 D、结点 G。

5. 孩子、双亲和兄弟

树中一个结点的子树的根称为该结点的孩子，而这个结点是其孩子的双亲，同一个双亲的孩子结点互称为兄弟。图 4-4 中结点 A 是结点 B、结点 C 和结点 D 的双亲；结点 B、结点 C 和结点 D 是结点 A 的孩子，而它们互为兄弟。

注意：结点 F、结点 G、结点 H 不能称为结点 A 的孩子，它们是结点 C 的孩子。结点 E 和结点 F 不是兄弟，因为它们的双亲不是同一个结点。

6. 结点的层数

根结点所在位置是第 1 层，其余结点的层数等于它的双亲结点的层数加 1。如图 4-4 中结点 A 的层数是 1，结点 J 的层数是 4。

7. 树的深度

树的深度也称为树的高度，即树中结点的最大层数。如图 4-4 所示的树的深度是 4。

8. 树的度

树的度表示树中各结点度的最大值。如图 4-4 所示的树的度是 3。

9. 有序树与无序树

若一棵树中结点的各子树从左到右是有次序的，不能互换位置，则称这棵树为有序树；反之，则称为无序树。

10. 森林

森林表示 m(m≥0) 棵互不相交的树的集合。如图 4-5 所示的森林 F={T_1,T_2,T_3}。

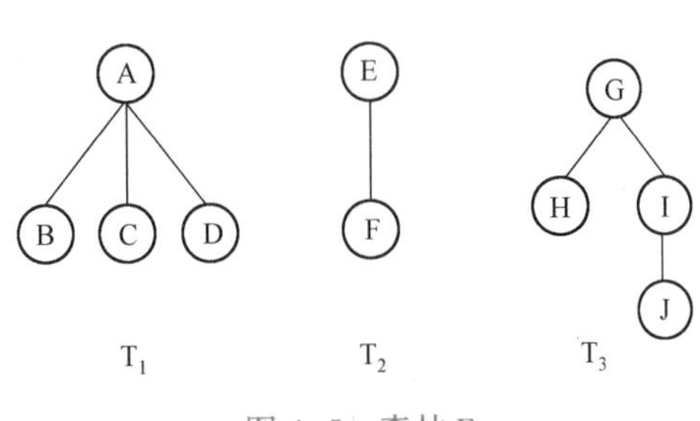

图 4-5　森林 F

4.2 二叉树的基本概念和主要性质

在树结构中有一种应用较为广泛的树——二叉树。二叉树的度不大于2，而且是一棵有序树，即树中结点的子树从左到右是有次序的。

4.2.1 二叉树的基本概念

二叉树是n(n≥0)个数据元素的有限元素集合。该集合或为空，或由一个根结点和两个分别称为左子树和右子树的互不相交的二叉树组成。当集合为空，称为空二叉树。

由此定义可以看出，一棵二叉树中的每个结点只能含有0、1或2个孩子，而且每个孩子有左右之分。位于左边的孩子叫作左子树(左孩子)，位于右边的孩子叫作右子树(右孩子)。

二叉树有以下两个特点：

1）二叉树的每个结点的度都不大于2。

2）二叉树每个结点的孩子结点的次序不能任意颠倒。

二叉树具有5种基本形态，如图4-6所示。

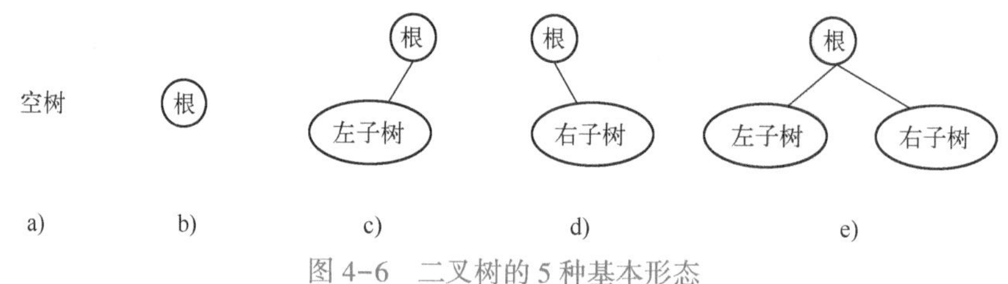

图4-6　二叉树的5种基本形态

a）空树　b）只有一个根结点　c）只有根结点和左子树　d）只有根结点和右子树

e）具有根结点、左子树和右子树

有两种特殊形式的二叉树——满二叉树和完全二叉树，如图4-7所示。

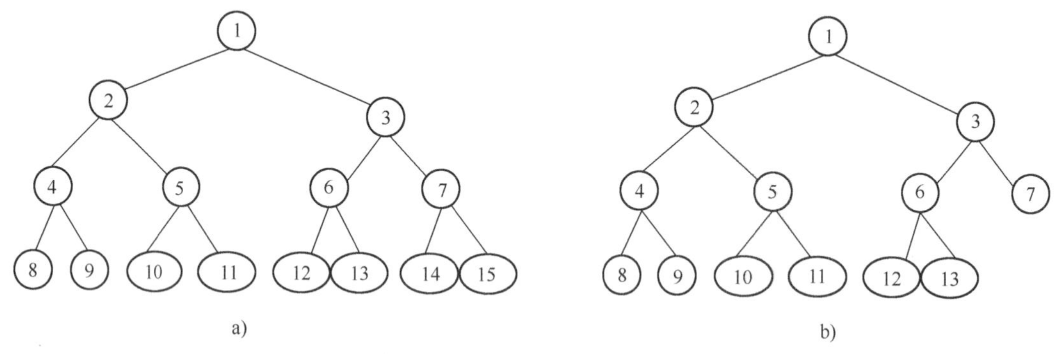

图4-7　满二叉树和完全二叉树

a）满二叉树　b）完全二叉树

（1）满二叉树

深度为h且含有2^h-1个结点的二叉树，称为满二叉树。

（2）完全二叉树

一棵深度为h，结点数为n的二叉树，如果其结点1~n的位置序号分别与满二叉树的结点1~n的位置序号一一对应，则为完全二叉树。

注意：满二叉树必为完全二叉树，而完全二叉树不一定是满二叉树。

二叉树是树的一个子集，它继承了树的特性，树的相关术语对二叉树也同样适用。但是，因为二叉树的度的最大值是2，因此它又具有普通树所不具备的一些特殊性质。

4.2.2 二叉树的主要性质

性质1：一棵非空二叉树的第i层上最多有2^{i-1}个结点（$i \geqslant 1$）。

该性质可用数学归纳法证明（这里省略证明），也可以通过图4-8进行验证。

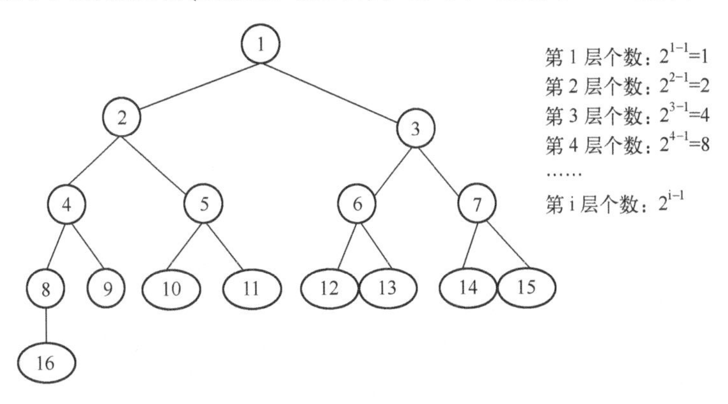

图4-8 二叉树第i层结点数

性质2：一棵深度为h的二叉树最多具有2^h-1个结点。

这里同样省略证明。读者还是可以通过图4-8进行验证。

性质3：对于一棵非空的二叉树，若它具有n_0个叶子结点，有n_2个度为2的结点，则有

$$n_0=n_2+1$$

性质4：具有n个结点的完全二叉树的深度为$\lfloor \log_2 n \rfloor+1$。

这里同样省略证明。读者还是可以通过图4-8进行验证。

性质5：对于具有n个结点的完全二叉树，如果按照从上到下和从左到右的顺序对二叉树中的所有结点从1开始顺序编号，则对于任意的序号为i的结点有：

1）如果$i=1$，则序号为i的结点是根结点，无双亲结点；如果$i>1$，则序号为i的结点的双亲结点序号为$\lfloor i/2 \rfloor$。

2）如果$2i>n$，则序号为i的结点无左孩子；如果$2i \leqslant n$，则序号为i的结点的左孩子结点的序号为$2i$。

3）如果$2i+1>n$，则序号为i的结点无右孩子；如果$2i+1 \leqslant n$，则序号为i的结点的右孩子结点的序号为$2i+1$。

4.3 二叉树的存储

二叉树同样可以用顺序存储结构和链式存储结构方式实现。但一般情况下，二叉树应使用链式存储结构，而顺序存储方式较适合满二叉树和完全二叉树。

4.3.1 顺序存储方式

顺序存储就是用一组地址连续的存储单元来存放一棵二叉树的结点。显然必须要规定某种次序来存储，而这种次序应该能够反映结点之间的逻辑关系，即父结点与子结点的关系。否则，二叉树的基本操作在顺序存储结构上难以实现。

若对任意一棵完全二叉树上的结点按层自左向右依次存入连续的存储单元中，完全二叉树中结点之间的逻辑关系清楚地通过结点在向量中的序号位置准确地反映出来。图 4-9 是一棵完全二叉树的顺序存储结构示意图。

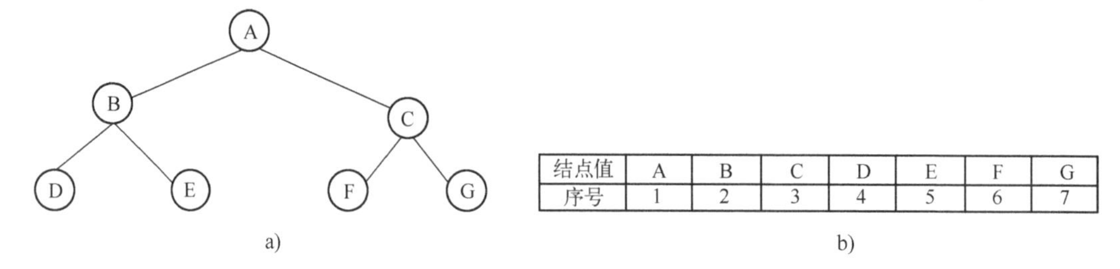

结点值	A	B	C	D	E	F	G
序号	1	2	3	4	5	6	7

图 4-9　完全二叉树的顺序存储结构

a）完全二叉树　b）顺序存储结构

由性质 5 可知，通过结点在向量中的序号可以准确地反映出结点间的逻辑关系。以图 4-9 所示二叉树为例可以验证：序号为 1 的结点 A 必为根结点；序号为 4 的结点 D，其双亲结点序号为 4/2=2，即结点 B；对于序号为 3 的结点 C，其左孩子的序号为 2×3=6(结点 F)，右孩子的序号=2×3+1=7(结点 G)；结点 E 的序号是 5，其左孩子的序号为 2×5=10>7(整棵树的结点数)，所以结点 E 无左孩子。

对于一般二叉树只能在“残缺”位置上增设“虚结点”，将其“转化”为“完全二叉树”，按照完全二叉树的存储思想进行存储。图 4-10a 所示是一棵一般二叉树，图中结点 B 无右子树，结点 C 无左子树，这就是两个“残缺”位置，在这两个“残缺”位置上以“∧”表示“虚结点”，就将其转化为了一棵完全二叉树，如图 4-10b 所示。这样就可以按照完全二叉树的存储思想进行存储了，其存储结构如图 4-10c 所示，但是这种存储方式会造成存储空间的浪费，尤其是在“残缺”结点较多的情况下。

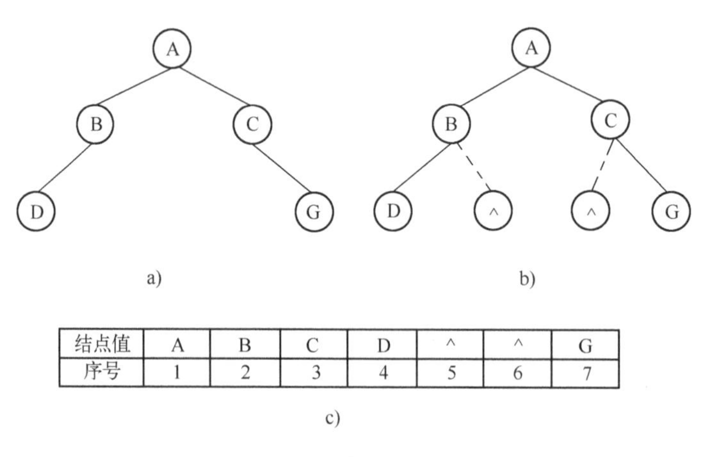

结点值	A	B	C	D	^	^	G
序号	1	2	3	4	5	6	7

图 4-10　二叉树顺序存储结构

a）一般二叉树　b）完全二叉树　c）顺序存储结构

二叉树顺序存储结构表示的 C 语言定义如下：

```
struct SeqBTNode
{   DataType Data[MAXSIZE];
    int num;
};
```

4.3.2 链式存储方式

链式存储方式是二叉树通常采用的存储方式。

二叉树的链式存储结构是用链表来表示二叉树。根据二叉树定义，每个结点的度不大于2，即每个结点最多有一棵左子树和一棵右子树，因此可以建立二叉链表存储，这种方式的链表中每个结点由3个域组成，分别为数据域（Data）、左孩子指针（Lchild）和右孩子指针（Rchild），结点的存储结构为

Lchild	Data	Rchild

数据域存放某结点的数据信息，左孩子指针和右孩子指针分别存放对应该结点的左孩子结点的指针和右孩子结点的指针。当左孩子结点或右孩子结点不存在时，相应结点的指针域值为空，通常用“∧”或“NULL”表示。

二叉树的二叉链表存储表示的C语言定义如下：

```
struct BTNode
{   DataType Data;
    struct BTNode * Lchild, Rchild;
};
```

二叉树的二叉链表结构灵活，对于一般的二叉树，甚至比顺序存储结构还节省空间，所以二叉链表是二叉树最常用的存储方式，但是二叉链表无法由结点直接找到其双亲。

说明：本书后面所涉及的二叉树的链式存储结构，如不加特别说明均指二叉链表结构。

4.4 二叉树的遍历

在二叉树的很多应用中，经常要求在树中查找某些指定的结点或对树中全部结点逐一进行某些操作，这就要依次访问二叉树中的结点，即遍历二叉树。遍历运算是二叉树中最主要的运算。

4.4.1 二叉树遍历的概念

遍历是指按照某条搜索路径，依次访问数据结构中的全部结点，每个结点被访问且只被访问一次。对于线性结构很容易实现，只要按照线性数据的存储次序，就可以访问到每一个结点，且每个结点也一定是只被访问了一次；但是对于非线性的数据结构，遍历就比较复杂，关键是要确定一个合理的搜索路径，保证每个结点都被访问到，而且只被访问一次。要达到这个要求，先来分析二叉树的特点。二叉树每个结点最多只有两个子结点，所以可以把二叉树分解为若干棵由基本形态（见图4-6）构成的子树。

若以D表示根结点，L表示左子树，R表示右子树，由图4-6的基本形态可以看出，对二叉树的访问次序可以有DLR、LDR、LRD、DRL、RDL和RLD这6种方式。这6种方式都可以访问到二叉树的每一结点，而且每一个结点只被访问一次，达到遍历要求。如果只取先左子树后右子树的顺序，那么6种方式只剩下3种方式：DLR、LDR和LRD。按照根结点被访问时相对于子树被访问的次序，这3种遍历方式分别称为先序遍历（DLR）、中序遍历（LDR）、后序遍历（LRD）。

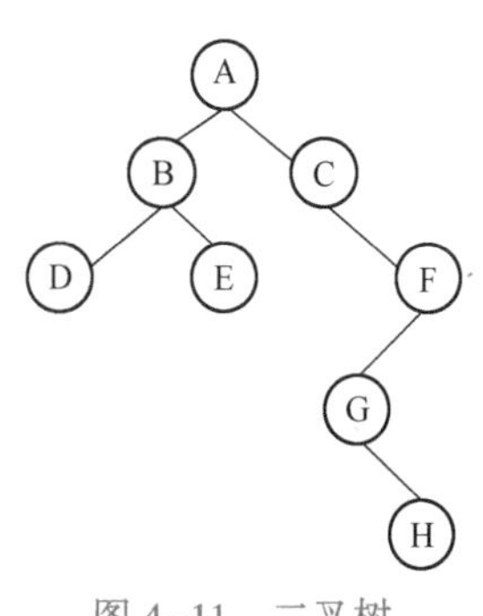

图4-11　二叉树

对于如图4-11所示的二叉树，其先序遍历、中序遍历、后序遍历的结果分别为ABDECFGH、DBEACGHF和DEBHGFCA。

4.4.2 二叉树遍历的算法

设结点的数据域为整型，二叉树 3 种遍历算法用 C 语言具体表述如下。

1. 先序遍历

先序遍历算法流程图如图 4-12 所示。

算法程序如下：

```
void DLR(BTNode   *T)                    /*T 为根结点*/
{   if(T == NULL) return;
    printf("%d", T->Data);
    DLR(T->Lchild);
    DLR(T->Rchild);
}
```

2. 中序遍历

中序遍历算法流程图如图 4-13 所示。

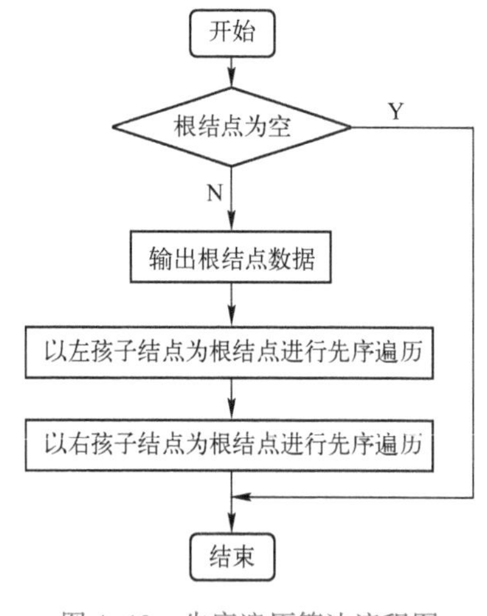

图 4-12 先序遍历算法流程图

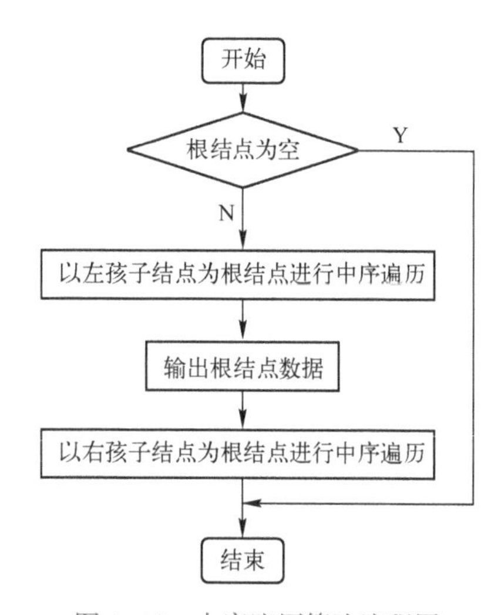

图 4-13 中序遍历算法流程图

算法程序如下：

```
void LDR(BTNode   *T)                 /*T 为根结点*/
{   if(T == NULL)return;
    LDR(T->Lchild);
    printf("%d", T->Data);
    LDR(T->Rchild);
}
```

3. 后序遍历

后序遍历算法流程图如图 4-14 所示。

算法程序如下：

```
void LRD(BTNode   *T)                    /*T 为根结点*/
{   if(T == NULL)return;
    LRD(T->Lchild);
    LRD(T->Rchild);
    printf("%d", T->Data);
}
```

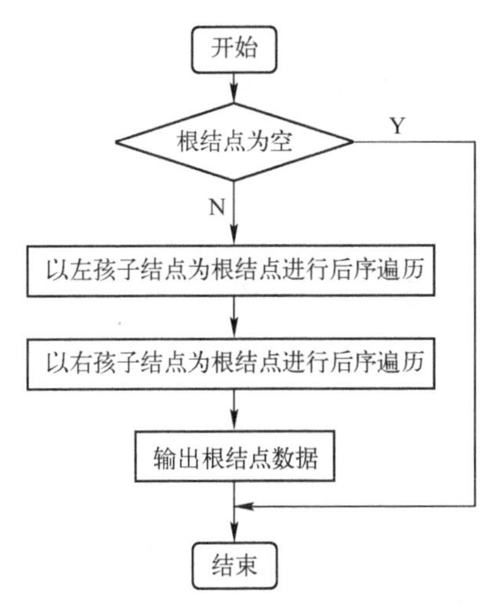

图 4-14　后序遍历算法流程图

4.4.3　二叉树遍历算法应用举例

【例 4-1】　已知一棵二叉树的中序遍历和先序遍历序列分别为 ABCDEFGHIJK 和 EBADCFHGJIK，试画出这棵二叉树。

分析：由先序遍历结果序列 EBADCFHGJIK 可以确定结果中第 1 个结点 E 必为根结点，而中序遍历方式是先左子树，然后根结点，最后右子树。这样可以根据中序遍历结果 ABCDEFGHIJK 分析得出：以根结点 E 为划分点，左半部分 A、B、C、D 是左子树的各结点；右半部分 F、G、H、I、J、K 是右子树各结点。初步分析得出二叉树结构如图 4-15a 所示。

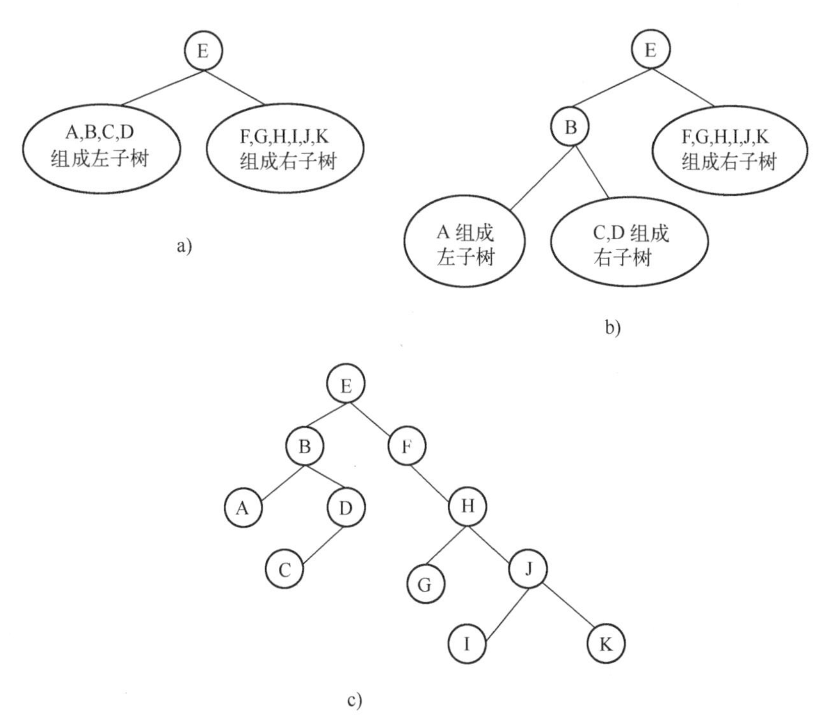

图 4-15　由先序和中序遍历序列生成二叉树

a）初步得到二叉树结构　b）左子树分解　c）完整二叉树

左子树也是一棵二叉树，用同样方法分析，可得出左子树的根是结点 B，其左子树由结点 A 构成，右子树由结点 C、D 构成，如图 4-15b 所示。按此方法依次分析下去，可得到最终二叉树结果，如图 4-15c 所示。

注意：通过二叉树后序和中序遍历结果同样可以唯一确定二叉树。

【例 4-2】 求二叉树中叶子结点个数。

用户可以利用二叉树中序遍历算法求二叉树中叶子结点的个数，参数 T 指向二叉树的根结点，函数返回叶子结点个数，其算法如下：

```
int inorder_LeafNumber(BTNode   *T)
{   if(T==NULL)
        return(0);                                    /*二叉树是空树时返回 0*/
    if(T->Lchild==NULL && T->Rchild==NULL)
        return(1);                                    /*二叉树只有根结点时返回 1*/
    return(inorder_LeafNumber(T->Lchild)+inorder_LeafNumber(T->Rchild));
}
```

【例 4-3】 查找数据元素 x：查找成功返回该结点的指针，查找失败返回空指针。参数 T 为二叉树根结点。

```
BTNode * SearchNode(BTNode *T, int x)
{   if(T->Data==x)
      return T;                               /*查找的元素是根结点*/
    if(T->Lchild!=NULL)                       /*在左子树查找*/
      return(SearchNode(T->Lchild, x));
    if(T->Rchild!=NULL)                       /*在右子树查找*/
      return(SearchNode(T->Rchild, x));
    return NULL;                              /*查找失败返回空指针*/
}
```

二叉树遍历算法的应用还有很多，如求树的深度、判定结点的层次、求结点的双亲和孩子等，这里不逐一列举。

4.5 二叉树的应用

树结构是一种具有广泛应用的数据结构，除利用树结构组织各种目录外，在许多算法中也常用树结构作为中间结构求解问题。下面介绍几个例子。

1. 哈夫曼树

哈夫曼树又称最优树，是一种带权路径最短的树，这种树在信息检索中应用广泛。这里首先给出路径长度和带权路径长度的概念。

从树中一个结点到另一个结点之间的分支构成这两个结点之间的路径，路径上分支的数目称作路径长度。在图 4-16 中，结点 A~结点 H 的路径长度是 5。整棵树的路径长度是从根结点到树中每一个结点之间的路径长度之和。图 4-16 所示的树的路径长度 PL 为

$$PL=1+2+2+3+4+4+5=21$$

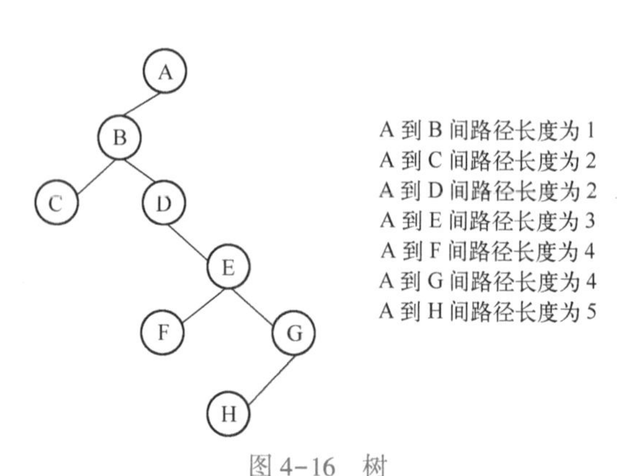

图 4-16 树

当树中叶子结点带有权值时，结点的路径长度为该结点到根结点的路径长度与权值 w 的乘积。而这棵树的带权路径为树中叶子结点的带权路径长度之和，记作 WPL：

$$WPL = \sum_{i=1}^{n} w_i \times l_i$$

其中，n 为叶子结点的个数；w_i 为第 i 个叶子结点的权值；l_i 为第 i 个叶子结点的路径长度。

注意：树的带权路径只考虑叶子结点。

针对相同叶子结点个数和权值，可以构造出结构不同的二叉树。例如，由权值分别为 7、5、2、4 的叶子结点 A、B、C、D 可以构造出如图 4-17 所示的二叉树形式。它们对应的带权路径长度分别如下：

如图 4-17a 所示，WPL=7×2+5×2+2×2+4×2=36。

如图 4-17b 所示，WPL=7×3+5×3+2×1+4×2=46。

如图 4-17c 所示，WPL=7×1+5×2+2×3+4×3=35。

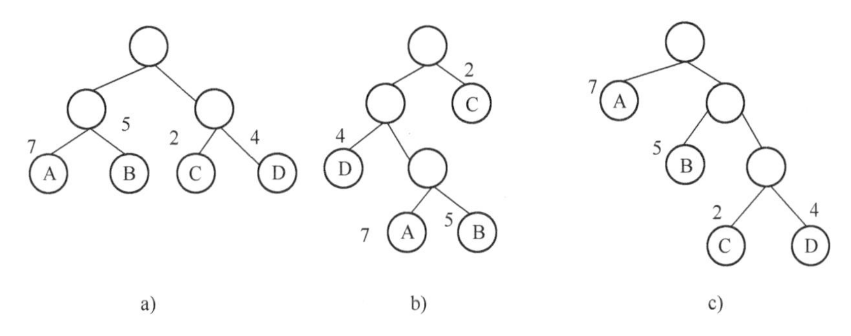

图 4-17　由权值分别为 7、5、2、4 的叶子结点构成的几种二叉树带权路径长度

a）WPL=36　b）WPL=46　c）WPL=35

其中，图 4-17c 的带权路径最小，则图 4-17c 的形式即为哈夫曼树。观察哈夫曼树的特点，即权值最大的叶子结点离根结点最近，而权值最小的结点离根结点最远，这样可以保证树的带权路径长度最小（这里不作严格的数学证明）。根据这一特点，哈夫曼提出构造这种树的基本思想（以构造图 4-17c 为例说明）：

1）由给定的 n 个权值$\{w_1,w_2,\cdots,w_n\}$构造 n 棵只有一个叶子结点的二叉树，从而得到一个二叉树的集合 $F=\{T_1,T_2,T_3,T_4\}$，如图 4-18a 所示。

2）在集合 F 中选取根结点的权值最小（T_3）和次小（T_4）的两棵二叉树作为左子树、右子树，从而构造一棵新的二叉树 T_5，这棵新的二叉树的根结点的权值为其左子树、右子树根结点权值

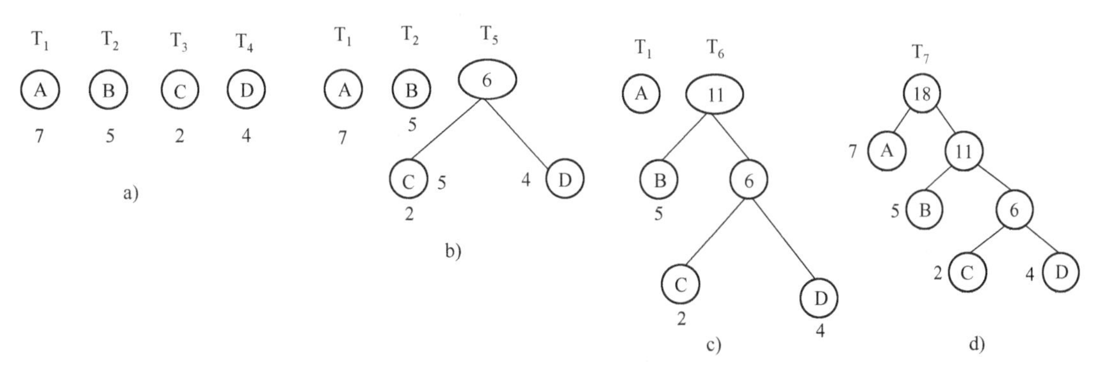

图 4-18　构造哈夫曼树的过程

a）只有一个叶子结点的二叉树　b）构造新的二叉树 T_5　c）构造新的二叉树 T_6　d）哈夫曼树

之和，从 F 中删除被选中的那两棵二叉树 T_3 和 T_4，同时把新构成的二叉树 T_5 加入到集合 F 中，$F=\{T_1,T_2,T_5\}$。如图 4-18b 所示。

3）重复步骤 2）操作，得到如图 4-18c 所示的结果，$F=\{T_1,T_6\}$。

4）重复步骤 2）操作，直到集合中只含有一棵二叉树为止，此时得到的这棵二叉树就是哈夫曼树，如图 4-18d 所示。

哈夫曼树被广泛地应用在各种技术中，其中最典型的就是在编码技术上的应用。利用哈夫曼树，用户可以得到平均长度最短的编码。这里以计算机操作码的优化问题为例来分析说明。

研究操作码的优化问题主要是为了缩短指令字的长度，减少程序的总长度以及增加指令所能表示的操作信息和地址信息。要对操作码进行优化，就要知道每种操作指令在程序中的使用频率，这一般是要通过对大量已有的典型程序进行统计得到。

【例 4-4】 设有一台模型机，共有 7 种不同的指令，其使用频率见表 4-1。

分析：由于计算机内部只能识别 0、1 代码，所以若采用定长操作码，则需要 3 位（$2^3=8$）。显然，有一条编码没有作用，这是一种浪费。一段程序中若有 n 条指令，那么程序的总位数为 3n。为了充分地利用编码信息和减少程序的总位数，可以采用变长编码。如果对每一条指令指定一条编码，使得这些编码互不相同且最短，见表 4-2。

表 4-1 指令的使用频率

指 令	使用频率（p_i）
I1	0.40
I2	0.30
I3	0.15
I4	0.05
I5	0.04
I6	0.03
I7	0.03

表 4-2 指令的变长编码

指 令	编 码
I1	0
I2	1
I3	00
I4	01
I5	000
I6	001
I7	010

这样虽然可以使得程序的总位数达到最小，但机器却无法解码。例如，对编码串 0010110 该怎么识别呢？第 1 个 0 可以识别为 I1，也可以和第 2 个 0 组成的串 00 一起被识别为 I3，还可以将前 3 位识别为 I6。这样一来，这个编码串就有多种译法。因此，若要设计变长的编码，则这种编码必须满足这样一个条件：任意一个编码不能成为其他任意编码的前缀，满足这个条件的编码叫作前缀编码。

利用哈夫曼算法，可以设计出最优的前缀编码。首先以每条指令的使用频率为权值构造哈夫曼树，如图 4-19 所示。

对于该二叉树，可以规定向左的分支标记为 0，向右的分支标记为 1。这样，从根结点开始，沿线到达各频度指令对应的叶结点，所经过的分支代码序列就构成了相应频度指令的哈夫曼编码，见表 4-3。

表 4-3 指令的哈夫曼编码

指 令	编 码
I1	1
I2	01
I3	001
I4	00011
I5	00010
I6	00000
I7	00001

由此可以验证，该编码是前缀编码。若一段程序有 1000 条指令，其中 I1 大约有 400 条，I2 大约有 300 条，I3 大约有 150 条，I4 大约有 50 条，I5 大约有 40 条，I6 大约有 30 条，I7 大约有 30 条。对于定长编码，该段程序的总位数大约为 $3\times1000=$

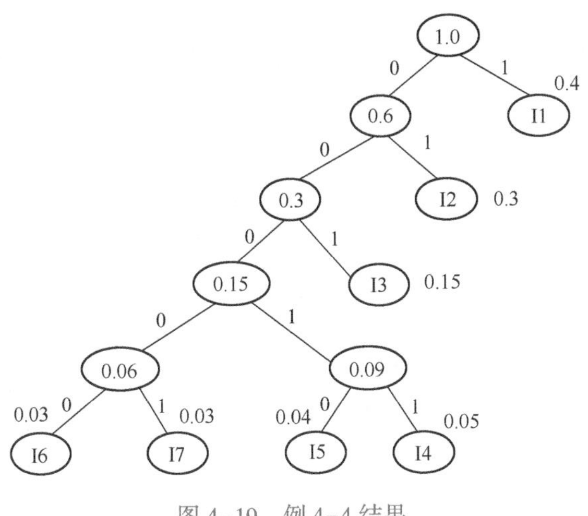

图 4-19　例 4-4 结果

3000。采用哈夫曼编码后，该段程序的总位数大约为 1×400+2×300+3×150+5×(50+40+30+30)= 2200。可见，哈夫曼编码中虽然大部分编码的长度大于定长编码的长度 3，却使得程序的总位数变小了。

2. 二叉排序树

二叉排序树 T 是一棵二叉树，它或者为空，或者满足以下条件：

1）若 T 的左子树非空，则左子树所有结点的值均小于 T 的根结点的值。

2）若 T 的右子树非空，则右子树所有结点的值均大于或等于 T 的根结点的值。

3）T 的左、右子树也分别是二叉排序树。

如图 4-20 所示为一棵二叉排序树。

对二叉排序树若按中序遍历就可以得到由小到大的有序序列，图 4-20 所示的二叉树中序遍历的结果为{3,12,24,37,45,53,61,78,90,90}。

对于一个任意序列，通过构造二叉排序树变成一个有序树。下面介绍二叉排序树的构成过程。

对任意一组数据元素序列$\{R_1,R_2,\cdots,R_n\}$，生成二叉排序树的过程如下：

1）令 R_1 为二叉树的根。

2）若 $R_2<R_1$，令 R_2 为 R_1 左子树的根结点；否则，R_2 为 R_1 右子树的根结点。

3）$R_3,\cdots,R_n$ 结点的插入方法同上。

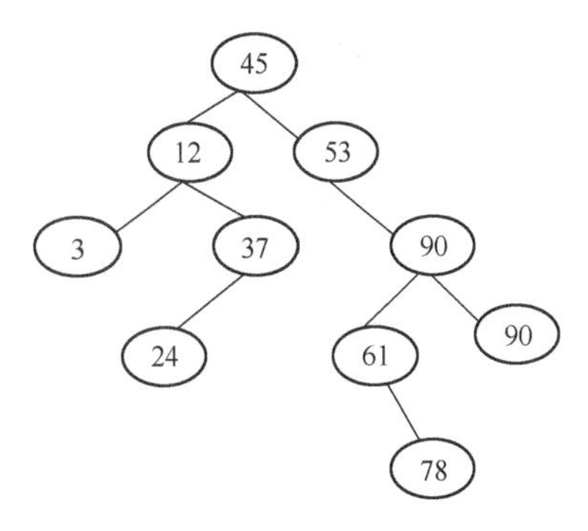

图 4-20　二叉排序树

【例 4-5】　为序列{10,18,3,8,12,2,7,3}构造一棵二叉排序树。

构造过程如图 4-21 所示。

由以上构造过程可以看出，每次插入的新结点都是原二叉树的叶子结点，在插入操作过程中不必移动其他结点，这一特性可以用于需要经常插入和删除有序表的场合。

如果需要删除二叉排序树上的结点，而且要保证结点删除后的二叉树仍然是一棵二叉排序树，算法思想如下。

按被删除结点在二叉排序树中的位置，分为以下几种情况：

1）被删除结点是叶子结点，则可以直接删除结点。

2）被删除结点 P 只有左子树或右子树，此时只要将其左子树或右子树直接成为其双亲结

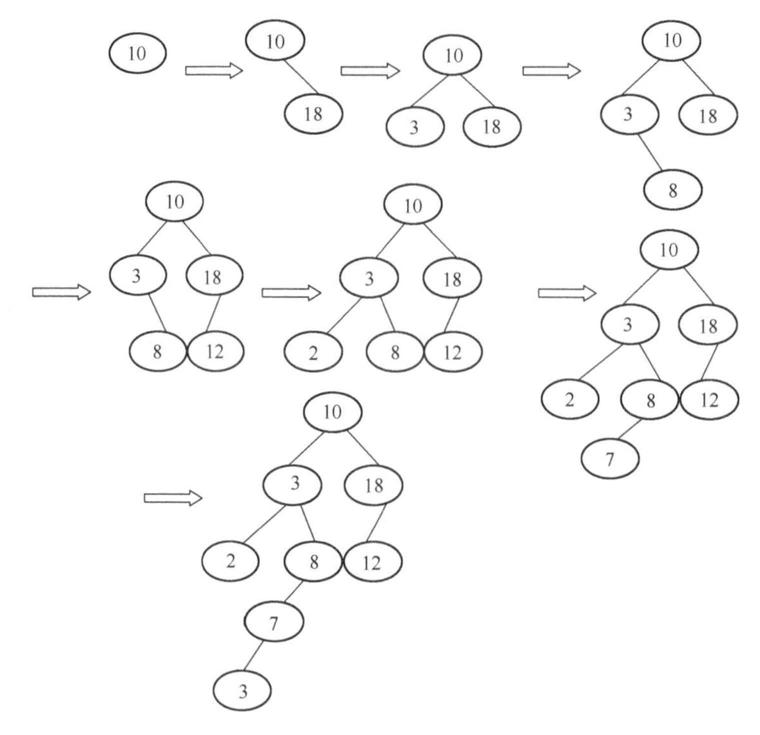

图 4-21　二叉排序树的构造过程

点的子树即可。图 4-22a 为删除前情况，图 4-22b 为删除后情况。

3）若被删除结点 P 的左、右子树均不为空，这时要沿结点 P 左子树根结点 C 的右子树分支找到结点 S，S 结点的右子树为空。然后将 S 的左子树变成 Q 结点的右子树，用 S 结点取代被删除的 P 结点。图 4-22c 为删除前情况，图 4-22d 为删除后情况。

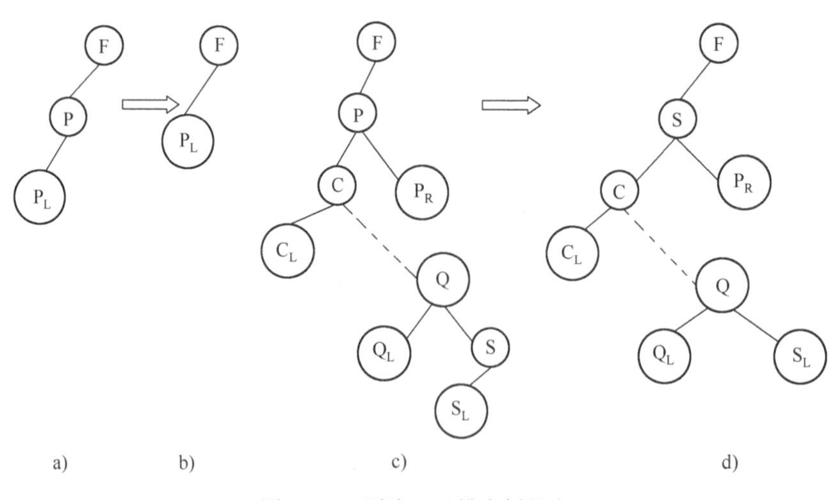

图 4-22　删除二叉排序树结点

【例 4-6】　针对例 4-5 所示的二叉排序树（见图 4-21），依次删除结点 2，8，10。

1）删除结点 2，因为结点 2 是叶子结点，直接删除，结果如图 4-23a 所示。

2）删除结点 8，因为结点 8 只有左子树，这时将 8 的左子树（包括根结点 7 和 7 的左子树 3）成为结点 8 的双亲（结点 3）的子树，结果如图 4-23b 所示。

3）删除结点 10，因为结点 10 既有左子树，又有右子树，这时沿结点 10 的左子树根结点 3

的右子树结点 7 找到右子树为空的结点 7(结点 7 没有右子树)。然后将结点 7 的左子树变成结点 3 的右子树，用结点 7 取代被删除的结点 10，结果如图 4-23c 所示。

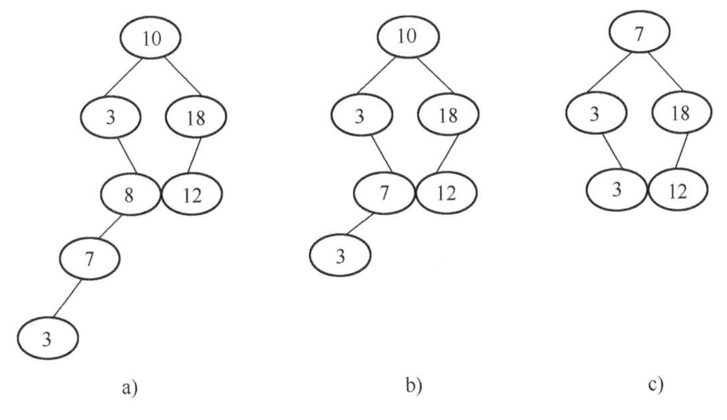

图 4-23　删除二叉排序树中的结点

a）删除结点 2　b）删除结点 8　c）删除结点 10

4.6　树与森林

树和森林与二叉树之间必然有着密切的关系，本节将介绍树和森林与二叉树之间的相互转换方法。

4.6.1　树的存储方法

树的存储方法主要有以下 3 种。

1. 双亲表示法

双亲表示法用一组连续的空间来存储树中的结点，在保存每个结点的同时来指示其双亲结点在表中的位置，对于如图 4-24a 所示的树，其双亲表示法如图 4-24b 所示。

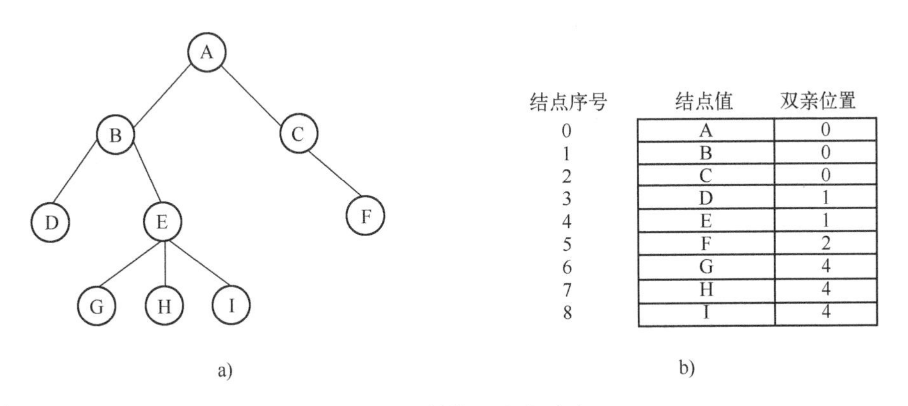

结点序号	结点值	双亲位置
0	A	0
1	B	0
2	C	0
3	D	1
4	E	1
5	F	2
6	G	4
7	H	4
8	I	4

图 4-24　树的双亲表示法

这种存储方法利用了树中每个结点(根结点除外)只有一个双亲结点的性质，使得查找某个结点的双亲结点非常容易。反复使用求双亲结点的操作，也可以较容易地找到树根。但是，在这种存储结构中，求某个结点的孩子时需要遍历整个向量。

2. 孩子表示法

孩子表示法通常是把每个结点的孩子结点排列起来，构成一个单链表，称为孩子链表。n

个结点共有 n 个孩子链表(叶子结点的孩子链表为空表)，而 n 个结点的数据和 n 个孩子链表的头指针又组成一个顺序表。

图 4-24a 所示的树若采用这种存储结构，其结果如图 4-25 所示。

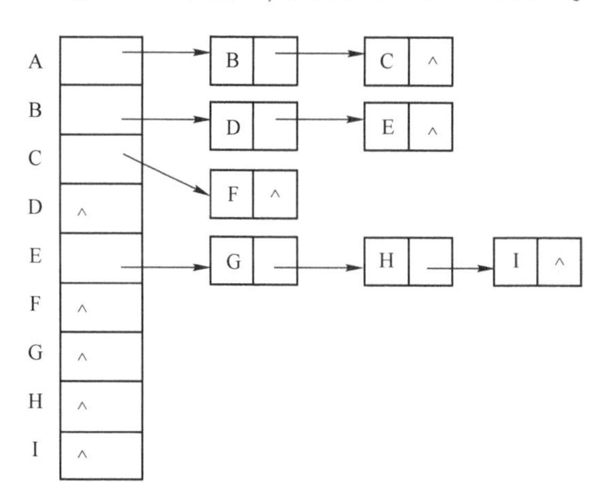

图 4-25　树的孩子表示法

与双亲表示法相反，孩子表示法便于那些涉及孩子的操作，但不适用于求双亲操作。

3. 孩子兄弟表示法

孩子兄弟表示法又称为树的二叉表示法，或者二叉链表表示法，即以二叉链表作为树的存储结构。链表中每个结点设有两个链域，分别指向该结点的第一个孩子结点和下一个兄弟(右兄弟)结点。

图 4-26 为图 4-24a 所示的树的孩子兄弟表示结构，这种存储结构便于实现树的各种操作。

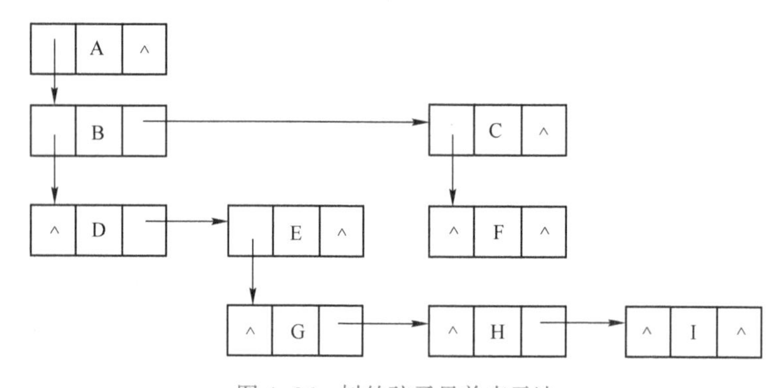

图 4-26　树的孩子兄弟表示法

4.6.2　树和森林与二叉树的转换

1. 树转换为二叉树

对于一棵无序树，树中结点的各孩子的次序是无关紧要的，而二叉树中结点的左、右孩子结点是有区别的。为了避免混淆，约定树中每一个结点的孩子结点按从左到右的次序顺序编号，也就是说，把树作为有序树看待。如图 4-27 所示的一棵树，根结点 A 有 3 个孩子 B、C、D，可以认为结点 B 为 A 的第 1 个孩子结点，结点 D 为 A 的第 3 个孩子结点。

将一棵树转换为二叉树的步骤如下：

1）树中所有相邻兄弟之间加一条连线。

2）对树中的每个结点，只保留其与第 1 个孩子结点之间的连线，删去其与其他孩子结点之间的连线。

3）以树的根结点为轴心，将整棵树顺时针旋转一定的角度，使之结构层次分明。

可以证明，树做这样的转换所构成的二叉树是唯一的。图 4-28 给出了将图 4-27 所示的树转换为二叉树的转换过程示意图。

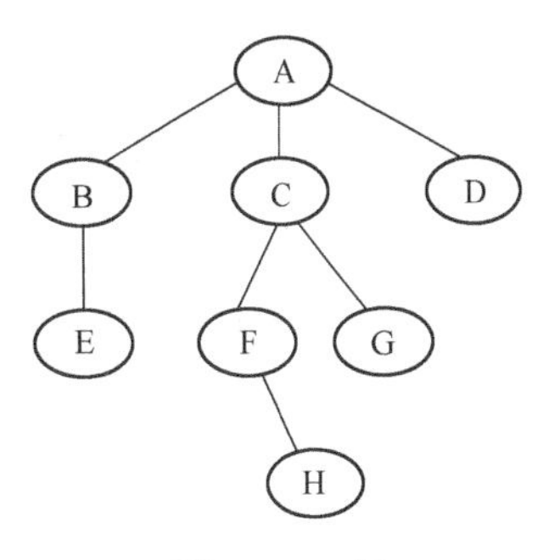

图 4-27　树

通过转换过程可以看出，树中的任意一个结点都对应于二叉树中的一个结点。树中某结点的第 1 个孩子在二叉树中是相应结点的左孩子，树中某结点的右兄弟结点在二叉树中是相应结点的右孩子。也就是说，在二叉树中，左分支上的各结点在原来的树中是父子关系，而右分支上的各结点在原来的树中是兄弟关系。由于树的根结点没有兄弟，所以变换后的二叉树的根结点的右孩子必然为空。

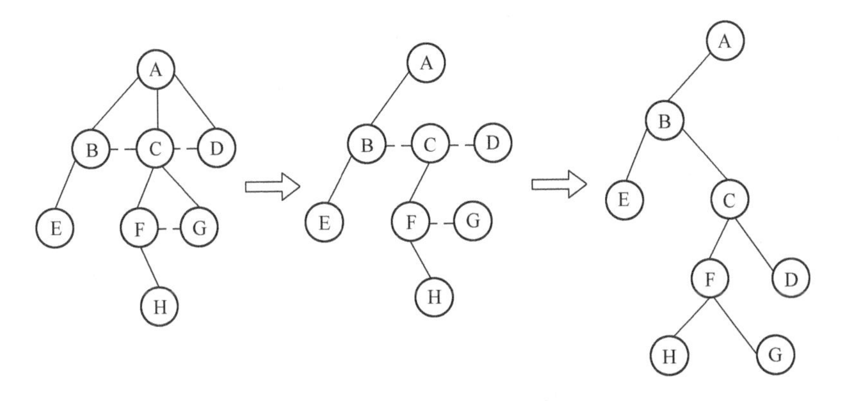

图 4-28　树转换为二叉树的过程

事实上，一棵树采用孩子兄弟表示法所建立的存储结构与它所对应的二叉树的二叉链表存储结构是完全相同的，只是两个指针域的名称及解释不同而已。

2. 森林转换为二叉树

森林是若干棵树的集合。树可以转换为二叉树，森林同样也可以转换为二叉树。森林转换为二叉树的步骤如下：

1）将森林中的每棵树转换成相应的二叉树。

2）第 1 棵二叉树不动，从第 2 棵二叉树开始，依次把后一棵二叉树的根结点作为前一棵二叉树根结点的右孩子，当所有二叉树连在一起后，所得到的二叉树就是由森林转换得到的二叉树。

图 4-29 为森林，其转换为二叉树的过程如图 4-30 所示。

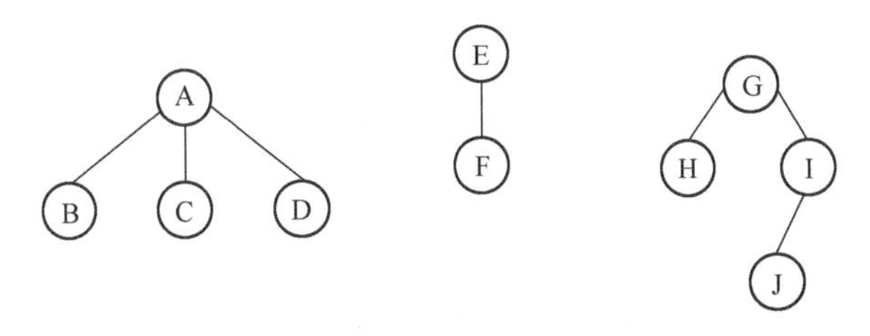

图 4-29　森林

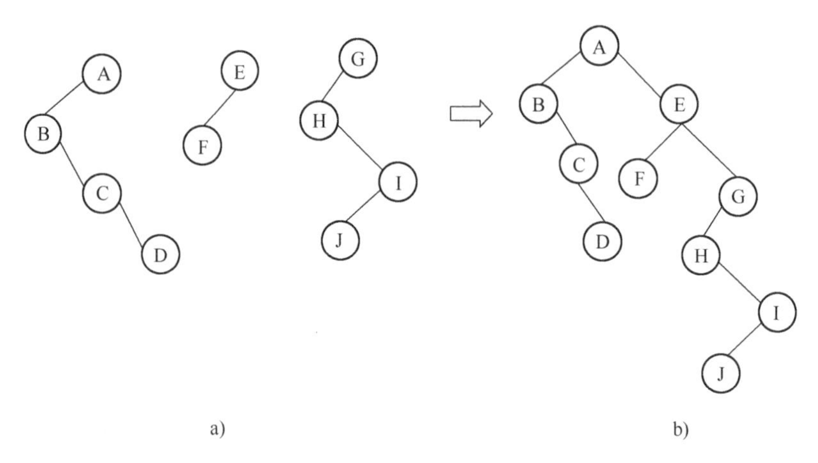

图 4-30　森林转换为二叉树的过程

图 4-30a 是图 4-29 所示森林中各棵树对应的二叉树，图 4-30b 是森林转换为二叉树的结果。

3. 二叉树还原为树或森林

树和森林都可以转换为二叉树，两者的不同在于，树转换成的二叉树，其根结点必然无右孩子；而森林转换后的二叉树，其根结点有右孩子。将一棵二叉树还原为树或森林，具体方法如下：

1）若某结点是其双亲的左孩子，则把该结点的右孩子、右孩子的右孩子等都与该结点的双亲结点用线连起来。

2）删掉原二叉树中所有双亲结点与右孩子结点的连线。

3）整理由 1)、2) 两步所得到的树或森林，使之结构层次分明。

图 4-31 为一棵二叉树还原为森林的过程。

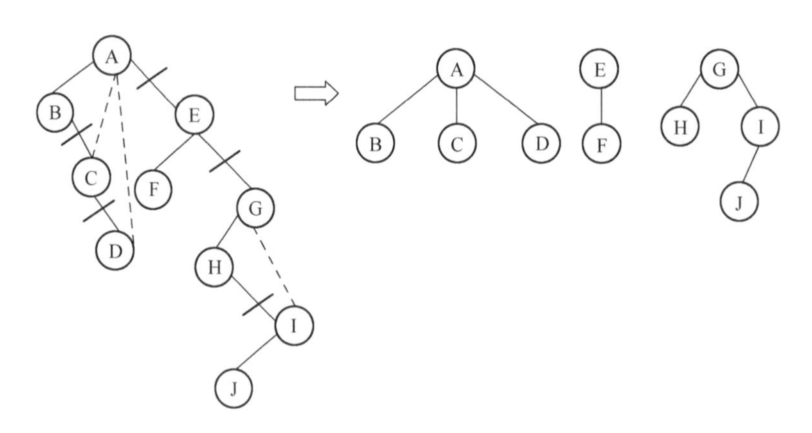

图 4-31　二叉树还原为森林的过程

4.6.3　树与森林的遍历

1. 树的遍历

树的遍历方法主要有以下两种。

(1) 先根遍历

若树非空，则遍历方法为：

1）访问根结点。

2）从左到右，依次先根遍历根结点的每一棵子树。

例如，图 4-27 中树的先根遍历序列为 ABECFHGD。

（2）后根遍历

若树非空，则遍历方法为：

1）从左到右，依次后根遍历根结点的每一棵子树。

2）访问根结点。

例如，图 4-27 中树的后根遍历序列为 EBHFGCDA。

2. 森林的遍历

森林的遍历方法主要有以下两种。

（1）先序遍历

若森林非空，则遍历方法为：

1）访问森林中第一棵树的根结点。

2）先序遍历第一棵树的根结点的子树森林。

3）先序遍历除去第一棵树之后剩余的树构成的森林。

例如，图 4-29 中森林的先序遍历序列为 ABCDEFGHIJ。

（2）后序遍历

若森林非空，则遍历方法为：

1）后序遍历森林中第一棵树的根结点的子树森林。

2）访问第一棵树的根结点。

3）后序遍历除去第一棵树之后剩余的树构成的森林。

例如，图 4-29 中森林的后序遍历序列为 BCDAFEHJIG。

对照二叉树与森林之间的转换关系可以发现，森林的先序遍历和后序遍历与其相应二叉树的先序遍历、中序遍历是对应相同的，因此我们可以用相应二叉树的遍历结果来验证森林的遍历结果。另外，树可以看成只有一棵树的森林，所以树的先根遍历和后根遍历分别与森林的先序遍历和后序遍历对应相同。

4.7 习题

1. 试分别画出具有 3 个结点的树和 3 个结点的二叉树的所有不同形态。

2. 对题 1 所得各种形态的二叉树，分别写出先序、中序和后序遍历的序列。

3. 假设一棵二叉树的先序遍历序列为 EBADCFHGIKJ，中序遍历序列为 ABCDEFGHIJK，请画出该二叉树。

4. 已知某二叉树的后序遍历序列是 DEACB，中序遍历序列是 DEABC，请构造出该二叉树，并写出其前序遍历序列。

5. 给出满足下列条件的所有二叉树：

1）先序和中序相同。

2）中序和后序相同。

3）先序和后序相同。

6. 已知二叉树有 50 个叶子结点，则该二叉树的总结点数至少应有多少个？

7. 假设用于通信的电文仅由 8 个字母 A,B,C,D,E,F,G,H 组成，字母在电文中出现的频率分别为：

0.07,0.19,0.02,0.06,0.32,0.03,0.21,0.10

请为这 8 个字母设计哈夫曼编码。

8. 请根据序列{9,35,57,4,34,67,98,78,56}构造二叉排序树。

9. 画出如图 4-32 所示的树对应的二叉树。

10. 对如图 4-33 所示的二叉树分别写出它的先序遍历序列、中序遍历序列、后序遍历序列，并画出其对应的树或森林。

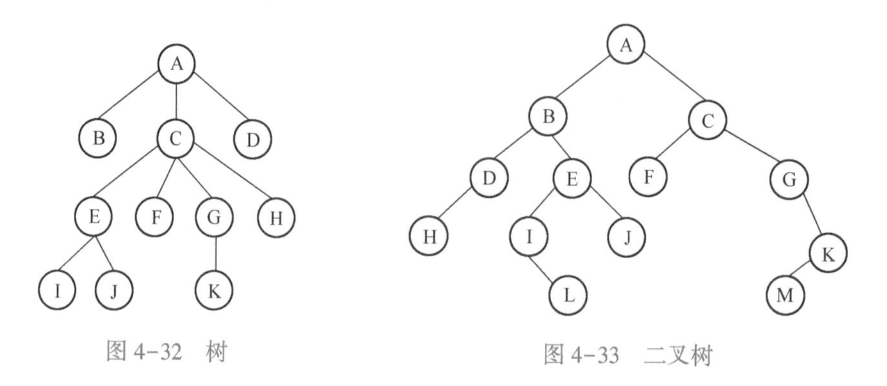

图 4-32　树

图 4-33　二叉树

第5章 图

图是比线性表和树更复杂的一种非线性结构。在线性结构中，每个数据元素至多只有一个直接前驱和直接后继。在树结构中，每个结点都处在一定的层次上，并且每一层上的结点只能和上一层中的至多一个结点相关，但可能和下一层的多个结点相关。而在图结构中，任意两个结点之间都可能相关，即结点之间的邻接关系可以是任意的。因此，图结构被用于描述各种复杂的数据对象，目前，已渗入到诸如语言学、逻辑学、物理、化学、电信工程、计算机科学和数学的其他分支中。

本章介绍图的基本概念和两种常用的存储结构——邻接矩阵和邻接表，讨论图的深度优先搜索和广度优先搜索算法。在图的应用中讲述最小生成树的普里姆算法和克鲁斯卡尔算法，以及最短路径、拓扑排序和关键路径等实际问题的解决方法。

5.1 图的基本概念

图形结构中有许多专用术语，因此首先介绍图的定义及相关术语。

1. 图的定义

图(Graph)是由两个集合V(G)和E(G)所组成的，记为

$$G=(V,E)$$

其中，G表示一个图，V是图G中顶点的集合，E是图G中边的集合。

图5-1给出了一个图的示例。在该图中：

$G_1=(V_1,E_1)$

集合 $V_1=\{v_1,v_2,v_3,v_4,v_5,v_6\}$

集合 $E_1=\{(v_1,v_2),(v_1,v_4),(v_2,v_3),(v_2,v_5)(v_3,v_4),(v_3,v_6),(v_4,v_6),(v_5,v_6)\}$

图中，数据元素 v_i 称为顶点(Vertex)。

2. 图的相关术语

(1) 无向图

在一个图中，如果每条边都是顶点的无序对，即顶点之间的连线是没有方向的，则称该图为无向图。无向图的边用圆括号括起两个顶点来表示，(v_1,v_2)和(v_2,v_1)表示同一条边。图5-1就是一个无向图。

(2) 有向图

在一个图中，如果每条边都是顶点的有序对，即顶点之间的连线是有方向的，则称该图为有向图。有向图中的边称为弧，用尖括弧括起一对顶点来表示。弧中不带箭头的一端称为始点(或弧尾)，带箭头的一端称为终点(或弧头)。在有向图中，$\langle v_1, v_2\rangle$ 和$\langle v_2, v_1\rangle$表示不同的弧。图5-2所示就是一个有向图。在该图中：

$G_2=(V_2,E_2)$

$V_2=\{v_1,v_2,v_3,v_4,v_5\}$

$E_2=\{<v_1,v_2>,<v_1,v_3>,<v_2,v_4>,<v_2,v_5><v_3,v_4>,<v_4,v_1>,<v_5,v_4>\}$

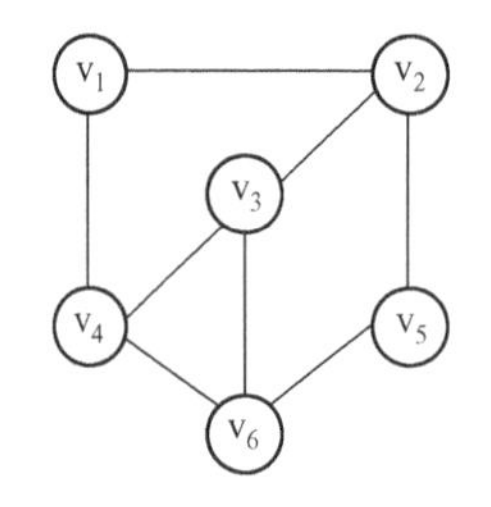

图 5-1　无向图 G_1

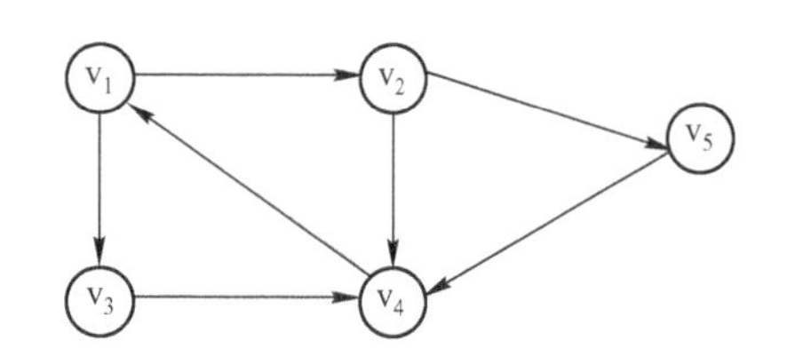

图 5-2　有向图 G_2

(3) 无向完全图

在一个无向图中，如果任意两个顶点都由一条直接边相连接，则称该图为无向完全图。可以证明，在一个含有 n 个顶点的无向完全图中，有 $n(n-1)/2$ 条边。

(4) 有向完全图

在一个有向图中，如果任意两个顶点之间都由方向互为相反的两条弧相连接，则称该图为有向完全图。在一个含有 n 个顶点的有向完全图中，有 $n(n-1)$ 条边。

(5) 稠密图和稀疏图

若一个图接近完全图，则称为稠密图；边数很少的图称为稀疏图。

(6) 顶点的度、入度和出度

顶点的度(Degree)是指依附于某顶点 v 的边数，通常记为 TD(v)。在有向图中，要区别顶点的入度与出度的概念。顶点 v 的入度是指以顶点 v 为终点的弧的数目，记为 ID(v)；顶点 v 的出度是指以顶点 v 为始点的弧的数目，记为 OD(v)。有 TD(v)= ID(v)+OD(v)。

例如，在图 5-1 所示的 G_1 中：

$$TD(v_1)=2 \quad TD(v_2)=3 \quad TD(v_3)=3$$
$$TD(v_4)=3 \quad TD(v_5)=2 \quad TD(v_6)=3$$

在图 5-2 所示的 G_2 中：

$$ID(v_1)=1 \quad OD(v_1)=2 \quad TD(v_1)=3$$
$$ID(v_2)=1 \quad OD(v_2)=2 \quad TD(v_2)=3$$
$$ID(v_3)=1 \quad OD(v_3)=1 \quad TD(v_3)=2$$
$$ID(v_4)=3 \quad OD(v_4)=1 \quad TD(v_4)=4$$
$$ID(v_5)=1 \quad OD(v_5)=1 \quad TD(v_5)=2$$

(7) 边的权和网图

与边有关的数据信息称为权(Weight)。在实际应用中，权值可以有某种含义。例如，在一个反映城市交通线路的图中，边上的权值可以表示该条线路的长度或者等级；对于一个电子线路图，边上的权值可以表示两个端点之间的电阻、电流或电压值；对于反映工程进度的图而言，边上的权值可以表示从前一个工程到后一个工程所需要的时间。边上带权的图称为网图或网络(Network)。图 5-3 就是一个无向网图。如果边是有方向的带权图，则就是一个有向网图。

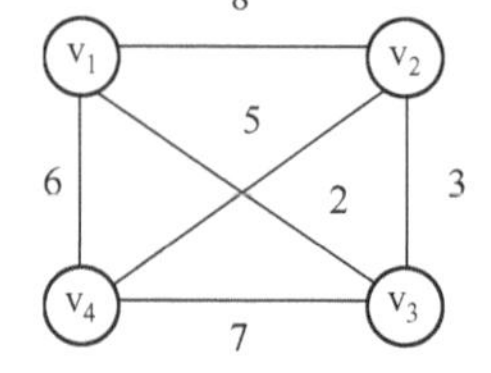

图 5-3　无向网图

(8) 路径和路径长度

顶点 v_p 到顶点 v_q 之间的路径(Path)是指顶点序列 $v_p, v_{i1}, v_{i2}, \cdots, v_{im}, v_q$。其中，$(v_p, v_{i1}), (v_{i1}, v_{i2}), \cdots, (v_{im}, v_q)$ 分别为图中的边。路径上边的数目称为路径长度。图 5-1 所示的无向图 G_1 中，$v_1 \to v_4 \to v_6 \to v_5$，$v_1 \to v_4 \to v_3 \to v_6 \to v_5$ 与 $v_1 \to v_2 \to v_5$ 是从顶点 v_1 到顶点 v_5 的 3 条路径，路径长度分别为 3、4 和 2。

(9) 简单路径

如果一条路径上的所有顶点除起始点和终止点外彼此都是不同的，则称该路径是简单路径。在图 5-1 中，前面提到的 $v_1 \sim v_5$ 的 3 条路径都为简单路径。

(10) 回路和简单回路

在一条路径中，如果其起始点和终止点是同一顶点，则称其为回路，简单路径相应的回路称为简单回路。如图 5-2 中的 $v_1 \to v_2 \to v_4 \to v_1$。

(11) 子图

对于图 G=(V, E), G′=(V′, E′), 若存在 V′是 V 的子集，E′是 E 的子集，则称图 G′是 G 的一个子图。图 5-4 给出了 G_1 和 G_2 的两个子图 G′和 G″。

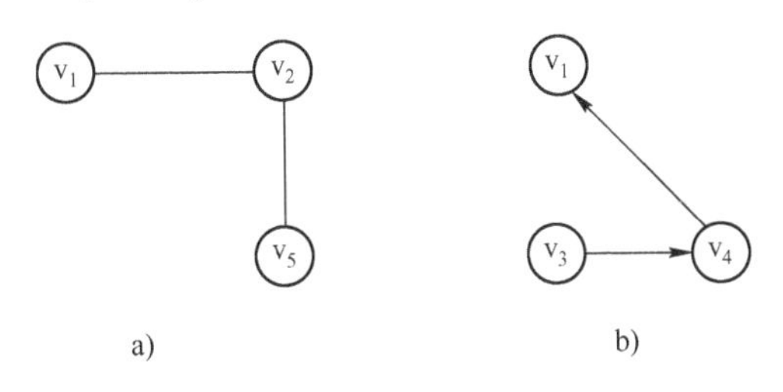

图 5-4 G_1 和 G_2 的两个子图

a) 子图 G′ b) 子图 G″

(12) 连通图和强连通图

在无向图中，如果从一个顶点 v_i 到另一个顶点 $v_j(i \neq j)$ 有路径，则称顶点 v_i 和 v_j 是连通的。如果图中任意两个顶点都是连通的，则称该图是连通图。

图 5-5 所示为图 5-1 所示无向图 G_1 的两个连通分量；图 5-6 所示为图 5-2 所示有向图 G_2 的两个连通分量。对于有向图来说，若图中任意一对顶点 v_i 和 $v_j(i \neq j)$ 均有从一个顶点 v_i 到另一个顶点 v_j 的路径，也有从 v_j 到 v_i 的路径，则称该有向图是强连通图。

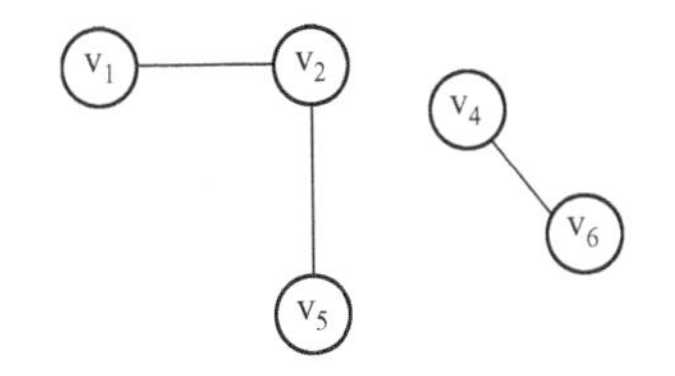

图 5-5 无向图 G_1 的两个连通分量

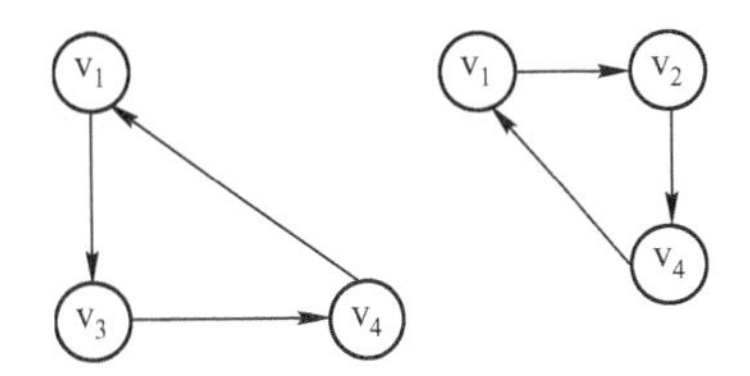

图 5-6 有向图 G_2 的两个连通分量

5.2 图的存储结构

图的结构比较复杂，表现在不仅各个顶点的度可以千差万别，而且顶点之间的逻辑关系也错综复杂。从图的定义可知，一个图的信息包括两部分，即图中顶点的信息以及描述顶点之间的关系——边或者弧的信息。因此无论采用哪种方法建立图的存储结构，都要完整、准确地反映这两方面的信息。图的应用比较广泛，对图的存储结构的选择取决于具体的应用和需要进行的运算。下面介绍两种常用的图的存储结构：邻接矩阵和邻接表。

5.2.1 邻接矩阵

图的邻接矩阵(Adjacency Matrix)存储结构，是用一个二维数组来表示图中顶点的邻接关系。假设图 G=(V,E)有 n 个顶点，则用一个 n×n 的矩阵表示 G 中各顶点的相邻关系，矩阵的

元素为

$$a_{ij}=\begin{cases}1 & 若(v_i,v_j)或\langle v_i,\ v_j\rangle 是\ E\ 中的边\\ 0 & 若(v_i,v_j)或\langle v_i,\ v_j\rangle 不是\ E\ 中的边\end{cases}$$

若 G 是网图，则邻接矩阵可定义为

$$a_{ij}=\begin{cases}w_{ij} & 若(v_i,v_j)或\langle v_i,\ v_j\rangle 是\ E\ 中的边\\ 0\ 或\ \infty & 若(v_i,v_j)或\langle v_i,\ v_j\rangle 不是\ E\ 中的边\end{cases}$$

其中，w_{ij}表示边$(v_i,\ v_j)$或$<v_i,\ v_j>$上的权值；∞表示计算机允许的、大于所有边上权值的数。

图 5-7 和图 5-8 分别是一个无向图和网图及其邻接矩阵表示。邻接矩阵 A 中元素 a_{ij}的行和列号分别位于图中顶点的序号。

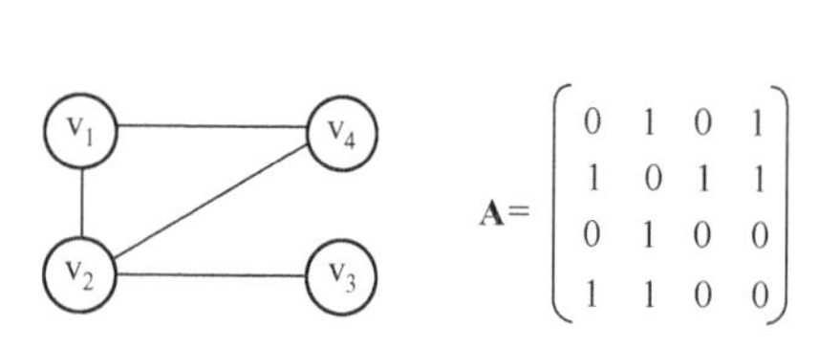

图 5-7 一个无向图及其邻接矩阵

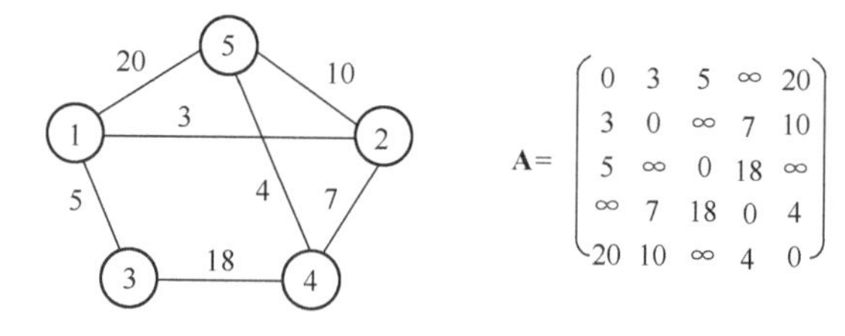

图 5-8 一个网图及其邻接矩阵

从图的邻接矩阵存储方法容易看出，这种表示具有以下特点：

1）无向图的邻接矩阵一定是一个对称矩阵。因此，在具体存放邻接矩阵时只需存放上（或下）三角矩阵的元素即可，故只需 $n(n+1)/2$ 个存储单元。

2）对于无向图，邻接矩阵的第 i 行（或第 i 列）非零元素（或非∞元素）的个数正好是第 i 个顶点的度 $TD(v_i)$。

3）对于有向图，邻接矩阵的第 i 行（或第 i 列）非零元素（或非∞元素）的个数正好是第 i 个顶点的出度 $OD(v_i)$（或入度 $ID(v_i)$）。

4）用邻接矩阵方法存储图，很容易确定图中任意两个顶点之间是否有边相连；但是，要确定图中有多少条边，则必须按行、列对每个元素进行检测，所花费的时间代价很大。这是用邻接矩阵存储图的局限性。

5.2.2 邻接表

邻接表（Adjacency List）是图的一种顺序存储与链式存储相结合的存储结构，即一部分是顺序表，另一部分是链表。链表部分共有 n 个链表（n 个顶点），每个链表由一个表头结点和若干个表结点组成。将所有表头结点放到数组中，就构成了图的邻接表。邻接表存储结构中的两种结点结构如图 5-9 所示。

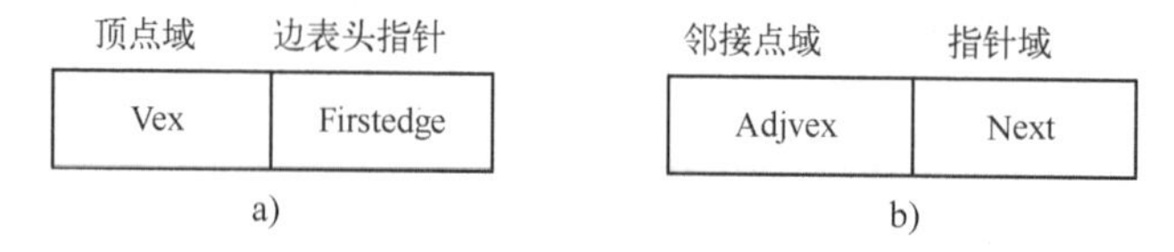

图 5-9 邻接表存储结构中的两种结点结构

a）表头结点 b）表结点

表头结点由顶点域（Vex）和指向第一条邻接边的指针域（Firstedge）构成，表（即邻接表）结点由邻接点域（Adjvex）和指向下一条邻接边的指针域（Next）构成。对于网图的边表需再增设一个存储边上信息（如权值等）的域（Info），网图的边表结构如图 5-10 所示。

图 5-11 所示为图 5-7 中无向图的邻接表表示。

若无向图中有 n 个顶点、e 条边，则它的邻接表需要 n 个头结点和 2e 个表结点。显然，在边稀疏($e<<n(n-1)/2$)的情况下，用邻接表表示图比用邻接矩阵节省存储空间，当和边相关的信息较多时更是如此。

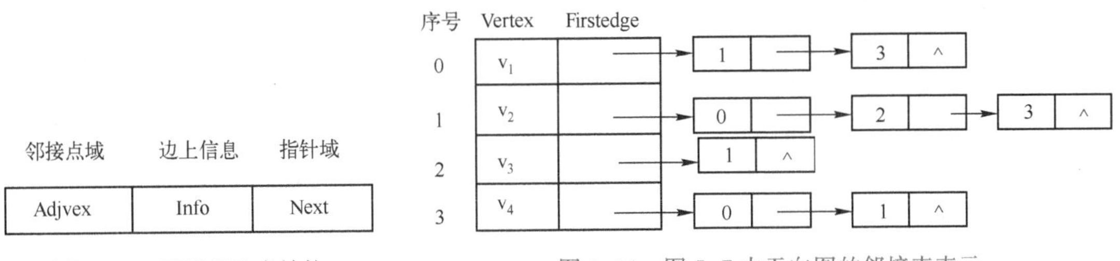

图 5-10　网图的边表结构

图 5-11　图 5-7 中无向图的邻接表表示

在无向图的邻接表中，顶点 v_i 的度恰为第 i 个链表中的结点数；而在有向图中，第 i 个链表中的结点个数只是顶点 v_i 的出度，为求入度，必须遍历整个邻接表。有时，为了便于确定顶点的入度，可以建立一个有向图的逆邻接表，即对每个顶点 v_i 建立一个链接以 v_i 为顶点的弧的链表。图 5-12 所示为图 5-2 所示有向图 G_2 的邻接表和逆邻接表。

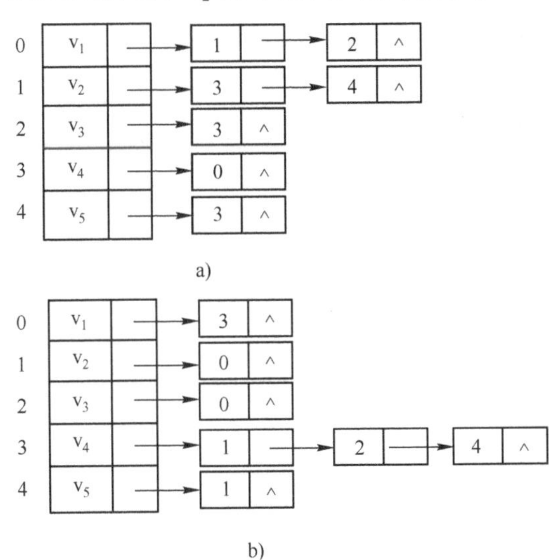

图 5-12　有向图 G_2 的邻接表和逆邻接表

a) 邻接表　b) 逆邻接表

在建立邻接表或逆邻接表时，若输入的顶点信息即为顶点的编号，则建立邻接表的复杂度为 $O(n+e)$；否则，需要通过查找才能得到顶点在图中的位置，则时间复杂度为 $O(n \cdot e)$。

在邻接表上容易找到任意一个顶点的第 1 个邻接点和下一个邻接点，但要判定任意两个顶点(v_i 和 v_j)之间是否有边或弧相连，则需搜索第 i 个或第 j 个链表，因此不及邻接矩阵方便。

5.3　图的遍历

图的遍历是指从图中的任意一个顶点出发，对图中的所有顶点访问一次且只访问一次。图的遍历操作和树的遍历操作功能相似。图的遍历是图的一种基本操作，是求解图的连通性问题、拓扑排序和求解关键路径等算法的基础。

图的遍历通常有深度优先搜索和广度优先搜索两种方式，下面分别介绍。

5.3.1 深度优先搜索

深度优先搜索(Depth-First Search)遍历类似于树的先根遍历。

设无向连通图 G=(V,E)，从 V(G)中任一顶点 V_i 出发按深度优先搜索法进行遍历的步骤如下：

1）设立指针 P，使 P 指向结点 V_i。

2）访问 P 指向的结点 V_i，然后修改指针 P，使之指向与 V_i 结点相邻接的且尚未被访问的结点。

3）若 P 不空，则重复步骤 2)；否则执行步骤 4)。

4）沿着刚才方位的次序，反向回溯到一个尚有临接顶点未被访问过的顶点，并使 P 指向该尚未被访问的顶点，然后重复步骤 2)，直至所有的顶点均被访问为止。

例如，在图 5-7 所示无向图 G 中，设从 v_1 顶点出发遍历，则先访问 v_1，再访问与 v_1 相邻接的 v_2，然后再访问 v_2 的邻接点 v_4，这时与 v_4 相邻接的顶点均访问过了，于是反向回溯到 v_2，去访问 v_2 尚未访问的顶点 v_3。至此，全部顶点均被访问，相应的顶点访问序列为

$$v_1 \rightarrow v_2 \rightarrow v_4 \rightarrow v_3$$

显然，访问过程是递归过程，下面以邻接表存储结构，讨论深度优先遍历的递归算法。该算法的框图如图 5-13 所示。

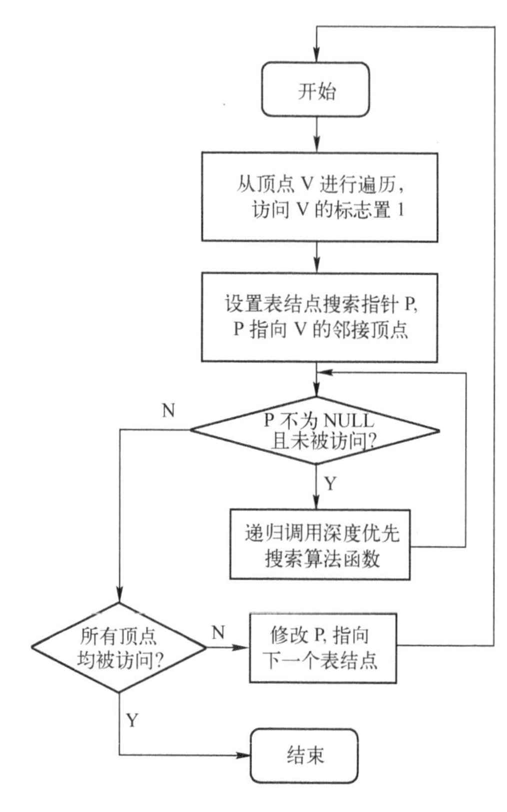

图 5-13　深度优先遍历的递归算法框图

具体算法如下：

```
typedef struct gnode
{    int adjvex;
     struct gnode *next;
}gnode;//表结点
typedef struct vexnode
{    char data;//此处设图顶点类型为字符型
     gnode *firstedge;
}vexnode;//表头结点
typedef struct
{    vexnode vextex[max];
     int vexnum;//顶点数
     int arcnum;//边数
}ALG;//Adjacency Matrix Graph
int visited[max];//访问标志域

void dfs(ALG *g, int v)
{    gnode *p;
     putchar(g->vertex[v].data);
     visited[v]=1;
     p=g->vertex[v].firstedge;
```

```
        while(p!=NULL&&(! visited[p->adjvex]))
        {   dfs(g,p->adjvex);
            p=p->next;
        }
    }
```

visited[v]作为顶点 v 的访问标志域，其值为 0，表示该顶点尚未被访问过，为 1 表示已被访问过。

表头结点的 vex 域作为标志域，其值为 0，表示该顶点尚未被访问过，其值为 1 时表示已被访问过，当作为表结点时，vex 域表示顶点的序号。

5.3.2 广度优先搜索

广度优先搜索(Breadth-First Search)遍历类似于树的按层次遍历的过程。

设无向连通图 G=(V, E)，从 V(G)中任意一顶点 v_1 出发按广度优先搜索法进行遍历的步骤如下：

1）访问 v_1 后，依次访问 v_1 的相邻点的所有邻接顶点 $w_1,w_2,w_3,\cdots,w_i$。

2）再按 $w_1,w_2,w_3,\cdots,w_i$ 的顺序，访问其中的每个顶点的所有未被访问过的邻接顶点。

3）再按刚才的访问次序，依次访问它们的所有未被访问的邻接顶点，依此类推，直到图中所有顶点都被访问过为止。

例如，对图 5-14 所示无向图 G_5进行广度优先搜索遍历，首先访问 v_1 和 v_1 的邻接点 v_2 和 v_3，然后依次访问 v_2 的邻接点 v_4 和 v_5 及 v_3 的邻接点 v_6 和 v_7，最后访问 v_4 的邻接点 v_8 和 v_5 的邻接点 v_9。由于这些顶点的邻接点均已被访问，并且图中所有顶点都已被访问，因此完成了图的遍历。得到的顶点访问序列为

$$v_1 \rightarrow v_2 \rightarrow v_3 \rightarrow v_4 \rightarrow v_5 \rightarrow v_6 \rightarrow v_7 \rightarrow v_8 \rightarrow v_9$$

由此可见，若 v_1 在 v_2 之前被访问，则与 v_1 相邻的顶点也将在与 v_2 相邻接的顶点之前被访问，所以在广度优先搜索算法中应将被访问过的顶点依次入队列之中。该算法的框图如图 5-15 所示。按照图 5-15 所示的框图，读者可以较容易地用程序设计语言编制程序。

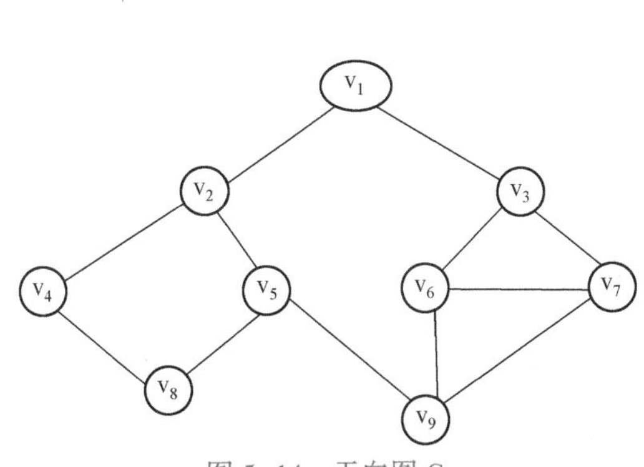

图 5-14　无向图 G_5

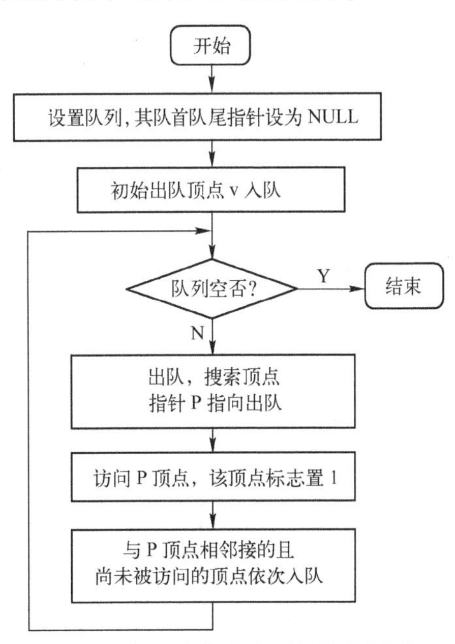

图 5-15　广度优先遍历的算法框图

5.4 图的应用

图是一种应用很广的数据结构。在实际应用中，最常使用的应用算法有生成树、最短路径、关键路径、AOV 网与拓扑排序等。

5.4.1 生成树和最小生成树

设 G=(V,E)为连通图，则从图中任一顶点出发遍历图时，必定将 E(G)分成两个集合 A(G)和 B(G)，其中 A(G)是遍历图过程中历经的边的集合；B(G)是剩余的边的集合。显然，A(G)和图 G 中所有顶点一起构成连通图 G 的极小连通子图。我们称它是连通图的一棵生成树，并且由深度优先搜索得到的为深度优先生成树；由广度优先搜索得到的为广度优先生成树。例如，图 5-16a、b 所示分别为 5-14 无向图 G_5 的深度优先生成树和广度优先生成树。图中虚线为集合 B(G)中的边，实线为集合 A(G)中的边。

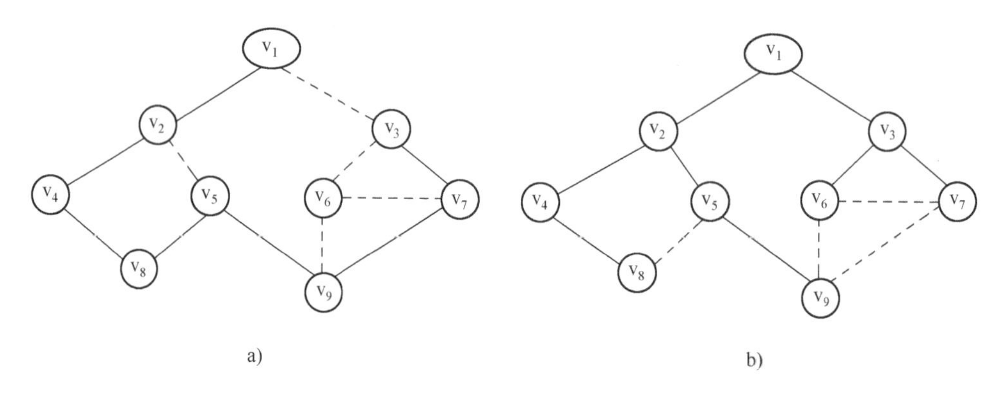

图 5-16 由图 5-14 得到的生成树

a）G_5 的深度优先生成树 b）G_5 的广度优先生成树

由生成树的定义可知，无向连通图的生成树不是唯一的。连通图的一次遍历所经过的边的集合及图中所有顶点的集合就构成了该图的一棵生成树，对连通图的不同遍历，就可能得到不同的生成树。

如果无向连通图是一个网，那么它的所有生成树中必有一棵是边的权值总和最小的生成树，这棵生成树称为最小生成树，简称为最小生成树。

求最小生成树在许多领域有实际意义。假设要在 n 个城市之间建立通信网，则连通 n 个城市只需要修建 n-1 条线路。如何在最节省经费的前提下建立这个通信网？不难想象，构造网的最小生成树要解决好以下两个问题：

1）尽可能选取权值小的边，但不能构成回路。

2）选取 n-1 条恰当的边以连接网的 n 个顶点。

下面介绍两种常用的构造最小生成树的方法。

1. 普里姆(Prim)算法

设网 G=(V,E)是网图，其中 V 为网图中所有顶点的集合，E 为网图中所有带权边的集合。设置两个新的集合 U 和 T，其中集合 U 用于存放 G 的最小生成树中的顶点，集合 T 存放 G 的最小生成树中的边。令集合 U 的初值为 $U=\{u_1\}$（假设构造最小生成树时，从顶点 u_1 出发），集合 T 的初值为 $T=\{\}$。Prim 算法的思想是，从所有 $u \in U$，$v \in V-U$（其中 V-U 为 V 的补集）的点中，选取具有最小权值的边(u,v)，将顶点 v 加入集合 U 中，将边(u,v)加入集合 T 中，如此不断重复，直到 U=V 时，最小生成树构造完毕，这时集合 T 中包含了最小生成树的所有边。如图 5-17 所示为集合示意图。

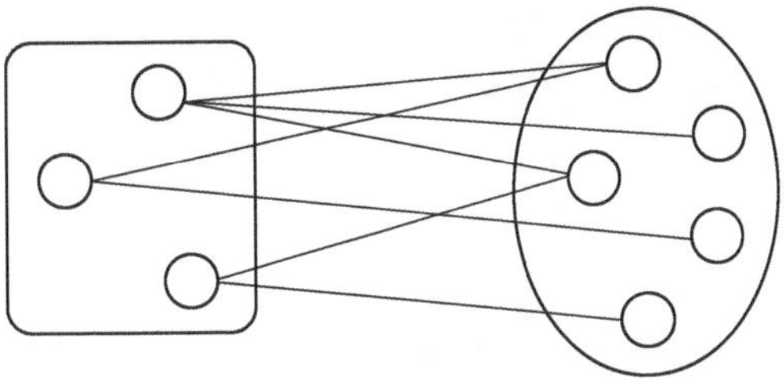

U 集合　　V-U 集合

图 5-17　集合示意图

构造生成树的基本过程可以描述如下：

1) 将图中 n 个顶点分成两个集合。

2) U 集合为已经在生成树上的顶点集。

3) V-U 集合为尚未落在生成树上的顶点集。

不断地选取 U 中顶点与 V-U 中顶点的权值最小的边。

图 5-18 所示为一个网图及其邻接矩阵。按照 Prim 算法，从顶点 1 出发，该网的最小生成树的产生过程如图 5-19 所示。

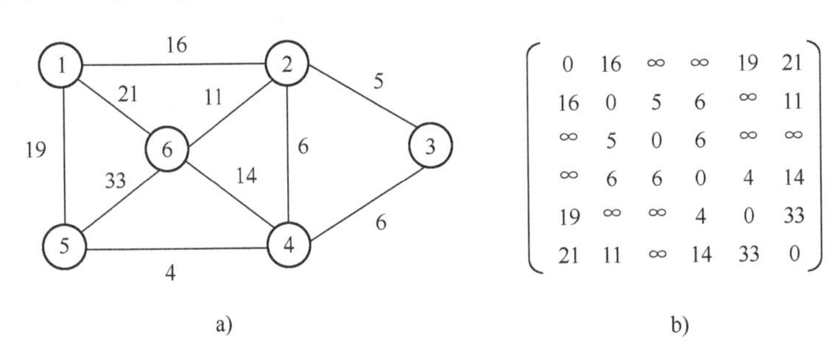

图 5-18　网图及其邻接矩阵

a) 网图　b) 邻接矩阵

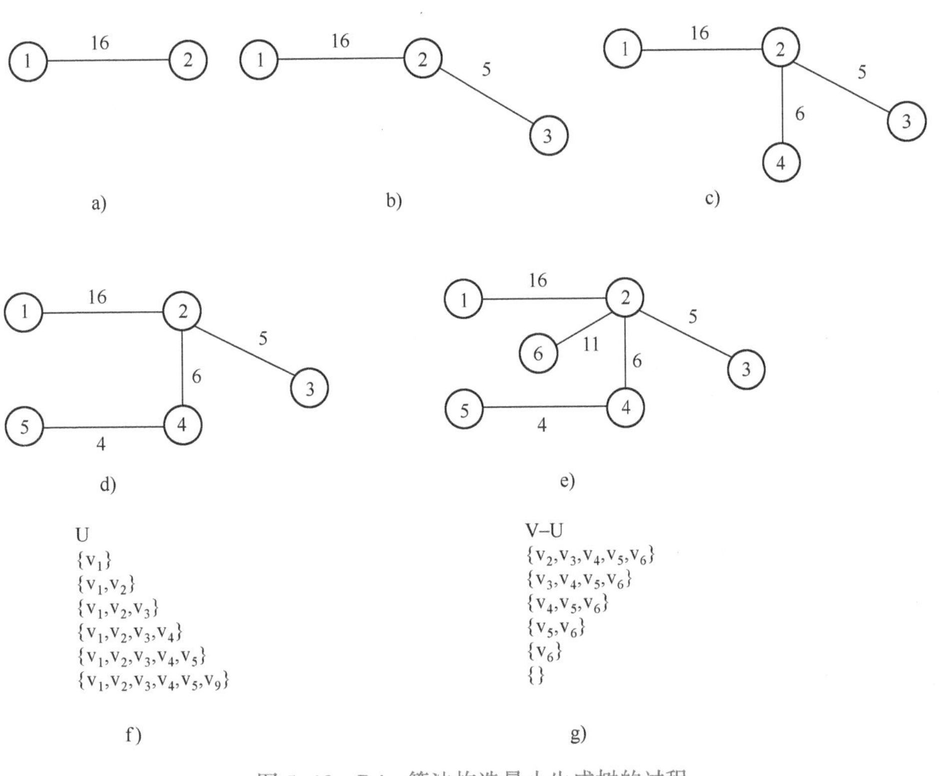

图 5-19　Prim 算法构造最小生成树的过程

2. 克鲁斯卡尔算法

克鲁斯卡尔(Kruskal)算法的基本思想：为使生成树上边的权值之和达到最小，则应使生成树中每一条边的权值应尽可能地小。具体做法：先构造一个只含 n 个顶点的子图 SG，然后从权值最小的边开始，若它的添加不使 SG 中产生回路，则在 SG 上加上这条边。如此重复，直至加上n-1 条边为止。

对于图 5-18 所示的网图，按照 Kruskal 算法，增设一个数组用于表示两个顶点依附的边对应的权值，并按权值从小到大排列，见表 5-1。构造最小生成树的过程如图 5-20 所示。在构造过程中，按照网中边的权值由小到大的顺序，不断选取当前未被选取的边集中权值最小的边。依据生成树的概念，n 个结点的生成树，有 n-1 条边，故反复上述过程，直到选取了 n-1 条边为止，就构成了一棵最小生成树。

表 5-1　按权值从小到大排列的数组

数组下标	0	1	2	3	4	5	6	7	8	9
顶点编号	4	2	3	2	2	4	1	1	1	5
顶点编号	5	3	4	4	6	6	2	5	6	6
权值	4	5	6	6	11	14	16	19	21	33

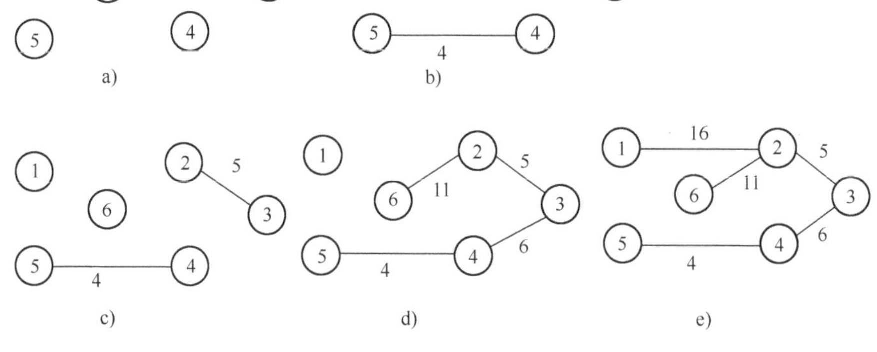

图 5-20　Kruskal 算法构造最小生成树的过程

5.4.2　最短路径

最短路径问题是图的一个比较典型的应用。例如，某一地区的公路网，给定了该网内的 n 个城市以及这些城市之间的相通公路的距离，能否找到城市 A 到城市 B 之间一条距离最近的通路呢？如果将城市用顶点表示，城市间的公路用边表示，公路的长度或养路费等作为边的权值，就构成了一个带权图。

对汽车司机来说，关心两个问题：

1）从 A 城市到 B 城市是否有路径？

2）若从 A 城市到 B 城市有若干条路径，那么，哪一条路径最短或花费最少？

这个问题可归结为在网图中，求点 A 到点 B 的所有路径中，边的权值之和最短的那一条路径。这条路径就是两点之间的最短路径，并称路径上的第 1 个顶点为源点(Sourse)，最后一个顶点为终点(Destination)。在非网图中，最短路径是指两点之间经历的边数最少的路径。

下面讨论两种最常见的最短路径问题。

1. 从一个源点到其他各点的最短路径

本节先来讨论单源点的最短路径问题：给定带权有向图 $G=(V,E)$ 和源点 $v\in V$，求从 v 到

G 中其余各顶点的最短路径。在下面的讨论中假设源点为 v_0。

求从源点到其余各点的最短路径的迪杰斯特拉(Dijkstra)算法的基本思想：依最短路径的长度递增的次序求得各条路径。

1) 路径长度上第一条最短路径为：在这条路径上，必定只含一条弧，并且这条弧的权值最小，假设这个顶点为 v_1。

2) 下一条路径长度次短的路径它只可能有两种情况：或者是直接从源点到该点(只含一条弧)；或者是从源点经过顶点 v_1，再到达该顶点(由两条弧组成)，假设这个顶点为 v_2。

3) 再下一条路径长度次短的路径可能有 3 种情况：或者是直接从源点到该点(只含一条弧)；或者是从源点经过顶点 v_1，再到达该顶点(由两条弧组成)；或者是从源点经过顶点 v_2，再到达该顶点。

4) 其余最短路径的特点：或者是直接从源点到该点(只含一条弧)；或者是从源点经过已求得最短路径的顶点，再到达该顶点。

如图 5-21 所示，源点到其他顶点的最短路径为

v_1:无

$v_0 \Rightarrow v_2$:10

$v_0 \Rightarrow v_4$:30

$v_0 \Rightarrow v_4 \Rightarrow v_3$:50

$v_0 \Rightarrow v_4 \Rightarrow v_3 \Rightarrow v_5$:60

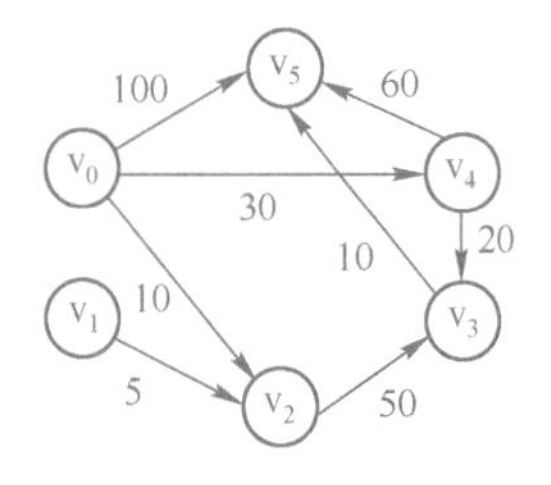

图 5-21 一个有向网图 G_8 及其邻接矩阵

若对图 5-21 施行 Dijkstra 算法，则所得从 v_0 到其余各顶点的最短路径以及运算过程中各参数的变化状况见表 5-2。

表 5-2 用 Dijkstra 算法构造单源点最短路径过程中各参数的变化情况

顶点	从 v_0 到各顶点的 D 值和最短路径的求解过程				
	i=1	i=2	i=3	i=4	i=5
v_1	∞	∞	∞	∞	∞ 无
v_2	10 (v_0,v_2)				
v_3	∞	60 (v_0,v_2,v_3)	50 (v_0,v_4,v_3)		
v_4	30 (v_0,v_4)	30 (v_0,v_4)			
v_5	100 (v_0,v_5)	100 (v_0,v_5)	90 (v_0,v_4,v_5)	60 (v_0,v_4,v_3,v_5)	
v_j	v_2	v_4	v_3	v_5	
S	{v_0,v_2}	{v_0,v_2,v_4}	{v_0,v_2,v_3,v_4}	{v_0,v_2,v_3,v_4,v_5}	

其程序描述为：设有向图 G=(V,E)，其中，V={v_0,v_1,v_2,…,v_n},cost 是表示 G 的邻接矩阵。cost[i][j]表示有向边⟨i,j⟩的权。若不存在有向边⟨i,j⟩，则 cost[i][j]的权为无限大(这里取值为 32767)。设 U 是一个集合，其中的每个元素表示一个顶点，从源点到这些顶点的最短距离已经求出。设顶点 v_0 为源点，集合 U 的初态只包含顶点 v_0。数组 dist 记录从源点到其他各顶点当前的距离，其初值为 dist[i]=cost[0][i]，i=1,2,3,…,n。从 U 之外的顶点集合 V-U 中选出一个顶点 w，使 dist[w]的值最小。于是从源点到达 w 只通过 U 中的顶点，把 w 加入集合 U 中调整 dist 中记录的从源点到 V-U 中每个顶点 v 的距离；从原来的 dist[v]和 dist[w]+cost[w][v]中选择较小的值作为新的 dist[v]。重复上述过程，直到 U 中包含 V 中其余各顶点的最短路径。其具体实现为：设置辅助数组 D，其中每个分量 D[k]表示当前所求得的从源点到

顶点 k 的最短路径。一般情况下，D[k]=<源点到顶点 k 的弧上的权值>或者=<源点到其他顶点的路径长度>+<其他顶点到顶点 k 的弧上的权值>。

在所有从源点出发的弧中选取一条权值最小的弧，即为第一条最短路径。当 v_0 和 k 之间存在弧，则 D[k]=G. arcs[v_0][k]。而当 v_0 和 k 之间不存在弧，则为无限大，其中最小值为最短路径长度。修改其他各顶点的 D[k]值，假设求得最短路径的顶点为 u，若 D[u]+G. arcs[u][k]<D[k]，则将 D[k]改为 D[u]+G. arcs[u][k]。

```
void ShortestPath (MGraph G,int v0,PathMatrix &P,ShortPathTable &D)
{ // 用 Dijkstra 算法求有向网 G 的 v0 顶点到其余顶点 v 的最短路径 P[v] 及其带权长度 D[v]
  // 若 P[v][w]为 TRUE,则 w 是从 v0 到 v 当前求得最短路径上的顶点
  // final[v]为 TRUE 当且仅当 v 属于已找到最短路径的顶点，即已经求得从 v0 到 v 的最短路径
  int i=0,j, v,w,min;
  bool final[MAX_VERTEX_NUM];
  for (v=0; v<G.vexnum; ++v)
  {  final[v] = FALSE;
     D[v] = G.arcs[v0][v].adj;
     for (w=0; w<G.vexnum; ++w)
         P[v][w] = FALSE; // 设空路径
     if (D[v] < INFINITY) { P[v][v0] = TRUE; P[v][v] = TRUE; }
  }
  D[v0] = 0; final[v0] = TRUE;              // 初始化，v0 顶点属于已找到最短路径的顶点
  //--- 开始主循环，每次求得 v0 到某个 v 顶点的最短路径，并加 v 到已找到最短路径的顶点集 ---
for (i=1; i<G.vexnum; ++i)                   // 其余 G.vexnum-1 个顶点
{
   min = INFINITY;                           // 当前所知离 v0 顶点的最近距离
   for (w=0; w<G.vexnum; ++w)
        if (! final[w])                      // w 顶点在未找到最短路径的顶点集中
            if (D[w]<min) { v = w; min = D[w]; }     // w 顶点离 v0 顶点更近
   final[v] = TRUE;                          // 离 v0 顶点最近的 v 加入 S 集
   for (w=0; w<G.vexnum; ++w)                // 更新当前最短路径及距离
      if (! final[w] && (min+G.arcs[v][w].adj<D[w]))
      {  // 修改 D[w]和 P[w]，w 属于未找到最短路径的顶点集
         D[w] = min + G.arcs[v][w];
         P[w] = P[v];P[w][w] = TRUE;
      }
}
}
```

2. 每一对顶点之间的最短路径

解决这个问题的一个办法：每次以一个顶点为源点，重复调用 Dijkstra 算法多次。这样，便可求得每一顶点的最短路径。

这里要介绍由弗洛伊德(Floyd)提出的另一个算法。这个算法的时间复杂度也是 $O(n^3)$，但形式上更简单些。

Floyd 算法仍从图的带权邻接矩阵出发，其基本思想：

假设求从顶点 v_i 到 v_j 的最短路径。如果从 v_i 到 v_j 有弧，则从 v_i 到 v_j 存在一条长度为 edges[i][j]的路径，该路径不一定是最短路径，尚需进行 n 次试探。首先考虑路径 $\langle v_i,v_0,v_j \rangle$ 是否存在(即判别弧 $\langle v_i,v_0 \rangle$ 和 $\langle v_0,v_j \rangle$ 是否存在)。如果存在，则比较 $\langle v_i,v_j \rangle$ 和 $\langle v_i,v_0,v_j \rangle$ 的路径长度，取长度较短者为从 v_i 到 v_j 的中间顶点的序号不大于 0 的最短路径。假如在路径上再增加一个顶点 v_1，也就是说，如果 $\langle v_i,\cdots,v_1 \rangle$ 和 $\langle v_1,\cdots,v_j \rangle$ 分别是当前找到的中间顶点的序号不

大于 0 的最短路径，那么$\langle v_i,\cdots,v_1,\cdots,v_j\rangle$就有可能是从 v_i 到 v_j 的中间顶点的序号不大于 1 的最短路径。将它和已经得到的从 v_i 到 v_j 中间顶点序号不大于 0 的最短路径相比较，从中选出中间顶点的序号不大于 1 的最短路径之后，再增加一个顶点 v_2，继续进行试探。依此类推。在一般情况下，若$\langle v_i,\cdots,v_k\rangle$和$\langle v_k,\cdots,v_j\rangle$分别是从 v_i 到 v_k 和从 v_k 到 v_j 的中间顶点的序号不大于k-1的最短路径，则将$\langle v_i,\cdots,v_k,\cdots,v_j\rangle$和已经得到的从 v_i 到 v_j 且中间顶点序号不大于 k-1 的最短路径相比较，其长度较短者便是从 v_i 到 v_j 的中间顶点的序号不大于 k 的最短路径。这样，在经过 n 次比较后，最后求得的必是从 v_i到 v_j 的最短路径。

按此方法，可以同时求得各对顶点间的最短路径。

现定义一个 n 阶方阵序列：

$$D^{(-1)},D^{(0)},D^{(1)},\cdots,D^{(k)},D^{(n-1)}$$

其中，

$$D^{(-1)}[i][j]=edges[i][j]$$

$$D^{(k)}[i][j]=Min\{D^{(k-1)}[i][j],D^{(k-1)}[i][k]+D^{(k-1)}[k][j]\}\quad 0\leqslant k\leqslant n-1$$

从上述计算公式可知，$D^{(1)}[i][j]$是从 v_i 到 v_j 的中间顶点的序号不大于 1 的最短路径的长度；$D^{(k)}[i][j]$ 是从 v_i 到 v_j 的中间顶点的个数不大于 k 的最短路径的长度；$D^{(n-1)}[i][j]$ 就是从 v_i到 v_j 的最短路径的长度。

由此得到求任意两顶点间的最短路径的算法如下：

```
void ShortestPath_2(Mgraph G,PathMatrix *P[],DistancMatrix *D)
{/*用 Floyd 算法求有向网 G 中各对顶点 v 和 w 之间的最短路径 P[v][w]及其带权长度 D[v][w]*/
/*若 P[v][w][u]为 TRUE,则 u 是从 v 到 w 当前求得的最短路径上的顶点*/
  for(v=0;v<G.vexnum;++v)                          /*各对顶点之间初始已知路径及距离*/
    for(w=0;w<G.vexnum;++w)
    { D[v][w]=G.arcs[v][w];
      for(u=0;u<G.vexnum;++u)  P[v][w][u]=FALSE;
      if(D[v][w]<INFINITY)                          /*从 v 到 w 有直接路径*/
      { P[v][w][v]=TRUE;
      }
    }
  for(u=0;u<G.vexnum;++u)
    for(v=0;v<G.vexnum;++v)
      for(w=0;w<G.vexnum;++w)
        if(D[v][u]+D[u][w]<D[v][w])        /*从 v 经 u 到 w 的一条路径更短*/
        {D[v][w]=D[v][u]+D[u][w];
         for(i=0;i<G.vexnum;++i)
         P[v][w][i]=P[v][u][i] || P[u][w][i];
        }
}/*ShortestPath_2*/
```

图 5-22 给出了一个简单的有向网图 G_9 及其邻接矩阵。图 5-23 给出了用 Floyd 算法求该有向网中每对顶点之间的最短路径过程中，数组 D 和数组 P 的变化情况。

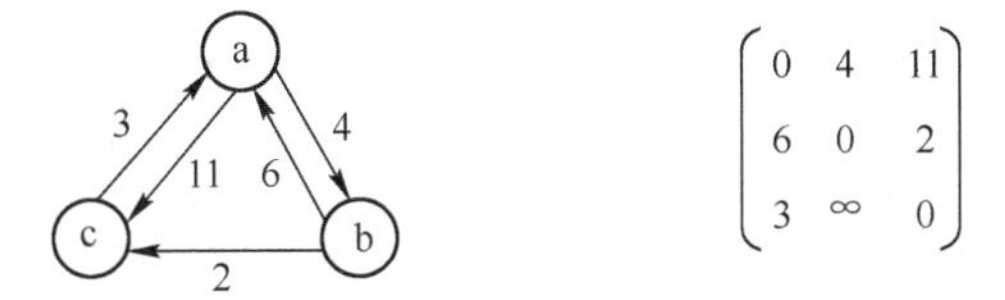

图 5-22　有向网图 G_9 及其邻接矩阵

$$\mathbf{D}^{(-1)}=\begin{pmatrix}0&4&11\\6&0&2\\3&\infty&0\end{pmatrix}\quad \mathbf{D}^{(0)}=\begin{pmatrix}0&4&11\\6&0&2\\3&7&0\end{pmatrix}\quad \mathbf{D}^{(1)}=\begin{pmatrix}0&4&6\\6&0&2\\3&7&0\end{pmatrix}\quad \mathbf{D}^{(2)}=\begin{pmatrix}0&4&6\\5&0&2\\3&7&0\end{pmatrix}$$

$$\mathbf{P}^{(-1)}=\begin{pmatrix}&\mathrm{ab}&\mathrm{ac}\\\mathrm{ba}&&\mathrm{bc}\\\mathrm{ca}&&\end{pmatrix}\quad \mathbf{P}^{(0)}=\begin{pmatrix}&\mathrm{ab}&\mathrm{ac}\\\mathrm{ba}&&\mathrm{bc}\\\mathrm{ca}&\mathrm{cab}&\end{pmatrix}\quad \mathbf{P}^{(1)}=\begin{pmatrix}&\mathrm{ab}&\mathrm{abc}\\\mathrm{ba}&&\mathrm{bc}\\\mathrm{ca}&\mathrm{cab}&\end{pmatrix}\quad \mathbf{P}^{(2)}=\begin{pmatrix}&\mathrm{ab}&\mathrm{abc}\\\mathrm{bca}&&\mathrm{bc}\\\mathrm{ca}&\mathrm{cab}&\end{pmatrix}$$

图 5-23　Floyd 算法执行时数组 D 和 P 的变化

5.4.3　AOV 网与拓扑排序

1. AOV 网

实际工程中，人们经常用一个有向图来表示工程的施工流程图或产品的生产流程图。一个工程可以分为若干个子工程，这些子工程就称为活动。若以图中的顶点来表示活动，以有向边表示活动之间的优先关系，则这样活动在顶点上的有向图称为 AOV 网（Activity On Vertex Network）。在 AOV 网中，若从顶点 i 到顶点 j 之间存在一条有向路径，则称顶点 i 是顶点 j 的前驱，或者称顶点 j 是顶点 i 的后继。若〈i,j〉是图中的弧，则称顶点 i 是顶点 j 的直接前驱，顶点 j 是顶点 i 的直接后驱。

AOV 网中的弧表示了活动之间存在的制约关系。例如，计算机专业的学生必须完成一系列规定的基础课程和专业课程才能毕业。学生按照怎样的顺序来学习这些课程呢？这个问题可以被看成一个大的工程，其活动就是学习每一门课程。这些课程的名称与相应代号见表 5-3。

表 5-3　课程表

课程代号	课程名称	先行课程	课程代号	课程名称	先行课程
C_1	高等数学	无	C_5	编译原理	C_4，C_2
C_2	离散数学	C_1	C_6	物理	C_1
C_3	数据结构	C_2，C_4	C_7	计算机组成原理	C_6
C_4	C 语言程序设计	无	C_8	操作系统	C_3，C_7

表中，C_1、C_4是独立于其他课程的基础课，而其他课程却需要有先行课程。例如，学完“数据结构”和“计算机组成原理”后才能学“操作系统”等，先行条件规定了课程之间的优先关系。这种优先关系可以用图 5-24 所示的有向图来表示。其中，顶点表示课程，有向边表示前提条件。若课程 i 为课程 j 的先行课，则必然存在有向边〈i,j〉。在安排学习顺序时，必须保证在学习某门课之前，已经学习了其先行课程。

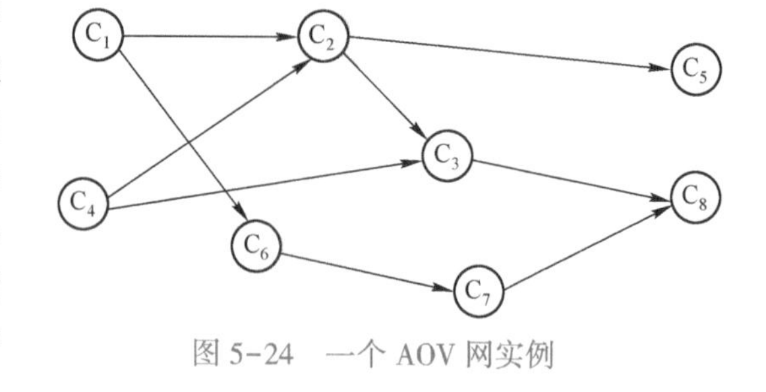

图 5-24　一个 AOV 网实例

在 AOV 网中不应出现回路，如果存在回路，则说明某个“活动”能否进行要以自身任务的完成为前提。显然，这样的工程无法完成。如果要检测一个工程是否可行，首先就得检查对应的 AOV 网是否存在回路。

2. 拓扑排序

对于一个 AOV 网，构造其所有顶点的线性序列，使此序列不仅保持网中每个顶点间原有的先后关系，而且使原来没有先后关系的顶点之间也建立起人为的先后关系。这样的线性序列称为拓扑有序序列。构造 AOV 网的拓扑有序序列的运算称为拓扑排序。

一个 AOV 网的拓扑序列并不是唯一的。例如，下面两个序列都是图 5-24 所示的 AOV 网的拓扑序列。

$C_1, C_2, C_4, C_6, C_3, C_5, C_7, C_8$

$C_1, C_4, C_6, C_7, C_2, C_3, C_5, C_8$

对 AOV 网进行拓扑排序的方法和步骤如下：

1）从 AOV 网中选择一个没有前驱的顶点(该顶点的入度为 0)并且输出它。

2）从网中删去该顶点，并且删去从该顶点发出的全部有向边。

3）重复上述两步，直到剩余的网中不再存在没有前驱的顶点为止。

这样操作的结果有两种：一种是网中全部顶点都被输出，这说明网中不存在有向回路；另一种就是网中顶点未被全部输出，剩余的顶点均不是前驱顶点，这说明网中存在有向回路。

图 5-25 给出了在一个 AOV 网上实施上述步骤的例子。

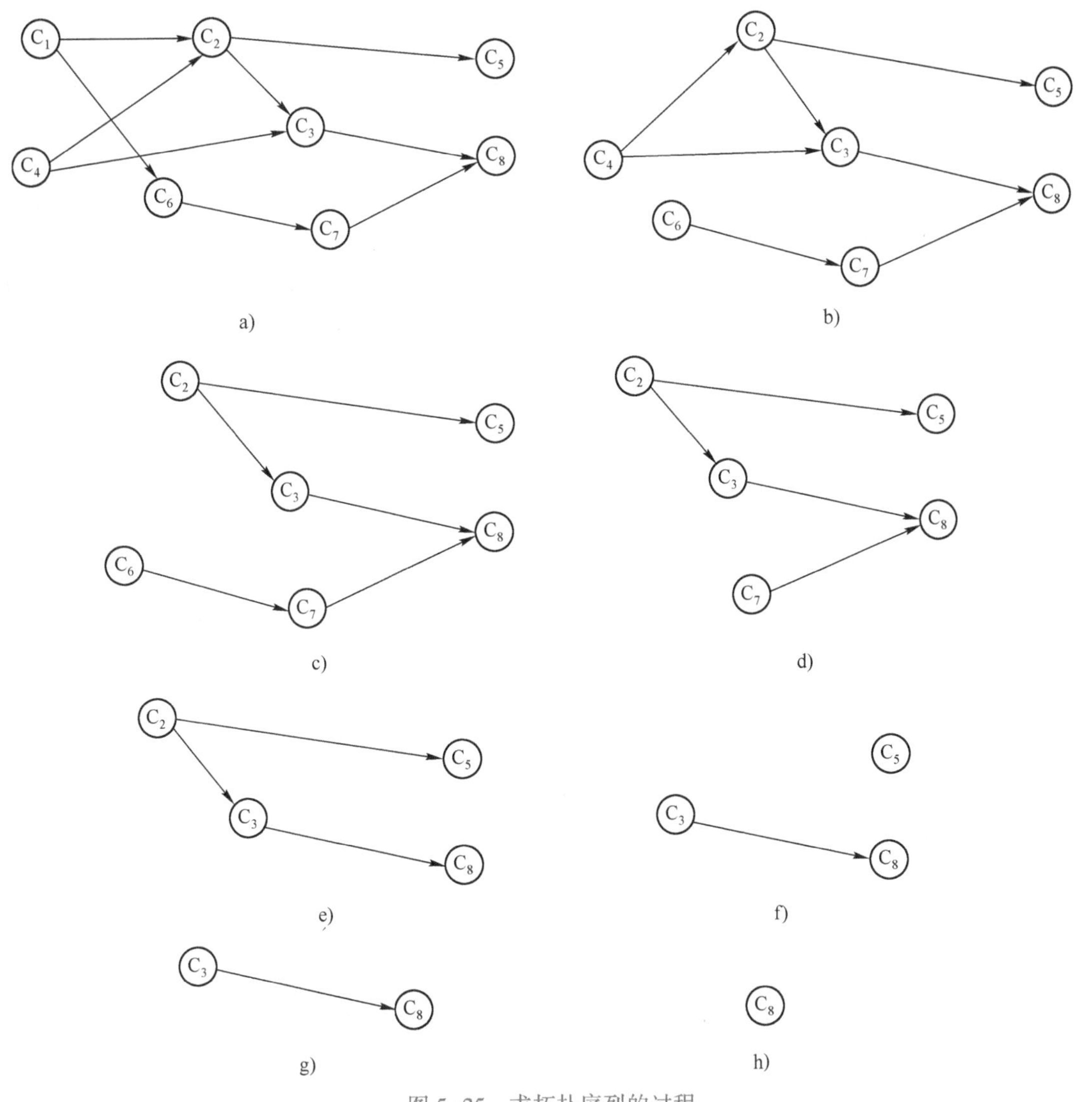

图 5-25　求拓扑序列的过程

a）初始 AOV 网　b）输出 C_1 后　c）输出 C_4 后　d）输出 C_6 后　e）输出 C_7 后　f）输出 C_2 后　g）输出 C_5 后　h）输出 C_3 后

这样得到一个拓扑序列：$C_1, C_4, C_6, C_7, C_2, C_5, C_3, C_8$。

为了实现上述算法，对 AOV 网采用邻接表存储方式。它与以前讨论的邻接表类似，所不同的是在表头结点的 vex 域存放的是该顶点的入度。当要删除从某点发出的弧时，就可以用修改该弧所到达的顶点的入度来表示。

图 5-24 中的 AOV 网的邻接表如图 5-26 所示。

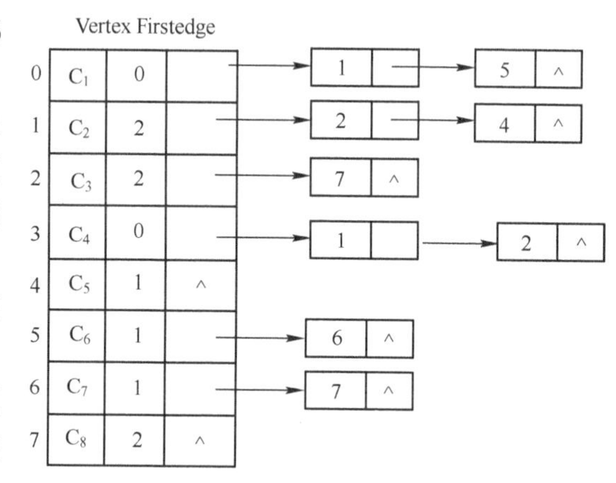

图 5-26　图 5-24 AOV 网的邻接表

为避免重复检测入度为 0 的顶点，算法中设置了一个堆栈，凡是网中入度为 0 的顶点都将其入栈。为此，拓扑排序的算法步骤如下：

1）将没有前驱的顶点（Count 域为 0）压入栈。

2）从栈中退出栈顶元素输出，并把该顶点引出的所有有向边删去，即把它的各个邻接顶点的入度减 1。

3）将新的入度为 0 的顶点再入堆栈。

4）重复步骤 2）~4），直到栈为空为止。此时，或者已经输出全部顶点，或者剩下的顶点中没有入度为 0 的顶点。

对一个具有 n 个顶点、e 条边的网来说，整个算法的时间复杂度为 O(e+n)。如果采用其他的存储结构表示网，则算法的具体实现是不同的。

5.5　习题

一、选择题

1. 在一个图中，所有顶点的度数之和等于所有边数的(　　)倍。
   A. 1/2　　B. 1　　C. 2　　D. 4
2. 在一个有向图中，所有顶点的入度之和等于所有顶点的出度之和的(　　)倍。
   A. 1/2　　B. 1　　C. 2　　D. 4
3. 一个有 N 个顶点的无向图最多有(　　)条边。
   A. N　　B. N(N-1)　　C. N(N-1)/2　　D. 2N
4. 具有 4 个顶点的无向完全图有(　　)条边。
   A. 6　　B. 12　　C. 16　　D. 20
5. 具有 6 个顶点的无向图至少应有(　　)条边才能确保是一个连通图。
   A. 5　　B. 6　　C. 7　　D. 8
6. 在一个具有 N 个顶点的无向图中，要连通全部顶点至少需要(　　)条边。
   A. N　　B. N+1　　C. N-1　　D. N/2
7. 对于一个具有 N 个顶点的无向图，若采用邻接矩阵表示，则该矩阵的大小是(　　)。
   A. N　　B. (N-1) * (N-1)　　C. N-1　　D. N * N
8. 对于一个具有 N 个顶点和 E 条边的无向图，若采用邻接表表示，则表头向量的大小为(　　)；所有邻接表中的结点总数是(　　)。

(1) A. N　　B. N+1　　C. N−1　　D. N+E

(2) A. E/2　　B. E　　C. 2E　　D. N+E

9. 采用邻接表存储的图的深度优先遍历算法类似于二叉树的(　　)。

A. 先序遍历　　B. 中序遍历　　C. 后序遍历　　D. 层次遍历

10. 采用邻接表存储的图的广度优先遍历算法类似于二叉树的(　　)。

A. 先序遍历　　B. 中序遍历　　C. 后序遍历　　D. 层次遍历

11. 含 n 个顶点的连通图中的任意一条简单路径，其长度不可能超过(　　)。

A. 1　　B. n/2　　C. n−1　　D. n

12. 一个有向图的邻接表存储结构如图 5-12 所示。现在按深度优先遍历算法，从顶点 v_1 出发，所得到的顶点序列是(　　)。

A. $v_1v_3v_2v_4v_5$　　B. $v_1v_3v_4v_2v_5$

C. $v_1v_2v_4v_5v_3$　　D. $v_1v_3v_4v_5v_2$

13. 设有两个无向图 G=(V,E)和 G′=(V′,E′)，如果 G′是 G 的生成树，则下列说法不正确的是(　　)。

A. G′是 G 的子图　　B. G′是 G 的连通分量

C. G′是 G 的无环子图　　D. G′是 G 的极小子图，且 V′=V

14. 任何一个带权的无向连通图的最小生成树(　　)。

A. 只有一棵　　B. 有一棵或多棵

C. 一定有多棵　　D. 可能不存在

15. 设图 G 采用邻接表存储，则拓扑排序算法的时间复杂度为(　　)。

A. O(n)　　B. O(n+e)　　C. $O(n^2)$　　D. O(n·e)

二、填空题

1. 对具有 n 个顶点的图，其生成树有且仅有________条边，即生成树是图的边数________的连通图。

2. 对无向图，其邻接矩阵是一个关于________对称的矩阵。

3. 在有向图的邻接矩阵上，由第 i 行可得到第________个结点的出度，而由第 j 列可得到第________个结点的入度。

4. 对无向图，设有 n 个结点 e 条边，则其邻接表表示中需要________个表结点。对有向图，设有 n 个顶点 e 条弧，则其邻接表表示需要________个表结点。

5. 在无权图 G 的邻接矩阵 A 中，若(v_i,v_j)或$<v_i,v_j>$属于图 G 的边集，则对应元素 a_{ij} 等于________，否则等于________。

6. 已知一个有向图的邻接矩阵表示，计算第 i 个结点的入度的方法是________。删除所有从第 i 个结点出发的边的方法是________。

7. 设无向图 G 中顶点数为 n，则图 G 最少有________条边，最多有________条边。若 G 为有向图，有 n 个顶点，则图至少有________条边，最多有________条边。

8. 对无向图，若它有 n 个顶点 e 条边，则其邻接表中需要________个结点。其中，________个结点构成头结点，________个结点构成顶点表。

9. 对有向图，若它有 n 个顶点 e 条边，则其邻接表中需要________个结点。其中，________个结点构成头结点，________个结点构成顶点表。

10. 在邻接表上，无向图中顶点 v_i 的度恰为________。对有向图，顶点 V_i 的出度是________。为了求入度，必须遍历整个邻接表，在所有单链表中，其邻接点域的值为________的结点的个数是顶点 v_i 的入度。

11. 遍历图的基本方法有________优先搜索和________优先搜索两种。

三、应用题

1. 给出如图 5-27a 所示无向图的邻接矩阵和邻接表。

2. 给出图 5-27b 所示的有向图的邻接矩阵、邻接表和逆邻接表。

3. 给出图 5-27c 所示无向图的从 v_5 出发、按深度优先搜索和广度优先搜索算法遍历得到的顶点序列。

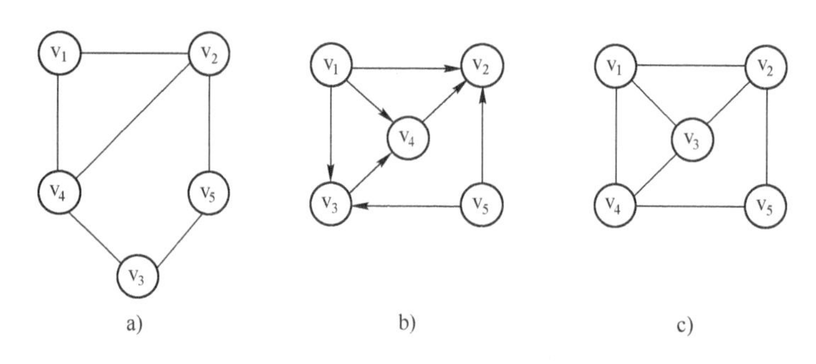

图 5-27　图

a）无向图 1　b）有向图　c）无向图 2

4. 设有一无向图 G=(V,E)，其中 V={1,2,3,4,5,6}，E={(1,2),(1,6),(2,6),(1,4),(6,4),(1,3),(3,4),(6,5),(4,5),(1,5),(3,5)}。

（1）按上述顺序输入后，画出其相应的邻接表。

（2）在该邻接表上，从顶点 4 开始，写出 DFS 序列和 BFS 序列。

5. 已知图 G 的邻接表如图 5-28 所示，以顶点 v_1 为出发点，完成以下要求：

（1）深度优先搜索的顶点序列。

（2）广度优先搜索的顶点序列。

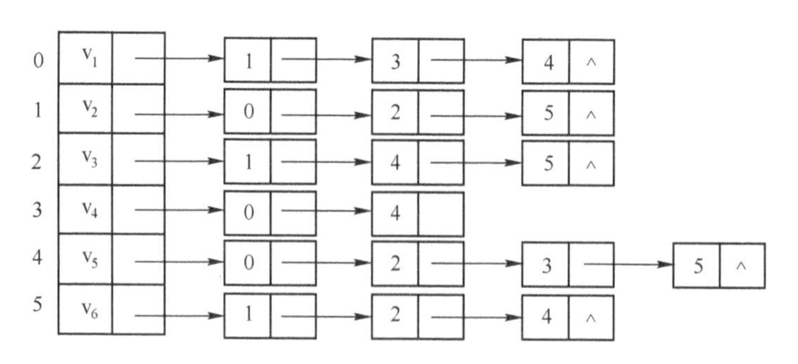

图 5-28　邻接表

6. 已知连通网的邻接矩阵如图 5-29 所示，顶点集合为 $\{v_1, v_2, v_3, v_4, v_5\}$，试画出它所表示的从顶点 v_1 开始利用 Prim 算法得到的最小生成树。

7. 拓扑排序的结果不是唯一的，对如图 5-30 所示的图进行拓扑排序，写出全部不同的拓扑排序序列。

$$\begin{pmatrix} \infty & 1 & 12 & 5 & 10 \\ 1 & \infty & 8 & 9 & \infty \\ 12 & 8 & \infty & \infty & 2 \\ 5 & 9 & \infty & \infty & 4 \\ 10 & \infty & 2 & 4 & \infty \end{pmatrix}$$

图 5-29　邻接矩阵

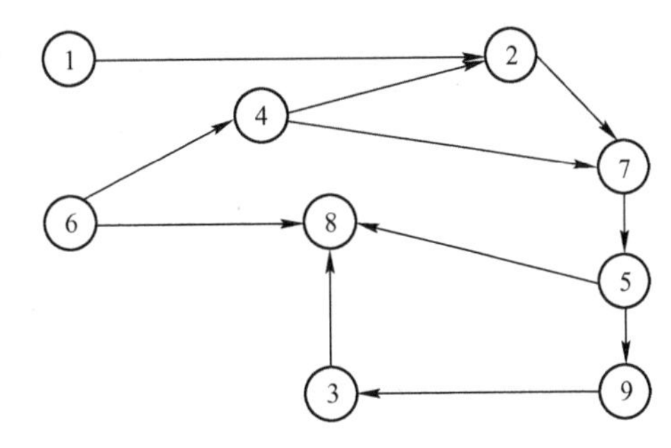

图 5-30　图

第6章　查　　找

因为查找运算的使用频率很高，几乎在任何一个计算机系统软件和应用软件中都会涉及，所以当问题所涉及的数据量相当大时，查找方法的效率就显得格外重要。在一些实时查询系统中尤其如此。因此，本章将系统地讲解各种查找算法，并通过对它们的效率分析来说明各种查找算法的优劣。

6.1　查找的基本概念

在讲述查找算法之前，首先说明几个与查找有关的基本概念。

6.1.1　查找的相关概念

1. 查找表和查找

一般地，假定被查找的对象是由一组结点组成的表(Table)或文件，而每个结点则由若干数据项组成，并假设每个结点都有一个能唯一标识该结点的关键字。关键字表示数据元素的某个数据项的值，用它可以标识列表中的一个或一组数据元素。如果一个关键字可以唯一标识列表中的一个数据元素，则称其为主关键字，否则为次关键字。当数据元素仅有一个数据项时，数据元素的值就是关键字。

列表是由同一类型的数据元素(或记录)构成的集合，可利用任意数据结构实现。

查找(Searching)的定义：给定一个值K，在含有n个结点的表中找出关键字等于给定值K的结点。若找到，则查找成功，返回该结点的信息或该结点在表中的位置；否则查找失败，返回相关的指示信息。

2. 查找表的数据结构表示

(1) 动态查找表和静态查找表

若在查找的同时对表做修改操作(如插入和删除)，则相应的表称为动态查找表，否则称为静态查找表。

(2) 内查找和外查找

和排序类似，查找也有内查找和外查找之分。若整个查找过程都在内存进行，则称为内查找；反之，若查找过程中需要访问外存，则称为外查找。

3. 平均查找长度

为确定数据元素在列表中的位置，需求得和给定值进行比较的关键字个数的期望值，称为查找算法在查找成功时的平均查找长度。

平均查找长度(Average Search Length，ASL)定义：

$$ASL = P_1C_1 + P_2C_2 + \cdots + P_nC_n = \sum_{i=1}^{n} P_iC_i$$

其中，n是结点的个数；P_i是查找第i个结点的概率，若不特别声明，认为每个结点的查找概率相等，即$P_1 = P_2 = \cdots = P_n = 1/n$；$C_i$是找到第i个结点所需进行的比较次数。

注意：为了简单起见，假定表中关键字的类型为整数。

```
typedef int KeyType;          /* KeyType 应由用户定义 */
```

因为查找算法的基本运算是关键字之间的比较操作，所以可用平均查找长度来衡量查找算法的性能。

4. 查找成功与失败

查找算法是根据给定的关键字值，在特定的列表中确定一个其关键字与给定值相同的数据元素，并返回该数据元素在列表中的位置。若找到相应的数据元素，则称查找成功，否则称查找失败。此时应返回空地址及失败信息，并可根据要求插入这个不存在的数据元素。

6.1.2 查找的基本思想

查找是在大量的信息中寻找一个特定的信息元素，在计算机应用中，查找是常用的基本运算，如编译程序中符号表的查找。用关键字标识一个数据元素，查找时根据给定的某个值，在表中确定一个关键字的值等于给定值的记录或数据元素。在计算机中进行查找的方法是根据表中的记录的组织结构确定的。

查找算法中涉及 3 类参量：查找对象 K(找什么)、查找范围 L(在哪找)和 K 在 L 中的位置(查找的结果)。其中，K、L 为输入参量,K 在 L 中的位置为输出参量。在函数中，输入参量必不可少，输出参量也可用函数返回值表示。

6.2 查找方法和算法

查找的基本方法可以分为两大类，即比较式查找法和计算式查找法。其中，比较式查找法又可以分为基于线性表的查找法和基于树的查找法，而计算式查找法也称为 Hash(哈希)查找法。

6.2.1 顺序查找

顺序查找(Sequential Search)也称为线性查找，从数据结构线性表的一端开始，顺序扫描，依次将扫描到的结点关键字与给定值 K 相比较，若相等则表示查找成功；若扫描结束仍没有找到关键字等于 K 的结点,则表示查找失败。

在表的组织方式中，线性表是最简单的一种。顺序查找是一种最简单的查找方法。

1. 顺序查找的基本思想

顺序查找的基本思想：从线性表的一端开始，顺序进行扫描，依次将扫描到的结点关键字和给定值 K 相比较。若当前扫描到的结点关键字与 K 相等，则查找成功；若扫描结束后，仍未找到关键字等于 K 的结点，则查找失败。

2. 顺序查找的存储结构要求

顺序查找方法既适用于线性表的顺序存储结构，也适用于线性表的链式存储结构(使用单链表作存储结构时，扫描必须从第 1 个结点开始)。

3. 基于顺序结构的顺序查找算法

(1) 类型说明

类型说明如下：

```
typedef struct
{   KeyType key;
```

```
    InfoType otherinfo;                    /* 此类型依赖于应用 */
} NodeType;
typedef NodeType SeqList[n+1];             /* 0 号单元用作哨兵 */
```

(2) 具体算法

具体算法如下:

```
int SeqSearch(Seqlist R, KeyType K)
{   /* 在顺序表 R[1..n]中顺序查找关键字为 K 的结点 */
    /* 成功时返回找到的结点位置, 失败时返回 0 */
    int i;
    R[0].key=K;                          /* 设置哨兵 */
    for(i=n; R[i].key!=K; i--);          /* 从表后往前找 */
    return i;                            /* 若 i 为 0, 表示查找失败, 否则 R[i]是要找的结点 */
}                                        /* SeqSearch */
```

(3) 算法分析

1) 算法中监视哨 R[0]的作用。为了在 for 循环中省去判定防止下标越界的条件 $i\geq1$, 从而节省比较的时间。

2) 成功时顺序查找的平均查找长度:

$$ASL_{sq}=\sum_{i=1}^{n}P_iC_i=\sum_{i=1}^{n}P_i(n-i+1)=nP_1+(n-1)P_2+\cdots+2P_{n-1}+P_n$$

式中, n 为结点个数; C_i 为查找第 i 个数据元素所需要的比较次数; P_i 是查找第 i 个结点的概率, 且 $\sum_{i=1}^{n}P_i=1$。

在等概率情况下, $P_i=1/n(1\leq i\leq n)$, 故成功的平均查找长度:

$$(n+\cdots+2+1)/n=(n+1)/2$$

即查找成功时的平均比较次数约为表长的一半。若 K 值不在表中, 则须进行 n+1 次比较之后才能确定查找失败。

3) 顺序查找的优点是算法简单, 且对表的结构无任何要求, 无论是用向量还是用链表来存放结点, 也无论结点之间是否按关键字有序, 它都同样适用。

4) 顺序查找的缺点是查找效率低, 因此当 n 较大时不宜采用顺序查找。

6.2.2 有序表的二分查找

1. 二分查找的基本概念

二分查找(Binary Search)又称折半查找, 是一种效率较高的查找方法。二分查找要求线性表是有序表, 即表中结点按关键字有序, 并且要用向量作为表的存储结构。不妨设有序表是递增有序的。

2. 二分查找的基本思想

二分查找的基本思想(设 R[low..high]是当前的查找区间):

1) 确定该区间的中点位置:

$$mid=\lfloor(low+high)/2\rfloor$$

2) 将待查的 K 值与 R[mid].key 比较。若相等, 则查找成功并返回此位置; 否则须确定新的查找区间, 继续二分查找, 具体算法如下:

① 若 R[mid].key>K, 则由表的有序性可知 R[mid..n].key 均大于 K, 因此若表中存在关

键字=K 的结点，则该结点必定是在位置 mid 左边的子表 R[1..mid-1]中，故新的查找区间是左边的子表 R[1..mid-1]。

② 类似地，若 R[mid].key<K，则要查找的 K 必在 mid 右边的子表 R[mid+1..n]中，即新的查找区间是右边的子表 R[mid+1..n]。下一次查找是针对新的查找区间进行的。

因此，从初始的查找区间 R[1..n]开始，每经过一次与当前查找区间的中点位置上的结点关键字的比较，就可确定查找是否成功，不成功则当前的查找区间就缩小一半。重复这一过程，直至找到关键字为 K 的结点，或者直至当前的查找区间为空(即查找失败)时为止。

3. 二分查找算法

```
int BinSearch(SeqList R, KeyType K)
{  /*在有序表R[1..n]中进行二分查找，成功时返回结点的位置，失败时返回零*/
   int low=1, high=n, mid;              /*置当前查找区间上、下界的初值*/
   while(low<=high)                     /*当前查找区间R[low..high]非空*/
   {  mid=(low+high)/2;
      if(R[mid].key==K) return mid;     /*查找成功返回*/
      if(R[mid].key>K)
          high=mid-1;                   /*继续在R[low..mid-1]中查找*/
      else
          low=mid+1;                    /*继续在R[mid+1..high]中查找*/
   }
   return 0;                            /*当low>high时表示查找区间为空，查找失败*/
}                                       /*BinSeareh*/
```

4. 二分查找判定树

二分查找过程可用二叉树来描述：把当前查找区间的中间位置上的结点作为根，左子表和右子表中的结点分别作为根的左子树和右子树。由此得到的二叉树称为描述二分查找的判定树(Decision Tree)或比较树(Comparison Tree)。

注意：判定树的形态只与表结点的个数 n 相关，而与输入实例中 R[1..n].key 的取值无关。

(1) 二分查找判定树的组成

【例 6-1】 具有 11 个结点的有序表可用如图 6-1 所示的判定树来表示。

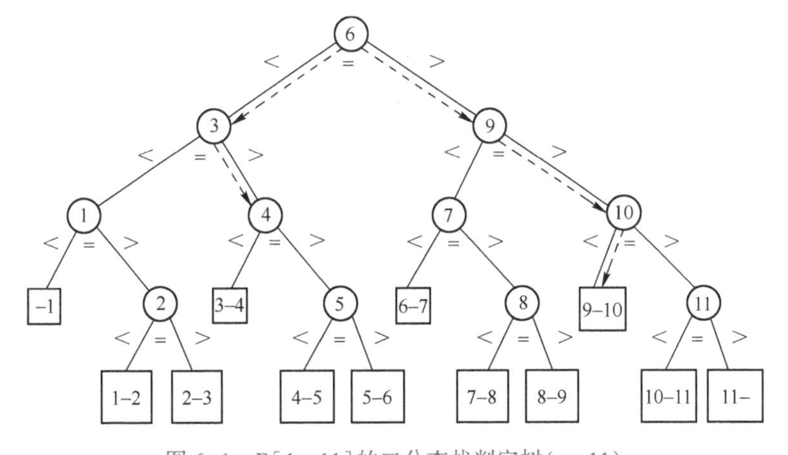

图 6-1 R[1..11]的二分查找判定树(n=11)

1）圆结点即树中的内部结点，圆结点内的数字表示该结点在有序表中的位置。

2）外部结点。原结点中的所有空指针均用一个虚拟的方形结点来取代，即外部结点。

3）树中某结点 i 与其左(右)孩子连接的左(右)分支上的标记“$<$”(“$>$”)表示：当待查关键字 $K<R[i].key$($K>R[i].key$)时，应走左(右)分支到达 i 的左(右)孩子，将该孩子的关键字进一步和 K 比较。若相等，则查找过程结束返回；否则继续将 K 与树中更下一层的结点比较。

（2）二分查找判定树的查找

二分查找就是将给定值 K 与二分查找判定树的根结点的关键字进行比较。若相等，则查找成功；若小于根结点的关键字，则到左子树中查找；若大于根结点的关键字，则到右子树中查找。

【例 6-2】 对于有 11 个结点的表，若查找的结点是表中第 6 个结点，则只需进行一次比较；若查找的结点是表中第 3 或第 9 个结点，则需进行两次比较；找第 1、4、7、10 个结点需要比较 3 次；找到第 2、5、8、11 个结点需要比较 4 次。

由此可见，成功的二分查找过程恰好是走了一条从判定树的根到被查结点的路径，经历比较的关键字次数恰为该结点在树中的层数。若查找失败，则其比较过程是经历了一条从判定树根到某个外部结点的路径，所需的关键字比较次数是该路径上内部结点的总数。

【例 6-3】 待查表的关键字序列为(05,13,19,21,37,56,64,75,80,88,92)，若要查找 K=85 的记录，则所经过的内部结点为 6、9、10，最后到达方形结点“9-10”，其比较次数为 3。

实际上，方形结点中“i-i+1”的含义为被查找值 K 是介于 R[i].key 和 R[i+1].key 之间的，即 $R[i].key<K<R[i+1].key$。

（3）二分查找的平均查找长度

设内部结点的总数为 $n=2^h-1$，则判定树是深度为 $h=\log_2(n+1)$ 的满二叉树(深度 h 不计外部结点)。树中第 k 层上的结点个数为 2^{k-1}，查找它们所需的比较次数是 k。因此在等概率假设下，二分查找成功时的平均查找长度：

$$ASL_{bn} \approx \log_2(n+1)-1$$

二分查找在查找失败时所需比较的关键字个数不超过判定树的深度，在最坏情况下查找成功的比较次数也不超过判定树的深度，即

$$[\log_2(n+1)]$$

二分查找的最坏性能和平均性能相当接近。

5. 二分查找的优点和缺点

虽然二分查找的效率高，但是要将表按关键字排序。而排序本身是一种很费时的运算，即使采用高效率的排序方法也要花费 $O(n\log_2 n)$ 的时间。

二分查找只适用于顺序存储结构。为保持表的有序性，在顺序结构里插入和删除都必须移动大量的结点。因此，二分查找特别适用于那种一经建立就很少改动而又经常需要查找的线性表。

对那些查找少而又经常需要改动的线性表，可采用链表作存储结构进行顺序查找。链表无法实现二分查找。

6.2.3 分块查找

顺序表的分块查找(Blocking Search)又称表索引顺序查找。它是一种性能介于顺序查找和

二分查找之间的查找算法。把线性表分成若干块，在每一块中的数据元素的存储顺序是任意的，但要求块与块之间按关键字值的大小有序排列，还要建立一个按关键字值递增顺序排列的索引表，索引表中的一项对应线性表中的一块。索引项包括两个内容：① 键域存放相应块的最大关键字；② 链域存放指向本块第 1 个结点的指针。分块查找分两步进行，先确定待查找的结点属于哪一块，然后在块内查找结点。

1. 分块查找表存储结构

分块查找表由“分块有序”的线性表和索引表组成。

（1）“分块有序”的线性表

表 R[1..n]均分为 b 块，前 b-1 块中结点个数为 $s=\lceil n/b \rceil$，第 b 块的结点数小于或等于 s；每一块中的关键字不一定有序，但前一块中的最大关键字必须小于后一块中的最小关键字，即表是“分块有序”的。

（2）索引表

抽取各块中的最大关键字及其起始位置构成一个索引表 ID[1..b]，即 ID[i]（$1 \leqslant i \leqslant b$）中存放第 i 块的最大关键字及该块在表 R 中的起始位置。因为表 R 是分块有序的，所以索引表是一个递增有序表。

【例 6-4】 图 6-2 就是满足上述要求的存储结构，其中 R 有 18 个结点，被分成 3 块，每块中有 6 个结点。第 1 块中最大关键字 22 小于第 2 块中最小关键字 24，第 2 块中最大关键字 48 小于第 3 块中最小关键字 49。

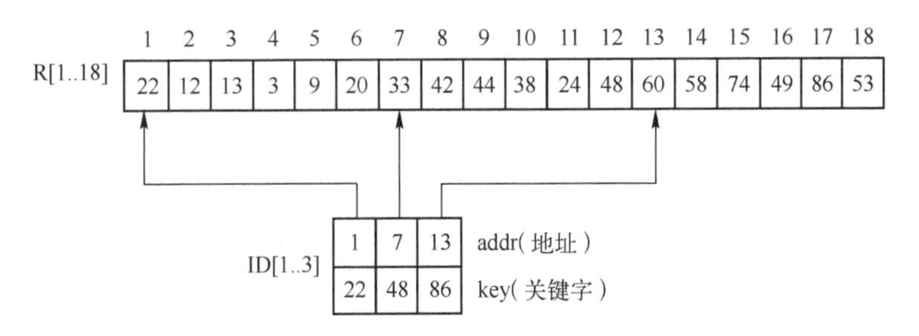

图 6-2 分块有序表的索引存储表示

2. 分块查找的基本思想

分块查找的基本思想如下：

1）首先查找索引表。索引表是有序表，可采用二分查找或顺序查找，以确定待查的结点在哪一块。

2）然后在已确定的块中进行顺序查找。由于块内无序，只能用顺序查找。

3. 分块查找示例

【例 6-5】 对于例 6-4 的存储结构：

（1）查找关键字等于给定值 K=24 的结点

因为索引表小，不妨用顺序查找方法查找索引表，即首先将 K 依次和索引表中各关键字比较，直到找到第 1 个关键字大小或等于 K 的结点，由于 K<48，所以关键字为 24 的结点若存在，则必定在第 2 块中；然后，由 ID[2].addr 找到第 2 块的起始地址 7，从该地址开始在 R[7..12]中进行顺序查找，直到 R[11].key=K 为止。

（2）查找关键字等于给定值 K=30 的结点

先确定第 2 块，然后在该块中查找。因该块中查找不成功，故说明表中不存在关键字为 30

的结点。

4. 算法分析

（1）平均查找长度 ASL

分块查找是两次查找过程，整个查找过程的平均查找长度是两次查找的平均查找长度之和。

1）以二分查找来确定块，分块查找成功时的平均查找长度：

$$ASL_{blk}=ASL_{bn}+ASL_{sq}\approx\log_2(b+1)-1+(s+1)/2\approx\log_2(n/s+1)+s/2$$

2）以顺序查找确定块，分块查找成功时的平均查找长度：

$$ASL'_{blk}=(b+1)/2+(s+1)/2=(s^2+2s+n)/(2s)$$

注意：当 $s=\sqrt{n}$ 时，ASL'_{blk} 取最小值 $\sqrt{n}+1$，即当采用顺序查找确定块时，应将各块中的结点数选定为 $\sqrt{n}$。

【例 6-6】 若表中有 10000 个结点，则应把它分成 100 个块，每块中含 100 个结点。用顺序查找确定块，分块查找平均需要做 100 次比较，而顺序查找平均需做 5000 次比较，二分查找最多需 14 次比较。

注意：分块查找算法的效率介于顺序查找和二分查找之间。

（2）块的大小

在实际应用中，分块查找不一定要将线性表分成大小相等的若干块，可根据表的特征进行分块。

例如，一个学校的学生登记表，可按系号或班号分块。

（3）结点的存储结构

各块可放在不同的向量中，也可将每一块存放在一个单链表中。

（4）分块查找的优点

分块查找的优点：在表中插入或删除一个记录时，只要找到该记录所属的块，就在该块内进行插入和删除运算。因为块内记录的存放是任意的，所以插入或删除比较容易，无须移动大量记录。

分块查找的主要代价是增加一个辅助数组的存储空间和将初始表分块排序的运算。

6.3 二叉排序树的查找算法

当用线性表作为表的组织形式时，可以有 3 种查找算法，其中以二分查找效率最高。但由于二分查找要求表中结点按关键字有序，且不能用链表作为存储结构，因此当表的插入或删除操作频繁时，为维护表的有序性，势必要移动表中很多结点。这种由移动结点引起的额外时间开销，就会抵消二分查找的优点。也就是说，二分查找只适用于静态查找表。若要对动态查找表进行高效率的查找，可采用下面介绍的几种特殊的二叉树或树作为表的组织形式，不妨将它们统称为树表。下面将分别讲解在这些树表上进行查找和修改操作的方法。

6.3.1 二叉排序树的基本概念

1. 二叉排序树的定义

二叉排序树(Binary Sort Tree，BST)又称二叉查找(搜索)树(Binary Search Tree，BST)。二叉排序树或者是空树，或者是满足如下性质的二叉树：

1）若它的左子树非空，则左子树上所有结点的值均小于根结点的值。

2）若它的右子树非空，则右子树上所有结点的值均大于或等于根结点的值。

3）左、右子树本身又各是一棵二叉排序树。

上述性质简称二叉排序树性质(BST 性质)，故二叉排序树实际上是满足 BST 性质的二叉树。

2. 二叉排序树的特点

由 BST 性质可得：

1）二叉排序树中任意一个结点 x，其左(右)子树中任一结点 y(若存在)的关键字必小(大)于 x 的关键字。

2）二叉排序树中，各结点关键字是唯一的。

注意：实际应用中，不能保证被查找的数据集中各元素的关键字互不相同，所以可将二叉排序树定义中 BST 性质 1)里的“小于”改为“大于或等于”，或将 BST 性质 2)里的“大于”改为“小于或等于”，甚至可同时修改这两个性质。

3）按中序遍历该树所得到的中序遍历序列是一个递增的有序序列。

【例 6-7】 图 6-3 所示的两棵树均是二叉排序树，它们的中序遍历序列均为有序序列：2,3,4,5,7,8。

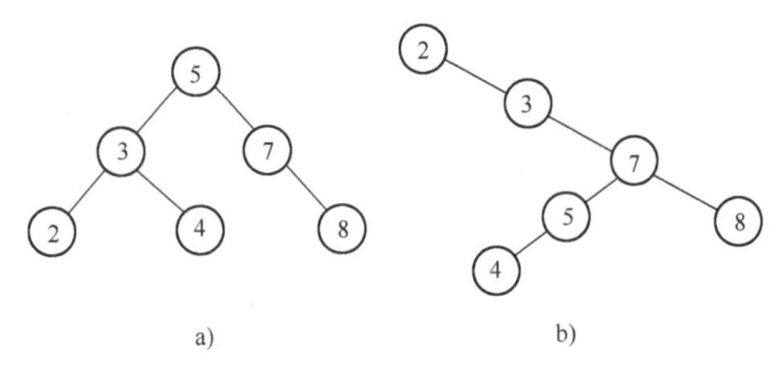

图 6-3 二叉排序树

a）高度为 3 b）高度为 5

3. 二叉排序树的存储结构

```
typedef int KeyType;                    /* 假定关键字类型为整数 */
typedef struct node                     /* 结点类型 */
{   KeyType key;                        /* 关键字项 */
    InfoType otherinfo;                 /* 其他数据域, InfoType 视应用情况而定,下面不处理它 */
    struct node *lchild, *rchild;       /* 左右孩子指针 */
} BSTNode;
typedef BSTNode *BSTree;                /* BSTree 是二叉排序树的类型 */
```

6.3.2 二叉排序树的运算

1. 二叉排序树的插入

在一棵二叉排序树中插入一个结点可以用一个递归的过程实现，即若二叉排序树为空，则新结点作为二叉排序树的根结点；否则，若给定结点的关键字值小于根结点关键字值，则插入在左子树上；若给定结点的关键字值大于根结点的值，则插入在右子树上。

(1) 二叉排序树插入新结点的过程

在二叉排序树中插入新结点，要保证插入后仍满足 BST 性质。其插入过程如下：

1）若二叉排序树 T 为空，则为待插入的关键字 key 申请一个新结点，并令其为根。

2）若二叉排序树 T 不为空，则将 key 和根的关键字进行如下比较。

- 若两者相等，则说明树中已有此关键字 key，无须插入。

- 若 key<T→key，则将 key 插入根的左子树中。
- 若 key>T→key，则将 key 插入根的右子树中。

子树中的插入过程与上述的树中插入过程相同。如此进行下去，直到将 key 作为一个新的叶子结点的关键字插入到二叉排序树中，或者直到发现树中已有此关键字为止。

（2）二叉排序树插入新结点的递归算法

```
void bt_insert1(Bin_Sort_Tree *bt,Bin_Sort_Tree_Linklist *pn)
{ /*在以 bt 为根的二叉排序树上插入一个由指针 pn 指向的新结点*/
  if( *bt =NULL) *bt = pn;
  else if( *bt -> key > pn->key)bt_insert 1(&( *bt -> lchild),pn);
  else if( *bt -> key < pn -> key)bt_insert1(&( *bt -> rchild),pn);
}
```

（3）二叉排序树插入新结点的非递归算法

```
void InsertBST(BSTree *Tptr,KeyType key)
{ /*若二叉排序树 *Tptr 中没有关键字为 key，则插入，否则直接返回*/
  BSTNode *f, *p= *TPtr;                          /*p 的初值指向根结点*/
  while(p)                                        /*查找插入位置*/
     {  if(p->key= =key)return;                   /*树中已有 key，无须插入*/
        f=p;                                      /*f 保存当前查找的结点*/
        p=(key<p->key)? p->lchild:p->rchild;
             /*若 key<p->key，则在左子树中查找，否则在右子树中查找*/
     } /*endwhile*/
     p=(BSTNode *)malloc(sizeof(BSTNode));
     p->key=key;p->lchild=p->rchild=NULL;         /*生成新结点*/
     if( *TPtr= =NULL)                            /*原树为空*/
        *Tptr=p;                                  /*新插入的结点为新的根*/
     else /*原树非空时将新结点 p 作为关键字 f 的左孩子或右孩子插入*/
       if(key<f->key)
          f->lchild=p;
       else f->rchild=p;
   } /*InsertBST*/
```

2. 二叉排序树的生成

二叉排序树的生成是从空的二叉排序树开始，每输入一个结点数据，就调用一次插入算法将它插入到当前已生成的二叉排序树中。生成二叉排序树的算法如下：

```
BSTree CreateBST(void)
{  /*输入一个结点序列，建立一棵二叉排序树，将根结点指针返回*/
   BSTree T=NULL;                    /*初始时 T 为空树*/
   KeyType key;
   scanf("%d",&key);                 /*读入一个关键字*/
   while(key)                        /*若输入的 key=0 则退出循环，否则继续输入*/
   {  InsertBST(&T,key);             /*将 key 插入二叉排序树 T*/
      scanf("%d",&key);              /*读入下一关键字*/
   }
   return T;                         /*返回建立的二叉排序树的根指针*/
}  /*BSTree*/
```

二叉排序树的中序遍历序列是一个有序序列，所以对于一个任意的关键字序列构造一棵二叉排序树，其实质是对此关键字序列进行排序，使其变为有序序列。“排序树”的名称也由此而来。通常，将这种排序称为树排序(Tree Sort)，可以证明这种排序的平均时间复杂度亦为 $O(n\log_2 n)$。

对相同的输入实例，树排序的执行时间复杂度约为堆排序的2~3倍。因此在一般情况下，构造二叉排序树的目的并非为了排序，而是用它来加速查找，这是因为在一个有序的集合上查找通常比在无序集合上查找更快。因此，人们又常常将二叉排序树称为二叉查找树。

3. 二叉排序树的删除

从二叉排序树中删除一个结点，不能把以该结点为根的子树都删去，并且还要保证删除后所得的二叉树仍然满足 BST 性质。

(1) 删除操作的一般步骤

1) 进行查找。查找时，令 p 指向当前访问到的结点，parent 指向其双亲(其初值为 NULL)。若树中找不到被删除结点则返回；否则被删除结点是 * p。

2) 删去 * p。删除 * p 时，应将 * p 的子树(若有)仍连接在树上且保持 BST 性质不变。按 * p 的孩子数目分3种情况进行处理。

(2) 删除 * p 结点的3种情况

1) * p 是叶子(即它的孩子数为0)。无须连接 * p 的子树，只需将 * p 的双亲 * parent 中指向 * p 的指针域置空即可。

2) * p 只有一个孩子 * child。只需将 * child 和 * p 的双亲直接连接后，即可删去 * p。

注意：* p 既可能是 * parent 的左孩子,也可能是其右孩子，而 * child 可能是 * p 的左孩子或右孩子，故共有4种状态。

3) * p 有两个孩子。先令 q=p，将被删除结点的地址保存在 q 中；然后找 * q 的中序后继 * p，并在查找过程中仍用 parent 记住 * p 的双亲位置。* q 的中序后继 * p 一定是 * q 的右子树中最左下的结点，它无左子树。因此，可以将删除 * q 的操作转换为删除 * p 的操作，即在释放结点 * p 之前将其数据复制到 * q 中，就相当于删除了 * q。

(3) 二叉排序树删除算法

分析：上述3种情况都能统一到情况(2)，算法中只需针对情况(2)处理。

注意边界条件：若 parent 为空，则被删除结点 * p 是根，故删去 * p 后，应将 child 置为根。

算法如下：

```
void DelBSTNode(BSTree *Tptr,KeyType key)
{                                    /*在二叉排序树*Tptr中删去关键字为key的结点*/
  BSTNode *parent=NULL, *p= *Tptr, *q, *child;
  while(p)                           /*从根开始查找关键字为key的待删结点*/
     { if(p->key==key)break;         /*已找到，跳出查找循环*/
       parent=p;                     /*parent指向*p的双亲*/
       p=(key<p->key)? p->lchild: p->rchild;/*在关键字p的左子树或右子树中继续查找*/
     }
  if(!p)return;                      /*找不到被删除结点则返回*/
  q=p;                               /*q记住被删除结点*p*/
  if(q->lchild&&q->rchild)           /**q的两个孩子均非空，故找*q的中序后继*p*/
    for(parent=q,p=q->rchild;p->lchild;parent=p,p=p=->lchild);
  /*现在情况(3)已被转换为情况(2)，而情况(1)相当于是情况(2)中child=NULL的状况*/
 child=(p->lchild)? p->lchild: p->rchild;/*若是情况(2)，则child非空；否则child为空*/
 if(!parent)                         /**p的双亲为空，说明*p为根，删去*p后应修改根指针*/
   *Tptr=child;                      /*若是情况(1)，则删去*p后，树为空；否则child变为根*/
 else                 /**p不是根，将*p的孩子和*p的双亲进行连接，*p从树上被摘下*/
```

```
{   if(p==parent->lchild)           /* *p是双亲的左孩子 */
      parent->lchild=child;         /* *child作为*parent的左孩子 */
    else parent->rchild=child;      /* *child作为parent的右孩子 */
    if(p!=q)                        /* 是情况(3)，需将*p的数据复制到*q */
      q->key=p->key;                /* 若还有其他数据域亦需复制 */
  } /* endif */
  free(p);                          /* 释放*p占用的空间 */
} /* DelBSTNode */
```

4. 二叉排序树的查找

(1) 查找递归算法

在二叉排序树上进行查找和二分查找类似，也是一个逐步缩小查找范围的过程。

递归的查找算法如下：

```
BSTNode *SearchBST(BSTree T,KeyType key)
{ /* 在二叉排序树T上查找关键字为key的结点，成功时返回该结点位置，否则返回NULL */
   if(T==NULL || key==T->key)/* 递归的终结条件 */
     return T;/* T为空，查找失败；否则成功，返回找到的结点位置 */
   if(key<T->key)
     return SearchBST(T->lchild,key);
   else
     return SearchBST(T->rchild,key);/* 继续在右子树中查找 */
 } /* SearchBST */
```

在二叉排序树上进行查找时，若查找成功，则是从根结点出发走了一条从根到待查结点的路径。若查找不成功，则是从根结点出发走了一条从根到某个叶子的路径。

(2) 平均查找长度

假设在等概率下，图6-4a中二叉排序树查找成功的平均查找长度：

$$ASL_a = \sum_{i=1}^{n} P_i C_i = (1 + 2 \times 2 + 3 \times 4 + 4 \times 3)/10 = 3$$

假设在等概率下，图6-4b所示的树在查找成功时的平均查找长度：

$$ASL_b = (1+2+3+4+5+6+7+8+9+10)/10 = 5.5$$

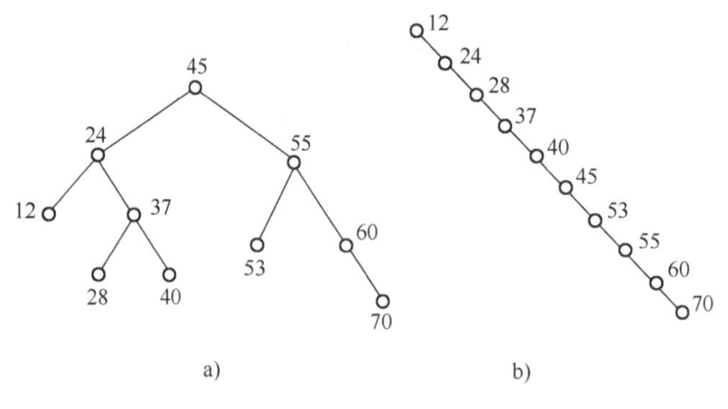

图6-4　两棵形态不同的二叉排序树

注意：与二分查找类似，和关键字比较的次数不超过树的深度。

(3) 平均查找长度和二叉树的形态有关

二分查找法查找长度为n的有序表，其判定树是唯一的。含有n个结点的二叉排序树却不唯一。对于含有同样一组结点的表，由于结点插入的先后次序不同，所构成的二叉排序树的形态和深度也可能不同。

【例 6-8】 如图 6-5a 所示的树，是按如下插入次序构成的：

45,24,55,12,37,53,60,28,40

如图 6-5b 所示的树，是按如下插入次序构成的：

12,24,28,37,40,45,53,55,60

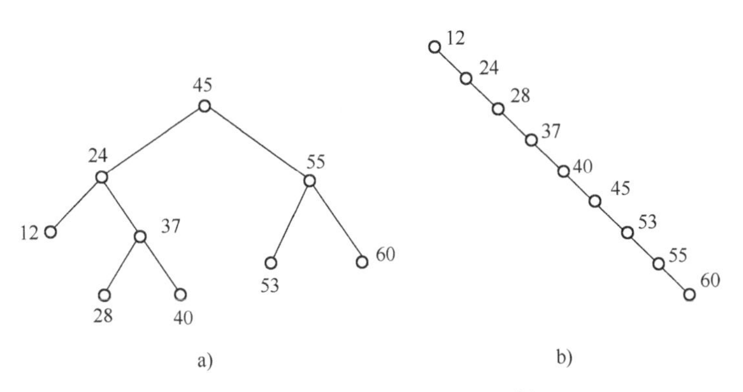

图 6-5 两棵形态不同的二叉树

a) 插入次序 1 生成的二叉树 b) 插入次序 2 生成的二叉树

在二叉排序树上进行查找时的平均查找长度和二叉树的形态有关：

1) 在最坏情况下，二叉排序树是通过把一个有序表的 n 个结点依次插入而生成的，此时所得的二叉排序树变为一棵深度为 n 的单支树，它的平均查找长度和单链表上的顺序查找相同，亦是(n+1)/2。

2) 在最好情况下，二叉排序树在生成的过程中树的形态比较匀称，最终得到的是一棵形态与二分查找的判定树相似的二叉排序树，此时它的平均查找长度大约是 $\log_2 n$。

3) 插入、删除和查找算法的时间复杂度均为 $O(\log_2 n)$。

(4) 二叉排序树和二分查找的比较

就平均时间性能而言，二叉排序树上的查找和二分查找差不多。

就维护表的有序性而言，二叉排序树无须移动结点，只需修改指针即可完成插入和删除操作，且其平均的执行时间均为 $O(\log_2 n)$，因此更有效。二分查找所涉及的有序表是一个向量，若有插入和删除结点的操作，则维护表的有序性所花的代价是 $O(n)$。当有序表是静态查找表时，宜用向量作为其存储结构，而采用二分查找实现其查找操作；若有序表里动态查找表，则应选择二叉排序树作为其存储结构。

(5) 平衡二叉树

为了保证二叉排序树的高度为 $\log_2 n$，从而保证在二叉排序树上实现的插入、删除和查找等基本操作的平均时间为 $O(\log_2 n)$。在树中插入或删除结点时，要调整树的形态来保持树的“平衡”，使之既保持 BST 性质不变又保证树的高度在任何情况下均为 $O(\log_2 n)$，从而确保树上的基本操作在最坏情况下的时间均为 $O(\log_2 n)$。

注意：

1) 平衡二叉树(Balanced Binary Tree)是指树中任意一个结点的左、右子树的高度大致相同。

2) 任意一个结点的左、右子树的高度均相同(如满二叉树)，则二叉树是完全平衡的。通常，只要二叉树的高度为 $O(\log_2 n)$，就可看作是平衡的。

3）平衡的二叉排序树指满足 BST 性质的平衡二叉树。

4）AVL 树中任一结点的左、右子树的高度之差的绝对值不超过 1。在最坏情况下，n 个结点的 AVL 树的高度约为 $1.44\log_2 n$。而完全平衡的二叉树高度约为 $\log_2 n$，AVL 树是接近最优的。

6.4 散列表查找

散列方法不同于顺序查找、二分查找、二叉排序树及 B 树上的查找。它不以关键字的比较为基本操作，而是采用直接寻址技术。在理想情况下，无须任何比较就可以找到待查关键字，查找的期望时间为 O(1)。

6.4.1 散列表的基本概念

1. 散列表

设所有可能出现的关键字集合记为 U(简称全集)，实际发生(即实际存储)的关键字集合记为 K($|K|$ 比 $|U|$ 小得多)。

散列方法是使用函数 h 将 U 映射到表 T[0..m−1]的下标上($m=O(|U|)$)。这样以 U 中关键字为自变量，以 h 为函数的运算结果就是相应结点的存储地址，从而达到在 O(1)时间内就可完成查找。

其中：

1） $h:U\rightarrow\{0,1,2,\cdots,m-1\}$ ，通常称 h 为散列函数(Hash Function)。散列函数 h 的作用是压缩待处理的下标范围，使待处理的 $|U|$ 个值减少到 m 个值，从而降低空间开销。

2）T 为散列表(Hash Table)。

3） $h(k_i)(k_i\in U)$ 是关键字为 K_i 结点存储地址(亦称散列值或散列地址)。

4）将结点按其关键字的散列地址存储到散列表中的过程称为散列(Hashing)。

2. 散列表的冲突现象

(1) 冲突

两个不同的关键字，由于散列函数值相同，因而被映射到同一表位置上，该现象称为冲突(Collision)或碰撞。发生冲突的两个关键字称为该散列函数的同义词(Synonym)。

$h(k_2)=h(k_5)$ ，故 k_2 和 k_5 所在的结点的存储地址相同。

(2) 安全避免冲突的条件

【例 6-9】 图 6-6 中的 $k_2\neq k_5$ ，但最理想的解决冲突的方法是安全避免冲突。要做到这一点必须满足两个条件：

1） $|U|\leqslant m$。

2）选择合适的散列函数。

这只适用于 $|U|$ 较小，且关键字均事先已知的情况，此时经过精心设计散列函数 h 有可能完全避免冲突。

(3) 冲突不可能完全避免

通常情况下，h 是一个压缩映像。虽然 $|K|\leqslant m$，但 $|U|>m$，故无论怎样设计 h，也不可能完全避免冲突。因此，只能在设计 h 时尽可能使冲突最少。同时还需要确定解决冲突的方法，使发生冲突的同义词能够存储到表中。

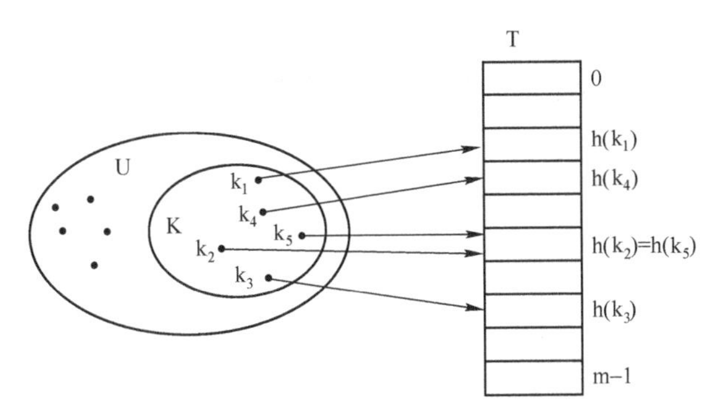

图 6-6 用散列函数将关键字映射到散列表中

(4) 影响冲突的因素

冲突的频繁程度除了与 h 相关外，还与表的填满程度相关。

设 m 和 n 分别表示表长和表中填入的结点数，则将 $\alpha = n/m$ 定义为散列表的装填因子(Load Factor)。α 越大，表越满，冲突的机会也越大。通常取 $\alpha \leq 1$。

6.4.2 常用的散列函数的构造方法

1. 散列函数的选择标准

散列函数的选择有两条标准：简单和均匀。简单是指散列函数的计算简单快速。均匀是指对于关键字集合中的任意一个关键字，散列函数能以等概率将其映射到表空间的任何一个位置上。也就是说，散列函数能将子集 K 随机均匀地分布在表的地址集{0,1,…,m-1}上，以使冲突最小化。

2. 常用散列函数

为简单起见，假定关键字是定义在自然数集合上。

(1) 二次方取中法

具体方法：先通过求关键字的二次方值扩大相近数的差别，然后根据表长度取中间的几位数作为散列函数值。又因为一个乘积的中间几位数和乘数的每一位都相关，所以由此产生的散列地址较为均匀。

【例 6-10】 将一组关键字(0100,0110,1010,1001,0111)二次方后得

(0010000,0012100,1020100,1002001,0012321)

若取表长为 1000，则可取中间的 3 位数作为散列地址集：

(100,121,201,020,123)

相应的散列函数用 C 语言实现如下：

```
int Hash(int key)                    /* 假设 key 是 4 位整数 */
{   key * =key;key/ =100;            /* 先求二次方值，后去掉末尾的两位数 */
    return key%1000;                 /* 取中间 3 位数作为散列地址返回 */
}
```

(2) 除余法

除余法是最为简单常用的一种方法。它是以表长 m 来除关键字，取其余数作为散列地址，即

$$h(key) = key\%m$$

该方法的关键是选取 m。选取的 m 应使得散列函数值尽可能与关键字的各位相关。m 最

好为素数。

【例 6-11】 若选 m 是关键字的基数的幂次，则等于是选择关键字的最后若干位数字作为地址，而与高位无关。于是高位不同而低位相同的关键字均互为同义词。

【例 6-12】 若关键字是十进制整数，其基为 10，则当 m=100 时，159,259,359 等均互为同义词。

(3) 相乘取整法

相乘取整法包括两个步骤：

1) 用关键字 key 乘上某个常数 A(0<A<1)，并抽取出 key. A 的小数部分。

2) 用 m 乘以该小数后取整，即

$$h(key)=\lfloor m(key.A-\lfloor key.A \rfloor)\rfloor$$

该方法最大的优点是选取 m 不再像除余法那样关键。例如，完全可选择它是 2 的整数次幂。虽然该方法对任何 A 的值都适用，但对某些值效果会更好。Knuth 建议选取：

$$A\approx(\sqrt{5}-1)/2=0.61803398\ 87\cdots$$

该函数的 C 语言程序代码如下：

```
int Hash(int key)
{   double d=key * A;                  /* 不妨设 A 和 m 已有定义 */
    return(int)(m * (d-(int)d));   /* (int)表示强制转换后面的表达式为整数 */
}
```

(4) 随机数法

选择一个随机函数，取关键字的随机函数值为它的散列地址，即

$$h(key)=random(key)$$

其中，random 为伪随机函数，但要保证函数值是 0~m-1。

6.4.3 处理冲突的方法

通常有两类方法处理冲突：开放地址(Open Addressing)法和拉链(Chaining)法。前者是将所有结点均存放在散列表 T[0..m-1]中；后者通常是将互为同义词的结点链成一个单链表，而将此链表的头指针放在散列表 T[0..m-1]中。

1. 开放地址法

(1) 开放地址法解决冲突的方法

用开放地址法解决冲突的做法：当冲突发生时，使用某种探查(亦称探测)技术在散列表中形成一个探查(测)序列。沿此序列逐个单元地查找，直到找到给定的关键字，或者碰到一个开放的地址(即该地址单元为空)为止(若要插入，在探查到开放的地址时，则可将待插入的新结点存入该地址单元)。若查找时探查到开放的地址，则表明表中无待查的关键字，即查找失败。

注意：

1) 用开放地址法建立散列表时，建表前须将表中所有单元(更严格地说，是指单元中存储的关键字)置空。

2) 空单元的表示与具体的应用相关。

例如，关键字均为非负数时，可用“-1”来表示空单元，而关键字为字符串时，空单元应是

空串。总之，应该用一个不会出现的关键字来表示空单元。

(2) 开放地址法的一般形式

开放地址法的一般格式：

$$h_i=(h(key)+d_i)\%m \qquad 1\leqslant i\leqslant m-1$$

其中：

1) h(key)为散列函数，d_i 为增量序列，m 为表长。

2) h(key)是初始的探查位置，后续的探查位置依次是 $h_1,h_2,\cdots,h_{m-1}$，即 h(key)，$h_1,h_2,\cdots,h_{m-1}$形成了一个探查序列。

3) 若令开放地址一般形式的 i 从 0 开始，并令 $d_0=0$，则 $h_0=h(key)$，则有

$$h_i=(h(key)+d_i)\%m \qquad (0\leqslant i\leqslant m-1)$$

探查序列可简记为 $h_i(0\leqslant i\leqslant m-1)$。

(3) 开放地址法对装填因子的要求

开放地址法要求散列表的装填因子 $\alpha\leqslant1$，实用中取 α 为 0.5~0.9 的某个值为宜。

(4) 形成探测序列的方法

按照形成探查序列的方法不同，可将开放地址法区分为线性探查法、二次探查法、双重散列法等。

1) 线性探查法(Linear Probing)。该方法的基本思想：将散列表 T[0..m-1]看成是一个循环向量，若初始探查的地址为 d(即 h(key)=d)，则最长的探查序列：

$$d,d+1,d+2,\cdots,m-1,0,1,\cdots,d-1$$

其中，探查时从地址 d 开始，首先探查 T[d]，然后依次探查 T[d+1]，…，T[m-1]，此后又循环到 T[0],T[1]，…，T[d-1]为止。

探查过程终止于 3 种情况：

① 若当前探查的单元为空，则表示查找失败(若是插入则将 key 写入其中)。

② 若当前探查的单元中含有 key，则查找成功，但对于插入意味着失败。

③ 若探查到 T[d-1]时仍未发现空单元，也未找到 key，则无论是查找还是插入均意味着失败(此时表满)。

利用开放地址法的一般形式，线性探查法的探查序列：

$$h_i=(h(key)+i)\%m \qquad (0\leqslant i\leqslant m-1)$$

利用线性探测法构造散列表，其中，$d_i=i$。

【例 6-13】 已知一组关键字为(26,36,41,38,44,15,68,12,06,51)，用除余法构造散列函数，用线性探查法解决冲突构造这组关键字的散列表。

解答：为了减少冲突，通常令装填因子 $\alpha<1$。这里关键字个数 n=10，不妨取 m=13，此时 $\alpha\approx0.77$，散列表为 T[0..12]，散列函数为 h(key)=key%13。

由除余法的散列函数计算出的上述关键字序列的散列地址为(0,10,2,12,5,2,3,12,6,12)。

前 5 个关键字插入时，其相应的地址均为开放地址，故将它们直接插入T[0]、T[10]、T[2]、T[12]和 T[5]中。

当插入关键字 15 时，其散列地址 2(即 h(15)=15%13=2)已被关键字 41(15 和 41 互为同义词)占用。因此探查 h1=(2+1)%13=3，此地址开放，所以将 15 放入 T[3]中。

当插入关键字 68 时，其散列地址 3 已被非同义词 15 先占用，故将其插入到 T[4]中。

当插入关键字 12 时，散列地址 12 已被同义词 38 占用，故探查 hl=(12+1)%13=0，而 T[0]亦被 26 占用，再探查 h2=(12+2)%13=1，此地址开放，可将 12 插入其中。

类似地，将关键字 06 直接插入 T[6] 中；而最后一个关键字 51 插入时，因探查的地址 12，0,1,…，6 均非空，故 51 插入 T[7] 中，如图 6-7 所示。

哈希地址	0	1	2	3	4	5	6	7	8	9	10	11	12
哈希表	26	12	41	15	68	44	06	51			36		38
比较次数	1	3	1	2	2	1	1	9			1		1

图 6-7　线性探查法构造散列表

用线性探查法解决冲突时，当表中 i,i+1,…,i+k 的位置上已有结点时，一个散列地址为 i，i+1,…,i+k+1 的结点都将插入在位置 i+k+1 上。把这种散列地址不同的结点争夺同一个后继散列地址的现象称为聚集或堆积（Clustering）。这将造成不是同义词的结点也处在同一个探查序列之中，从而增加了探查序列的长度，即增加了查找时间。若散列函数不好或装填因子过大，都会使堆积现象加剧。

【例 6-14】　例 6-13 中，h(15)=2,h(68)=3，即 15 和 68 不是同义词。但由于处理 15 和同义词 41 的冲突时，15 抢先占用了 T[3]，这就使得插入 68 时，这两个本来不应该发生冲突的非同义词之间也会发生冲突。

为了减少堆积的发生，不能像线性探查法那样探查一个顺序的地址序列（相当于顺序查找），而应使探查序列跳跃式地散列在整个散列表中。

2）二次探查法（Quadratic Probing）。二次探查法的探查序列：

$$h_i=(h(key)+i*i)\%m \qquad (0\leqslant i\leqslant m-1)$$

其中，$d_i=1^2$，即探查序列为 $d=h(key)$，$d+1^2$，$d+2^2$，…。

该方法的缺陷是不易探查到整个散列空间。

3）双重散列法（Double Hashing）。该方法是开放地址法中最好的方法之一，它的探查序列：

$$h_i=(h(key)+i*h1(key))\%m \qquad (0\leqslant i\leqslant m-1)\text{，即 } d_i=i*h1(key)$$

探查序列为 $d=h(key)$,$(d+h1(key))\%m$,$(d+2h1(key))\%m$,…。

该方法使用了两个散列函数 h(key) 和 h1(key)，故也称为双散列函数探查法。

注意：定义 h1(key)的方法较多，但无论采用什么方法定义，都必须使 h1(key)的值和 m 互素，才能使发生冲突的同义词地址均匀地分布在整个表中，否则可能造成同义词地址的循环计算。

【例 6-15】　若 m 为素数，则 $h_1(key)$取 1~m-1 的任何数均与 m 互素，因此可以简单地将它定义为

$$h_1(key)=key\%(m-2)+1$$

对例 6-13，可取 $h(key)=key\%13$，而 $h_1(key)=key\%11+1$。

若 m 是 2 的方幂，则 h1(key)可取 1~m-1 的任何奇数。

2. 拉链法

(1) 拉链法解决冲突的方法

拉链法解决冲突的做法：将所有关键字为同义词的结点链接在同一个单链表中。若选定的散列表长度为 m，则可将散列表定义为一个由 m 个头指针组成的指针数组 T[0..m-1]。凡是散列地址为 i 的结点，均插入到以 T[i]为头指针的单链表中。T 中各分量的初值均应为空指针。在拉链法中，装填因子 α 可以大于 1，但一般均取 α≤1。

【例 6-16】　已知一组关键字和选定的散列函数和例 6-13 相同，用拉链法解决冲突构造这组关键字的散列表。

解答：不妨和例 6-13 类似，取表长为 13，故散列函数为 h(key) = key% 13，散列表

为T[0..12]。

注意：当把h(key)=i的关键字插入第i个单链表时，既可插入在链表的头上，也可以插在链表的尾上。这是因为必须确定key不在第i个链表时，才能将它插入表中，所以也就知道链尾结点的地址。若采用将新关键字插入链尾的方式，依次把给定的这组关键字插入表中，则所得到的拉链法构造散列表如图6-8所示。

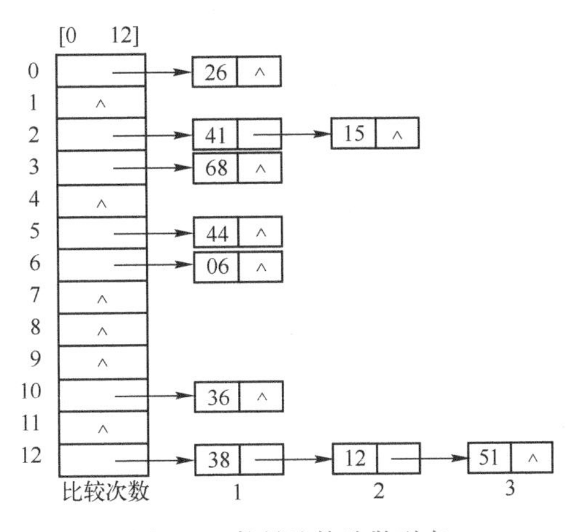

图6-8 拉链法构造散列表

(2) 拉链法的优点

与开放地址法相比，拉链法有如下几个优点：

1) 拉链法处理冲突简单，且无堆积现象，即非同义词绝不会发生冲突，因此平均查找长度较短。

2) 由于拉链法中各链表上的结点空间是动态申请的，故它更适合于造表前无法确定表长的情况。

3) 开放地址法为减少冲突，要求装填因子α较小，故当结点规模较大时会浪费很多空间。而拉链法中可取α≥1，且结点较大时，拉链法中增加的指针域可忽略不计，因此节省空间。

4) 在用拉链法构造的散列表中，删除结点的操作易于实现。只要简单地删除链表上相应的结点即可。而对开放地址法构造的散列表，删除结点不能简单地将被删结点的空间置为空，否则将截断在它之后填入散列表的同义词结点的查找路径。这是因为各种开放地址法中，空地址单元(即开放地址)都是查找失败的条件。因此在用开放地址法处理冲突的散列表上执行删除操作，只能在被删除结点上作删除标记，而不能真正删除结点。

(3) 拉链法的缺点

拉链法的缺点：指针需要额外的空间，故当结点规模较小时，开放地址法较为节省空间，而若将节省的指针空间用来扩大散列表的规模，则可使装填因子变小，这又减少了开放地址法中的冲突，从而提高平均查找速度。

6.5 习题

一、选择题

1. 顺序查找法适合于(　　)存储结构的查找表。

A. 压缩　　B. 散列　　C. 索引　　D. 顺序或链式

2. 对采用折半查找法进行查找操作的查找表，要求按(　　)方式进行存储。

A. 顺序存储　　B. 链式存储

C. 顺序存储且结点按关键字有序　　D. 链式存储且结点按关键字有序

3. 设顺序表的长为n，用顺序查找法，则其每个元素的平均查找长度是(　　)。

A. (n+1)/2　　B. (n-1)/2　　C. n/2　　D. n

4. 设有序表的关键字序列为(1,4,6,10,18,35,42,53,67,71,78,84,92,99)，当用折半查找法查找键值为35的结点时，经(　　)次比较后查找成功。

A. 2　　B. 3　　C. 4　　D. 6

5. 在表长为n的顺序表中实施顺序查找，在查找不成功时，与关键字比较的次数为

(　　)。

A. n+1　　B. 1　　C. n　　D. n-1

6. 在采用链地址法处理冲突所构成的开散列表上查找某一关键字时，在查找成功的情况下，所探测的这些位置上的键值(　　)。

A. 一定都是同义词　　B. 不一定都是同义词

C. 都相同　　D. 一定都不是同义词

7. 用顺序查找法对具有 n 个结点的线性表查找的时间复杂度量级为(　　)。

A. $O(n^2)$　　B. $O(n\log_2 n)$　　C. $O(n)$　　D. $O(\log_2 n)$

8. 用折半查找法对具有 n 个结点的线性表查找的时间复杂度量级为(　　)。

A. $O(n^2)$　　B. $O(n\log_2 n)$　　C. $O(n)$　　D. $O(\log_2 n)$

9. 在采用线性探测法处理冲突所构成的闭散列表上进行查找，可能要探测多个位置，在查找成功的情况下，所探测的这些位置上的键值(　　)。

A. 一定都是同义词　　B. 不一定都是同义词

C. 都相同　　D. 一定都不是同义词

10. 设哈希函数为 H(key) = key%7，一组关键字为(37,21,9,20,30,19,46)，哈希表 T 的地址空间为 0..6，用线性探测法解决冲突，依次将这组关键字插入 T 中，得到的哈希表为(　　)。

A.

0	1	2	3	4	5	6
21	20	37	9	46	30	19

B.

0	1	2	3	4	5	6
21	46	37	9	30	19	20

C.

0	1	2	3	4	5	6
21	19	9	37	30	46	20

D.

0	1	2	3	4	5	6
20	37	30	21	46	19	9

11. 设有一个用线性探测法解决冲突得到的哈希表：

0	1	2	3	4	5	6	7	8	9	10
		13	25	80	16	17	6	14		

哈希函数为 H(key) = key%11，若要查找元素 14，则探测的次数是(　　)。

A. 3　　B. 6　　C. 7　　D. 9

12. 在哈希函数 H(key) = key%m 中，一般来讲，m 应取(　　)。

A. 奇数　　B. 偶数　　C. 素数　　D. 充分大的数

13. 分块查找的时间性能(　　)。

A. 低于折半查找　　B. 高于顺序查找而低于折半查找

C. 高于顺序查找　　D. 低于顺序查找而高于折半查找

14. 以下说法错误的是(　　)。

A. 哈希法存储的基本思想是由关键字的值决定数据的存储地址

B. 哈希表的结点中只包含数据元素自身的信息，不包含任何指针

C. 装填因子是哈希法的一个重要参数，它反映哈希表的装填程度

D. 哈希表的查找效率主要取决于哈希表造表时选取的哈希函数和处理冲突的方法

15. 已知采用开放地址法解决哈希表冲突，要从此哈希表中删除一个记录，正确的做法

是(　　)。

A. 将该元素所在的存储单元清空

B. 将该元素用一个特殊的符号代替

C. 将与该元素有相同散列地址的后继元素顺次前移一个位置

D. 用与该元素有相同散列地址的最后插入表中的元素替代

16. 在关键字随机分布的情况下，用二叉排序树的方法进行查找，其平均查找长度与(　　)查找方法量级相当。

A. 分块　　B. 顺序　　C. 折半　　D. 散列

17. 在具有 n 个结点的二叉排序树中查找一个元素时，最坏情况下的时间复杂度为(　　)。

A. O(n)　　B. O(1)　　C. $O(\log_2 n)$　　D. $O(n^2)$

18. 哈希表的平均查找长度(　　)。

A. 与处理冲突的方法有关而与表的长度无关

B. 与处理冲突的方法无关而与表的长度有关

C. 与处理冲突的方法有关且与表的长度有关

D. 与处理冲突的方法无关且与表的长度无关

19. 若对长度为 m 的闭散列表采用二次探测再散列处理冲突，对一个元素第 1 次计算的哈希地址为 d，则第 3 次计算的哈希地址为(　　)。

A. (d+1)%m　　B. (d-1)%m　　C. (d+4)%m　　D. (d-4)%m

20. 有数据(49,32,40,6,45,12,56)，从空二叉树开始依次插入数据形成二叉排序树，若希望高度最小，则应选择下列(　　)输入序列。

A. 45,12,49,6,40,56,32　　B. 40,12,6,32,49,45,56

C. 6,12,32,40,45,49,56　　D. 32,12,6,40,45,56,49

21. 在一棵深度为 h 的具有 n 个元素的二叉排序树中，查找所有元素的最长查找长度为(　　)。

A. n　　B. $\log_2 n$　　C. (h+1)/2　　D. h

二、判断题

1. 分块查找方法的平均查找长度低于顺序查找，高于折半查找。(　　)

2. 若采用线性探测再散列法处理散列时的冲突，当从哈希表中删除一个记录时，不应将这个记录的所在位置置为空，因为这会影响以后的查找。(　　)

3. 前序遍历二叉排序树的结点就可以得到排好序的结点序列。(　　)

4. 在任一二叉排序树上查找某个结点的查找时间都小于用顺序查找法查找同样结点的线性表的查找时间。(　　)

5. 虽然关键字序列的顺序不一样，但依次生成的二叉排序树却是一样的。(　　)

6. 对两棵具有相同关键字集合的形状不同的二叉排序树，按中序遍历它们得到的序列的顺序是一样的。(　　)

7. 在二叉排序树上插入新的结点时，不必移动其他结点，仅需要改动某个结点的指针，由空变为非空即可。(　　)

8. 在二叉排序树上删除一个结点时，不必移动其他结点，只要将该结点的父结点的相应指针域置空即可。(　　)

三、填空题

1. 任何结点之间都不存在________关系，这是集合这种逻辑结构的基本特点。

2. 在散列表上查找值等于K的结点，首先必须计算该值的________，然后再通过指针查找该结点。

3. 在索引顺序表上，对于顺序表中的每一块，索引表中有相应的一个“索引项”。每个索引项有两个域：块内最大________值和块________位置。

4. 二叉排序树是一种特殊的、增加了限制条件的二叉树，其限制条件是任一结点的值________于其左孩子（及其子孙）的值且________于其右孩子（及其子孙）的值。

5. 在表示一棵二叉排序树的二叉链表上，要找值比某结点x的值________的结点，只需通过结点x的右指针到它的右子树中去找。

6. 中序遍历一棵二叉排序树所得到的结点访问序列是值的________序列。

7. 二叉排序的查找效率与树的形态有关。当二叉排序树退化为一棵单支树时，查找算法退化为________查找，平均查找长度上升为________。

8. ________查找法的平均查找长度与元素个数n无关。

9. 当所有结点的值都相等时，用这些结点构造的二叉排序树上只有________。

10. 折半查找方法仅适用于这样的表：表中的记录必须________，其存储结构必须是________。

11. 考虑具有如下性质的二叉树：除叶子结点外，每个结点的值都大于其左子树上的一切结点的值，并小于等于其右子树上的一切结点的值。现把9个数1，2，3，4，5，6，7，8，9填入如图6-9所示的二叉树中，并使之满足上述性质（圆圈旁边的数字表示插入结点的序号）。

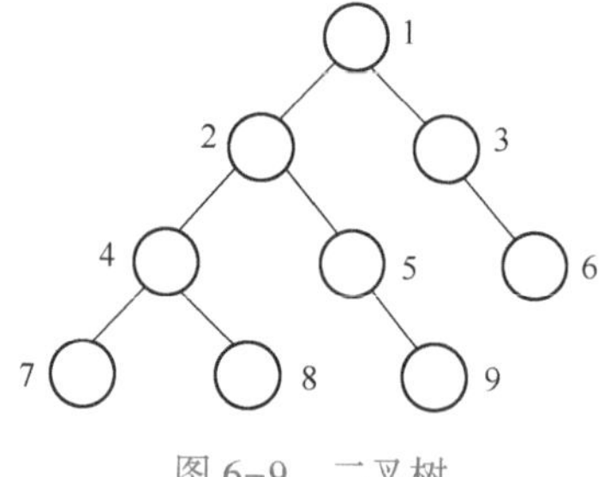

图6-9　二叉树

12. 已知有序表为（13，17，20，32，48，54，65，79，86，91，97），当采用折半查找法查找86时需进行________次比较可确定查找成功，查找48时需进行________次比较可确定查找成功，查找100时需进行________次比较才能确定查找不成功。

四、应用题

1. 已知有长度为9的表（16，29，32，5，89，41，14，65，34），它们存储在一个哈希表中，利用线性探测再散列法，要求它在等概率情况下查找成功的平均查找长度不超过3。

（1）该哈希表的长度m应设计成多大？

（2）设计相应的哈希函数。

（3）将数据填入到哈希表中。

（4）计算查找成功时的平均查找长度。

2. 假定有n个关键字，它们具有相同的哈希函数值，用线性探测法把这n个关键字存入到哈希表中要做多少次探测？

3. 有一个400项的表，欲采用索引顺序查找方法进行查找，问：

（1）分成多少块最为理想？

（2）每块的理想长度是多少？

（3）平均查找长度是多少？

4. 设有一组关键字（19，05，21，24，45，20，68，27，70，11，10），用哈希函数H(key)=key%13，采用线性探测再散列方法解决冲突，试在0~14的散列地址空间中对该关键字序列构造哈希表。

5. 线性表的关键字集合(47,26,120,08,39,68,96,23,70,63,57)，已知散列函数为H(key)=key%13，采用拉链法处理冲突，设计出这种链表结构。

6. 分别画出在线性表(06,10,19,24,37,42,50,83)中进行折半查找，查找关键字10和30的过程。

7. 设二叉排序树中的关键字由1~100的整数构成，现要查找关键字为63的结点，下述关键字序列哪一个是不可能在二叉排序树上查找到的序列?

(1) 12,25,7,68,33,34,37,63

(2) 92,20,91,24,88,25,36,63

(3) 95,22,91,24,94,25,63

(4) 21,89,77,29,36,38,41,47,63

8. 给定表(25,18,48,07,76,52,81,70,92,15)。试按元素在表中的次序将它们依次插入一棵初始状态为空的二叉排序树，画出插入完成之后的二叉排序树。

第7章 内部排序

本章主要介绍排序的基本知识，包括排序的基本概念、内部排序的主要算法及时空效率分析，最后通过实例讲解相关内容。

7.1 排序的基本思想和基本概念

所谓排序，就是要整理文件中的记录，使之按关键字递增(或递减)次序排列起来。其确切定义如下。

输入：n个记录 R_1，R_2，…，R_n，其相应的关键字分别为 K_1，K_2，…，K_n。

输出：R_{i1}，R_{i2}，…，R_{in}，使得 $K_{i1} \leqslant K_{i2} \leqslant \cdots \leqslant K_{in}$(或 $K_{i1} \geqslant K_{i2} \geqslant \cdots \geqslant K_{in}$)。

1. 被排序对象——文件

被排序的对象——文件由一组记录组成。

记录则由若干个数据项(或域)组成。其中有一项可用来标识一个记录，称为关键字项。该数据项的值称为关键字(Key)。

注意：在不易产生混淆时，将关键字项简称为关键字。

2. 排序运算的依据——关键字

用来作排序运算依据的关键字，可以是数字类型，也可以是字符类型。关键字的选取应根据问题的要求而定。

【例7-1】 在高考成绩统计中将每个考生作为一个记录。每条记录包含准考证号、姓名、各科的分数和总分数等项内容。若要唯一地标识一个考生的记录，则必须用"准考证号"作为关键字。若要按照考生的总分数排名次，则需用"总分数"作为关键字。

3. 排序的稳定性

当待排序记录的关键字均不相同时，排序结果是唯一的，否则排序结果不唯一。

在待排序的文件中，若存在多个关键字相同的记录，经过排序后这些具有相同关键字的记录之间的相对次序保持不变，该排序方法是稳定的；若具有相同关键字的记录之间的相对次序发生变化，则称这种排序方法是不稳定的。

注意：排序算法的稳定性是针对所有输入实例而言的。即在所有可能的输入实例中，只要有一个实例使得算法不满足稳定性要求，则该排序算法就是不稳定的。

4. 排序方法的分类

(1) 按是否涉及数据的内、外存交换分类

在排序过程中，若整个文件都是放在内存中处理，排序时不涉及数据的内、外存交换，则称之为内部排序(简称内排序)；反之，若排序过程中要进行数据的内、外存交换，则称之为外部排序。

注意：

1) 内排序适用于记录个数不很多的小文件。

2) 外排序则适用于记录个数很多，不能一次将其全部记录放入内存的大文件。

(2) 按策略划分的内部排序方法

按策略可以分为5类：插入排序、选择排序、交换排序、归并排序和分配排序。

5. 排序算法的基本操作

大多数排序算法都有两个基本的操作：

1) 比较两个关键字的大小。

2) 改变指向记录的指针或移动记录本身。

注意：第2)种基本操作的实现依赖于待排序记录的存储方式。

6. 待排文件的常用存储方式

1) 以顺序表(或直接用向量)作为存储结构。

排序过程：对记录本身进行物理重排(即通过关键字之间的比较判定，将记录移到合适的位置)。

2) 以链表作为存储结构。

排序过程：无须移动记录，仅需修改指针。通常将这类排序称为链表(或链式)排序。

3) 用顺序的方式存储待排序的记录，但同时建立一个辅助表(如包括关键字和指向记录位置的指针组成的索引表)。只需对辅助表的表目进行物理重排(即只移动辅助表的表目，而不移动记录本身)。适用于难于在链表上实现，仍需避免排序过程中移动记录的排序方法。

7. 排序算法性能评价

(1) 评价排序算法的标准

评价排序算法好坏的标准主要有两条：① 执行时间和所需的辅助空间；② 算法本身的复杂程度。

(2) 排序算法的空间复杂度

若排序算法所需的辅助空间并不依赖于问题的规模n，即辅助空间是O(1)，则称之为就地排序(In-PlaceSou)。非就地排序一般要求的辅助空间为O(n)。

(3) 排序算法的时间开销

大多数排序算法的时间开销主要是关键字之间的比较和记录的移动。有的排序算法其执行时间不仅依赖于问题的规模，还取决于输入实例中数据的状态。

8. 文件的顺序存储结构表示

```
#define n 100                    /* 假设的文件长度，即待排序的记录数目 */
typedef int KeyType;             /* 假设的关键字类型 */
typedef struct                   /* 记录类型 */
{   KeyType key;                 /* 关键字项 */
    InfoType otherinfo;          /* 其他数据项，类型 InfoType 依赖于具体应用而定义 */
} RecType;
typedef RecType SeqList[n+1];    /* SeqList 为顺序表类型，表中第0个单元一般用作哨兵 */
```

注意：若关键字类型没有比较算符，则可事先定义宏或函数来表示比较运算。

【例7-2】 关键字为字符串时，可定义宏“#define LT(a, b)(strcmp((a), (b))<0)”。那么算法中“a<b”可用“LT(a, b)”取代。若使用C++语言，则定义重载的运算符“<”更为方便。

7.2 内部排序的主要算法及时空效率分析

内部排序算法主要包括直接插入排序、希尔排序、冒泡排序、直接选择排序、归并排序、快速排序、堆排序等。各种排序具有不同的时空性能，下面介绍各种排序算法并进行分析。

7.2.1 直接插入排序

1. 直接插入排序的基本思想

插入排序(Insertion Sort)的基本思想：每次将一个待排序的记录按其关键字大小插入到前面已经排好序的子文件中的适当位置，直到全部记录插入完成为止。

假设待排序的记录存放在数组 R[1..n]中。初始时，R[1]自成 1 个有序区，无序区为 R[2..n]。从 i=2 起直至 i=n 为止，依次将 R[i]插入当前的有序区 R[1..i-1]中，生成含 n 个记录的有序区。

2. 第 i-1 趟直接插入排序

通常将一个记录 R[i](i=2，3，…，n)插入到当前的有序区，使得插入后仍保证该区间里的记录是按关键字有序的操作称第 i-1 趟直接插入排序。

排序过程的某一中间时刻，R 被划分成两个子区间 R[1..i-1](已排好序的有序区)和 R[i..n](当前未排序的部分，可称无序区)。

直接插入排序的基本操作是将当前无序区的第 1 个记录 R[i]插入到有序区 R[1..i-1]中适当的位置上，使 R[1..i]变为新的有序区。因为这种方法每次使有序区增加一个记录，通常称增量法。

插入排序与打扑克时整理手上的牌非常类似。摸来的第 1 张牌无须整理，此后每次从桌上的牌(无序区)中摸最上面的一张并插入左手的牌(有序区)中正确的位置上。为了找到这个正确的位置，须自左向右(或自右向左)将摸来的牌与左手中已有的牌逐一比较。

3. 一趟直接插入排序方法

(1) 简单方法

首先在当前有序区 R[1..i-1]中查找 R[i]的正确插入位置 k(1≤k≤i-1)；然后将 R[k..i-1]中的记录均后移一个位置，空出 k 位置上的空间插入 R[i]。

注意：若 R[i]的关键字大于等于 R[1..i-1]中所有记录的关键字，则 R[i]就是插入原位置。

(2) 改进的方法

一种查找比较操作和记录移动操作交替进行的方法，具体做法如下。

将待插入记录 R[i]的关键字从右向左依次与有序区中记录 R[j](j=i-1，i-2，…，1)的关键字进行比较：

1) 若 R[j]的关键字大于 R[i]的关键字，则将 R[j]后移一个位置。

2) 若 R[j]的关键字小于或等于 R[i]的关键字，则查找过程结束，j+1 即为 R[i]的插入位置。

关键字比 R[i]的关键字大的记录均已后移，所以 j+1 的位置已经空出，只要将 R[i]直接插入此位置即可完成一趟直接插入排序。

4. 直接插入排序算法

(1) 算法描述

```
void InsertSort(SeqList R)
{   /*对顺序表 R 中的记录 R[1..n]按递增序进行插入排序*/
    int i,j;
    for(i=2;i<=n;i++)   /*依次插入 R[2],…,R[n]*/
        if(R[i].key<R[i-1].key)
        {/*若 R[i].key 大于等于有序区中所有的 keys，则 R[i]*/
         /*应在原有位置上*/
```

```
        R[0]=R[i];j=i-1;  /*R[0]是哨兵，且是R[i]的副本*/
        do //从右向左在有序区R[1..i-1]中查找R[i]的插入位置*/
        {  R[j+1]=R[j];  /*将关键字大于R[i].key的记录后移*/
           j--;
         }while(R[0].key<R[j].key);  /*当R[i].key≥R[j].key时终止*/
        R[j+1]=R[0];  /*R[i]插入到正确的位置上*/
     }/*endif*/
}/*InsertSort*/
```

(2) 哨兵的作用

算法中引进的附加记录R[0]称监视哨或哨兵(Sentinel)。哨兵有以下两个作用：

1) 进入查找(插入位置)循环之前，它保存了R[i]的副本，使其不至于因记录后移而丢失R[i]的内容。

2) 在查找循环中“监视”下标变量j是否越界。一旦越界(即j=0)，因为R[0].key和自己比较，循环判定条件不成立使得查找循环结束，从而避免了在该循环内的每一次均要检测j是否越界(即省略了循环判定条件“j>=1”)。

注意：

1) 实际上，一切为简化边界条件而引入的附加结点(元素)均可称为哨兵，单链表中的头结点实际上是一个哨兵。

2) 引入哨兵后使得测试查找循环条件的时间大约减少了一半，所以对于记录数较大的文件节约的时间就相当可观。对于类似于排序这样使用频率非常高的算法，要尽可能地减少其运行时间。所以应重视上述算法中的哨兵，深刻理解并掌握这种技巧。

(3) 给定输入实例的排序过程

设待排序的文件有8个记录，其关键字分别为49，38，65，97，76，13，27，$\underline{49}$。为了区别两个相同的关键字49，后一个49的下方加了下画线。

```
初始排序码序列：[49]  38  65  97  76  13  27  49
     i=1:    [38  49] 65  97  76  13  27  49
     i=2:    [38  49  65] 97  76  13  27  49
     i=3:    [38  49  65  97] 76  13  27  49
     i=4:    [38  49  65  76  97] 13  27  49
     i=5:    [13  38  49  65  76  97] 27  49
     i=6:    [13  27  38  49  65  76  97] 49
     i=7:    [13  27  38  49  49  65  76  97]
```

5. 算法分析

(1) 算法的时间性能分析

对于具有n个记录的文件，要进行n-1趟排序。各种状态下的时间复杂度见表7-1。

表7-1 各种状态下的时间复杂度

初始文件状态	正　　序	反　　序	无序(平均)
第i趟的关键字比较次数	1	i+1	(i-2)/2
总关键字比较次数	n-1	(n+2)(n-1)/2	$\approx n^2/4$
第i趟记录移动次数	0	i+2	(i-2)/2
总的记录移动次数	0	(n-1)(n+4)/2	$\approx n^2/4$
时间复杂度	O(n)	$O(n^2)$	$O(n^2)$

注意：初始文件按关键字递增有序，简称“正序”；初始文件按关键字递减有序，简称“反序”。

（2）算法的空间复杂度分析

算法所需的辅助空间是一个哨兵，辅助空间复杂度 $S(n)=O(1)$。

（3）直接插入排序的稳定性

直接插入排序是稳定的排序方法。

7.2.2 希尔排序

1. 算法思想

希尔排序(Shell's Method)又称为“缩小增量排序”(Diminishing Increment Sort)。其基本思想：先取一个小于 n 的整数 d_1 并作为第 1 个增量，将文件的全部记录分成 d_1 个组，所有距离为 d_1 倍数的记录放在同一个组中，在各组内进行直接插入排序；然后取第 2 个增量 $d_2<d_1$，重复上述的分组和排序，直至所取的增量 $d_t=1(d_t<d_{t-1}<\cdots<d_2<d_1)$ 为止，此时，所有的记录放在同一组中进行直接插入排序。

2. 排序过程

我们先从一个具体例子来看排序过程。设待排序文件共有 10 个记录，其关键字分别为 47, 33, 61, 82, 72, 11, 25, 47′, 57, 02，增量序列取值依次为 5, 3, 1。排序过程如图 7-1 所示。

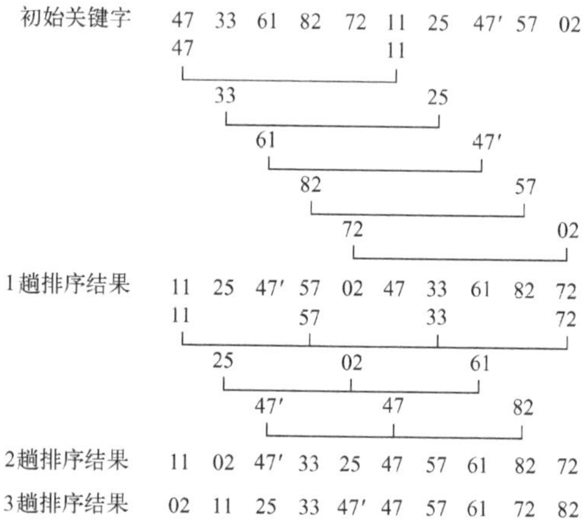

初始关键字 47 33 61 82 72 11 25 47′ 57 02

47 11

33 25

61 47′

82 57

72 02

1趟排序结果 11 25 47′ 57 02 47 33 61 82 72

11 57 33 72

25 02 61

47′ 47 82

2趟排序结果 11 02 47′ 33 25 47 57 61 82 72

3趟排序结果 02 11 25 33 47′ 47 57 61 72 82

图 7-1 希尔排序示例

3. 排序算法

下面先分析如何设置哨兵，然后给出具体算法。设某一趟希尔排序的增量为 h，则整个文件被分成 h 组：$(R_1, R_{h+1}, R_{2h+1}, \cdots)$，$(R_2, R_{h+2}, R_{2h+2}, \cdots)$，…，$(R_h, R_{2h}, R_{3h}, \cdots)$，因为各组中记录之间的距离均是 h，故第 1 组至第 h 组的哨兵位置依次为 1-h，2-h，…，0。

如果像直接插入排序算法那样，将待插入记录 $R_i(h+1\leqslant i\leqslant n)$ 在查找插入位置之前保存到哨兵中，那么必须先计算 R_i 属于哪一组，才能决定使用哪个哨兵来保存 R_i。为了避免这种计算，可以将 R_i 保存到另一个辅助记录 x 中，而将所有哨兵 R_{1-h}，R_{2-h}，…，R_0 的关键字设置为小于文件中任何关键字即可。因为增量是变化的，所以各趟排序中所需的哨兵数目也不同，但是可以按最大增量 d 来设置哨兵。具体算法描述如下：

```
rectype R[n+d];                        /*R[0]~R[d-1]为d个哨兵*/
int d[t];                              /*d[0]~d[t-1]为增量序列*/
SHELLSORT(rectype R[ ],int d[ ])
{   int i,j,k,h;
    rectype temp;
    int maxint=32767;                  /*机器中的最大整数*/
    for(i=0;i<d[0];i++)
    R[i].key=-maxint;                  /*设置哨兵*/
    k=0;
    do
```

```
        { h=d[k];                                    /* 取本趟增量 */
          for(i=h+d[0]-1;i<n+d[0];i++)               /* R[h+d]~R[n+d-1]插入当前有序区 */
          { temp=R[i];                               /* 保存待插入记录 */
            j=i-h;
            while(temp.key<R[j].key)                 /* 查找正确的插入位置 */
            {   R[j+h]=R[j];                         /* 后移记录 */
                j=j-h;                               /* 得到前一记录位置 */
            }
            R[j+h]=temp;                             /* 插入 R[i] */
          }                                          /* 本趟排序完成 */
          k++;
      } while(h!=1);                                 /* 增量为 1 排序后终止算法 */
}                                                    /* SHELLSORT */
```

由上述排序过程可见，希尔排序实质上还是一种插入排序，其主要特点是每一趟以不同的增量进行排序。例如，第 1 趟增量为 5，第 2 趟增量为 3，第 3 趟增量为 1。在前两趟的插入排序中，记录的关键字是和同一组中的前一个关键字进行比较，由于此时增量取值较大，所以关键字较小的记录在排序过程中就不是一步步地向前移动，而是作跳跃式的移动。另外，由于开始时增量的取值较大，每组中记录较少，故排序比较快，随着增量值的逐步变小，每组中的记录逐渐变多，但由于此时记录已基本有序了，因此在进行最后一趟增量为 1 的插入排序时，只需做少量的比较和移动便可完成排序，从而提高了排序速度。

如何选择增量序列才能产生最好的排序效果，这个问题至今没有得到解决。希尔本人最初提出取 $d_1=\lfloor n/2\rfloor$，$d_{i+1}=\lfloor d_i/2\rfloor$，$d_t=1$，$t=\lfloor \log_2 n\rfloor$。后来又有人提出其他选择增量序列的方法，如 $d_{i+1}=\lfloor (d_{i-1})/3\rfloor$，$d_t=1$，$t=\lfloor \log_3 n-1\rfloor$以及 $d_{i+1}=\lfloor (d_{i-1})/2\rfloor$，$d_t=1$，$t=\lfloor \log_2 n-1\rfloor$。

7.2.3 冒泡排序

1. 算法思想

将被排序的记录数组 R[1..n]垂直排列，每个记录 R[i]看作是重量为 R[i].key 的气泡。根据轻气泡不能在重气泡之下的原则，从下往上扫描数组 R，凡扫描到违反本原则的轻气泡，就使其向上“飘浮”。如此反复进行，直到最后任何两个气泡都是轻者在上，重者在下为止。

(1) 初始

R[1..n]为无序区。

(2) 第 1 趟扫描

从无序区底部向上依次比较相邻的两个气泡的重量，若发现轻者在下、重者在上，则交换两者的位置。即依次比较(R[n]，R[n-1])，(R[n-1]，R[n-2])，…，(R[2]，R[1])；对于每对气泡(R[j+1]，R[j])，若 R[j+1].key<R[j].key，则交换 R[j +1]和 R[j]的内容。

第 1 趟扫描完毕时，“最轻”的气泡就飘浮到该区间的顶部，即关键字最小的记录被放在最高位置 R[1]上。

(3) 第 2 趟扫描

扫描 R[2..n]。扫描完毕时，“次轻”的气泡飘浮到 R[2]的位置上。最后，经过 n-1 趟扫描可得到有序区 R[1..n]。

注意：第 i 趟扫描时，R[1..i-1]和 R[i..n]分别为当前的有序区和无序区。扫描仍是从无序区底部向上直至该区顶部。扫描完毕时，该区中最轻气泡飘浮到顶部位置 R[i]上，结果是 R[1..i]变为新的有序区。

2. 冒泡排序过程示例

对关键字序列为 49，38，65，97，76，13，27，49 的文件进行冒泡排序的过程：

因为第 5 趟排序没有发生过交换，则不再进行下一趟排序，排序结果为第 5 趟排序结果。其排序过程如图 7-2 所示。

初始关键字	第 1 趟冒泡	第 2 趟冒泡	第 3 趟冒泡	第 4 趟冒泡	第 5 趟冒泡
49	13	13	13	13	13
38	49	27	27	27	27
65	38	49	38	38	38
97	65	38	49	49	49
76	97	65	49	49	49
13	76	97	65	65	65
27	27	76	97	76	76
49	49	49	76	97	97

图 7-2　冒泡排序

3. 排序算法

（1）算法描述

因为每一趟排序都使有序区增加了一个气泡，在经过 n-1 趟排序之后，有序区中就有n-1 个气泡，而无序区中气泡的重量总是大于等于有序区中气泡的重量，所以整个冒泡排序过程至多需要进行 n-1 趟排序。

若在某一趟排序中未发现气泡位置的交换，则说明待排序的无序区中所有气泡均满足轻者在上、重者在下的原则。因此，冒泡排序过程可在此趟排序后终止。为此，在下面给出的算法中，引入一个布尔量 exchange，在每趟排序开始前，先将其置为 FALSE。若排序过程中发生了交换，则将其置为 TRUE。各趟排序结束时检查 exchange，若未曾发生过交换则终止算法，不再进行下一趟排序。

（2）具体算法

```
void BubbleSort(SeqList R)
 { /*R(1..n)是待排序的文件，采用自下向上扫描，对 R 做冒泡排序*/
    int i,j;
    Boolean exchange;                    /*交换标志*/
    for(i=1;i<n;i++)                     /*最多做 n-1 趟排序*/
    {  exchange=FALSE;                   /*本趟排序开始前，交换标志应为假*/
       for(j=n-1;j>=i;j--)               /*对当前无序区 R[i..n]自下向上扫描*/
       if(R[j+1].key<R[j].key)           /*交换记录*/
       {  R[0]=R[j+1];                   /*R[0]不是哨兵，仅作暂存单元*/
          R[j+1]=R[j];
          R[j]=R[0];
          exchange=TRUE;                 /*发生了交换，故将交换标志置为真*/
       }
       if(!exchange)                     /*本趟排序未发生交换，提前终止算法*/
          return;
    } /*endfor(外循环)*/
 } /*BubbleSort*/
```

4. 算法分析

（1）算法的最好时间复杂度

若文件的初始状态是正序的，一趟扫描即可完成排序。所需的关键字比较次数 C 和记录移动次数 M 均达到最小值：

$C_{min}=n-1$

$M_{min}=0$

冒泡排序最好的时间复杂度为 O(n)。

(2) 算法的最坏时间复杂度

若初始文件是反序的，需要进行 n-1 趟排序。每趟排序要进行 n-i 次关键字的比较(1≤i≤n-1)，且每次比较都必须移动记录 3 次来达到交换记录位置。在这种情况下，比较和移动次数均达到最大值：

$C_{max}=n(n-1)/2=O(n^2)$

$M_{max}=3n(n-1)/2=O(n^2)$

冒泡排序的最坏时间复杂度为 $O(n^2)$。

(3) 算法的平均时间复杂度为 $O(n^2)$

虽然冒泡排序不一定要进行 n-1 趟，但由于它的记录移动次数较多，故平均时间性能比直接插入排序要差得多。

(4) 算法稳定性

冒泡排序是就地排序，且它是稳定的。

5. 算法改进

上述的冒泡排序还可作如下的改进。

(1) 记住最后一次交换发生位置 lastExchange 的冒泡排序

在每趟扫描中，记住最后一次交换发生的位置 lastExchange，(该位置之前的相邻记录均已有序)。下一趟排序开始时，R[1.. lastExchange-1]是有序区，R[lastExchange..n]是无序区。这样，一趟排序可能使当前有序区扩充多个记录，从而减少排序的趟数。

(2) 改变扫描方向的冒泡排序

1) 冒泡排序的不对称性。能一趟扫描完成排序的情况：只有最轻的气泡位于 R[n]的位置，其余的气泡均已排好序，那么也只需一趟扫描就可以完成排序。

例如，对初始关键字序列 12，18，42，44，45，67，94，10 就仅需一趟扫描。

需要 n-1 趟扫描完成排序情况：当只有最重的气泡位于 R[1]的位置，其余的气泡均已排好序时，则仍需做 n-1 趟扫描才能完成排序。

例如，对初始关键字序列：94，10，12，18，42，44，45，67 就需 7 趟扫描。

2) 造成不对称性的原因

每趟扫描仅能使最重气泡“下沉”一个位置，因此使位于顶端的最重气泡下沉到底部时，需做 n-1 趟扫描。

3) 改进不对称性的方法

在排序过程中交替改变扫描方向，可改进不对称性。

7.2.4 直接选择排序

1. 算法思想

选择排序(Select Sort)的基本思想：每一趟在待排序的记录中选出关键字最小的记录，依次放在已排序的记录序列的最后，直至全部记录排完为止。直接选择排序和堆排序都归属于此类排序。本节主要介绍直接选择排序。

直接选择排序的基本思想是：第 1 趟排序是在无序区 R[0]~R[n-1]中选出最小的记录，将它与 R[0]交换；第 2 趟排序是在无序区 R[1]~R[n-1]中选关键字最小的记录，将它与 R[1]交换；而第 i 趟排序时 R[0]~R[i-2]已是有序区，在当前的无序区R[i-1]~R[n-1]中选出关键字最小的记录 R[k]，将它与无序区中第 1 个记录 R[i-1]交换，使 R[1]~R[i-1]变为新的有序区。因为每趟排序都使有序区中增加了一个记录，且有序区中的记录关键字均不大于无序区中记录的关键字。所以，进行 n-1 趟排序后，整个文件就是递增有序的。其排序过程如图 7-3 所示。

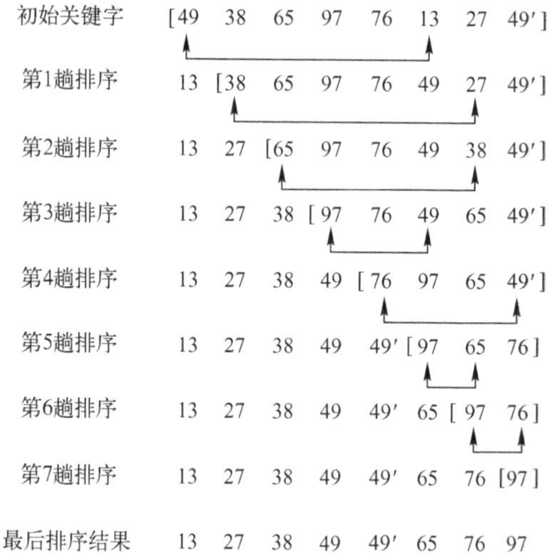

```
初始关键字    [49  38  65  97  76  13  27  49′]
第1趟排序     13 [38  65  97  76  49  27  49′]
第2趟排序     13  27 [65  97  76  49  38  49′]
第3趟排序     13  27  38 [97  76  49  65  49′]
第4趟排序     13  27  38  49 [76  97  65  49′]
第5趟排序     13  27  38  49  49′[97  65  76]
第6趟排序     13  27  38  49  49′ 65 [97  76]
第7趟排序     13  27  38  49  49′ 65  76 [97]
最后排序结果  13  27  38  49  49′ 65  76  97
```

图 7-3　直接选择排序

2. 排序算法

直接选择排序的算法如下：

```
SELECTSORT(rectype R[ ])          /*对 R[0]~R[n-1]进行直接选择排序*/
{   int i,j,k;
    rectype temp;
    for(i=0;i<n-1;i++)            /*进行 n-1 趟选择排序*/
    {  k=i;
       for(j=i+1;j<n;j++)         /*在当前无序区选关键字最小的记录 R[k]*/
       if(R[j].key<R[k].key) k=j;
       if(k!=i)                        /*交换 R[i]和 R[k]*/
       {  temp=R[i];
          R[i]=R[k];
          R[k]=temp;
       }
    }
}                                 /*SELECTSORT*/
```

3. 算法分析

从上述算法可知，采用直接选择排序，其比较次数与关键字的初始排列状态无关，第 1 趟找出最小关键字需要进行 n-1 次比较，第 2 趟找出次小关键字需要进行 n-2 次比较，…。因此，总的比较次数为

$$\sum_{i=1}^{n-1}(n-i)=\sum_{i=2}^{n-1}(i-1)=n(n-1)/2=O(n^2)$$

另外，由于每趟选择后要进行两个记录的交换，而每次交换要进行 3 次记录的移动，因此，对 n 个记录进行直接选择排序时，记录移动次数的最大值为 3(n-1)，最小值为 0。综上所述，直接选择排序的时间复杂度为 $O(n^2)$。这种排序方法是不稳定的。

7.2.5 归并排序

1. 算法思想

归并排序(Merge Sort)是一种不同于前面已经介绍过的排序方法。“归并”的含义是将两个或两个以上的有序表合成一个新的有序表。假设初始表含有 n 个记录，则可看成是 n 个有序的子表，每个子表的长度为 1，然后两两归并，得到 n/2 个长度为 2 或 1 的有序子表，再两两归并，如此重复，直至得到一个长度为 n 的有序子表为止，这种方法称为“二路归并排序”。

2. 排序过程

假设 R[low]~R[m]和 R[m+1]~R[high]是存储在同一数组中且相邻的两个有序的子文件，要将它们合并为一个有序文件 R1[low]~R1[high]，只要设置 3 个指示器 i、j 和 k，其初值分别为这 3 个记录区的起始位置。

合并时依次比较 R[i]和 R[j]的关键字，取关键字较小的记录复制到 R1[k]中，然后将指向被复制记录的指示器和指向复制位置的指示器 k 加 1，重复这一过程，直至全部记录被复制到 R1[low]和 R1[high]中为止。

3. 排序算法

排序算法如下：

```
MERGE(rectype R[], rectype R1[], int low, int mid, int high)
/* R[low]~R[mid]与 R[mid+1]~R[high]是两个有序文件；结果为一个有序文件，在 R1[low]~
R1[high]中 */
{   int i,j,k;
    i=low;j=mid+1;k=low;
    while((i<=mid) && (j<=high))
    {   if(R[i].key<=R[j].key)                /* 取小者复制 */
        R1[k++]=R[i++];
        else
        R1[k++]=R[j++];
    }
    while(i<=mid) R1[k++]=R[i++];             /* 复制第 1 个文件的剩余记录 */
    while(j<=high) R1[k++]=R[j++];            /* 复制第 2 个文件的剩余记录 */
}                                             /* MERGE */
```

例如，对于一组待排序的记录，其关键字分别为：47，33，61，82，72，11，25，47′，若对其进行两路归并排序，则先将这 8 个记录看成长度为 1 的 8 个有序子文件，然后逐步两两归并，直至最后达到全部关键字有序。具体归并排序过程如图 7-4 所示。

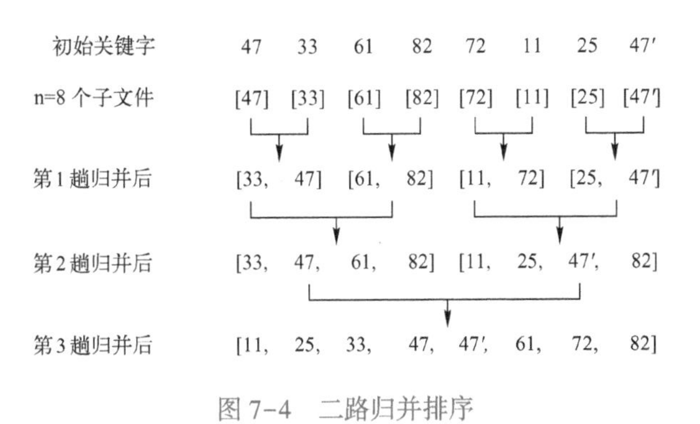

图 7-4 二路归并排序

在给出二路归并排序算法之前，必须先解决一趟归并问题。在一趟归并中，设各子文件长度为 length(最后一个子文件长度可能小于 length)，则归并前 R[0]~R[n-1]中共有⌈n/length⌉个有序的子文件：R[0]~R[length-1]，R[length]~R[2 * length-1]，…，R[(⌈n/length⌉-1) * length]~R[n-1]，调用归并操作将相邻的一对子文件进行归并时，必须对子文件的个数可能是奇数、最后一个子文件的长度小于 length 这两种特殊情况进行特殊处理。具体算法如下：

```
MERGEPASS(rectype R[ ], rectype R1[ ], int length)
 /* 对 R 作一趟归并，结果放在 R1 中；length 是本趟归并的有序子文件的长度 */
{   int i,j;
    i=0;                              /* i 指向第一对子文件的起始点 */
    while(i+2 * length-1<n);          /* 归并长度为 length 的两个子文件 */
    {  MERGE(R,R1,i,i+length-1,i+2 * length-1);
       i=i+2 * length;                /* i 指向下一对子文件的起始点 */
    }
    if((i+length-1)<(n-1))            /* 剩下两个子文件，其中一个长度小于 length */
    MERGE(R,R1,i,i+length-1,n-1);
    else                              /* 子文件个数为奇数 */
      for(j=i;j<n;j++) R1[j++]=R[j++];        /* 将最后一个文件复制到 R1 中 */
}                                     /* MERGEPASS */
```

“二路归并”排序就是调用“一趟归并”过程，将待排序文件进行若干趟归并，每趟归并后有序子文件的长度 length 扩大一倍。二路归并算法如下：

```
MERGESORT(rectype R[ ])                        /* 对 R 进行二路归并排序 */
 {  int length;
    length=1;
    while(length<n)
    {  MERGEPASS(R,R1,length);                 /* 一趟归并，结果在 R1 中 */
       length=2 * length;
       MERGEPASS(R1,R,length);                 /* 再次归并，结果在 R 中 */
       length=2 * length;
    }
}                                              /* MERGESORT */
```

在上述算法中，第 2 个调用语句 MERGEPASS 前并未判定 length≥n 是否成立，若成立，则排序已完成，但必须把结果从 R1 复制到 R 中。而当 length≥n 时，执行 MERGEPASS(R1, R, length)的结果正好是将 R1 中唯一的有序文件复制到 R 中。

4. 算法分析

“二路归并”排序中，第 i 趟归并后，有序子文件长度为 2i。因此，对于具有 n 个记录的文件排序，必须作$\lceil \log_2 n \rceil$趟归并，每趟归并所花的时间是 O(n)，故二路归并排序算法的时间复杂度为 $O(n\log_2 n)$。算法中辅助数组 R1 所需的空间是 O(n)。

二路归并排序是稳定的。

7.2.6 快速排序

1. 算法思想

快速排序(QuickSort)是 C. R. A. Hoare 于 1962 年提出的一种划分交换排序。它采用了一种分治的策略，通常称其为分治法(Divide-and-Conquer Method)。

(1) 分治法的基本思想

分治法的基本思想：将原问题分解为若干个规模更小但结构与原问题相似的子问题，递归地解这些子问题，然后将这些子问题的解组合为原问题的解。

(2) 快速排序的基本思想

设当前待排序的无序区为 R[low..high]，利用分治法可将快速排序的基本思想描述为：

1) 分解。在 R [low..high]中任选一个记录作为基准(Pivot)，以此基准将当前无序区划分为左、右两个较小的子区间 R[low..pivotpos-1] 和 R[pivotpos+1..high]，并使左边子区间中所有记录的关键字均小于等于基准记录(不妨记为 Pivot)的关键字 pivot.key，右边的子区间中所有记录的关键字均大于等于 pivot.key，而基准记录 pivot 则位于正确的位置(Pivotpos)上，它无须参加后续的排序。

注意：划分的关键是要求出基准记录所在的位置 pivotpos。划分的结果可以简单地表示为(注意 pivot=R[pivotpos])：

R[low..pivotpos-1].key≤R[pivotpos].key≤R[pivotpos+1..high].key

其中，low≤pivotpos≤high。

2) 求解。通过递归调用快速排序对左、右子区间 R[low..pivotpos-1] 和 R[pivotpos+1..high]快速排序。

3) 组合。因为当"求解"步骤中的两个递归调用结束时，其左、右两个子区间已有序。对快速排序而言，"组合"步骤无须做什么，可看作是空操作。

2. 快速排序算法 QuickSort

```
void QuickSort(SeqList R,int low,int high)
{                                        /* 对 R[low..high]快速排序 */
    int pivotpos;                        /* 划分后的基准记录的位置 */
    if(low<high)                         /* 仅当区间长度大于 1 时才须排序 */
    {   pivotpos=Partition(R,low,high);  /* 对 R[low..high]做划分 */
        QuickSort(R,low,pivotpos-1);     /* 对左区间递归排序 */
        QuickSort(R,pivotpos+1,high);    /* 对右区间递归排序 */
    }
} /* QuickSort */
```

注意：为排序整个文件，只需调用 QuickSort(R, 1, n)即可完成对 R[1..n]的排序。

3. 划分算法 Partition

(1) 简单的划分方法

1) (初始化)设置两个指针 i 和 j，它们的初值分别为区间的下界和上界，即 i=low，i=high；选取无序区的第 1 个记录 R[i](即 R[low])作为基准记录，并将它保存在变量 pivot 中。

2) 令 j 自 high 起向左扫描，直到找到第 1 个关键字小于 pivot.key 的记录 R[j]，将 R[j]移至 i 所指的位置上，这相当于 R[j] 和基准 R[i](即 pivot)进行了交换，使关键字小于基准关键字 pivot.key 的记录移到了基准的左边，交换后 R[j]中相当于是 pivot；然后，令 i 指针自 i+1 位置开始向右扫描，直至找到第 1 个关键字大于 pivot.key 的记录 R[i]，将 R[i]移到 i 所指的位置上，这相当于交换了 R [i]和基准 R[j]，使关键字大于基准关键字的记录移到了基准的右边，交换后 R[i]中又相当于存放了 pivot；接着令指针 j 自位置 j-1 开始向左扫描，如此交替改变扫描方向，从两端各自往中间靠拢，直至 i=j 时，i 便是基准 pivot 最终的位置，将 pivot 放在此位置上就完成了一次划分。

(2) 划分算法

```
int Partition(SeqList R,int i,int j)
{  /* 调用 Partition(R,low,high)时, 对 R[low..high]做划分 */
   /* 并返回基准记录的位置 */
  ReceType pivot=R[i];     /* 用区间的第 1 个记录作为基准 */
  while(i<j)               /* 从区间两端交替向中间扫描, 直至 i=j 为止 */
  {  while(i<j&&R[j].key>=pivot.key)      /* pivot 相当于在位置 i 上 */
       j--;                /* 从右向左扫描, 查找第 1 个关键字小于 pivot.key 的记录 R[j] */
    if(i<j)                /* 表示找到的 R[j]的关键字<pivot.key */
         R[i++]=R[j];                /* 相当于交换 R[i]和 R[j], 交换后 i 指针加 1 */
    while(i<j&&R[i].key<=pivot.key)     /* pivot 相当于在位置 j 上 */
         i++;              /* 从左向右扫描, 查找第 1 个关键字大于 pivot.key 的记录 R[i] */
    if(i<j)                 /* 表示找到了 R[i], 使 R[i].key>pivot.key */
         R[j--]=R[i];       /* 相当于交换 R[i]和 R[j], 交换后 j 指针减 1 */
   } /* endwhile */
  R[i]=pivot;               /* 基准记录已被最后定位 */
  return i;
} /* partition */
```

4. 快速排序各次划分后的状态变化

序列{49,38,65,97,76,13,27,49}进行快速排序第 1 次划分的过程如图 7-5 所示。

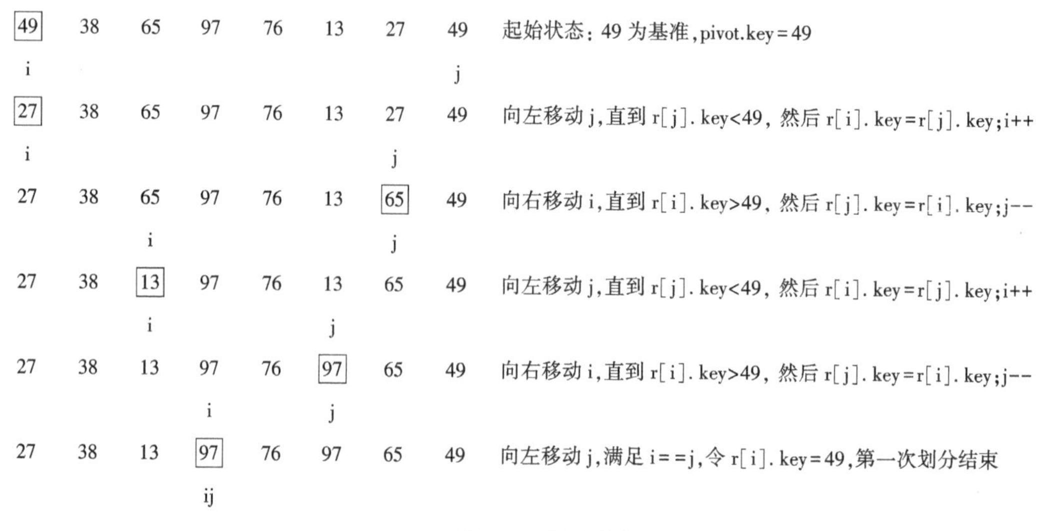

图 7-5　快速排序

```
[49  38  65  97  76  13  27  49]       /* 初始关键字 */
[27  38  13]  49  [76  97  65  49]     /* 第 1 次划分完成之后, 对应递归树第 2 层 */
[13]  27  [38]  49  [49  65]  76  [97] /* 对上一层各无序区划分完成后, 对应递归树第 3 层 */
13  27  38  49  49  [65]  76  97       /* 对上一层各无序区划分完成后, 对应递归树第 4 层 */
13  27  38  49  49  65  76  97         /* 最后的排序结果 */
```

5. 算法分析

快速排序的时间主要耗费在划分操作上, 对长度为 k 的区间进行划分, 共需 k-1 次关键字的比较。

(1) 最坏时间复杂度

最坏情况是每次划分选取的基准都是当前无序区中关键字最小(或最大)的记录, 划分的结果是基准左边的子区间为空(或右边的子区间为空), 而划分所得的另一个非空的子区间中记录数目，仅仅比划分前的无序区中记录个数减少一个。

因此，快速排序必须做 $n-1$ 次划分，第 i 次划分开始时区间长度为 $n-i+1$，所需的比较次数为 $n-i(1\leqslant i\leqslant n-1)$，故总的比较次数达到最大值：

$$C_{max}=n(n-1)/2=O(n^2)$$

如果按上面给出的划分算法，每次取当前无序区的第 1 个记录为基准，那么当文件的记录已按递增序(或递减序)排列时，每次划分所取的基准就是当前无序区中关键字最小(或最大)的记录，则快速排序所需的比较次数反而最多。

(2) 最好时间复杂度

在最好情况下，每次划分所取的基准都是当前无序区的“中值”记录，划分的结果是基准的左、右两个无序子区间的长度大致相等。总的关键字比较次数为 $O(n\log_2 n)$。

注意：用递归树来分析最好情况下的比较次数更简单。因为每次划分后，左、右子区间长度大致相等，故递归树的高度为 $O(\log_2 n)$，而递归树每一层上各结点所对应的划分过程中所需要的关键字比较次数总和不超过 n，故整个排序过程所需要的关键字比较总次数 $C(n)=O(n\log_2 n)$。

因为快速排序的记录移动次数不大于比较的次数，所以快速排序的最坏时间复杂度应为 $O(n^2)$，最好时间复杂度为 $O(n\log_2 n)$。

(3) 基准关键字的选取

在当前无序区中选取划分的基准关键字是决定算法性能的关键。

1) “三者取中”的规则。“三者取中”规则，即在当前区间里，将该区间首、尾和中间位置上的关键字比较，取三者之中值所对应的记录作为基准，在划分开始前将该基准记录和该区间的第 1 个记录进行交换，此后的划分过程与上面所给的 Partition 算法完全相同。

2) 取位于 low 和 high 之间的随机数 $k(low\leqslant k\leqslant high)$，用 R[k]作为基准。选取基准最好的方法是用一个随机函数产生一个取位于 low 和 high 之间的随机数 $k(low\leqslant k\leqslant high)$，用 R[k]作为基准，这相当于强迫 R[low..high]中的记录是随机分布的。用此方法所得到的快速排序一般称为随机的快速排序。

注意：随机化的快速排序与一般的快速排序算法差别很小。但随机化后，算法的性能大大地提高了，尤其是对初始有序的文件，一般不可能导致最坏情况的发生。算法的随机化不仅仅适用于快速排序，也适用于其他需要数据随机分布的算法。

(4) 平均时间复杂度

尽管快速排序的最坏时间为 $O(n^2)$，但就平均性能而言，它是基于关键字比较的内部排序算法中速度最快的，快速排序亦因此而得名。它的平均时间复杂度为 $O(n\log_2 n)$。

(5) 空间复杂度

快速排序在系统内部需要一个栈来实现递归。若每次划分较为均匀，则其递归树的高度为 $O(\log_2 n)$，故递归后需栈空间为 $O(\log_2 n)$。最坏情况下，递归树的高度为 $O(n)$，所需的栈空间为 $O(n)$。

(6) 稳定性

快速排序是非稳定的。

7.2.7 堆排序

1. 算法思想

1964 年，威洛姆斯(J. Willioms)提出了进一步改进的排序方法，即堆排序(Heap Sort)。n 个关键字序列 K_1，K_2，…，K_n 称为堆(Heap)，当且仅当该序列满足如下性质(简称为堆性质)：

① $k_i \leqslant K_{2i}$ 且 $k_i \leqslant K_{2i+1}$；② $k_i \geqslant K_{2i}$ 且 $k_i \geqslant K_{2i+1}$（$1 \leqslant i \leqslant n$）。

若将此序列所存储的向量 R[1..n]看作是一棵完全二叉树的存储结构，则堆实质上是满足如下性质的完全二叉树：树中任一非叶子结点的关键字均不大于(或不小于)其左右孩子(若存在)结点的关键字（即如果按照线性存储该树，可得到一个不下降序列或不上升序列)。

【例 7-3】 关键字序列(10, 15, 56, 25, 30, 70)和(70, 56, 30, 25, 15, 10)分别满足堆性质①和②，故它们均是堆，其对应的完全二叉树分别为小根堆和大根堆。

根结点(亦称为堆顶)的关键字是堆里所有结点关键字中最小者的堆称为小根堆,又称最小堆。根结点(亦称为堆顶)的关键字是堆里所有结点关键字中最大者，称为大根堆,又称最大堆。注意：①堆中任一子树亦是堆；②以上讨论的堆实际上是二叉堆(Binary Heap)，类似地可定义 k 叉堆。

2. 算法特点

堆排序是一种树形选择排序。堆排序的特点：在排序过程中，将 R[1..n]看成是一棵完全二叉树的顺序存储结构，利用完全二叉树中双亲结点和孩子结点之间的内在关系，在当前无序区中选择关键字最大(或最小)的记录。

3. 堆排序与直接选择排序的区别

直接选择排序中，为了从 R[1..n]中选出关键字最小的记录，必须进行 n-1 次比较，然后在 R[2..n]中选出关键字最小的记录，又需要进行 n-2 次比较。事实上，后面的 n-2 次比较中，有许多比较可能在前面的 n-1 次比较中已经做过，但由于前一趟排序时未保留这些比较结果，所以后一趟排序时又重复执行了这些比较操作。

堆排序可通过树形结构保存部分比较结果，可减少比较次数。堆排序利用了大根堆堆顶记录的关键字最大(或最小)这一特征，使得在当前无序区中选取最大(或最小)关键字的记录变得简单。

(1) 用大根堆排序的基本思想

1) 先将初始文件 R[1..n]建成一个大根堆,此堆为初始的无序区。

2) 再将关键字最大的记录 R[1](即堆顶)和无序区的最后一个记录 R[n]交换，由此得到新的无序区 R[1..n-1]和有序区 R[n]，且满足 R[1..n-1].keys≤R[n].key。

3) 由于交换后新的根 R[1]可能违反堆性质，故应将当前无序区 R[1..n-1]调整为堆。然后再次将 R[1..n-1]中关键字最大的记录 R[1]和该区间的最后一个记录 R[n-1]交换，由此得到新的无序区 R[1..n-2]和有序区 R[n-1..n]，且仍满足关系 R[1..n-2].keys≤R[n-1..n].keys，同样要将 R[1..n-2]调整为堆。

依此类推，直到无序区只有一个元素为止。

(2) 大根堆排序算法的基本操作

1) 初始化操作：将 R[1..n]构造为初始堆。

2) 每一趟排序的基本操作：将当前无序区的堆顶记录 R[1]和该区间的最后一个记录交换，然后将新的无序区调整为堆(亦称重建堆)。

注意：

1) 只需做 n-1 趟排序，选出较大的 n-1 个关键字即可以使得文件递增有序。

2) 用小根堆排序与利用大根堆类似，只不过其排序结果是递减有序的。堆排序和直接选择排序相反：在任何时刻堆排序中无序区总是在有序区之前，且有序区是在原向量的尾部由后往前逐步扩大至整个向量为止。

4. 具体算法

每趟排序开始前 R[1..i]是以 R[1]为根的堆，在 R[1]与 R[i]交换后，新的无序区 R[1..i-1]中只有 R[1]的值发生了变化，故除 R[1]可能违反堆性质外，其余任何结点为根的子树均是堆。因此，当被调整区间是 R[low..high]时，只需调整以 R[low]为根的树即可。

(1) “筛选法”调整堆

R[low]的左、右子树(若存在)均已是堆，这两棵子树的根 R[2low]和 R[2low+1]分别是各自子树中关键字最大的结点。若 R[low].key 不小于这两个孩子结点的关键字，则 R[low]未违反堆性质，以 R[low]为根的树已是堆，无须调整；否则必须将 R[low]和它的两个孩子结点中关键字较大者进行交换，即 R[low]与 R[large](R[large].key=max(R[2low].key, R[2low+1].key))交换。交换后又可能使结点 R[large]违反堆性质，同样由于该结点的两棵子树(若存在)仍然是堆，故可重复上述的调整过程，对以 R[large]为根的树进行调整。此过程直至当前被调整的结点已满足性质，或者该结点已是叶子为止。上述过程就像过筛子一样，把较小的关键字逐层筛下去，而将较大的关键字逐层选上来，称此方法为“筛选法”。

(2) 算法实例

具体算法代码如下：

```
#include <stdio.h>
#include<stdlib.h>
inline int LEFT(int i);
inline int RIGHT(int i);
inline int PATENT(int i);
void MAX_HEAPIFY(int A[],int heap_size,int i);
void BUILD_MAX_HEAP(int A[],int heap_size);
void HEAPSORT(int A[],int heap_size);
void output(int A[],int size);
int main()
{   FILE *fin;
    int m,size,i;
    fin=fopen("array.in","r");
    int *a;
    fscanf(fin," %d",&size);
    a=(int *)malloc(size + 1);
    a[0]=size;
    for(i=1;i<=size; i++ )
    {   fscanf(fin," %d",&m);
        a=m;
    }
    HEAPSORT(a,a[0]);
    printf("$$$$$$$$$ The Result $$$$$$$ \n");
    output(a,a[0]);
    free(a);
    return 0;
}
inline int LEFT(int i)
{  return 2 * i;
}
inline int RIGHT(int i)
{  return 2 * i + 1;
}
inline int PARENT(int i)
{  return i / 2;
}
void MAX_HEAPIFY(int A[],int heap_size,int i)
```

```
{   int temp,largest,l,r;
    largest=i;
    l=LEFT(i);
    r=RIGHT(i);
    if ((l<=heap_size) && (A[l] >A[largest])) largest=l;
    if ((r<=heap_size) && (A[r] >A[largest])) largest=r;
    if (largest !=i)
    {   temp=A[largest];
        A[largest]=A;
        A=temp;
        MAX_HEAPIFY(A,heap_size,largest);
    }
}
void BUILD_MAX_HEAP(int A[ ],int heap_size)
{   int i;
    for(i=heap_size / 2;i>=1;i--) MAX_HEAPIFY(A,heap_size,i);
}
void HEAPSORT(int A[ ],int heap_size)
{   int i;
    BUILD_MAX_HEAP(A,heap_size);
    for(i=heap_size;i>=2;i--)
    {   int temp;
        temp=A[1];
        A[1]=A;
        A=temp;
        MAX_HEAPIFY(A,i-1,1);
    }
}
void output(int A[ ],int size)
{   int i=1;
    FILE *out=fopen("result. in","w+");
    for (;i<=size;i++)
    {   printf("%d ",A);
        fprintf(out,"%d ",A);
    }
    printf("\n");
}
```

5. 算法分析

堆排序中 heap 算法的时间复杂度与堆所对应的完全二叉树的树高度 $\log_2 n$ 相关，而 heapsort 中对 heap 的调用数量级为 n，所以堆排序的整个时间复杂度为 $O(n\log_2 n)$，并且堆排序是不稳定的。

7.3 内部排序实例

【例 7-4】 以关键字序列(265, 301, 751, 129, 937, 863, 742, 694, 076, 438)为例，分别写出执行以下排序算法的各趟排序结束时，关键字序列的状态。

(1) 直接插入排序 (2) 希尔排序 (3) 冒泡排序 (4) 快速排序

(5) 直接选择排序 (6) 堆排序 (7) 归并排序

上述方法中，哪些是稳定的排序？哪些是非稳定的排序？对不稳定的排序试举出一个不稳定的实例。

解答：(1) 直接插入排序(方括号表示无序区)

初始态：265 [301 751 129 937 863 742 694 076 438]

第1趟：265 301 [751 129 937 863 742 694 076 438]

第2趟：265 301 751 [129 937 863 742 694 076 438]

第3趟：129 265 301 751 [937 863 742 694 076 438]

第4趟：129 265 301 751 937 [863 742 694 076 438]

第5趟：129 265 301 751 863 937 [742 694 076 438]

第6趟：129 265 301 742 751 863 937 [694 076 438]

第7趟：129 265 301 694 742 751 863 937 [076 438]

第8趟：076 129 265 301 694 742 751 863 937 [438]

第9趟：076 129 265 301 438 694 742 751 863 937

(2) 希尔排序(增量为5,3,1)

初始态：265 301 751 129 937 863 742 694 076 438

第1趟：265 301 694 076 438 863 742 751 129 937

第2趟：076 301 129 265 438 694 742 751 863 937

第3趟：076 129 265 301 438 694 742 751 863 937

(3) 冒泡排序(方括号为无序区)

初始态：[265 301 751 129 937 863 742 694 076 438]

第1趟：076 [265 301 751 129 937 863 742 694 438]

第2趟：076 129 [265 301 751 438 937 863 742 694]

第3趟：076 129 265 [301 438 694 751 937 863 742]

第4趟：076 129 265 301 [438 694 742 751 937 863]

第5趟：076 129 265 301 438 [694 742 751 863 937]

第6趟：076 129 265 301 438 694 742 751 863 937

(4) 快速排序(方括号表示无序区，层表示对应的递归树的层数)

初始态：[265 301 751 129 937 863 742 694 076 438]

第2层：[076 129] 265 [751 937 863 742 694 301 438]

第3层：076 [129] 265 [438 301 694 742] 751 [863 937]

第4层：076 129 265 [301] 438 [694 742] 751 863 [937]

第5层：076 129 265 301 438 694 [742] 751 863 937

第6层：076 129 265 301 438 694 742 751 863 937

(5) 直接选择排序(方括号为无序区)

初始态：[265 301 751 129 937 863 742 694 076 438]

第1趟：076 [301 751 129 937 863 742 694 265 438]

第2趟：076 129 [751 301 937 863 742 694 265 438]

第3趟：076 129 265 [301 937 863 742 694 751 438]

第4趟：076 129 265 301 [937 863 742 694 751 438]

第5趟：076 129 265 301 438 [863 742 694 751 937]

第6趟：076 129 265 301 438 694 [742 751 863 937]

第7趟：076 129 265 301 438 694 742 [751 863 937]

第8趟：076 129 265 301 438 694 742 751 [937 863]

第9趟：076 129 265 301 438 694 742 751 863 937

(6) 堆排序(通过画二叉树可以一步步得出排序结果)

初始态：[265 301 751 129 937 863 742 694 076 438]

建立初始堆：[937 694 863 265 438 751 742 129 075 301]

第 1 次排序重建堆：[863 694 751 765 438 301 742 129 075] 937

第 2 次排序重建堆：[751 694 742 265 438 301 075 129] 863 937

第 3 次排序重建堆：[742 694 301 265 438 129 075] 751 863 937

第 4 次排序重建堆：[694 438 301 265 075 129] 742 751 863 937

第 5 次排序重建堆：[438 265 301 129 075] 694 742 751 863 937

第 6 次排序重建堆：[301 265 075 129] 438 694 742 751 863 937

第 7 次排序重建堆：[265 129 075] 301 438 694 742 751 863 937

第 8 次排序重建堆：[129 075] 265 301 438 694 742 751 863 937

第 9 次排序重建堆： 075 129 265 301 438 694 742 751 863 937

(7) 归并排序(为了表示方便，采用自底向上的归并，方括号为有序区)

初始态：[265] [301] [751] [129] [937] [863] [742] [694] [076] [438]

第 1 趟：[265 301] [129 751] [863 937] [694 742] [076 438]

第 2 趟：[129 265 301 751] [694 742 863 937] [076 438]

第 3 趟：[129 265 301 694 742 751 863 937] [076 438]

第 4 趟：[076 129 265 301 438 694 742 751 863 937]

在上面的排序方法中，直接插入排序、冒泡排序和归并排序是稳定的，其他排序算法均是不稳定的。

7.4 习题

一、选择题

1. 在文件局部有序或文件较小的情况下，最佳的排序方法是(　　)。

A. 直接插入排序　B. 直接选择排序　C. 冒泡排序　D. 归并排序

2. 快速排序在最坏情况下的时间复杂度是(　　)。

A. $O(\log_2 n)$　B. $O(n\log_2 n)$　C. $O(n^2)$　D. $O(n^3)$

3. 具有 24 个记录的序列，采用起泡排序最少的比较次数为(　　)。

A. 1　B. 23　C. 24　D. 529

4. 用某种排序方法对序列(25, 84, 21, 47, 15, 27, 68, 35, 20)进行排序，记录序列的变化情况如下：

25 84 21 47 15 27 68 35 20

20 15 21 25 47 27 68 35 84

15 20 21 25 35 27 47 68 84

15 20 21 25 27 35 47 68 84

则采用的排序方法是(　　)。

A. 直接选择排序　B. 冒泡排序　C. 快速排序　D. 二路归并排序

5. 在排序过程中，值比较的次数与初始序列的排序顺序无关的是(　　)。

A. 直接插入排序和快速排序　B. 直接插入排序和归并排序

C. 直接选择排序和归并排序　D. 快速排序和归并排序

6. (　　)方法是从未排序序列中依次取出元素与已经排序序列中的元素进行比较，将其放入已经排序序列的正确位置上。

A. 归并排序　B. 插入排序　C. 快速排序　D. 选择排序

7. (　　)方法是从未排序序列中挑选元素，并将其依次放入已经排序序列的一端。

A. 归并排序　　B. 插入排序　　C. 快速排序　　D. 选择排序

8. (　　)方法是对序列中的元素通过适当的位置变换将有关元素一次性地放置在其最终位置上。

A. 归并排序　　B. 插入排序　　C. 快速排序　　D. 基数排序

9. 将上万个无序并且互不相等的正数存储在顺序存储结构中，采取(　　)方法能够最快地找到其中最大的正整数。

A. 快速排序　　B. 插入排序　　C. 选择排序　　D. 归并排序

10. 以下4种排序方法，要求附加内存空间最大的是(　　)。

A. 插入排序　　B. 选择排序　　C. 快速排序　　D. 归并排序

11. 以下不稳定的排序方法是(　　)。

A. 直接插入排序　　B. 冒泡排序　　C. 直接选择排序　　D. 二路归并排序

12. 以下稳定的排序方法是(　　)。

A. 快速排序　　B. 冒泡排序　　C. 直接选择排序　　D. 堆排序

13. 以下时间复杂度不是 $O(n^2)$ 的排序方法是(　　)。

A. 直接插入排序　　B. 归并排序　　C. 冒泡排序　　D. 直接选择排序

14. 快速排序方法在(　　)情况下最不利于发挥其长处。

A. 要排序的数据量太大　　B. 要排序的数据中含有多个相同值

C. 要排序的数据已基本有序　　D. 要排序的数据个数为奇数

15. 一组记录的关键字为(46, 79, 56, 38, 40, 84)，则利用快速排序的方法以第一个记录为基准得到的一次划分结果为(　　)。

A. 38, 40, 46, 56, 79, 84　　B. 40, 38, 46, 79, 56, 84

C. 40, 38, 46, 56, 79, 84　　D. 40, 38, 46, 84, 56, 79

16. 若用起泡排序法对序列(18, 14, 6, 27, 8, 12, 16, 52, 10, 26, 47, 29, 41, 24)从小到大进行排序，共要进行(　　)次比较。

A. 33　　B. 45　　C. 70　　D. 91

二、判断题

1. 如果某种排序算法是不稳定的，则该方法没有实际意义。(　　)

2. 当待排序的元素很大时，为了交换元素的位置，移动元素要占用较多的时间，这是影响时间复杂度的主要原因之一。(　　)

3. 对于n个记录的集合进行冒泡排序，所需要的平均时间是 $O(n\log_2 n)$。(　　)

4. 对于n个记录的集合进行归并排序，所需要的平均时间是 $O(n\log_2 n)$。(　　)

三、填空题

1. 对于n个记录的集合进行归并排序，所需的附加空间为________。

2. 在内部排序中要求附加的内存容量最大的是________，排序时不稳定的是________。

3. 若待排序的序列中存在多个记录具有相同的键值，经过排序，这些记录的相对次序仍然保持不变，则称这种排序方法是________的，否则称为________的。

4. 按照排序过程涉及的存储设备的不同，排序可分为________排序和________排序。

5. 直接插入排序是稳定的，它的时间复杂度为________，空间复杂度为________

__________。

6. 归并排序要求待排序列由若干个__________________的子序列组成。

7. 在插入排序和选择排序中，若初始数据基本正序，则选用__________________；若初始数据基本反序，则选用__________________。

四、应用题

对下列一组关键字(46，58，15，45，90，18，10，62)

1. 写出直接插入排序过程。
2. 写出希尔排序过程。
3. 写出快速排序过程。
4. 写出归并排序过程。

第8章 操作系统

操作系统是计算机必不可少的系统软件，是整个计算机系统的灵魂。操作系统是复杂的计算机程序集，它提供操作过程的协议或行为准则。没有操作系统，计算机就无法工作，就不能解释和执行用户输入的命令或运行程序。本章主要介绍操作系统的基本工作原理。

8.1 操作系统的形成与发展

通常，把未配置任何软件的计算机称为“裸机”。如果让用户直接面对“裸机”，事事都深入到计算机的硬件里面去，那么他们的精力就绝对不可能集中在如何用计算机解决自己的实际问题上，计算机本身的效率也不可能充分发挥出来。

为了从复杂的硬件控制中脱身出来，能合理有效地使用计算机系统，能给用户使用计算机提供必要的方便，最好的解决办法就是要开发软件，通过它来管理整个系统，发挥系统的潜在能力，达到扩展系统功能、方便用户使用的目的。下面先回顾操作系统的形成和发展过程。

8.1.1 “手工操作”阶段

20 世纪 40 年代后期是“手工操作”阶段。第一台电子管计算机出现后，计算机系统基本上仅由硬件组成，计算机上并没有名为“操作系统”的这种软件。那时计算机的运行速度慢，外部设备少，整个系统是由用户直接控制使用，因此程序的装入、调试以及控制程序的运行等工作，全部由上机的人员自己通过按动控制台上的一排排开关和按钮来实现。

这一阶段的特点是人工完成上、下机的操作，一台计算机被一个用户所独占。用户上机时一人独占全机资源，程序运行前的准备时间过长，人机存在矛盾，即人的操作速度与机器运行速度相比，仍存在速度极不匹配的矛盾(CPU 等待人工操作)。

8.1.2 联机批处理

20 世纪 50 年代，为了缓解早期使用计算机时存在的人-机速度严重不匹配的矛盾，提高资源利用率，人们开始利用计算机系统中的软件来代替操作员的部分工作，从而产生了早期的批处理系统。

由于人机存在的矛盾，软件设计人员提出了“让计算机自动控制用户作业的运行，废除上、下机手工交接”的要求。为了达到这个目的，需要用户在编写自己的程序时，还要编写“作业说明书”，详细规定程序运行的步骤，并将其与程序、数据一起提交给系统；而系统需要设计一个常驻内存的“管理程序”(也称监督程序)，它的功能是从输入设备上读入第 1 个作业的作业说明书，按照它的规定控制该作业执行。这个作业运行结束后，它又从输入设备上读入第 2 个作业的作业说明书，继而执行之。这一过程一直进行到提交给系统的一批作业全部执行完毕时为止。操作员有选择地把若干作业合成一批，安装到输入设备上，并启动监督程序，然后由监督程序自动控制这批作业运行，从而减少部分人工干预，有效地缩短了作业运行前的准备时间，相对地提高了 CPU 的利用率。

由于这种系统一次集中处理一批用户作业，故被称为“批处理系统”。这个阶段的特点是对一批作业自动进行处理，没有人工交接，在一个用户作业运行时，仍独占计算机所有资源，用户交互性差，一个作业运行完毕后，还要等待从纸带机或卡片机上读入下一个作业，CPU 仍不能充分利用。

由于主机直接控制与外部设备传输数据，所以这种工作方式称为早期联机批处理系统。

8.1.3 脱机批处理

20 世纪 50 年代中期出现了磁带，磁带机的传输速度比卡片机、光电机和打印机的速度快，用磁带机代替这类低速的外部设备，可进一步缩短 CPU 与外部设备间速度上的差异，提高 CPU 的利用率。这时出现了早期脱机批处理系统，即主机不直接参与外部设备传输数据，数据的输入/输出由卫星机完成，主机主要完成运算，主机与低速的卡片机、光电机和打印机等外部设备脱离，所以这种工作方式称为早期脱机批处理系统。

虽然这种工作方式实现了主机与卫星机的并行操作，但因系统中作业之间仍以串行方式被处理，所以无法继续提高 CPU、内存的利用率。为从根本上解决这一问题，人们提出了多道程序设计技术。

8.1.4 执行系统

20 世纪 50 年代末期，硬件技术取得了两个方面的重大进展，即通道技术的引进和中断技术的发展，使得通道具有中断主机工作的能力，主机与通道之间借助中断相互通信，通信受主机直接控制。另外，外部设备出现了磁盘机，磁盘是一种比磁带更快并能随机存取的外部存储设备(磁带机只能顺序存储)。

为了提高资源利用率，人们开始使用磁盘进行输入/输出缓冲、脱机输入/输出、虚拟设备(也称 Spooling 系统)等技术，尤其是引入了“多道程序设计”，使简单批处理系统发展为高级批处理系统。监督程序与中断处理程序合称为执行系统，监督程序常驻内存，负责程序切换，我们称这种操作方式为“执行系统”阶段。

“执行系统”的优点是实现了主机与外部设备的并行工作。其缺点是系统中作业之间仍以串行方式被处理，所以效率不高。

在执行系统的基础上，引入了“多道程序设计”后，单道批处理系统发展为多道批处理系统。多道批处理系统的出现，标志着操作系统正式形成。

8.2 操作系统的定义、特征和功能

操作系统是计算机系统中最重要的系统软件。操作系统是整个系统的控制中心，它控制和管理计算机系统的各类资源，并为其他系统程序和应用程序提供基本的服务。操作系统作为系统管理软件，需要解决由此而带来的各种复杂问题，从而使它具有一些明显的特征，拥有一定独特的功能。

8.2.1 操作系统的定义

操作系统是在“裸机”上加载的第一层软件，是对计算机硬件系统功能的首次扩充。从用户

的角度看，计算机系统配置了操作系统后，由于操作系统隐蔽了硬件的复杂细节，用户会感到机器使用起来更简单、更容易。操作系统为用户提供了一台功能经过扩展的"虚拟机"，现实生活中并不存在具有这种功能的真实机器，它只是用户的一种感觉而已。从计算机系统的角度看，由于操作系统的组织与管理，系统中的各种硬件、软件资源得到了更有效的利用，机器的工作流程更为合理与协调。因此，操作系统是现今计算机系统中不可缺少的一个系统软件。

综上所述，可以把操作系统定义为："操作系统是控制和管理计算机硬件和软件资源、合理地组织计算机工作流程以及方便用户使用计算机的一个大型程序"。

8.2.2 操作系统的特征

1. 并发性

并发性是指在计算机系统中，同时存在多个程序，从宏观上看程序是同时向前推进的；在微观上，程序是顺序执行的，在单 CPU 上是轮流执行的，即两个或两个以上进程的执行在时间上有重叠。

2. 共享性

共享性是指操作系统程序和多个用户程序共同使用系统中各种硬件和软件资源。通常有互斥共享和同时共享两种方式。

3. 随机性

随机性是指因为多个用户程序共享系统中各种资源，造成了系统中存在很多不确定性因素，因此操作系统是在一种随机的环境下运行的。操作系统不能对所运行的程序的行为以及硬件设备的情况做出任何事先的假定，程序运行时的推进速度和运行结果都具有随机性。

4. 虚拟性

虚拟性的本质含义是把物理上的一个变成逻辑上的多个。操作系统可以对计算机硬件系统的功能进行扩充，对用户隐蔽硬件的复杂细节。

总之，共享是操作系统的目的，并发是实现共享的手段，由于并发带来了系统的随机性，为提高系统效率，通过操作系统扩充了硬件的功能。

8.2.3 操作系统的功能

把操作系统看作计算机中各类资源的管理系统，为用户提供一种简便、有效的使用资源的手段，以充分发挥各种资源的利用率。

计算机中的资源包括硬件资源和软件资源。其中，硬件资源包括中央处理器(CPU)、存储器(包括内存和外存)、各种 I/O 设备；软件资源包括程序和数据(也称信息资源)。

从资源管理的角度看，操作系统应该具有 5 个方面的功能，即处理器管理、存储管理、设备管理、文件管理和作业管理。这 5 大功能相互配合，协同工作，实现对计算机系统的资源管理和控制程序的执行。图 8-1 是操作系统的功能层次关系，其中下层为上层提供服务。

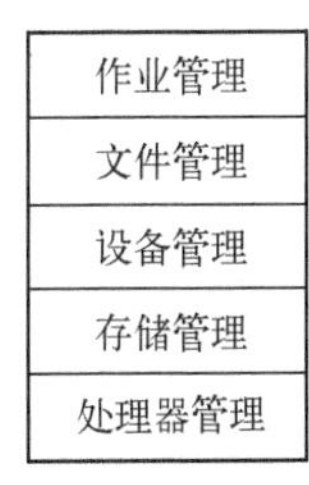

图 8-1 操作系统的功能层次关系

1. 处理器管理

处理器是整个计算机硬件的核心。如何把 CPU 的时间合理地分配给各个程序是处理器管理要解决的问题，它主要解决 CPU 的分配策略、实施方法以及资源的分配和回收问题。

2. 存储管理

存储管理的主要任务是对有限的内存储器进行合理的分配，以满足多个用户程序的需要。

3. 设备管理

设备管理的主要任务是有效地管理各种外部设备，使这些设备充分发挥效率；并且还要给用户提供简单而易于使用的接口，以便用户在不了解设备性能的情况下，也能很方便使用它们。

4. 文件管理

文件管理又称为文件系统，计算机中的各种程序和数据均为计算机的软件资源，它们都以文件形式存放在外存中。文件管理的基本功能是实现对文件的存取和检索，为用户提供灵活方便的操作命令以及实现文件共享、安全、保密等措施。

5. 作业管理

作业管理是操作系统与用户之间的接口软件。它的主要任务是对所有的用户作业进行分类，并且根据某种原则，源源不断地选取一些作业交给计算机去处理。

8.3 操作系统的分类

计算机已在人类生活各个领域得到了广泛的应用，不同领域对计算机的要求也各有不同，因此对操作系统的性能和使用方式的要求也十分不同。同时，机器型号、外设大小数量的不同对操作系统要求也不同，因此操作系统分为了不同的类。通常把操作系统分为批处理系统、分时系统和实时系统等。

8.3.1 批处理操作系统

1. 单道批处理系统

在单道批处理操作系统的控制和管理下，用户为自己的作业编写程序和准备数据，同时编写控制作业运行的作业说明书。计算机系统的工作过程如下：

1）操作员将收到的一批作业信息存入辅助存储器中等待处理。

2）单道批处理操作系统从辅助存储器中依次选择作业，按作业说明书的规定自动控制其运行，并将运行结果存入辅助存储器。

3）操作员将该批作业的运行结果打印输出，并分发给用户。

单道批处理操作系统具有如下特点。

- 单路性：每次只允许一个用户程序进入内存。
- 独占性：整个系统资源被进入内存的一个程序独占使用，因此资源利用率不高。
- 自动性：作业一个个地自动接受处理，期间任何用户不得对系统的工作进行干预。由于没有了作业上、下机时用户手工操作耗费的时间，因此提高了系统的吞吐量。
- 封闭性：在一批作业处理过程中，用户不得干预系统的工作。即便是某个程序执行中出现一个很小的错误，也只能等到这一批作业全部处理完毕后，才能进行修改，这给用户带来不便。

2. 多道批处理系统

在单道批处理的基础上，引入了多道程序设计技术，就产生了多道批处理操作系统。配置多道批处理操作系统的本质仍然是批处理。不同的是由于采用了多道程序设计技术，允许若干个作业同时装入内存，造成对系统资源共享与竞争的态势。用户为自己的作业编写程序和准备数据，同时编写控制作业运行的作业说明书，然后将它们一并交给操作员。其工作过程如下：

1）操作员将收到的一批作业信息存入辅助存储器中等待处理。

2）多道批处理操作系统中的作业调度程序从辅助存储器里的该批作业中选出若干合适的作业装入内存，使它们不断地轮流占用 CPU 来执行，并同时使用各自所需的外部设备。若内存中有作业运行结束，则又可从辅助存储器的后备作业中选择对象装入内存执行。

3）操作员将该批作业的运行结果打印输出，分发给用户。

多道批处理操作系统除了具有自动性、封闭性以外，还具有如下特点。

- 多路性：每次允许多个用户程序进入内存，它们轮流交替地使用 CPU，提高了内存储器和 CPU 的利用率。
- 共享性：整个系统资源被进入内存的多个程序共享使用，因此整个系统资源的利用率较高。

8.3.2 分时操作系统

将多道程序设计技术与分时技术结合在一起，就产生了分时操作系统。配有分时操作系统的计算机系统称为分时系统。

所谓分时系统，即一台计算机与多个终端设备连接，最简单的终端可以由一个显示器和一个键盘组成。每个用户通过终端向系统发出命令，请求系统为其完成某项工作。系统根据用户的请求完成指定的任务，并把执行结果返回。这样用户可以根据运行结果，再次通过终端向系统提出下一步请求。重复这种交互会话过程，直至每个用户实现自己的预定目标。图 8-2所示为分时系统工作过程示意图。

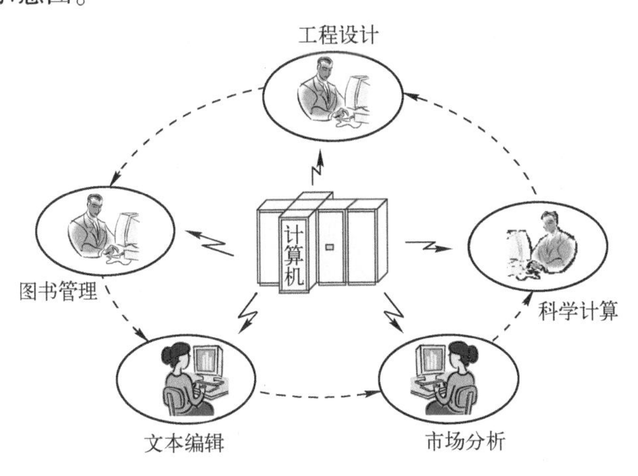

图 8-2　分时系统工作过程示意图

分时系统之所以能在较短的时间内响应用户的请求，同时为多个终端用户提供服务，主要是因为在分时操作系统中采用了“时间片轮转”的处理机调度策略。这种调度策略是把处理机时间划分成一个个很短的“时间片”，对提出请求的每个联机用户终端，系统轮流分配一个时间片给其使用。若在一个时间片内，用户所请求的工作未能全部做完，就会被暂时中断执行，等待下一轮循环再继续做，让出的 CPU 被分配给另一个终端使用。

由于计算机的处理速度很快，只要时间片的间隔选取适当，那么用户就不会感觉到从一个时间片跨越到另一个时间片之间的“停顿”，就好像整个系统全由它“独占”使用似的。分时系统的目标是对用户请求快速反应，多道批处理的目标是提高机器效率。

分时系统具有多路性、交互性、独占性和及时性的特点。

8.3.3 实时操作系统

所谓“实时”是指能够及时响应随机发生的外部事件，并对事件做出快速处理的一种能力。而“外部事件”是指与计算机相连接的设备向计算机发出的各种服务请求。因此，实时操作系统的工作方式是使计算机在规定的时间内及时响应外部事件的请求，同时完成对该事件的处理，并能控制所有实时设备和实时任务协调一致地工作。实时操作系统根据控制的对象不同又分为实时控制系统和实时信息处理系统两类。

要求实时操作系统能在严格的时间范围内对外部请求做出反应，不能出现差错，所以其特点如下。

- 及时性：对外部请求在严格时间范围内做出响应。
- 高度可靠性：系统保证不出错，为了提高可靠性，一般采用双工方式。
- 专机专用。

8.3.4 网络操作系统

计算机网络在分时系统的基础上，又大大前进了一步。网络操作系统是基于计算机网络的，是在各种计算机操作系统之上按网络体系结构协议标准设计开发的软件，它包括网络管理、通信、安全、资源共享和各种网络应用。在网络范围内，网络操作系统是用于管理网络通信和共享资源，协调各计算机上任务的运行，并向用户提供统一的、有效方便的网络接口的程序集合。需要说明的是，在网络中各独立计算机仍有自己的操作系统，由它管理着自身的资源。只有在它们要进行相互间的信息传递、要使用网络中的可共享资源时，才会涉及网络操作系统。

网络操作系统的特点是自治性、互联性、统一性、具有资源共享及信息交换功能等。

8.3.5 分布式操作系统

分布式计算机系统是由多台计算机组成的一种特殊的计算机网络，为分布式计算机系统配置的操作系统称为分布式操作系统。分布式操作系统是网络操作系统的更高级形式，除了有网络操作系统的功能之外，其特征是系统中所有主机使用同一个操作系统、可以实现资源的深度共享、系统具有透明性和自治性。分布式操作系统处理能力增强，运算速度加快，系统可靠性增强。

另外，除上面介绍的操作系统外，还有微机操作系统、通用操作系统和嵌入式操作系统等系统，在此不再赘述。

8.4 处理机管理

如何从多个等待运行的作业中挑选作业进入内存运行，如何在进程间分配处理机等问题无疑是操作系统的资源管理功能中的一个重要问题。在多道程序设计环境下，一方面，系统中有若干个作业同时执行，每一个作业又可能需要多个进程协同工作；另一方面，这些进程使用系统中的各种资源，而资源个数往往少于进程数，从而导致对系统资源的竞争。于是，系统中的所有进程，相互之间必定存在着这样那样的关系。本节主要讨论进程管理问题。

8.4.1 多道程序设计的概念

所谓“程序”，是一个在时间上严格有序的指令集合。程序规定了完成某一任务时，计算机所要做的各种操作以及这些操作的执行顺序。在单 CPU 计算机系统中，在一段时间内只有一个程序在运行，程序独占了计算机全部资源，程序不会受到外来影响。多道程序设计是指把一个以上的作业存放在内存中，并且同时处于运行状态，使这些作业共享处理机时间和外部设备等其他资源(包括系统资源)。这种让多个程序同时进入计算机计算的方法称为多道程序设计。

引入多道程序设计技术的根本目的是提高 CPU 的利用率和系统的吞吐率(系统吞吐率：在给定时间间隔内，所运行完成的作业数量)。在多道程序设计环境下，内存中允许有多个程序存在，它们轮流使用 CPU。采用多道程序设计后可能延长单个程序的执行时间，另外系统效率的提高有一定的限度。对于一个单处理机系统来说，作业同时处于运行状态只是一个宏观的概念，其含义是指每个作业都已开始运行，但尚未完成。就微观而言，在任一特定时刻，在处理机上运行的作业只有一个。由于程序是一个静态的概念，因此程序本身不能描述多道程序并发执行时的动态特性和并行特性，从而也就不能深刻地反映并发程序的活动规律和状态变化。为此，需要引进一个能够从变化的角度，动态地反映并发程序活动的新概念，这就是进程。

8.4.2 进程的概念

(1) 进程的定义

进程(Process)是现代操作系统设计中的一个基本概念，也是一个管理实体。进程可以定义为“是一个具有一定独立功能的程序关于某个数据集合的一次运行活动，是系统进行资源分配和调度运行的基本单位”。

(2) 进程的主要特征

进程体现了操作系统的特征，它具有 6 大特征。

- 动态特征：进程对应于程序的运行，动态产生，动态消亡，在其生命周期中进程也是动态的。
- 并发特征：任何进程都可以同其他进程一起向前推进。
- 独立特征：进程是相对完整的调度单位，可获得 CPU，参与并发执行。
- 交往特征：一个进程在执行过程中可与其他进程产生直接或间接的关系。
- 异步特征：每个进程都以相对独立不可预知的速度向前推进。
- 结构特征：每个进程都有一个进程控制块作为它的数据结构。

(3) 进程的状态与转换

进程间由于共同协作和共享资源，导致生命周期中的状态不断发生变化。比如一个进程在等待输入/输出的完成，这时它不能继续运行。另一种情形是一个进程是可以运行的，但由于操作系统把处理机分配给了别的进程使用，于是它也只能处于等待。只有当前占有 CPU 的进程，才真正处于运行状态。

进程有着“执行—暂停—执行”的活动规律，一般说来，一个进程不是自始至终运行到底的。各进程相互制约，当使它暂停的原因消失后，它又可准备运行。因此进程有多种状态，进程在其生命期内，可以处于下面 3 种基本状态之一。

- 运行状态：获得 CPU 的进程处于此状态，其对应的程序正在处理机上运行着。
- 阻塞状态：进程为了等待某种外部事件的发生(如等待输入/输出操作的完成，等待另一个进程发来消息)，暂时无法运行。阻塞状态也称等待状态。

• 就绪状态：已具备运行所需的一切条件，只是由于别的进程占用处理机而暂时无法运行。

一个进程的状态，可以随着自身的推进和外界环境的变化而变化，从而使其从一种状态变化到另一种状态。图 8-3 是进程状态变化图，箭头表示的是状态变化的方向，旁边标识的文字是引起这种状态变化的原因。

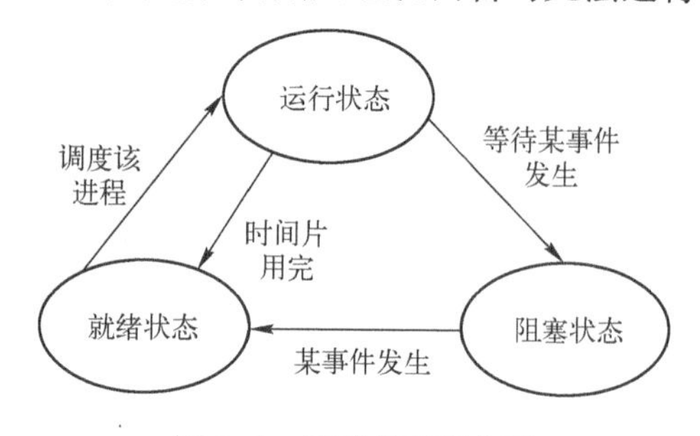

图 8-3　进程状态变化图

从图 8-3 中可以看出，一个正处于运行状态的进程，由于提出输入/输出请求而使自己的状态变成为阻塞状态，这属于进程自身推进过程中引起的状态变化。在输入/输出操作完成后，会使进程的状态由阻塞状态变为就绪状态，由于被阻塞的进程并不知道它的输入/输出请求何时能够完成，因此这属于由于外界环境的变化而引起的状态变化。

注意：就绪状态的进程被进程调度程序选中后，就分配到处理机来运行，进入运行状态；运行状态的进程时间片用完不得不让出处理机，变为就绪状态；运行状态的进程需等待某一事件发生后才能继续运行，变为等待状态；等待状态的进程，若其等待的事件已发生，变为就绪状态。因此必先由等待状态变为就绪状态，再重新由调度程序来调度。

处于就绪状态与阻塞状态的进程，虽然都“暂时无法运行”，但两者有着本质上的区别。前者已做好了运行的准备，只要获得 CPU 就可以投入运行；而后者要等待某事件（比如输入/输出）完成后才能继续运行，因此即使此时把 CPU 分配给它，它也无法运行。

进程分为系统进程和用户进程。系统进程是操作系统用来管理资源的进程，系统进程之间的关系由操作系统负责；用户进程是操作系统可以独立执行的用户程序段，用户程序是操作系统的实际使用者及服务的对象，用户进程之间的关系由用户负责。

（4）进程控制块

一个进程创建后，需要有自己对应的程序以及该程序运行时所需的数据。为了管理和控制进程，系统在创建每一个进程时，都为其开辟一个专用的存储区，用以随时记录它在系统中的动态特性。系统根据该存储区的信息对进程实施控制管理，进程任务完成时，系统收回该存储区，进程也随之消亡。通常，把这一存储区称为该进程的“进程控制块”（Process Control Block，PCB）。PCB 随着进程的创建而建立，随着进程的撤销而取消。在计算机系统内部，一个进程由 3 个部分组成，即程序、数据集合以及 PCB。

为了系统管理和控制进程方便，系统常将所有进程的 PCB 存放在内存中系统表格区，并按照进程的内部标号由小到大的顺序存放。而整个系统中各进程的 PCB 集合可用数组来表示。这时进程内部标号可与数组元素的下标变量一致起来。各系统预留的 PCB 空间往往是固定的，如 UNIX 系统中规定进程数不超过 50 个。

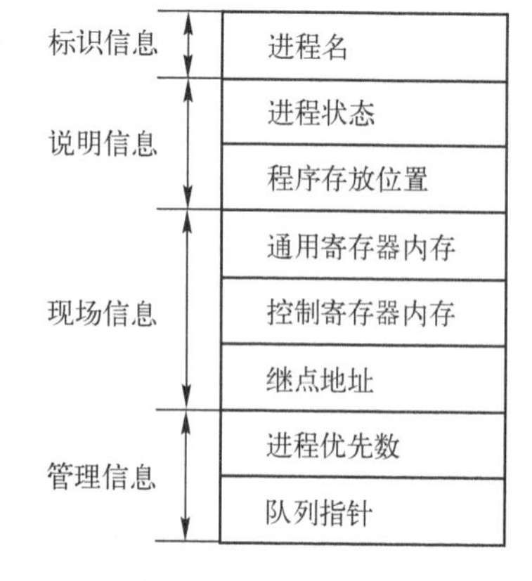

图 8-4　PCB 内容

操作系统不同，PCB 的格式、大小以及内容也不尽相同。一般地，在 PCB 中大致应包含如图 8-4 所示的 4 方面的内容。

（5）进程控制

1）原语。为了对进程控制，系统中必须设置一个机构，它具有创建进程、撤销进程、进程通信和资源管理等功能，这样的结构称为操作系统的内核（Kernel）。

内核本身并非一个进程，而是硬件的首次延伸，它是加到硬件上的第一层软件。内核是通过执行各种原语操作来实现各种控制和管理功能的。

原语(Primitive)是机器指令的延伸，是用若干条机器指令构成的，用以完成特定功能的一段程序。为保证操作的正确性，原语在执行期间是不可分割的。

在许多机器中，规定在执行原语操作时要屏蔽中断，以保证原语操作的不可分割性。

用于进程控制的原语有创建进程原语、撤销进程原语、阻塞进程原语、唤醒进程原语、调度进程运行原语和改变优先级原语等。

2）创建进程原语。一个进程如果需要时，它可以建立一个新的进程。被建立的进程称为子进程，而建立者进程称为父进程。所有的进程只能由父进程建立，不能自生自灭。

操作系统中的建立进程原语就是供进程调用，用以建立子进程使用的。该原语的主要工作是为被建立进程生成一个PCB，并填入相应的初始值。其主要操作过程是先向系统的PCB空间申请分给一个空闲的PCB，而后根据父进程所提供的参数，将子进程的PCB表目初始化，最后返回一个子进程内部名。

3）撤销进程原语。由父进程撤销子进程的PCB。注意：是撤销以该子进程为根的一棵子树，并回收进程占用的全部资源。

4）阻塞进程原语。运行状态的进程需等待某一事件发生后，才能继续运行，变为等待状态。在阻塞原语的作用下，进程的状态由运行状态变为阻塞状态。

5）唤醒进程原语。等待状态的进程，若其等待的事件已发生，变为就绪状态。在唤醒原语的作用下，进程的状态由阻塞状态变为就绪状态。

（6）进程调度算法

1）先来先服务调度算法。先来先服务调度算法的基本思想是以到达就绪队列的先后次序为标准来选择占用处理机的进程。一个进程一旦占有处理机，就一直使用下去，直至正常结束或因等待某事件的发生而让出处理机。当一个大作业先到达系统时就会使许多小作业等待很长时间，提高了平均的作业周转时间，会使许多小作业的用户不满。先来先服务算法已很少作为主要的调度策略，常被结合在其他的调度策略中使用。

2）时间片轮转调度算法。轮转法是最简单又最公平的进程调度算法，因此也是使用得最多的算法之一。

时间片轮转调度算法的基本思想是为就绪队列中的每一个进程分配一个称为“时间片”的时间段，它是允许该进程运行的时间长度。各进程以此时间片为限制，轮流使用CPU。如果时间片到时进程尚未完成运行，调度程序将剥夺它使用CPU的权利，转让给另一进程使用；如果进程在使用完它的某一时间片之前已经完成运行或已阻塞，CPU也立即转让给另一进程使用。

3）优先级调度算法。按照进程的优先级大小来调度，使高优先级进程得到优先的处理的调度策略称为优先级调度算法。优先级调度算法又可分为非抢占的优先级调度算法和可抢占的优先级调度算法。

非抢占的优先级调度算法，即一旦某个高优先级的进程占有了处理机，就一直运行下去，直到由于其自身的原因而主动让出处理机时(任务完成或等待事件)才让另一高优先级进程运行。可抢占的优先级调度算法，即任何时刻都严格按照高优先级进程在处理机上运行的原则进行进程的调度。

确定进程的优先级可从以下几个方面考虑：进程的类型(系统中有系统进程和用户进程)、进程执行任务的重要性、进程程序的性质(CPU型和I/O型的进程)、对资源的要求(给予占用CPU时间短或内存容量少的进程以较高的优先数，这样可以提高系统的吞吐量)、用户的请求(系统可以根据用户的请求，给进程很高的优先数，做“加急”处理)。

实际中，优先级算法常和轮转法结合使用，也就是按优先级将进程分组，组间采用优先级调度算法，而组内优先级相同的进程则按轮转法调度。显然，若优先级不动态地进行调整，则优先级低的就绪进程就可能不被运行。

8.4.3 进程的并发控制

（1）与并发相关的概念

1）并发：指两个以上的程序在计算机系统中运行，一个程序结束之前，另一个已经开始执行，并且次序不是事先确定的。

2）相关进程：指进程之间在逻辑上具有某种联系。例如，P_0在运行中创建了两个子进程P_1、P_2，P_1产生的输出作为P_2的输入，P_1、P_2是相关进程。此外，P_1、P_2与P_0之间存在父子关系。一般来说，属于同一进程族内的所有进程都是相关的。

无关进程是指彼此完全独立、逻辑上无任何联系的进程，但不等于互相不起作用。例如，对于两个相互之间没有交往的用户来说，其进程是无关的。

3）进程间的直接作用：指进程间相互关系是有意识安排的，不需要通过某种中介而发生相互作用。例如，进程P_1将一个消息传递给另一个进程P_2，进程P_1的某一步骤S_1需要在进程P_2的某一步骤S_2执行完毕后才能继续等。这种直接相互作用只发生在相关进程之间。

4）进程间的间接作用：指进程间需要某种中介发生联系，是无意识安排的，可以发生在相关进程之间，也可发生在不相关进程之间。例如，P_1申请某一独占型资源R_0，若此资源被P_2所占用，则P_1只好等待，当P_2释放R_0时，将P_1唤醒。

（2）与时间有关的错误

进程的“并发”使得一个进程何时占有处理机、占有处理机时间的长短、执行速度的快慢以及外界对进程何时产生作用等都带有随机性，使得一个进程对另一个进程的影响无法预测。在操作系统里，把这种由于时间因素的影响而产生的错误，称为“与时间有关的错误”。由于对共享资源的争夺，导致进程之间出现互斥关系；由于对任务的协同工作，导致进程之间出现同步关系。只有很好地解决这些关系，才能避免“与时间有关的错误”的出现。

（3）进程同步与互斥的概念

1）进程的互斥。由于各进程要求共享资源，而有些资源需要互斥的使用，因此各进程间竞争使用这些互斥资源，进程之间的这些关系称进程互斥。

进程的互斥是进程之间所发生的一种间接性相互作用，这种相互作用是进程本身不希望的，也是运行进程感觉不到的，进程互斥可能发生在相关进程之间，也可能发生在不相关进程之间。

2）进程的同步。进程的同步指系统中有些进程需要相互合作，共同完成一项任务。具体地说，一个进程运行到某一点时，要求另一伙伴进程为其提供消息，当获得消息时，该进程变为等待状态；获得消息后，被唤醒并进入就绪状态。

一组相互合作的并发进程，为了协调其推进速度，有时需要相互等待与相互唤醒，进程之间这种相互制约的关系称为进程同步。

进程同步现象仅发生在相互有逻辑关系的进程之间，这点与进程互斥不同，进程互斥现象发生在任意两个进程之间。

同步指两个事件的发生有着某种时序上的关系（先或后）。互斥指资源要排他使用，防止竞争冲突（不同时使用，无先后次序）。互斥可看作是一种特殊的同步。

（4）信号量与PV操作

1965年，荷兰人Dijkstra给出了一种解决并发进程间互斥与同步关系的通用方法。他定义了一种名为“信号量”的变量，并且规定在这种变量上只能做所谓的 P 操作和 V 操作。PV 操作不仅可以解决进程的互斥，而且更是实现进程同步的好办法。

1）信号量的概念。信号量是一个仅能由同步原语对其进行操作的整型变量。Dijkstra 将这两个同步原语命名为“P 操作”和“V 操作”。信号量取值含义如下。

- 二元信号量。允许取值为“0”与“1”，主要用作互斥信号量。
- 一般信号量。允许取值为非负整数，主要用于进程间的一般同步问题。

2）PV 操作的定义。PV 操作是对信号量进行的原语操作，Dijkstra 对这两个原语操作定义如下。

- P(S)：当信号量 S 大于 0 时，将 S 值减 1，否则进程等待，直到其他进程对 S 进行V(S)操作。
- V(S)：将信号量 S 的值加 1。

P 操作和 V 操作的执行必须是一个不可被中断的整体。信号量的物理意义：S>0 时，S 为可用资源量；S=0 时，资源正好用完；S<0 时，|S|为等待资源的队列长度，即在信号量上等待的进程数(还欠资源数)。

3）关于信号量及其 PV 操作的说明。

- 设置的信号量初值一定是一个非负的整数。由于 P 操作会在信号量的当前值上进行减 1 操作，而 V 操作会在信号量的当前值上进行加 1 操作，因此运行过程中，信号量的取值就不再受“非负”所限了。
- 定义在信号量上的 P 操作和 V 操作，都由两个不可分割的动作组成，所以信号量上的 PV 操作，实际都是原语，常采用关、开中断的办法来具体实现信号量上的 PV 操作。
- 从 P(S)的定义可以看出，调用它的进程有两个出路。如果对信号量当前值减 1 后，信号量值大于等于 0，则该进程继续运行下去，否则它就被阻塞，直到有别的进程通过做 V(S)来唤醒它。但是从 V(S)的定义可以看出，调用它的进程的状态不会改变。无论对信号量当前值加 1 后的结果如何，调用它的进程最终都是继续运行下去。
- 如果一个进程在做 P 操作后被阻塞，其含义是将进程的 PCB 排入到该信号量的等待队列中。

(5) 用 PV 操作实现互斥

假定把进程 A 程序中的临界区记为 CSa，把进程 B 程序中的临界区记为 CSb，如图 8-5a所示，则 A 程序和 B 程序不能同时执行“CSa”和“CSb”。

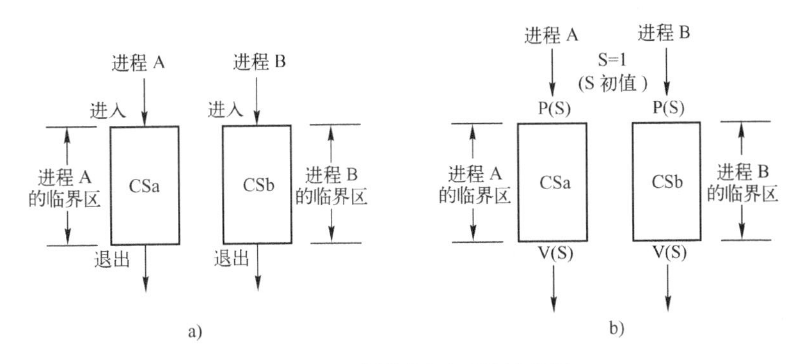

图 8-5　PV 操作用于互斥示意图

a) A、B 进程　b) 互斥操作的 A、B 进程

为了保证做到这一点，设置一个初值为 1 的信号量 S，在“CSa”和“CSb”的进入点处安排对 S 的 P 操作，在“CSa”和“CSb”的退出点处安排对 S 的 V 操作。这样，就能够确保 CSa 和 CSb 互斥地执行，如图 8-5b 所示。

现在分析为什么这样的安排就能够保证 CSa 和 CSb 的互斥执行。在图 8-5b 的情形下，这样安排 PV 操作，可以保证只有一个进程进入它的临界区。

在这种安排下，哪个进程先对信号量 S 做 P 操作，就会使 S 的值由 1 变成为 0，且它就获得了进入临界区的权利。当有一个进程在临界区内时，S 的值肯定是 0。因此，此时另一个进程想通过做 P 操作进入自己的临界区时，就会因为使 S 的值由 0 变为-1 而受到阻挡。只有等到在临界区内的那个进程退出临界区对 S 做 V 操作时，使 S 的值由-1 变为 0，才会解除阻挡，以此来保证进程间的互斥。

(6) 用 PV 操作实现同步

为了保证做到 A、B 同步(A、B 进程如图 8-6a 所示)，设置一个初值为 0 的信号量 S，在进程 A 的 X 点处(即同步点)，安排一个关于信号量 S 的 P 操作，在进程 B 的 Y 点处安排关于信号量 S 的 V 操作。这样，就能够确保进程 A 在 X 点处与进程 B 取得同步了，如图 8-6b 所示。

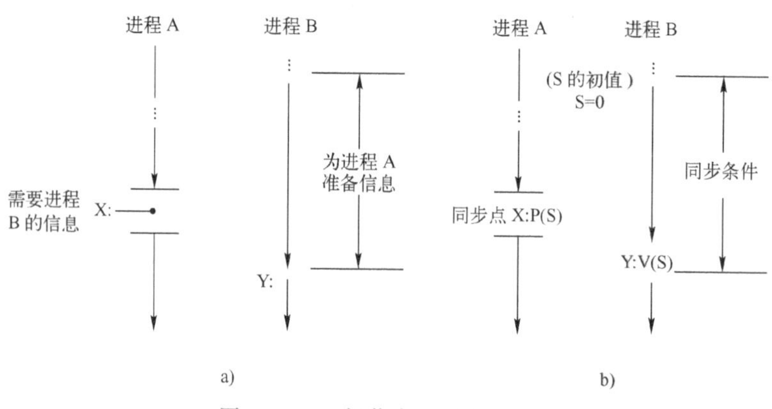

图 8-6 PV 操作实现同步示意图

a) A、B 进程 b) 同步操作的 A、B 进程

在这种安排下，如果准备同步条件的进程把信息准备好了，先在信号量上做了 V 操作(这就是告诉对方，所需要的信息已经有了)，那么要取得同步的进程就不会受到任何阻挡地通过同步点。但如果准备同步条件的进程还没有把信息准备好，那么要取得同步的进程在通过同步点时，就会受到阻挡，停下来等待对方提供信息。

(7) PV 操作使用注意事项

- PV 要成对出现。
- 互斥的信号量为公用信号量，不同进程中互斥信号量相同；同步的信号量为私用信号量，即该私用信号量属于某一个进程，则可对其进行 P 操作，而其他进程只能对其进行 V 操作。

(8) PV 操作小结

- PV 操作的作用：信号量是核心中的一个重要的数据结构；进程对信号量的操作只能是 PV 操作；PV 同其他同步机制等价。
- 优点：简单、表达能力强，可以用 PV 操作解决任何进程的同步和互斥的问题。
- 缺点：不够安全，PV 操作一定成对出现，可能出现在同一进程，也可能分散到两个进程中。同步问题：无 P 操作会出现“覆盖”、无 V 操作会出现“无限等待”；同步互斥设置多个 PV，程序会显得复杂；如 PV 操作使用不当会引起死锁。

8.4.4 进程通信

PV 操作是原语，是一种低级通信原语，用于解决进程间同步/互斥问题。无论是进程互斥，还是进程同步，进程之间都交换了信息，但交换的信息量很小，仅是一个简单的唤醒信号。

将进程互斥与进程同步称为进程之间的低级通信。此外，进程之间还可能相互交换大量的信息，将一组数据从一个进程传给另外一个进程，将进程之间大量信息的传递称为进程之间的高级通信，进程之间的低级通信和高级通信统称为进程通信。进程之间的高级通信方式有共享内存、消息机制和管道通信 3 种，下面分别介绍。

1. 共享内存

共享内存是在相互通信进程间设公共内存区，一组进程向该公共内存中写信息，另一组进程从公共内存中读信息，共享内存通信通过这种方式实现进程的信息交换。为此，系统要解决下面两个问题。

1) 公共内存的使用与管理方法。相互通信进程之间的公共内存是由操作系统分配和管理的，而公共内存的使用以及借助于公共内存实现信息在进程之间的传递则是由相互通信的进程自己来完成的。

2) 为公共内存解决同步机制。公共内存等价于共享变量，对它的访问可能需要互斥，这需要操作系统提供互斥或同步的机制，而相互通信的进程之间需要使用这种同步机制来保证对于共享变量不发生与时间有关的错误，这个工作需要由用户程序设计者来保证。

2. 消息机制

采用这种高级通信模式时，相互通信的进程之间并不存在公共的内存，操作系统为用户进程之间的通信提供了两个基本的系统调用命令(亦称两个原语)，即发送命令(Send)和接收命令(Receive)，前者用于发送信息，后者用于接收信息。

发送命令完成将一批信息发送给另一个进程，即当需要进行消息传送时发送者执行一个发送原语。接收命令是接收者用来接收一批信息的原语，具体消息传送过程由操作系统完成。

当需要进行消息传递时，发送进程仅需执行发送命令，接收进程仅需执行接收命令，消息便由发送进程传送给接收进程。

注意：通常把发送命令和接收命令称作原语，不过它们在执行中是可中断的。

3. 管道通信

管道是连接两个进程的打开的共享文件。UNIX 操作系统使用管道通信。管道通信利用外存进行通信，所以传送数据量大，但速度慢。

8.4.5 死锁

1. 死锁的概念

(1) 死锁的定义

死锁是指计算机系统中，两个或多个进程无限期地等待，永远不会发生事件的状态。一组进程中，每个进程都在等待该组中另一个进程所占有而永远得不到资源，陷入锁死状态，称为死锁，从此定义中可以看出：

- 产生死锁的相关进程个数至少有两个。
- 死锁进程整个的占有资源。
- 所有参与死锁的进程中至少有两个已经占有了资源。

(2) 死锁产生的原因

一方面，在计算机系统中有很多独享资源，在任何时刻它们只能被一个进程使用，如打印机、磁带机和文件等。另一方面，系统中的资源数是有限的，请求使用资源的进程数却可能很多，从而产生“供—需”矛盾。如果分配不当，或多个进程推进速度巧合，就会使系统中的某些进程陷入相互等待无法继续工作的地步。因此，死锁产生的原因是系统中的资源不足，进程推进的速度不合理。

系统中的资源有永久性资源和临时性资源。永久性资源是可再使用的资源，如外设等；临时性资源是消耗性资源，如信号等。引起死锁的资源可以是任意资源。

2. 产生死锁的必要条件

产生死锁的必要条件如下。

（1）互斥使用（资源独占）

每一个资源只能给一个进程使用，如果某一个进程请求资源，该资源被另外进程占有，则申请者等待，直到释放。

（2）非剥夺式分配（不可抢占）

资源的请求不能强行从资源占有者剥夺，资源只能由占有者使用完后自愿释放。

（3）保持并申请（部分申请）

进程每次只申请最大需求量的一部分，即申请新资源同时，保持对某些资源的占有。

（4）循环等待

存在进程等待序列$\{p_1 p_2 \cdots p_n\}$，p_1 等待 p_2 占有的资源，p_2 等待 p_3 占有的资源，…，最后 p_n 等待 p_1 占有的资源。

3. 解决死锁的两种方法

（1）不让死锁发生

不让死锁发生有两种方法：一是静态的死锁预防，对进程申请资源加以限制，不让死锁发生；二是动态的死锁避免，进程在申请资源时，系统审查是否产生死锁，若会产生死锁则不分配。

（2）让死锁发生

不采取预防措施，让死锁发生，然后检测与解除死锁。

4. 死锁的预防

所谓“死锁的预防”是指采用某种策略，限制进程对资源的申请，从而使产生死锁的必要条件被破坏，使系统不进入死锁状态，只要破坏死锁的 4 个必要条件之一，则死锁不会出现。

（1）静态分配

只要系统对进程实行一次性分配的方案，就可以破坏“保持并申请条件”。也就是说，一个进程运行前提出总的资源需求，系统要么分配给它所需要的全部资源，要么一个也不给它。如果一个进程提出资源请求时，它所需要的资源中有几个正在被别的进程使用，那么它得不到任何资源，只有被阻塞等待。既然系统中每个进程都能得到它所需要的全部资源，那么系统中的每个进程都能够运行到结束。死锁在这种系统中绝对不会出现。

（2）按序分配

破坏“循环等待条件”。为了破坏这个条件，常采用的办法是将系统中的所有资源进行统一编号，进程按编号的顺序，由小到大提出对资源使用的申请。这样做就能保证系统不出现死锁。

（3）剥夺式分配

资源使用的“非剥夺”性是指已经分配给进程的资源，即使暂时不用，别的进程也不能强行夺取。要破坏它，唯一的办法就是允许别的进程从占用进程手中强抢所占用的资源。这种办法显然对有些资源不适用，可能会造成混乱。

5. 死锁的解除

检测出死锁，就要将其消除，使系统得以恢复。死锁的解除方法如下。

（1）撤销进程

最为简单的解决办法是撤销死锁环中的一个或若干个进程，释放它们占用的资源，使其他进程能够继续运行下去。这种方法要计算撤销代价。

(2) 剥夺资源

第2种可取的方法是临时把某个资源从它的占用者手中剥夺下来，给另一个进程使用。可用挂起与解除挂起实现。

(3) 设置检查点

再有一种较为复杂的方法是定时把各个进程的执行情况记录在案，一旦检测到死锁发生，就可以按照这些记录的文件进行回退，让损失减到最小。

8.5 存储管理

计算机系统中的存储器可以分为两种：内存储器和辅助存储器。前者可被CPU直接访问，后者不能。辅助存储器与CPU之间只能够在输入/输出控制系统的管理下，进行信息交换。

8.5.1 存储管理概述

(1) 操作系统空间和用户程序空间

CPU能直接访问的是主存储器。任何程序和数据必须被装入主存储器之后，中央处理器才能对它们进行操作，因而一个作业必须把它的程序和数据存放在主存储器中才能运行，而且操作系统(OS)本身也要存放在主存储器中并运行。主存储空间的划分如图8-7所示。存储管理主要是对内存中的用户区域进行管理。

在多道程序设计环境下，内存中同时放入多道程序，操作系统要提供保护机构管理、保护这些程序和数据，使它们不至于受到破坏、不互相影响和出现冲突。主存储器以及与存储器管理有关的硬件机构是支持操作系统运行的硬件环境的一个重要方面。

为能更多地存放并更快地处理用户信息，目前许多计算机把存储器分为3级。存储器的3级结构如图8-8所示。用户的程序在运行时应存放在内存中，以便处理机访问。但是由于内存容量有限，所以把那些暂时不用的程序、数据放在外部存储器(又称次级存储)中，当用到时再把它们读入主存。

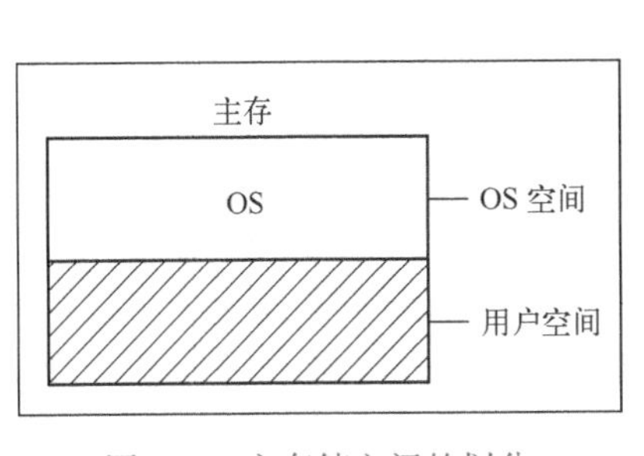

图8-7　主存储空间的划分

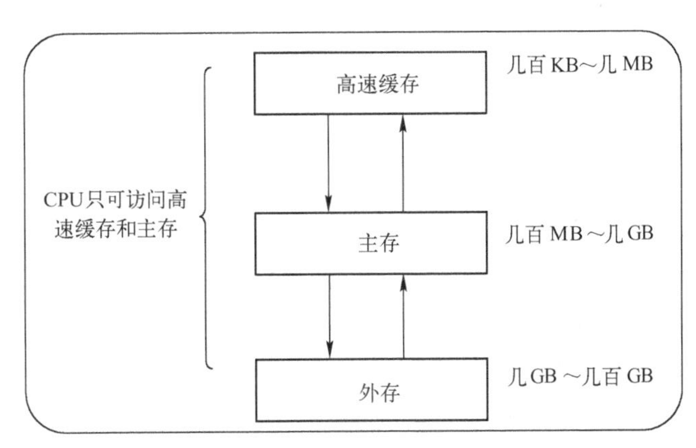

图8-8　存储器的3级结构

(2) 存储管理的功能

引入了多道程序设计技术，在内存中同时存放多个进程，这些进程在内存的位置或是预先不知道，或是变化的，增加了存储管理的难度。存储管理的任务是充分利用内存，为多道程序设计提供基础，可自动装入程序，提供虚拟存储，程序长度可动态调整，内存存取速度快，可实现存储共享、保护与安全，内存空间利用率高等。

8.5.2 地址重定位

1. 绝对地址

绝对地址是主存的真实地址——物理地址，它是存储控制部件能够识别的主存单元编号（或字节地址）。绝对地址的集合称为存储空间或物理地址空间。

2. 相对地址

相对地址又称逻辑地址，是指相对于某个基准量（通常用0）编址时所使用的地址，用户程序编写和编译过程中使用相对地址。

由程序员所写符号名组成名空间，一个目标程序所限定的地址集合为地址空间。名空间、地址空间和存储空间的关系如图8-9所示。

3. 地址转换

程序执行时，必须将地址转换为绝对地址才可访问系统分配的内存空间。从图8-10中可很清楚地看出，用户程序指令中出现的都是相对地址，即都是相对于"0"的地址。当把这个程序装入内存后，如果不将其指令中的地址进行调整，以反映当前所在的存储位置，那么执行时势必会引起混乱。解决这个问题的方法是对装入内存的程序进行重定位。

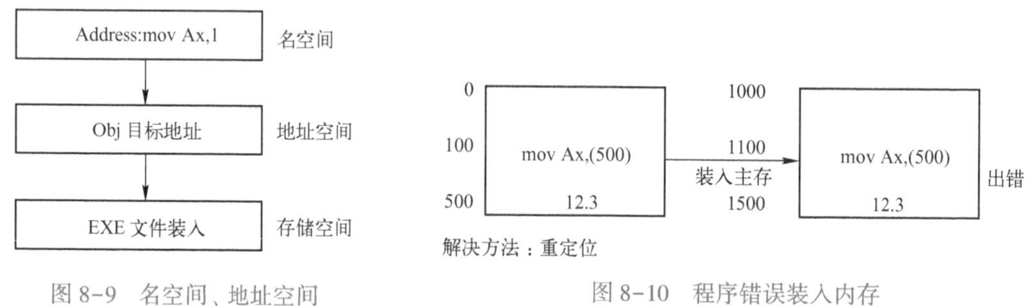

图8-9 名空间、地址空间和存储空间的关系

图8-10 程序错误装入内存

在操作系统中，把用户程序指令中的相对地址转换为所在绝对地址空间中的绝对地址的过程，称为"地址重定位"。地址重定位实现了逻辑地址到物理地址的转换，按重定位时机分为静态重定位和动态重定位。

（1）地址的静态重定位

如果在程序运行之前就为用户程序实行了地址重定位的工作，那么称这种地址重定位为地址的"静态重定位"。一般，静态重定位工作是由操作系统中的重定位装入程序来完成的。用户把自己的作业链接装配成一个相对于"0"编址的目标程序，它就是重定位装入程序的输入，即加工对象。重定位装入程序根据当前内存的分配情况，按照分配区域的起始地址逐一调整目标程序指令中的地址部分。于是，目标程序在经过重定位装入程序加工之后，不仅进入到分配给自己的绝对地址空间中，而且程序指令里的地址部分全部进行了修正，反映出了自己正确的存储位置，从而保证程序的正确运行。图8-11是地址的静态重定位过程，图中"10"代表2的二进制编码。

静态地址重定位的特点是在装入时实现调整，地址要有标识，每次装入时都要定位，装入后地址不再改变（静态）。

（2）地址的动态重定位

在执行寻址时重定位，即访问地址时通过地址变换机构改变为内存地址，那么称这种地址重定位为地址的“动态重定位”。动态重定位的过程如图 8-12 所示。从图中可以看出，用户程序原封不动装入内存，运行时再完成地址的定位工作。动态重定位需要硬件的支持，即系统中要配备定位寄存器和加法器。

动态地址映射的特点是可装入任意内存区域(不要求占用一个连续的内存区)，只装入部分程序代码即可运行，改变系统时不需要改程序(程序占用的内存空间动态可变，主程序从某一个存储区域移动时，只需修改定位存存器的值)，程序可方便共享。

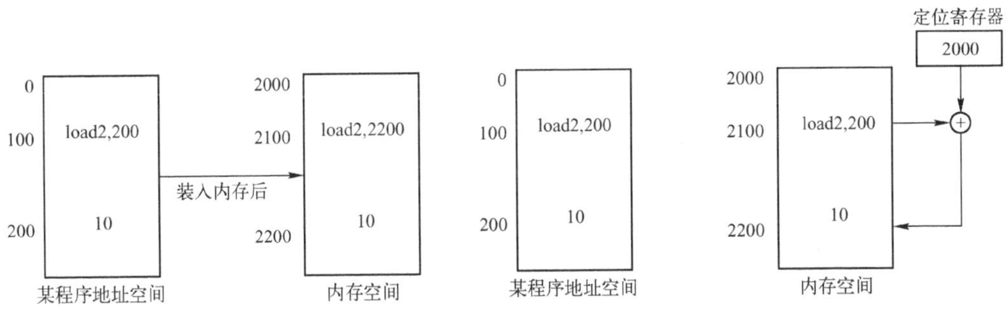

图 8-11　地址的静态重定位　　图 8-12　地址的动态重定位

8.5.3　实存储器管理技术

主存储器管理技术可分为实存储器管理和虚拟存储器管理两大类。在程序运行之前将全部程序和数据都装入内存，这种存储器管理技术称为实存储器管理。在程序运行之前只将部分程序和数据装入内存，根据运行的需要再装入其他程序和数据，这种存储器管理技术称为虚拟存储器管理。分区存储管理、分页存储管理、覆盖与交换技术均可用于实存储器管理，下面简单介绍实存储器管理技术中的可变分区存储管理和分页存储管理。

(1) 可变分区存储管理

可变分区存储管理的基本思想是在作业要求装入内存储器时，如果当时内存储器中有足够的存储空间满足该作业的需求，那么就划分出一个与作业相对地址空间同样大小的分区分配给它。可变分区存储管理中地址实行动态重定位。

图 8-13 是可变分区存储管理示意图。图 8-13a 是系统维持的后备作业队列，作业 A 需要内存 15 KB，作业 B 需要 20 KB，作业 C 需要 10 KB；图 8-13b 表示系统初启时的情形，整个系统里因为没有作业运行，因此用户区就是一个空闲分区；图 8-13c 表示将作业 A 装入内存时，为它划分了一个分区，大小为 15 KB，此时的用户区被分为两个分区，一个是已经分配的，一个是空闲区；图 8-13d 表示将作业 B 装入内存时，为它划分了一个分区，大小为 20 KB，此时的用户区被分为 3 个分区；图 8-13e 是将作业 C 装入内存时，为它划分了一个分区，大小为 10 KB，此时的用户区被分为 4 个分区。

由此可见，可变分区存储管理中的“可变”也有两层含义：一是分区的数目随进入作业的多少可变；二是分区的边界划分随作业的需求可变。

采用可变分区方式管理内存储器时，内存中有两类性质的分区：一类是已经分配给用户使用的“已分配区”；另一类是可以分配给用户使用的“空闲区”。随着时间的推移，它们的数目在不断地变化。在可变分区存储管理中，常用的分区分配算法有最先适应算法、最佳适应算法以及最坏适应算法，下面分别介绍它们的含义。

1) 最先适应算法。最先适应算法总是把最先找到的、满足存储需求、地址最小的那个空闲

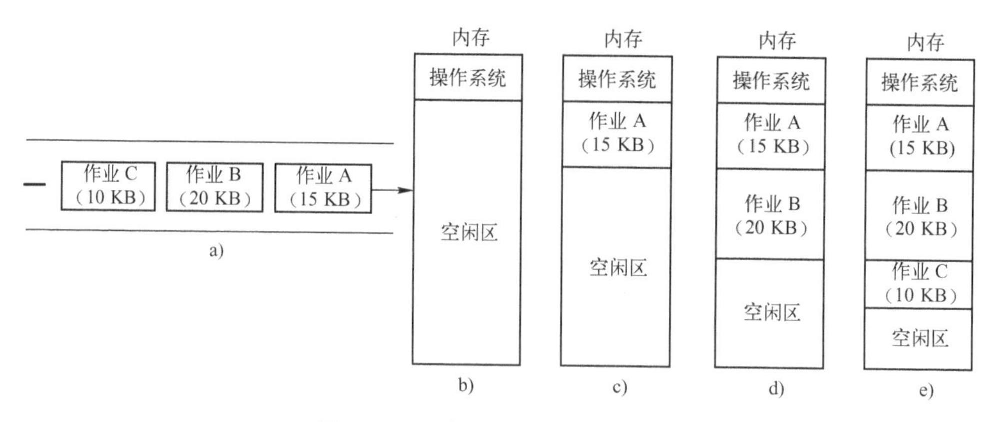

图 8-13　可变分区存储管理示意图

分区作为分配的对象。这种方案的出发点是尽量减少查找时间，它实现简单，可保证高地址端有大的空闲分区，保证大作业的执行。

2）最佳适应算法。最佳适应算法总是从当前所有空闲区中找出一个能够满足存储需求的、最小的空闲分区作为分配的对象。这种方案的出发点是尽可能地不把大的空闲区分割成为小的分区，以保证大作业的需要。该算法实现起来比较费时、麻烦。

3）最坏适应算法。最坏适应算法总是从当前所有空闲区中找出一个能够满足存储需求的、最大的空闲分区作为分配的对象。可以看出，这种方案的出发点是照顾中、小作业的需求。

由于实施可变分区存储管理时，分区的划分是按照进入作业的尺寸进行的，因此在每个分区里不会出现内部碎片。这就是说，可变分区存储管理消灭了内部碎片，不会出现内部碎片而引起的存储浪费现象。但是，为了克服内部碎片而提出的可变分区存储管理模式，却引发了很多新的问题，只有很好地解决这些问题，可变分区存储管理才能真正得以实现。

因可变分区存储管理中实行地址的动态重定位，用户程序就不会被“钉死”在分配给自己的存储分区中。必要时，它可以在内存中移动，为空闲区的合并带来了便利。

可变分区存储管理的优点如下。

- 算法简单、实现容易、内存额外开销小、存储保护措施简单。
- 支持多道程序设计，整个系统的工作效率提高（与固定分区相比）。

可变分区存储管理的缺点如下。

- 存在外部碎片，造成内存储器资源的浪费，合并要花费大量时间。
- 若用户作业的相对地址空间比用户区大，那么该作业就无法运行，即大作业无法在小内存上运行。

（2）分页存储管理

可变分区存储管理按照作业对存储的需求量进行分区的划分，因此它不出现内部碎片。但由此会招致某些分区过小而无法满足作业存储请求的情形，从而产生外部碎片。解决外部碎片的方法是通过移动作业对空闲分区进行合并，这不仅不方便，还增加了系统的开销。

之所以要移动内存中的作业，主要是因为用户作业必须被装入一个连续的存储区域才能正确运行。若不移动，就没有大的连续分区分配给用户作业使用。如果可把用户作业分散地装入到几个不连续的分区里，并保证它得到正确的运行结果，那就无须去移动内存中的作业了。分页式存储管理正是打破了这种“连续”的禁锢，把对存储器的管理大大向前推进了一步。

分页式存储管理是将固定式分区方法与动态重定位技术结合在一起提出的一种存储管理方案，它需要硬件的支持。其基本思想如下。

1）等分内存。把整个内存储器划分成大小相等的许多分区，每个分区称为“块”（这表明它具有固定分区的管理思想，只是这里的分区是定长的）。比如把内存储器划分 n 个分区，编号为 0，1，2，…，n-1。在分页式存储管理中，块是存储分配的单位。

2）等分逻辑地址空间。用户作业仍然相对于“0”进行编址，形成一个连续的相对地址空间，操作系统按照内存块的尺寸对该空间进行划分。用户程序相对地址空间中的每一个分区被称为“页”，编号从 0 开始，第 0 页，第 1 页，第 2 页，…。

用户相对地址空间中的每一个相对地址，都可以用（页号，页内位移）来表示，（页号，页内位移）与相对地址是一一对应的。为了加快一维地址到二维地址的转换速度，一般页的大小采用 2^n。

3）建立页表。有了上述准备，如果能够解决作业原样装入不连续存储块后也能正常运行的问题，那么分配存储块是很容易的事情（分配哪一块都可以）。系统为了知道一个作业的某一页存放在内存中的哪一块中，就需要建立起它的页、块对应关系表。在操作系统中，把这张表称为“页表”。页表给出逻辑页号和具体内存块号的对应关系，页表放在内存。由于页表的入口位置即隐含着页号，因而页号可以省略。页表结构见表 8-1。

表 8-1　页表结构

页　　号	物理块号

将一维逻辑地址转为二维逻辑地址（页号，页内位移）的方法：

页号=相对地址/块尺寸（注：这里的“/”运算符表示整除）
页内位移=相对地址%块尺寸（注：这里的“%”运算符表示求余）。

二维逻辑地址（页号，页内位移）转为物理地址的方法：查页表，找到该页的物理块号，与页内位移拼出物理地址即（物理块号，页内位移）。

在分页式存储管理中，用户程序是原封不动地进入各个内存块的。指令中相对地址的重定位工作，是在指令执行时进行，因此属于动态重定位。

4）硬件支持。分页存储管理的实现需要硬件的支持，硬件要提供页表始址寄存器（Pb）和页表长度寄存器（Pl）。页表始址寄存器保存了正在运行进程页表首地址。页表长度寄存器保存了正在运行进程页表的长度。

分页存储管理的优点是作业可不连续存放，解决了碎片问题，有利于组织多道程序运行。分页存储管理的缺点是有内部碎片，页的划分没有考虑程序的逻辑结构，所以不利于共享。

8.5.4　虚拟存储管理技术

1. 虚拟存储器的概念

前面所介绍的各种存储管理方案都要求把作业“一次全部装入”，这就带来了一个很大的问题：如果有一个作业太大，以至于内存都容纳不下它，那么这个作业就无法投入运行。

在一段时间内，一个程序的执行往往呈现高度的局部性，装入部分信息后程序就能够运行，作业就可以不受内存储器容量的限制了，作业的相对地址空间可以比内存储器大很多，即作业提交给系统时，首先进入辅存。运行时，只将其有关部分信息装入内存，大部分仍保存在辅存中。当运行过程中需要用到不在内存的信息时，再把它们调入，以保证程序的正常运行。

由外存和内存有机结合在一起，向用户提供一个其认为有的、但实际上不存在的“大”容量的“内存”，称为虚拟存储器。虚拟存储器实际上是一个将内存、外存有机结合，容量接近外存，速度接近内存的存储器。

可以看出，虚拟存储器是一种扩大内存容量的设计技术，它把辅助存储器作为计算机内存储器的后援。存储管理技术中，只有页式、段式和段页式存储管理可用于虚拟存储管理。下面主要介绍虚拟页式存储管理。

2. 虚拟页式(请求分页式)存储管理

(1) 虚拟页式存储管理的基本思想

虚拟页式存储管理是基于分页式存储管理的一种虚拟存储器。它与分页式存储管理相同的是先把内存空间划分成尺寸相同、位置固定的块，然后按照内存块的大小，把作业的虚拟地址空间(就是前面讲的相对地址空间)划分成页(注意，这个划分过程对于用户是透明的)。由于页的尺寸与块一样，因此虚拟地址空间中的一页，可以装入到内存中的任何一块中。

它与分页式存储管理不同的是：作业全部进入辅助存储器，运行时并不把整个作业程序一起都装入到内存，而是只装入目前要用的若干页，其他页仍然保存在辅助存储器里。运行过程中，虚拟地址被转换成(页号，页内位移)。根据页号查页表，如果该页已经在内存，就有具体的块号与之对应，运行就能够进行下去；如果该页不在内存，就没有具体的块号与之对应，表明为"缺页"，运行就无法继续下去，此时就要根据该页号把它从辅助存储器调入内存。所谓"请求分页式"，即是指当程序运行中需要某一页时，再把它从辅助存储器里调入内存使用的意思。

根据请求分页式存储管理的基本思想可以看出，用户作业的虚拟地址空间可以很大，它不受内存尺寸的约束。例如，某计算机的内存储器容量为 32 KB，系统将其划分成 32 个 1 KB 大小的块。该机的地址结构长度为 21，即整个虚拟存储器最大可以有 2 MB 空间，是内存的 64 倍。图 8-14a 给出了虚拟地址的结构，从中可以看出，当每页为 1 KB 时，虚拟存储器最多可以有 2048 页。这么大的虚拟空间当然无法整个装入内存。图 8-14b 表示把虚拟地址空间放在辅助存储器中，运行时只把少数几页装入内存块中。

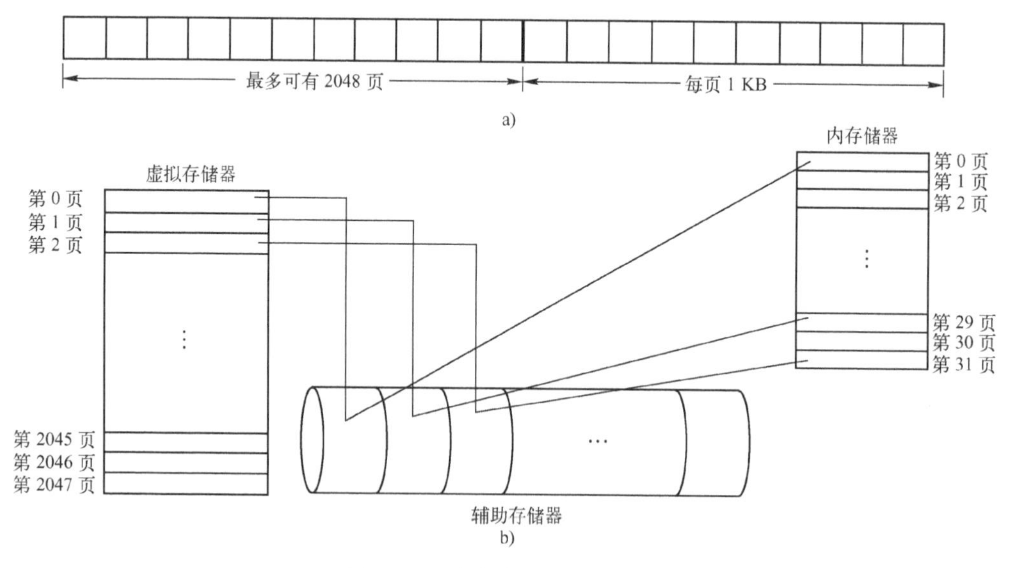

图 8-14 请求分页式存储管理

a) 虚拟地址的结构 b) 把虚拟地址空间放在辅助存储器中

(2) 页表表目的扩充

在请求分页式存储管理中，是通过页表表目项中的"缺页中断位"来判断所需要的页是否在内存的。这时的页表表项内容大致如图 8-15 所示。

其中，页号表示虚拟地址空间中的页号，块号表示该页所占用的内存块号。缺页中断位为“1”，表示此页已在内存。缺页中断位为“0”，表示该页不在内存。当此位为“0”时，会发出“缺页”中断信号，以求得系统的处理。辅存地址表示该页内容存放在辅助存储器的地址，缺页时，缺页中断处理程序就会根据它的指点，把所需要的页调入内存。引用位表示在系统规定的时间间隔内，该页是否被引用过的标志(该位在页面淘汰算法中将会用到)。改变位为“0”时，表示此页面在内存时数据未被修改过；改变位为“1”时，表示被修改过，当此页面被选中为淘汰对象时，根据此位的取值来确定是否要将该页的内容进行磁盘回写操作。

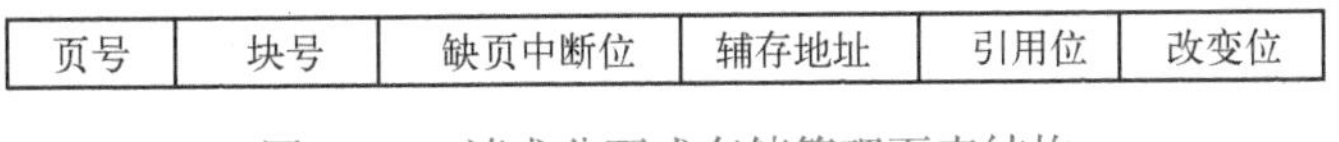

页号	块号	缺页中断位	辅存地址	引用位	改变位

图 8-15 请求分页式存储管理页表结构

(3) 缺页中断的处理

图 8-16 是用数字标出了缺页中断的处理过程。

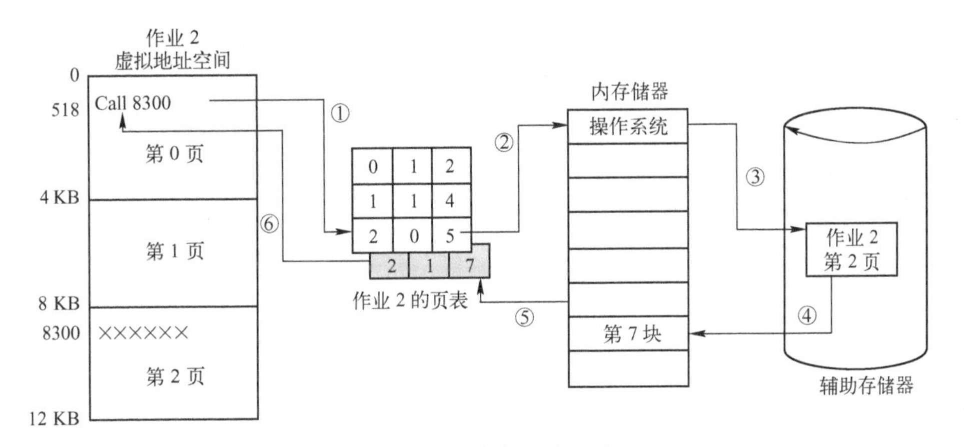

图 8-16 缺页中断的处理过程

1) 根据当前执行指令中的虚拟地址形成(页号，页内位移)。用页号去查页表，判断该页是否在内存储器中。

2) 若该页的 R 位(缺页中断位)为“0”，表示当前该页不在内存，于是产生缺页中断，让操作系统的中断处理程序进行中断处理。

3) 中断处理程序去查存储分块表，寻找一个空闲的内存块；查页表，得到该页在辅助存储器上的位置，并启动磁盘读信息。

4) 把从磁盘上读出的信息装入到分配的内存块中。

5) 根据分配存储块的信息，修改页表中相应的表目内容，即将表目中的 R 位设置成为“1”，表示该页已在内存中，在 B 位填入所分配的块号。另外，还要修改存储分块表里相应表目的状态。

6) 由于产生缺页中断的那条指令并没有执行，所以在完成所需页面的装入工作后，应该返回原指令重新执行。这时再执行时，由于所需页面已在内存，因此可以顺利执行下去。

由上面的讲述可以看出，缺页中断与一般中断的区别如下。

- 缺页中断是在执行一条指令中间时产生的中断，并立即转去处理。而一般中断则是在一条指令执行完毕后，当发现有中断请求时才去响应和处理。
- 缺页中断处理完成后，仍返回到原指令去重新执行，因为那条指令并未执行。而一般中断则是返回到下一条指令去执行，因为上一条指令已经执行完毕了。

(4) 调页方式

调页方式有请调和预调两种，以请调为主，辅以预调。

请调是发生缺页中断请求调入此页，当缺页中断发生时，用户程序被中断，控制转到操作系统的调页程序，由调页程序把所需的页面从磁盘调入内存的某块中，并把页表中该页面登记项中的中断位由0改为1，填入实际块号，随后继续执行被中断的程序，这一页面是根据请求而装入的，因而称为请调。

预调是作业最初被调度投入运行时，通常是预先将相应的第1页装入主存，而所需的其他各页将按请求顺序装入，这样就可以不必装入不需要的信息，使主存的利用率进一步提高。

(5) 页面淘汰算法

发生缺页时，就要从辅存上把所需要的页面调入到内存。如果当时内存中有空闲块，那么页面的调入问题就解决了；如果当时内存中已经没有空闲块可供分配使用，那么就必须在内存中选择一页，然后把它调出内存，以便为即将调入的页面让出块空间。这就是所谓的“页面淘汰”问题。

页面淘汰首先要研究的是选择谁作为被淘汰的对象。虽然可以简单地随机选择一个内存中的页面淘汰出去，但显然选择将来不常使用的页面出去，可能会使系统的性能更好一些。因为如果淘汰一个经常要使用的页面，那么由于很快又要用到它，需要把它再一次调入，从而增加了系统在处理缺页中断与页面调出/调入上的开销。选择淘汰对象有很多种方法，常见的有“先进先出页面淘汰算法”“最久未使用页面淘汰算法”“最少使用页面淘汰算法”以及“最优页面淘汰算法”等。

8.6 文件管理

前面几节分别介绍了处理机管理和存储管理，它们涉及的管理对象都是计算机系统中的硬件资源，即CPU和内存。计算机系统中还有一类资源，即软件资源，对它们的管理要由操作系统中的“文件管理”来完成。

8.6.1 文件系统概述

目前，用户总是把长期要保存的或暂时要保存的大量信息，组织成文件的形式存放在辅助存储器中，成为计算机系统中的软件资源。用户不愿意考虑自己的文件以什么方式存放在辅存中(顺序式、链接式还是索引式)，不愿意过问自己的文件具体存放在辅存的什么地方，也不愿意计算自己的文件需要占用多大的辅存空间。用户只希望能够通过文件的名称找到所需要的文件，完成对它的操作。也就是说，用户希望的是能够“按名存取”。

所谓“文件”，是指具有完整逻辑意义的一组相关信息的集合。它是一种在磁盘上保存信息而且能方便以后读取的方法。文件用符号名加以标识，这个符号名就被称为“文件名”。

一个文件的文件名是在创建该文件时给出的。对文件的具体命名规则，在各个操作系统中不尽相同。通常，允许文件名中出现数字和某些特殊的字符，但要依系统而定。

所谓“文件系统”是指与文件管理有关的那部分软件、被管理的文件以及管理所需要的数据结构(如目录、索引表等)的总体。

8.6.2 文件的结构

所谓“文件的结构”是指以什么样的形式去组织一个文件。用户总是从使用的角度出发去组织文件，而系统则总是从存储的角度出发去组织文件，因此文件有两种结构。从用户使用角度组织的文件，被称为文件的“逻辑结构”；从系统存储角度组织的文件，被称为文件的“物理结构”。文件系统的主要功能之一就是在文件的逻辑结构与相应的物理结构之间建立起一种映射关系，并实现两者之间的转换。下面分别介绍文件的逻辑结构和物理结构。

1. 文件的逻辑结构

用户是从如何使用方便的角度去组织自己的文件的。这样组织出来的文件，就称为文件的逻辑结构。一个文件的逻辑结构，就是该文件在用户面前呈现的结构形式。

如上面文件的分类所述，按照文件的逻辑结构分类，可以把文件分为流式文件和记录式文件两种。这就是说，文件的逻辑结构有流式结构和记录式结构两种。

（1）无结构的流式文件

如果把文件视为有序的字符集合，在其内部不再对信息进行组织划分，那么这种文件的逻辑结构被称为“流式文件”。文件的长度即为所含字符数，流式文件不分记录，而是直接由一连串信息组成。

如图 8-17a 所示，流式文件以字符为操作对象，它是按信息的个数或以特殊字符为界进行存取的，适用于进行字符流的正文处理。UNIX 操作系统总是以流式结构作为文件的逻辑结构。

流式文件的优点：一是在空间利用上比较省，没有额外的说明和控制信息；二是对于慢速设备传输的信息，采用流式文件也是一种最便利的存储形式，由于它们只能顺序存放，并且以连续字符形式传输信息，所以系统只要把字符流中的字符依次映像为逻辑文件中的元素就可以建立逻辑文件和物理文件之间的联系，从而可以把这些设备看成用户观点下的文件。

（2）有结构的记录式文件

如果用户把文件信息划分成一个个记录，存取时以记录为单位进行，那么这种文件的逻辑结构称为“记录式文件”，如图 8-17b 所示。

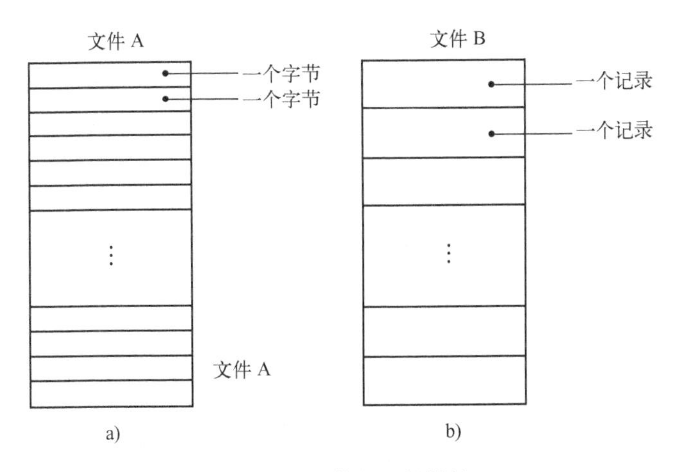

图 8-17　文件的逻辑结构

a）无结构的流式文件　b）有结构的记录式文件

在这种文件中，用户为每个记录顺序编号，称为“记录号”。记录号一般从 0 开始，因此有记录 0，记录 1，记录 2，…，记录 n。出现在用户文件中的记录称为“逻辑记录”。每个记录由若干个数据项组成。在记录式文件中，总要有一个数据项能够唯一地标识记录，以便对记录加以区分。文件中的这种数据项被称为主关键字或主键。记录中的其他项被称为次关键字或次键。利用次键去查找记录，可以对文件中的记录进行分类。

记录式文件分为变长记录和定长记录两种。

记录式的有结构文件可把文件中的记录按各种不同的方式排列，构成不同的逻辑结构，以方便用户对文件中的记录进行修改、追加、查找和管理等操作。

2. 文件的物理结构

文件在辅存上可以有 3 种不同的存放方式，即连续存放、链接存放以及索引表存放。对应地，文件就有 3 种物理结构，分别称为文件的顺序结构、链接结构和索引结构，也称为连续文件、串联文件和索引文件。

(1) 连续存放——连续文件

用户总是把自己的文件信息看作是连续的。把这种逻辑上连续的文件信息依次存放到辅存连续的物理块中，所涉及的这些物理块，就是这个用户文件的物理结构。由于这些物理块是连续的，所以这个文件的物理结构被称为顺序结构或连续文件。对于这种顺序结构文件，用户应给出文件的最大长度，以便在建立文件时为其分配足够大的外存空间。

顺序结构是分配辅存上的连续物理块来存储文件，是存储文件最为简单的实现方案。可支持顺序存取和随机存取，存取速度较快。

不过它有 3 个不足之处：一是必须预先知道文件的最大长度，否则操作系统就无法确定要为它开辟多少磁盘空间；二是如同存储管理中所述，这样会造成磁盘碎片，因为有一些小的磁盘块连续区满足不了用户作业的存储需求，因此也就分配不出去；三是文件不能动态增长。

顺序结构适用于只读的输入文件和只写的输出文件，不允许中间部分修改。

(2) 链接存放——串联文件

如果把逻辑上连续的用户文件信息存放到辅存的不连续物理块中，并在每一块中包含一个指针，指向与它链接的下一块所在的位置，最后一块的指针放上“-1”，表示文件的结束，那么这时所涉及的物理块就是这个用户文件的物理结构。由于这些物理块是不连续的，逻辑文件信息的连续性就要通过这些块中的指针表现出来，因此把这个文件的物理结构称为链接结构或串联文件。

采用链接结构来存储文件，最大的好处是能够利用每一个存储块，不会因为磁盘碎片而浪费存储空间。消除了顺序结构中必须分给文件若干连续物理块的缺点，易于对文件作动态扩充、删除。

链接结构要实现，使用的指针要占去一些字节，每个磁盘块存储数据的字节数不再是 2 的幂，从而降低了系统的运行效率；文件的各记录分散、查询时间慢、不能随机存取；链接结构的可靠性无法保证。

(3) 索引表存放——索引文件

如果把逻辑上连续的用户文件信息存放到辅存的不连续物理块中，系统为每个文件建立一张索引表，表中按照逻辑记录存放的物理块顺序记录了这些物理块号，那么此时所涉及的物理块，就是这个用户文件的物理结构。由于这些物理块是不连续的，逻辑文件信息的连续性是通过索引表中记录的物理块的块号反映出来，因此把这个文件的物理结构称为索引结构或索引文件。

索引表的作用类似页式存储管理中的页表。通过逻辑记录号，可以知道它应该属于的逻辑块号；由逻辑块号，去查索引表，就知道此逻辑块的物理块号；于是，就能够找到该记录在辅存的真正存放位置了。

用户可以为每个文件建立自己的索引表，也可以为整个磁盘建立一张统一的索引表，称为“存储块索引表”。该表的表目个数与磁盘中的总块数相同，它以磁盘块的块号为索引，在每个表目中填写文件块的指针。若索引较多，还可建立多级索引结构。

文件的索引结构实际上就是把链接结构中的指针取出来集中存放在一起，这样它既能够完全利用每一个存储块的最大存储量，又保持物理块为 2 的幂，从而克服了链接结构在这方面的缺点；这种形式组织的文件，即可按索引进行顺序地访问，也可按关键字进行直接(随机地)访问某个记录。

索引结构的缺点是索引占空间，文件的各记录分散、查询时间慢。

3. 文件的存取方式

存取方式可以作为文件的分类依据。用户在访问文件时，常采用顺序存取和随机存取(也称直接存取)两种方式。

(1) 顺序存取

顺序存取即按照文件记录的排列次序一个接一个地存取。为了存取第 i 个记录，必须先通过记录 1 到记录 i-1。

由于磁带机的物理特性，文件只能采用顺序结构在其上存放，也只能采用顺序存取的方式对文件进行访问。对于磁盘，文件可以采用顺序结构、链接结构和索引表结构在其上存放。

(2) 随机存取

随机存取即可以任何次序存取文件中的记录，无须先涉及它前面的记录。这种存取方式对很多应用程序是必须具有的，如数据库系统。如果乘客打电话预订某个航班的机票，订票程序必须能根据用户给出的航班，直接存取该航班的记录，而不必先读出在它前面的各个航班记录。

表 8-2 给出了存储设备、存储结构及存取方式之间的关系。

表 8-2　存储设备、存储结构及存取方式之间的关系

存储设备	磁　盘			磁　带
存储结构	连续文件	串联文件	索引文件	连续文件
存取方式	顺序，随机	顺序	顺序，随机	顺序

8.6.3　文件目录

(1) 文件目录的组成

对于文件，操作系统仍然用“控制块”来管理，即为每一个文件开辟一个存储区，在它里面记录着该文件的有关信息，该存储区称为“文件控制块”(FCB)。找到一个文件的 FCB，也就得到了这个文件的有关信息，就能够对它进行所需要的操作了。

随系统的不同，一个文件的 FCB 中所包含的内容及大小也不一样。一般，FCB 中包含的内容有文件名称、文件在辅存中存放的物理位置、文件的逻辑结构、文件的物理结构、文件的存取控制信息和文件管理信息等。

把文件的 FCB 汇集在一起，就形成了系统的文件目录，每个 FCB 就是一个目录项，其中包含了该文件名、文件属性以及文件的数据在磁盘上的地址等信息。用户在使用某个文件时，就是通过文件名去查所需要的文件目录项，从而获得文件的有关信息的。如果系统中的文件很多，那么文件的目录项就会很多，因此一般把文件目录视为一个文件，并以“目录文件”的形式存放在磁盘上。

(2) 文件树形目录结构

树形目录结构即目录的层次结构。在这种结构中，它允许每个用户可以拥有多个自己的目录，即在用户目录的下面，可以再分子目录，子目录的下面还可以有子目录。如图8-18所示，用户 C 的子目录就有 3 层(注意: 在图中, 只是用字母表示文件或目录的所有者, 并没有给它们分别取名字)。

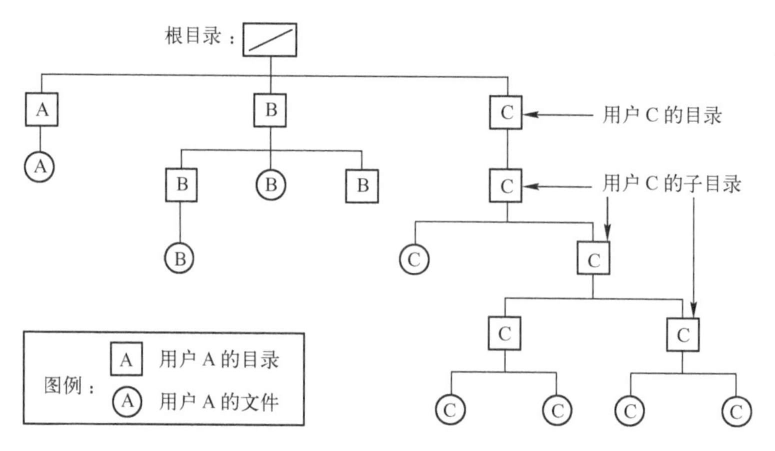

图 8-18　树形目录结构

在这棵倒置的树中, 第 1 层为根目录, 第 2 层为用户目录, 再往下是用户的子目录。另外, 每一层目录中, 既可以有子目录的目录项, 也可以有具体文件的目录项。利用这种目录结构, 用户可以按照需要, 组织起自己的目录层次, 既灵活, 又方便。

树形目录结构的优点是解决了不同用户对文件的命名冲突、检索速度快、信息可分类存储。

在用树形结构组织文件系统时, 为了能够明确地指定文件, 不仅文件要有文件名, 目录和子目录也都要有名字。从根目录出发到具体文件所经过的各层名字, 就构成了文件的“路径名”。

从根目录出发的这个路径名, 也称为文件的“绝对路径名”。要注意, 文件的绝对路径名必须从根目录出发, 且是唯一的, 路径名中的每一个名字之间用分隔符分开。在 UNIX 操作系统中, 路径各部分之间是用“/”分隔; 在 MS-DOS 中, 路径各部分之间是用“\”分隔。不管采用哪种分隔符, 凡是以分隔符打头的路径名必定是绝对路径名。

绝对路径名较长, 使用不方便。于是, 对于文件又有一种相对路径名。用户可以指定一个目录作为当前目录(也称工作目录)。从当前目录往下的文件的路径名, 称为文件的“相对路径名”。因此, 一个文件的相对路径名与当前所处的位置有关, 它不是唯一的。

(3) 文件目录的操作

根据用户需要, 用户可以用操作系统提供的命令建立或删除目录, 目录在使用前要打开, 用完后要关闭等。目录操作命令在不同操作系统中有所区别, 需要查阅相关系统的命令参考手册。

8.6.4　存储空间的分配

(1) 位示图法

采用位示图的具体做法是为所要管理的磁盘设置一张位示图, 至于位示图的大小, 由磁盘的总块数决定。位示图中的每个二进制位与一个磁盘块(这里假定一个扇区就是一个磁盘块)对应, 该位状态为“1”, 表示所对应的块已经被占用; 状态为“0”, 表示所对应的块仍然是空闲, 可以参加分配。

比如, 有一个磁盘, 共有 100 个柱面(编号为 0~99), 每个柱面有 8 个磁道(编号为 0~7, 注意这也就是磁头编号), 每个盘面分成 4 个扇区(编号为 0~3), 那么整个磁盘空间磁盘块的总数为 4×8×100=3200(块)，如果用字长为 32 位的字来构造位示图，那么共需要 100 个字，如图 8-19 所示。

	0 位	1 位	2 位	3 位	…			30 位	31 位	
第 0 字	0/1	0/1	0/1	0/1	…	0/1	0/1	0/1	0/1	←1 个柱
第 1 字	0/1	0/1	0/1	0/1	…	0/1	0/1	0/1	0/1	
					…					
⋮	0/1	0/1	0/1	0/1	…	0/1	0/1	0/1	0/1	
	0/1	0/1	0/1	0/1	…	0/1	0/1	0/1	0/1	
第99字	0/1	0/1	0/1	0/1	…	0/1	0/1	0/1	0/1	

图 8-19　位示图法

在将文件存放到辅存上时，要提出存储申请。这时，就去查位示图，状态为“0”的位所对应的块可以分配。因此，在申请磁盘空间时，就有一个“已知字号、位号，计算对应块号(或柱面号、磁头号、扇区号)”的问题。在文件被删除时，要把原来所占用的存储块归还给系统。因此，存储块释放时，就有一个“已知块号(或柱面号、磁头号和扇区号)，计算对应字号和位号”的问题。下面以图 8-19 为例来加以说明。注意下面所给出的计算公式，也只是针对这个具体例子的，不是通用公式。

为此，先引入“相对块号”的概念。所谓“相对块号”，即是指从 0 开始，按柱面和盘面(即磁头)的顺序对磁盘块进行统一编号。于是，第 0 柱面第 0 盘面上的块号是 0~3。接着，第 0 柱面第 1 盘面上的块号是 4~7。由于第 0 柱面上共有 32 个磁盘块，故编号为 0~31。第 1 柱面上磁盘块的编号为 32~63，整个磁盘块的编号是 0~3199，这就是所谓该磁盘块的“相对块号”。这样一来，位示图中第 i 字的第 j 位对应的相对块号就是 i×32+j。

在申请磁盘空间时，根据查到的状态为“0”的位的字号和位号，可以先计算出此位所对应的相对块号，然后再求出具体的柱面号、磁头号和扇区号。假定引入两个符号 M 和 N 并对它们作如下定义：

```
M=相对块号/32，N=相对块号%32
```

那么就有由“字号、位号”求“柱面号、磁头号和扇区号”的如下公式：

```
柱面号=M，磁头号=N/4，扇区号=N%4
```

在归还磁盘块时，根据释放块的“柱面号、磁头号和扇区号”，先计算出该块的相对块号，然后再求出它在位示图中的字号和位号。具体公式如下：

```
相对块号=柱面号×32+磁头号×4+扇区号，字号=相对块号/32，位号=相对块号%32
```

注意，以上公式中的“/”和“%”分别表示整除和求余运算。

(2) 空闲区表

用空闲区表来管理文件存储空间，做法是设置一张系统表格，表中的每一个表目记录磁盘空间中的一个连续空闲盘区的信息，比如该空闲盘区的起始空闲块号、连续的空闲块个数，以及表目的状态，称此表为“空闲区表”。

任何时刻，空闲区表都记录下当前磁盘空间内可以使用的所有空闲块信息。当创建一个新文件时，根据文件的长度查找该表。从状态为“有效”的表目中找到合适的表项，就可以进行分配。如果该表目中的磁盘块数大于用户所需要的数目，那么表目内容经过修改后仍然存在；如果表目中记录的所有磁盘块都分配出去，那么该表目项的状态就被设置成“空白”，以表示它里面的内容是无效的。当删除一个文件时，应该在空闲区表中，找一个“空白”表项，将该文件原来占用的连续存储空间信息填写进去，并把表项的状态改为“有效”。

（3）空闲块链

所谓空闲块链，即在磁盘的每一个空闲块中设置一个指针，指向另一个磁盘空闲块，从而所有的空闲块形成一个链表，这就是磁盘的“空闲块链”。此时，系统要增设一个空闲块链首指针，链表最后一个空闲块中的指针应该标明为结束，比如记为“-1”。在前面所说的文件物理结构中，串联文件就是这样组织的，只是现在的空闲块链中，每一块中没有实用的信息罢了，因此有时也把磁盘空闲块链称为“空白串联文件”。

用空闲块链管理磁盘存储空间时，如果申请存储块，就根据链首指针从链首开始一块一块地进行摘下分配；如果释放存储块，就把释放的块从链首插入。当然，无论是申请还是释放，都必须随时修改链首指针，并调整空闲块中的指针。

由于各空闲块的链接指针是隐含在空闲磁盘块内，因此管理时所需的额外开销很少。但是，每分配一块时，为了调整指针，就必须启动磁盘，读出该空闲块，从它的里面得到下一个空闲块的指针，以便修改链首指针；而每归还一块时，也必须启动磁盘，完成调整指针的工作。所以，用这种方法来管理磁盘的存储空间，增加了对磁盘的读/写操作，影响系统的效率。

一种改进的方法称为“成组链接”法。在这种方法中，系统根据磁盘块数，开辟若干块来专门登记系统当前拥有的空闲块的块号。UNIX 操作系统就是采用的这种方法。

举例说，如果块的尺寸为 1 KB，磁盘块号要用 16 个二进制位表示，那么每一块中最多登记 511 个空闲块的块号，留下 2B 作为存放下一块的块指针用。这样，假定整个磁盘的存储空间为 20 MB，且初始时全部块都是空闲的，那么最多只需开辟 40 个磁盘块，就能够把所有的空闲块登记在册。在这 40 个块中，一方面，登记了 511 个空闲块的块号；另一方面，用指针相链接，形成了一块里面含有一组空闲块的成组链接结构。在图 8-20 中，用第 0~39 块来登记空闲块，给出了当前第 16 块、第 17 块和第 18 块的情形。

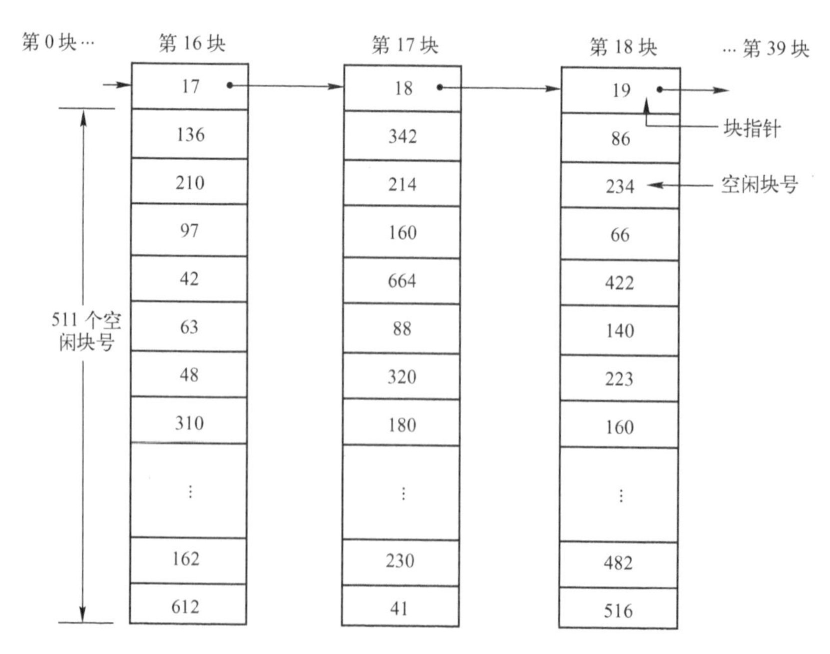

图 8-20　空闲块成组链接

8.7 习题

1. 从操作系统提供的服务出发，操作系统可分哪几类？

2. 请叙述各类操作系统的工作方式及特点。

3. 操作系统有哪些基本特征？

4. 简述多道程序设计的概念。多道程序设计从哪几方面提高了系统的效率？

5. 什么是进程？为什么要引入进程的概念？

6. 简述进程的3种基本状态及其变化情况。进程与程序有何区别？进程由哪3部分组成？

7. 进程优先数可以固定也可动态变化，简述动态变化的考虑因素。

8. 进程调度有何功能？有哪些常用的调度算法？

9. 为什么并发进程执行时可能会产生与时间有关的错误？如何避免？

10. 假设PV操作用信号量S管理某个共享资源，请问当S>0、S=0和S<0时，它们的物理意义是什么？

11. 用PV操作实现进程间同步与互斥应注意些什么？

12. 何谓死锁？产生死锁的原因有哪些？

13. 用户可以通过哪些途径防止死锁的产生？

14. 简述存储管理的功能。

15. 为什么要做"重定位"？何谓静态重定位和动态重定位？

16. 什么是文件？简述按名存取的含义。

17. 文件的逻辑结构有哪几种形式？

18. 假设一个磁盘组共有100个柱面，每柱面有8个磁道，每个盘面被分成4个扇区。若逻辑记录的大小与扇区大小一致，柱面、磁道、扇区的编号均从"0"开始，现用字长为16位的200个字(第0~199字)组成位示图来指示磁盘空间的使用情况。请问：

(1) 文件系统发现位示图中第15字第7位为0而准备分配给某一记录时，该记录会存放到磁盘的哪一块上？此块的物理位置(柱面号、磁头号和扇区号)如何？

(2) 删除文件时要归还存储空间，第56柱面第6磁道第3扇区的块就变成了空闲块，此时位示图中第几字第几位应由1改为0？

第9章 软件工程

本章介绍软件工程的有关知识，包括软件工程概述、软件的需求定义、软件的设计、软件编程、软件测试和软件维护的相关知识。通过对本章学习，读者应了解软件工程的基础知识，包括软件设计、测试和维护的基本方法，为今后深入学习打下基础。

9.1 软件工程概述

本节主要介绍软件工程的形成和发展、软件工程的内容和目的、软件的生命周期，并简要介绍了几种常见的软件过程模型。

9.1.1 软件工程的形成和发展

软件主要是由程序、数据和文档3部分组成。程序主要是指在运行时能提供所需功能和性能的指令集；数据包括程序所需要的各种数据；文档主要指描述程序开发过程、方法及使用的文档。软件分为系统软件和应用软件。系统软件是能与计算机硬件紧密配合在一起，使计算机系统各个部件、相关的软件和数据协调、高效地工作的软件。例如，操作系统、数据库管理系统、设备驱动程序以及通信处理程序等。应用软件是用户可以使用的各种程序设计语言，以及用各种程序设计语言编制的应用程序的集合，分为应用软件包和用户程序。

软件的发展经历了3个阶段，分别是程序设计时代(1946—1956年)、软件系统时代(1956—1968年)和软件工程时代(1968年至今)。

软件工程起源于“软件危机”。在计算机系统发展的初期，硬件通常用来执行一个单一的程序，而这个程序又是为一个特定的目的而编制的，软件的通用性是很有限的。大多数软件是由使用该软件的个人或机构研制，也往往带有强烈的个人色彩。早期的软件开发没有什么系统的方法可以遵循，软件设计是在某个人的头脑中完成的一个隐藏的过程，开发出来的软件除了源代码外也没有软件说明书等文档。在软件发展的第二个阶段，软件开始作为一种产品被广泛使用，于是出现了“软件作坊”来专门应别人的需求编写软件。这一时期软件开发的方法基本上还是沿用早期的个体化软件开发方式，但软件的数量急剧膨胀，需求日趋复杂，维护的难度越来越大，开发成本很高，而失败的软件开发项目却屡见不鲜。“软件危机”(Software Crisis)就这样开始了。“软件危机”使人们开始对软件及其特性进行了更深的研究，改变了早期对软件的不正确的看法，早期那些被认为是优秀的程序常常很难被别人看懂，通篇充满了程序技巧。现在人们普遍认为优秀的程序除了功能正确、性能优良之外，还应该容易看懂、容易使用、容易修改和扩充。1968年，北大西洋公约组织的计算机科学家在原联邦德国召开国际会议，讨论软件危机问题。在这次会议上，正式提出并使用了“软件工程”(Software Engineer)这个名词，一门新兴的工程学科就此诞生了。

软件工程是为了解决软件危机而形成的一种概念、方法和技术，是一门指导计算机软件开发和维护的工程学科。采用工程的概念、原理、技术和方法来开发和维护软件，把经过时间考验并证明是正确的管理技术和技术措施(方法和工具)结合起来，这就是软件工程。

对于“软件工程”的定义有以下几种。

早期定义：“软件工程就是为了经济地获得可靠的且能在实际机器上有效地运行的软件而建立和使用完善的工程原理。”这个定义不仅指出了软件工程的目标是经济地开发出高质量的软件，而且强调了软件工程是一门工程学科，它应该建立并使用完善的工程原理。

1993 年，IEEE 进一步给出了一个更全面、更具体的定义：“软件工程是：①把系统的、规范的、可度量的途径应用于软件开发、运行和维护过程，也就是把工程应用于软件；②研究①中提到的途径。”

《计算机科学技术百科全书》给出的定义：软件工程是应用计算机科学、数学及管理科学等原理，开发软件的工程。软件工程借鉴传统工程的原则、方法，以提高质量、降低成本。其中，计算机科学、数学用于构建模型与算法，工程科学用于制定规范、设计范型（Paradigm）、评估成本及确定权衡，管理科学用于计划、资源、质量、成本等管理。

无论哪一种定义，强调的重点虽然有差异，但是软件工程的基本思想都是把软件当作一种工业产品，要求“采用工程化的原理和方法对软件进行计划、开发和维护”。这样做的目的，不仅是为了实现按预期的进度和经费完成软件生产计划，也是为了提高软件的生产率和可靠性。

软件工程从 20 世纪 60 年代提出到现在，已经有了很大的发展。20 世纪 70 年代出现了结构化分析和设计方法，程序设计方法学成为研究热点。到了 20 世纪 80 年代，CASE 工具和环境的研制成为热点，面向对象技术开始出现并逐步流行。到了 20 世纪 90 年代，软件复用和软件构件技术得到广泛的应用。软件工程已经成为一门学科。

9.1.2 软件工程的内容和目的

软件工程包括技术和管理两方面的内容，它是技术与管理紧密结合所形成的工程学科。它主要包括软件开发技术和软件工程管理两大部分，而每一部分又包括很多分支内容，如图 9-1 所示。

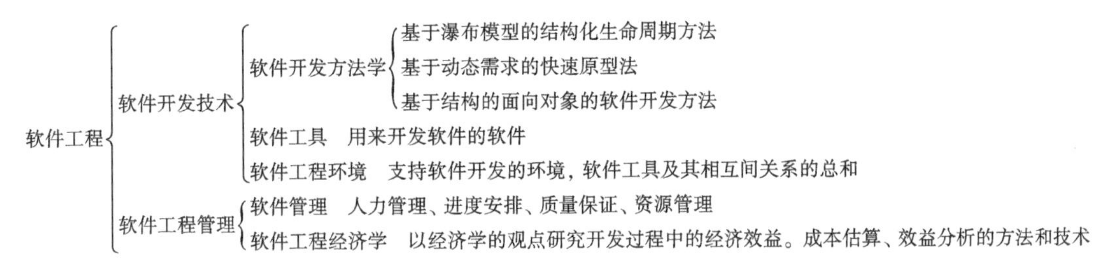

图 9-1　软件工程的主要内容

软件工程的目的是成功地建造一个大型软件系统，需要达到以下几方面的目标：

- 付出较低的开发成本。
- 达到要求的软件功能。
- 取得较好的软件性能。
- 开发的软件易于移植。
- 需要较低的维护费用。
- 能按时完成开发任务，及时完成开发任务，及时交付费用。
- 开发的软件可靠性高。

为了达到以上目标，在软件开发过程中必须遵循以下软件工程原则。

1）抽象：抽取事物最基本的特性和行为，忽略非基本的细节。采用分层次抽象、自顶向下、逐层细化的办法控制软件开发过程的复杂性。

2）信息隐蔽：将模块设计成“黑箱”，实现的细节隐藏在模块内部，模块的使用者不能直接访问。这就是信息封装，使用与实现分离的原则。使用者只能通过模块接口访问模块中封装的数据。

3）模块化：模块是程序中逻辑上相对独立的成分，是独立的编程单位，应有良好的接口定义，如C语言程序中的函数过程、C++语言程序中的类。模块化有助于信息隐蔽和抽象，有助于表示复杂的系统。

4）局部化：要求在一个物理模块内集中逻辑上相互关联的计算机资源，保证模块之间具有松散的耦合，模块内部具有较强的内聚。这有助于控制解的复杂性。

5）确定性：软件开发过程中所有概念的表达应是确定的、无歧义性的、规范的。这有助于人们之间在交流时不会产生误解、遗漏，保证整个开发工作协调一致。

6）一致性：整个软件系统（包括程序、文档和数据）的各个模块应使用一致的概念、符号和术语。程序内部接口应保持一致；软件和硬件、操作系统的接口应保持一致；系统规格说明与系统行为应保持一致；用于形式化规格说明的公理系统应保持一致。

7）完备性：软件系统不丢失任何重要成分，可以完全实现系统所要求的功能。为了保证系统的完备性，在软件开发和运行过程中需要严格的技术评审。

8）可验证性：开发大型的软件系统需要对系统自顶向下、逐层分解。系统分解应遵循系统易于检查、测试、评审的原则，以确保系统的正确性。

使用一致性、完备性和可验证性的原则可以帮助人们建立一个正确的系统。

9.1.3 软件生命周期

同任何事物一样，软件产品或软件系统也要经历孕育、诞生、成长、成熟、衰亡等阶段，软件从开始计划起，到废弃不用止，称为软件的生存周期（软件生命周期）。概括地说，软件生命周期由软件定义、软件开发和软件维护3个时期组成，而每个时期又分为若干个阶段，每个阶段有明确的任务，使规模大、结构复杂和管理复杂的软件开发变得容易控制和管理。通常，软件生存周期包括可行性分析与开发项计划、需求分析、设计（概要设计和详细设计）、编码、测试和维护等活动，可以将这些活动以适当的方式分配到不同的阶段去完成。

软件生命周期（SDLC）的6个阶段及基本任务如下所述。

（1）问题的定义及规划

此阶段是软件开发方与需求方共同讨论，主要确定软件的开发目标及其可行性。

（2）需求分析

在确定软件开发可行的情况下，对软件需要实现的各个功能进行详细分析。需求分析阶段是一个很重要的阶段，这一阶段做得好，将为整个软件开发项目的成功打下良好的基础。同样，需求也是在整个软件开发过程中不断变化和深入的，因此必须制订需求变更计划来应付这种变化，以保护整个项目的顺利进行。

（3）软件设计

此阶段主要根据需求分析的结果，对整个软件系统进行设计，如系统框架设计、数据库设计等。软件设计一般分为总体设计和详细设计。好的软件设计将为软件程序编写打下良好的基础。

（4）程序编码

此阶段是将软件设计的结果转换成计算机可运行的程序代码。在程序编码中必须要制定统一、符合标准的编写规范，以保证程序的可读性和易维护性，提高程序的运行效率。

(5) 软件测试

在软件设计完成后要经过严密的测试，以发现软件在整个设计过程中存在的问题并加以纠正。整个测试过程分单元测试、组装测试以及系统测试3个阶段进行。测试的方法主要有白盒测试和黑盒测试两种。在测试过程中需要建立详细的测试计划并严格按照测试计划进行测试，以减少测试的随意性。

(6) 运行维护

软件维护是软件生命周期中持续时间最长的阶段。在软件开发完成并投入使用后，由于多方面的原因，软件不能继续适应用户的要求。要延续软件的使用寿命，就必须对软件进行维护。软件的维护包括纠错性维护和改进性维护两个方面。

9.1.4 软件过程模型

软件过程是为了获得高质量软件所需要完成的一系列任务的框架，它规定了完成各项任务的步骤。通常使用生命周期模型简洁地描述软件过程。生命周期模型规定了把生命周期划分成哪些阶段及各个阶段的执行顺序，因此也称为过程模型。常见的生命周期模型有以下几种。

1. 瀑布模型

1970年，W. Royce提出了著名的"瀑布模型"(Waterfall Model)，一直是被广泛采用的软件开发模型。

瀑布模型将软件生命周期划分为制订计划、需求分析、软件设计、程序编写、软件测试和运行维护6个基本活动，并且规定了它们自上而下、相互衔接的固定次序，如同瀑布流水，逐级下落，如图9-2所示。

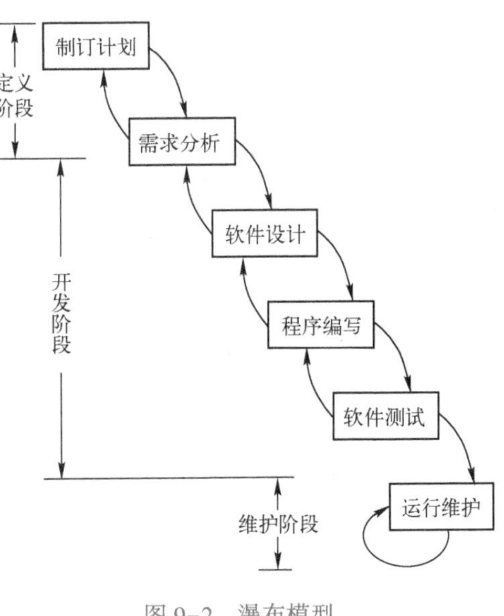

图9-2 瀑布模型

瀑布模型主要有计划、开发和运行3个时期及问题定义、可行性研究、需求分析、总体设计、详细设计、编码、测试、维护8个阶段组成。在瀑布模型中，软件开发的各项活动严格按照线性方式进行，当前活动接受上一项活动的工作结果，实施完成所需的工作内容。当前活动的工作结果需要进行验证，如果验证通过，则该结果作为下一项活动的输入，继续进行下一项活动，否则返回修改。

瀑布模型强调文档的作用，并要求每个阶段都要仔细验证。但是，这种模型的线性过程太理想化，已不再适合现代的软件开发模式，几乎被业界抛弃，其主要问题在于：

1) 各个阶段的划分完全固定，阶段之间产生大量的文档，极大地增加了工作量。

2) 由于开发模型是线性的，用户只有等到整个过程的末期才能见到开发成果，从而增加了开发的风险。

3) 早期的错误可能要等到开发后期的测试阶段才能发现，进而带来严重的后果。

2. 快速原型模型

快速原型模型(Rapid Prototype Model，RPM)的第1步是建造一个快速原型，实现客户或未来的用户与系统的交互，用户或客户对原型进行评价，进一步细化待开发软件的需求。通过逐步调整原型使其满足客户的要求，开发人员可以确定客户的真正需求是什么。第2步则在第1步的基础上开发客户满意的软件产品。

显然，快速原型方法可以克服瀑布模型的缺点，减少由于软件需求不明确带来的开发风险，具有显著的效果。

快速原型的关键在于尽可能快速地建造出软件原型，一旦确定了客户的真正需求，所建造的原型将被丢弃。因此，原型系统的内部结构并不重要，重要的是必须迅速建立原型，随之迅速修改原型，以反映客户的需求。

3. 增量模型

与建造大厦相同，软件也是一步步建造起来的。在增量模型(Incremental Model)中，软件作为一系列的增量构件来设计、实现、集成和测试，每一个构件是由多种相互作用的模块所形成的提供特定功能的代码片段构成，如图 9-3 所示。

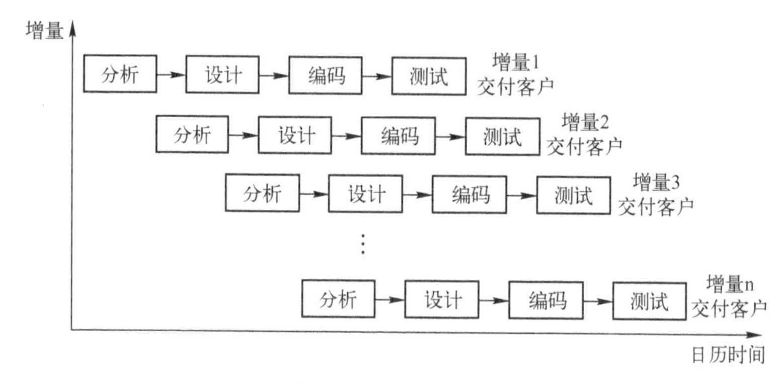

图 9-3 增量模型

增量模型在各个阶段并不交付一个可运行的完整产品，而是交付满足客户需求的一个子集的可运行产品。整个产品被分解成若干个构件，开发人员逐个构件地交付产品，这样做的好处是软件开发可以较好地适应变化，客户可以不断地看到所开发的软件，从而降低开发风险。但是，增量模型也存在以下缺陷：

1）由于各个构件是逐渐并入已有的软件体系结构中的，所以加入构件必须不破坏已构造好的系统部分，这需要软件具备开放式的体系结构。

2）在开发过程中，需求的变化是不可避免的。增量模型的灵活性可以使其适应这种变化的能力大大优于瀑布模型和快速原型模型，但也很容易退化为边做边改模型，从而使软件过程的控制失去整体性。

在使用增量模型时，第 1 个增量往往是实现基本需求的核心产品。核心产品交付用户使用后，经过评价形成下一个增量的开发计划，它包括对核心产品的修改和一些新功能的发布。这个过程在每个增量发布后不断重复，直到产生最终的完善产品。

例如，使用增量模型开发文字处理软件。可以考虑，第 1 个增量发布基本的文件管理、编辑和文档生成功能，第 2 个增量发布更加完善的编辑和文档生成功能，第 3 个增量实现拼写和文法检查功能，第 4 个增量完成高级的页面布局功能。

4. 螺旋模型

1988 年，Barry Boehm 正式发表了软件系统开发的“螺旋模型”(Spiral Model)，它将瀑布模型和快速原型模型结合起来，强调了其他模型所忽视的风险分析，特别适合于大型复杂的系统，如图 9-4 所示。

螺旋模型沿着螺线进行若干次迭代，图 9-4 中的 4 个象限代表了以下活动：

1）制订计划。确定软件目标，选定实施方案，弄清项目开发的限制条件。

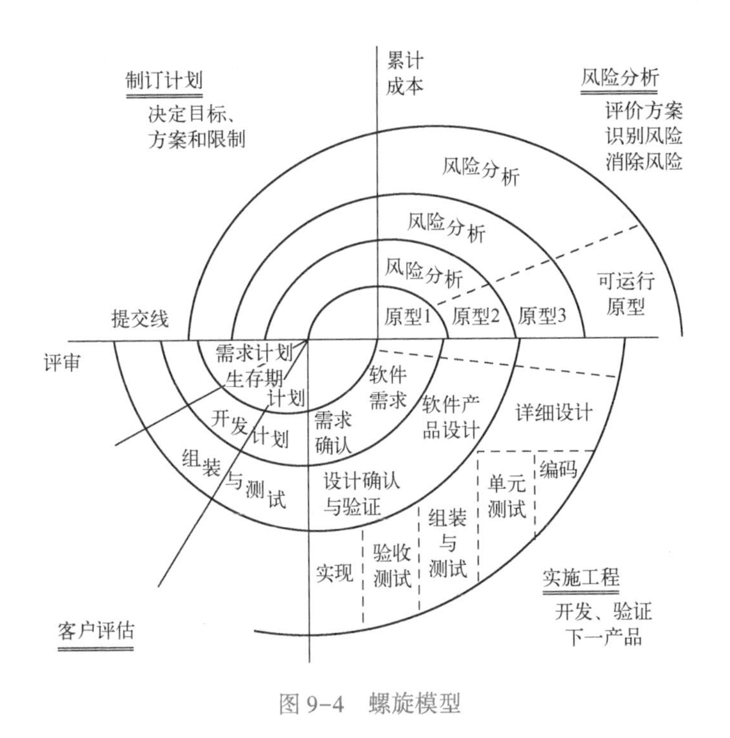

图 9-4　螺旋模型

2）风险分析。分析评估所选方案，考虑如何识别和消除风险。

3）实施工程。实施软件开发和验证。

4）客户评估。评价开发工作，提出修正建议，制订下一步计划。

螺旋模型由风险驱动，强调可选方案和约束条件从而支持软件的重用，有助于将软件质量作为特殊目标融入产品开发之中。但是，螺旋模型也有一定的限制条件，具体如下。

1）螺旋模型强调风险分析，但要求许多客户接受和相信这种分析并做出相关反应是不容易的，因此这种模型往往适应于内部的大规模软件开发。

2）如果执行风险分析将大大影响项目的利润，那么进行风险分析毫无意义，因此螺旋模型只适合于大规模软件项目。

3）软件开发人员应该擅长寻找可能的风险，准确地分析风险，否则将会带来更大的风险。

一个阶段首先是确定该阶段的目标，完成这些目标的选择方案及其约束条件，然后从风险角度分析方案的开发策略，努力排除各种潜在的风险，有时需要通过建造原型来完成。如果某些风险不能排除，该方案立即终止，否则启动下一个开发步骤。最后，评价该阶段的结果，并设计下一个阶段。

5. 演化模型

演化模型(Incremental Model)主要针对事先不能完整定义需求的软件开发。用户可以给出待开发系统的核心需求，并且当看到核心需求实现后，能够有效地提出反馈，以支持系统的最终设计和实现。软件开发人员根据用户的需求，首先开发核心系统。当该核心系统投入运行后，用户试用并完成他们的工作，提出精化系统、增强系统能力的需求。软件开发人员根据用户的反馈，实施开发的迭代过程。第一迭代过程均由需求、设计、编码、测试、集成等阶段组成，为整个系统增加一个可定义的、可管理的子集。

在开发模式上采取分批循环开发的办法，每循环开发一部分的功能，它们成为这个产品的原型的新增功能。于是，设计就不断地演化出新的系统。实际上，这个模型可看作是重复执行的多个“瀑布模型”。

“演化模型”要求开发人员有能力把项目的产品需求分解为不同组，以便分批循环开发。这种分组并不是绝对随意性的，而是要根据功能的重要性及对总体设计的基础结构的影响而做出判断。根据经验，每个开发循环以 6~8 周为适当的长度。

6. 喷泉模型

喷泉模型(Fountain Model)与传统的结构化生存期比较，具有更多的增量和迭代性质，生存期的各个阶段可以相互重叠和多次反复，而且在项目的整个生存期中还可以嵌入子生存期。就像水喷上去又可以落下来，可以落在中间，也可以落在最底部。

7. 智能模型(4GL)

智能模型拥有一组工具(如数据查询、报表生成、数据处理、屏幕定义、代码生成、高层图形功能及电子表格等)，每个工具都能使开发人员在高层次上定义软件的某些特性，并把开发人员定义的这些软件自动地生成为源代码。这种方法需要四代语言(4GL)的支持。4GL 不同于三代语言，其主要特征是用户界面友好，即使没有受过训练的非专业程序员，也能用它编写程序；它是一种声明式、交互式和非过程性编程语言。4GL 还具有高效的程序代码、智能默认假设、完备的数据库和应用程序生成器。目前市场上流行的 4GL(如 FoxPro 等)都不同程度地具有上述特征。但 4GL 目前主要限于事务信息系统的中、小型应用程序的开发。

8. RAD 开发模型

快速应用开发模型(Rapid Application Develop Model，RAD)是一个增量型的软件开发过程模型，强调极短的开发周期。该模型是瀑布模型的一个“高速”变种，通过大量使用可复用构件，采用基于构件的建造方法赢得了快速开发。如果正确地理解了需求，而且约束了项目的范围，利用这种模型可以很快创建出功能完善的信息系统。其流程从业务建模开始，随后是数据建模、过程建模、应用生成、测试及反复。采用 RAD 模型的软件过程如图 9-5 所示。

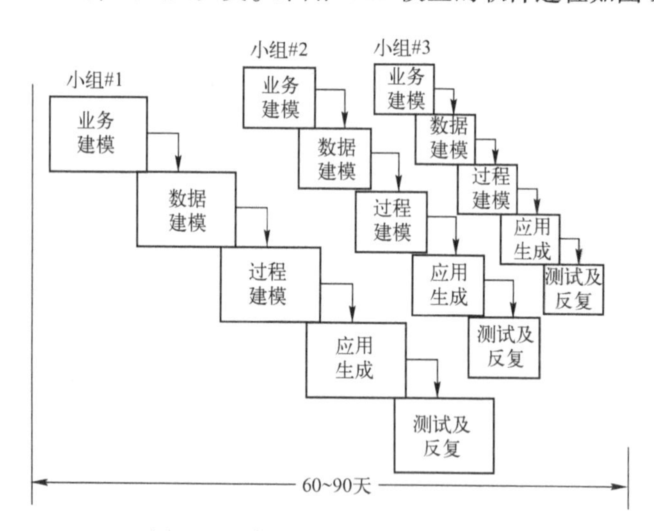

图 9-5　采用 RAD 模型的软件过程

RAD 模型各个活动期所要完成的任务有业务建模、数据建模、过程建模、应用程序生成、测试与交付。与瀑布模型相比，RAD 模型不采用传统的第 3 代程序设计语言来创建软件，而是采用基于构件的开发方法复用已有的程序结构(如果可能)或使用可复用构件或创建可复用的构件(如果需要)。在所有情况下，均使用自动化工具辅助软件创造。很显然，加在一个 RAD 模型项目上的时间约束需要“一个可伸缩的范围”。如果一个业务能够被模块化使得其中每一个主要功能均可以在不到 3 个月的时间内完成，则其是 RAD 的一个候选者。每一个主要功能可由一个单独的 RAD 组来实现，最后集成起来形成一个整体。

RAD 模型通过大量使用可复用构件加快了开发速度，对信息系统的开发特别有效。但是与所有其他软件过程模型一样，RAD 模型对模块化要求比较高，如果有哪一个功能不能被模块化，那么建造 RAD 所需要的构件就会有问题；开发人员和客户必须在很短的时间内完成一系列的需求分析，任何一方配合不当都会导致 RAD 项目失败；RAD 只能用于信息系统开发，不适合技术风险很高的情况。

9. 混合模型

过程开发模型又叫混合模型（Hybrid Model），或元模型（Meta-Model），把几种不同模型组合成一种混合模型，它允许一个项目能沿着最有效的路径发展，这就是过程开发模型（或混合模型）。实际上，一些软件开发单位都是使用几种不同的开发方法组成它们自己的混合模型。

10. 基于构件的开发模型（Component-Based Software Development Model）

构件作为重要的软件技术和工具得到极大的发展，这些新技术和工具有 Microsoft 的 DCOM、Sun 的 EJB，以及 OMG 的 CORBA 等。基于构件的开发模型利用模块化方法将整个系统模块化，并在一定构件模型的支持下复用构件库中的一个或多个软件构件，通过组合手段高效率、高质量地构造应用软件系统的过程。基于构件的开发模型融合了螺旋模型的许多特征，本质上是演化型的，开发过程是迭代的。基于构件的开发模型由软件的需求分析和定义、体系结构设计、构件库建立、应用软件构建以及测试和发布 5 个阶段组成。

基于构件的开发活动从标识候选构件开始，通过搜索已有构件库，确认所需要的构件是否已经存在。如果已经存在，则从构件库中提取出来复用；否则采用面向对象方法开发它。之后利用提取出来的构件，通过语法和语义检查后将这些构件通过胶合代码组装到一起实现系统，这个过程是迭代的。

基于构件的开发方法使得软件开发不再一切从头开发，开发的过程就是构件组装的过程，维护的过程就是构件升级、替换和扩充的过程。其优点是构件组装模型提高了软件的复用，提高了软件开发效率。构件可由一方定义其规格说明，被另一方实现，然后供给第三方使用。构件组装模型允许多个项目同时开发，降低了费用，提高了可维护性，可实现分步提交软件产品。

由于采用自定义的组装结构标准，缺乏通用的组装结构标准，因而引入了较大的风险。可重用性和软件高效性不易协调，需要精干的有经验的分析和开发人员，一般开发人员插不上手。客户的满意度低，并且由于过分依赖于构件，所以构件库的质量影响着产品质量。

11. XP 方法（eXtreme Programming Method）

敏捷方法是近几年兴起的一种轻量级的开发方法，它强调适应性而非预测性，强调以人为中心，而不以流程为中心，以及对变化的适应和对人性的关注，其特点是轻载、基于时间、Just Enough、并行并基于构件的软件过程。在所有的敏捷方法中，XP 方法是最引人注目的一种轻型开发方法。它规定了一组核心价值和方法，消除了大多数重量型不必要产物，建立了一个渐进型开发过程。该方法将开发阶段的 4 个活动（分析、设计、编码和测试）混合在一起，在全过程中采用迭代增量开发、反馈修正和反复测试。它把软件生命周期划分为用户故事、体系结构、发布计划、交互、接受测试和小型发布 6 个阶段。

XP 模型通过对传统软件开发的标准方法进行重新审视，提出了由一组规则组成的一些简便易行的过程。XP 模型是面向客户的开发模型，重点强调用户的满意程度。开发过程中对需求改变的适应能力较强，即使在开发的后期，也可较高程度地适应用户的改变。

XP 开发模型与传统模型相比具有很大的不同，其核心思想是交流（Communication）、简单（Simplicity）、反馈（Feedback）和进取（Aggressiveness）。XP 开发小组不仅包括开发人员，还包括管理人员和客户。该模型强调小组内成员之间要经常进行交流，在尽量保证质量可以运行的前提下力求过程和代码的简单化；来自客户、开发人员和最终用户的具体反馈意见可以提供更多的机会来调整设计，保证把握正确的开发方向；进取则包含于上述 3 个原则中。XP 开发方法中有许多新思路，如采用“用户故事”代替传统模型中的需求分析，“用户故事”是用户用自己领域中的词汇并且不考虑任何技术细节准确地表达自己的需求。

9.2 软件的需求定义

本节介绍软件的需求定义，主要包括软件可行性研究、软件需求分析的定义、结构化分析方法、数据流图、数据字典、加工说明。

9.2.1 软件可行性研究

根据软件生命周期的瀑布模型可以看出，软件计划时期是软件生命周期的第一个时期，这个时期由问题定义和可行性研究两个阶段组成。

问题定义(Problem Definition)是软件生命周期的第一阶段。问题定义的目的主要是确定解决的问题是什么，如果对问题只是了解就急于去解决，显然是盲目的，开发出的软件是没有实际意义的。通过对问题的定义，系统分析人员要提交一份“系统目标与规范说明书”(Statement of Scope and Objective)，来供用户进行审查。如果得到了用户的认可，就可以进行可行性研究阶段了。

在 GB/T 8566—2022《系统与软件工程　软件生存周期过程》中指出：可行性研究(Feasibility Study)的主要任务是“了解客户的要求及现实环境，从技术、经济和社会因素 3 个方面研究并论证本软件项目的可行性，编写可行性研究报告，指定初步项目开发计划”。可行性研究的最终目的不是解决问题，而是用最小的代价在尽可能短的时间内确定问题是否能够解决，即是研究在当前的具体条件下，开发新系统是否具备必要的资源和其他条件。一般应从以下几个方面来进行论证。

(1) 经济可行性

经济可行性主要是指进行系统的投资/效益分析。系统的投资包括硬件、系统软件、辅助设备费、机房建设和环境设施、系统开发费、人员培训费、运行费(包括硬件、软件维护，计算机系统人员工资，日常消耗物质的费用等)。系统的效益主要从改善决策、提高企业竞争力、加强计划和控制、快速处理信息、提高顾客服务质量、减少库存、提高生产效率等方面取得。将初步算出的新系统可能获得的年经济效益，与系统投资相比较，从而估算出投资效果系数和投资回收期。根据估算的直接经济效果和各种间接效益，评价新系统经济上的可行性。

(2) 技术可行性

经过经济分析，在确定用户准备投资多少来达到系统的目标之后，再进行技术上的可行性分析。评价总体方案所提出的技术条件，如计算机硬件、系统软件的配置、网络系统性能和数据库系统等，能否满足新系统目标的要求，并对达到新系统目标的技术难点和解决方法的可行性进行分析。此外，还应分析开发和维护系统的技术力量，不仅考虑技术人员的数量，更应考虑他们的经验和水平。

(3) 系统运行的可行性

系统的建立要考虑社会的人为因素的影响；要考虑改革不适合新系统运行的管理体制和方法的可行性，实施各种有利于新系统运行建议的可行性、人员的适应性以及法律上的可行性(如保密、复制、转让的限制)等。此外，新系统运行后将对各方面产生的影响也应加以分析。

(4) 法律可行性

系统还需要分析可能造成的责任问题，如合同责任问题、法律责任问题、专利版权问题、软件开发平台的版权问题等。

可行性研究是从问题定义阶段提出的比较模糊的工程目标和规模导出系统的高层逻辑模型，并在此基础上更准确、更具体地确定工程规模和目标，然后由分析员分析估算出更准确的成本和效益。可行性研究通常通过复查系统目标和规模、研究目前正在使用的系统、导出新系统的高层逻辑模型、重新定义问题、导出和评价供选择的方法、推荐一个方案并说明理由、草拟开发计划和书写文档提交审查的步骤来完成。最后形成的可行性研究报告是部门负责人做出是否继续进行这项工程决定的重要依据。

可行性研究报告主要由以下几个部分组成。

1) 背景情况。包括国内外发展水平、历史现状和市场需求。

2) 系统描述。包括总体方案和技术路线、课题分解、计划目标和阶段目标等。

3) 技术风险分析。即技术可行性分析，包括技术实力、设备条件和已有工作基础。

4) 成本/效益分析。即经济可行性分析，包括经费概算和预期经济效益。

5) 操作可行性和法律可行性分析。

6) 结论。可行性研究报告最后必须要有一个结论。结论一般包括 4 种情况，分别是可以立即开始工作；需要推迟到某些条件(如资金、技术、管理)具备后才能进行系统开发；需要对目标进行某些修改后才能进行系统开发；完全不可行，没有必要进行系统开发，终止工作。

通过可行性论证分析，如果问题求解没有可行性方案，应该建议终止项目计划；如果问题的回答是肯定的，则确定软件开发工程必须完成的目标，准确估计软件规模和项目开发成本效益，由此导出软件项目实施计划。

9.2.2 软件需求分析定义概述

软件需求分析是软件开发的第一阶段，也是决定软件开发成败的关键。软件需求分析的目标是深入描述软件的功能和性能，确定软件设计的约束和软件同其他系统元素的接口细节，定义软件的其他有效性需求。

需求分析阶段研究的对象是软件项目的用户要求。一方面，必须全面理解用户的各项要求，但又不能全盘接受所有的要求；另一方面，要准确地表达被接受的用户要求。只有经过确切描述的软件需求才能成为软件设计的基础。

软件需求分析是连接计划时期和开发时期的桥梁，也是软件设计的依据，其特点是准确性和一致性。需求分析要在可行性分析的基础上，与用户进行充分的交流和沟通，准确地定义未来系统的目标，确定为了满足用户的需求系统必须要做什么，最后用需求规格说明书规范的形式来准确地表达用户的需求，使其清晰、没有二义性、直观、易读并且易于修改。

软件需求分析分以下 4 个步骤进行。

(1) 问题识别，获取需求

获取需求需要从分析系统目前包含的数据开始，要与用户进行深入地沟通，包括用户对软件功能的需求和界面的要求。为了取得全面和完整的信息，需要对客户进行分类，包括客户的使用频率、特性、优先级等方面，然后每类用户需要有用户代表，从代表那里收集更多的功能。在确定了软件功能后还需要对软件的性能、有效性、可靠性和可用性等进行全面的考虑，更加提高用户的软件满意程度。

(2) 综合方案，分析建模

综合方案的目的就是要分析并建立一个模型。一般常使用图形化的分析模型，比如数据流图、实体联系图、控制流图、状态转换图、用例图等。

(3) 描述需求，编写说明书

在需求分析阶段分析建模后，需要书写软件需求规格说明书。软件需求规格说明书必须用统一格式的文档进行描述，为了具有统一的风格，可以采用已有的且可以满足项目需要的模板，也可以根据项目特点和软件开发小组的特点对标准进行适当的改动。

(4) 需求验证，分析评审

需求规格说明书在实施过程中可能会出现需求不清、表述不一致的现象，这些都必须通过需求验证来改善，确保需求说明书可以作为软件设计和最终系统验收的依据。

9.2.3 结构化分析方法

结构化分析(Structured Analysis，SA)方法最初是由 Douglas Ross 提出，DeMarco 推广，Ward 和 Mellor 以及后来的 Hatley 和 Pirbhai 扩充，形成了今天的结构化分析方法的框架。结构化分析方法是一个简单实用、使用广泛的方法，它强调开发方法的结构合理性以及所开发软件的结构合理性。结构是指系统内各个组成要素之间的相互联系、相互作用的框架。结构化分析方法提出了一组提高软件结构合理性的准则，如分解与抽象、模块独立性、信息隐蔽等，它主要适用于分析大型的数据处理系统，特别是企事业管理方面的系统。针对软件生存周期各个不同的阶段，结构化分析方法主要有结构化分析(SA)、结构化设计(SD)和结构化程序设计(SP)等方法。

结构化分析方法给出一组帮助系统分析人员产生功能规约的原理与技术。它一般利用图形表达用户需求，使用的手段主要有数据流图、数据字典、结构化语言、判定表以及判定树等。结构化分析方法是一种建模技术，它建立的分析模型如图 9-6 所示。

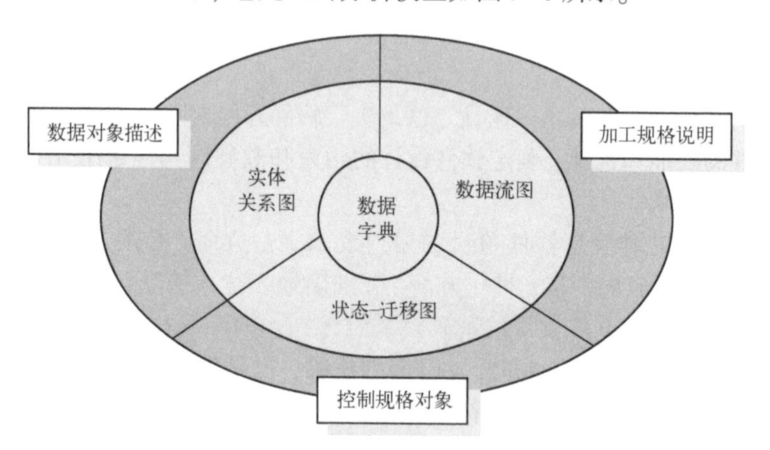

图 9-6　分析模型的结构

在如图 9-6 所示的模型的核心是数据字典，它描述了所有在目标系统中使用的和生成的数据对象。围绕着这个核心的有 3 种图：描述数据对象及数据对象之间关系的实体关系图(ERD)；描述数据在系统中如何被传送或变换以及描述如何对数据流进行变换的功能(子功能)的数据流图(DFD)；描述系统对外部事件如何响应、如何动作的状态-迁移图(STD)。概括起来，ERD 用于数据建模，DFD 用于功能建模，而 STD 用于行为建模。

9.2.4 数据流图

数据流图(Data Flow Diagram，DFD)是对原系统进行分析和抽象的工具，也是描述系统逻辑模型的主要工具。它有两个显著特点：一是具有概括性，数据流图是将系统的各种业务处理过程及数据联系起来，形成一个整体，反映出系统内部复杂的联系；二是具有抽象性，数据流图是将组织机构、数据载体、处理工作等具体的物理内容和处理细节抽象出来，只描述其数据的来源、流向、处理功能和数据存储。

由于数据流图简明、清晰、直观、不涉及技术细节、比较容易让用户理解，所以数据流图是系统分析人员与用户进行交流的有效工具，也是系统设计的主要工具。

1. 数据流图的基本符号

数据流图有以下 4 个基本成分。

(1) 外部项(原点和汇点)

外部项是指系统以外的事物或人，它表达了该系统数据的外部来源或去处，用方框表示。

(2) 处理(加工)

处理表达了对数据的逻辑加工或变换功能：对数据的加工处理的结果，或者是变换了数据的结构，或者是在原有数据的基础上产生新的数据，用圆表示。

(3) 数据流

数据流指示数据的流动方向，用单箭头表示。

(4) 数据存储

数据存储指明了保存数据的地方，不代表具体的存储介质。数据存储使用右端开口的矩形框表示。

图 9-7 是一个办理取款手续的数据流图，其图形符号及其含义如图 9-8 所示。

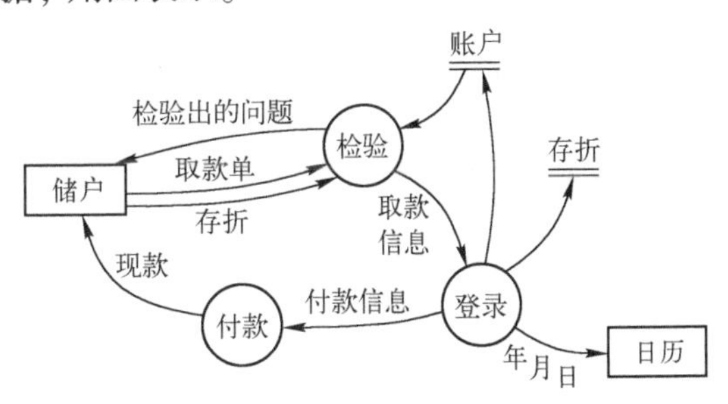

图 9-7 办理取款手续的数据流图

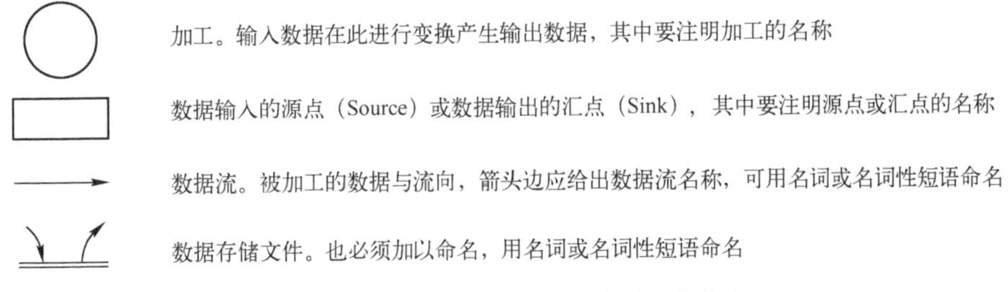

图 9-8 数据流图基本图形符号及其含义

2. 绘制数据流图

数据流图的绘制主要采取自顶向下、逐步求精的方法，就是先把整个系统当作一个处理功能来看，画出最粗略的数据流图，然后逐层向下分析，再分解成详细的低层次的数据流图，直到底层为止，如图 9-9 所示。用分层次的数据流图来描述原系统，符合“自顶向下”原则，把系统看作一个统一的整体，进行综合的逻辑描述。首先要划定系统的边界，分析系统与外界的信息联系；然后逐步求精，分析系统内部有哪些逻辑处理功能，需要存储哪些数据，各功能与外部实体之间、功能之间以及功能与存储数据间的联系，逐层深入分析。同时，这种数据流图还有利于与不同层次管理人员进行交流的特点。

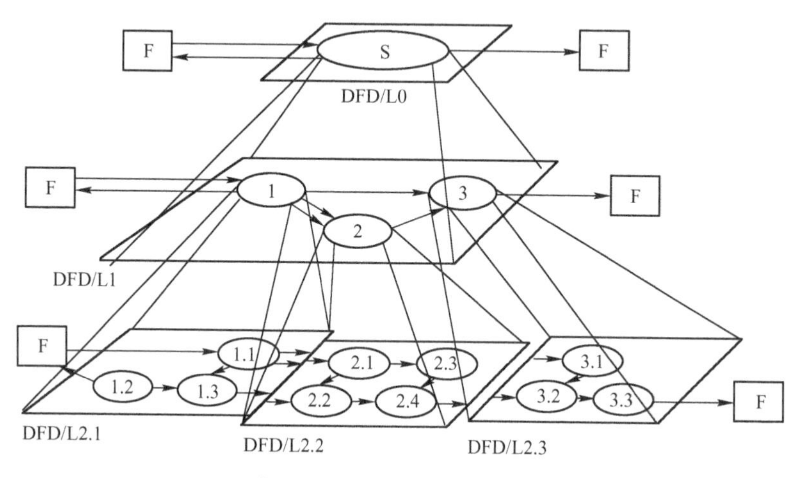

图 9-9　分层次的数据流图

在画数据流图时就需要自外向内，自顶向下，逐层细化，完善求精。绘制和检查数据流图的原则如下。

1）数据流图上所有图形符号只限于前面所说的 4 种基本图形元素。

2）在绘制顶层数据流图时必须包括前面的 4 种基本元素，缺一不可。

3）顶层数据流图上的数据流必须封闭在外部实体之间。

4）每个加工至少有一个输入数据流和一个输出数据流。

5）在数据流图中，需按层给加工框编号。编号表明该加工处在哪一层，以及上下层的父图和子图的对应关系。

6）规定任何一个数据流子图必须与它上一层的一个加工对应，两者的输入数据流和输出数据流必须一致。此即父图与子图的平衡。

7）可以在数据流图中加入物质流，帮助用户理解数据流图。

8）图中每个元素都必须有名字。数据流和数据文件的名字应当是“名词”或“名词性短语”，表明流动的数据是什么。加工的名字应当是动词短语。

9）数据流图中不可夹带控制流。

10）初画时可以忽略琐碎的细节，以集中精力于主要数据流。

采用逐步细化的扩展方法，可避免一次引入过多细节，有利于控制问题的复杂性。用一组图代替一张总图，用户中的不同业务人员可以选择各自所需，不必阅读全图。

9.2.5　数据字典

一个软件中包含很多的数据，数据字典就是给数据流图中每个成分，包括数据项、数据结构、数据流、数据存储、处理功能、外部项等，进行定义和说明的工具。数据字典精确地、严格地定义了每一个与系统相关的数据元素，并以字典式顺序将它们组织起来，使得用户和分析员对所有的输入、输出、存储成分和中间计算有共同的理解。数据字典描述的详细信息是以后系统设计、系统实施与维护的重要依据。

在数据字典中每个词条应包含以下的信息。

1）名称。即数据对象或控制项、外部实体、数据存储的名字。

2）编号或别名。

3）分类。包括分别属于数据对象、加工、数据流、外部实体、数据文件、控制项的哪一部分。

4）描述。主要用来描述相关内容和数据结构等。

5）在何处使用。

在数据字典的编制中，常用一些符号，见表9-1。

表9-1　数据字典中的常用符号

符　　号	含　　义	解　　释
=	被定义为	
+	与	例如，x=a+b，表示x由a和b组成
[…,…]	或	例如，x=[a，b]，x=[a|b]，表示x由a或由b组成
[…|…]	或	
{…}	重复	例如，x={a}，表示x由0个或多个a组成
m{…}n	重复	例如，x=3{a}8，表示x中至少出现3次a，至多出现8次a
(…)	可选	例如，x=(a)，表示a可在x中出现，也可不出现
"…"	基本数据元素	例如，x="a"，表示x是取值为a的数据元素
..	联接符	例如，x=1..9，表示x可取1到9之中的任一值

例如，数据流"订货单"是由"订货商编号""订货商姓名""货号""单价""数量" "总价"和"货款合计"等数据项组成的，则在数据字典中，"订货单"条目：

订货单=订货商编号+订货商姓名+{货号+单价+数量+总价}+货款合计

由此可见，在数据字典中明确地定义了各种信息项。随着系统规模的增大，数据字典的规模和复杂性将迅速增加。

9.2.6　加工规格说明

加工规格说明用来说明数据流图中数据的加工细节。加工规格说明主要描述数据加工的输入，实现加工的算法以及产生的输出。分析阶段的主要任务是理解和表达用户的要求，而不是具体考虑系统的实现，所以加工规格说明指明了加工(功能)的约束和限制、与加工相关的性能要求，以及影响加工的实现方式的设计约束，其主要目的是要表达"做什么"，而不是"怎样做"。因此，它应描述数据加工实现加工的策略而不是实现加工的细节。

常用的加工说明工具有结构化语言(Structured Language)、判定树(Decision Tree)和判定表(Decision Table)。

(1) 结构化语言

结构化语言是一种介于自然语言和程序设计之间的语言，主要是在自然语言的基础上加上有限的词汇和语句形成的。

(2) 判定树

判定树也称决策树，是一种呈树状的图形工具，适合描述处理中的多种策略，根据若干条件判定，确定需要采用策略的情况。例如，邮寄包裹收费标准如下：若收件地点在1000 km以内，普通件2元/kg，挂号件3元/kg；若收件地点在1000 km以外，普通件2.5元/kg，挂号件3.5元/kg；若收件地点在1000 km以外，且重量大于30 kg，超重部分0.5元/kg。图9-10就是所绘制的收费的决策树(重量用W表示)。

(3) 判定表

判定表也叫决策表，是采用表格化的形式，表达含有复杂判断的加工逻辑，其能够清晰地表示复杂的条件组合与应做动作之间的对应关系。判定表由4部分组成：左上部列出所有的条

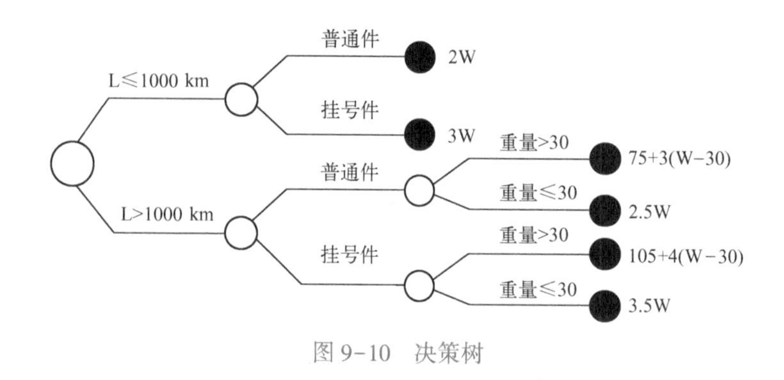

图 9-10 决策树

件；左下部是所有可能做的动作；右上部为各种可能组合的条件，其中每一列表示一种可能的组合；右下部每一列表示每一种条件组合对应所做的工作。

图 9-10 所示判定树的判定表如表 9-2 所示。

表 9-2 判定表

组合 条件与行动	1	2	3	4	5	6
C1：距离 L>1000 km?	Y	Y	Y	Y	N	N
C2：是否挂号?	Y	Y	N	N	Y	N
C3：重量 W>30 kg?	Y	N	Y	N		
A1：F=2W						√
A2：F=3W					√	
A3：F=2.5W				√		
A4：F=3.5W		√				
A5：F=75+3(W−30)			√			
A6：F=105+4(W−30)	√					

总之，结构化分析方法是先把系统作为一个整体，标出系统的输入、输出；然后对系统进行细化，将一些复杂功能分解为简单的功能，直到所有的功能都不需要再细化为止。其具体步骤：首先确定系统整体情况；然后按照自顶向下的方法，画出系统各层的数据流图；接着按照数据流图定义数据字典，并根据最底层数据流图定义所有的加工；最后综合前面的结果建立系统模型。

9.3 软件设计

本节主要介绍软件的设计，包括软件设计概述、软件设计原则和软件设计方法。

9.3.1 软件设计概述

软件设计是将需求分析准确地转化成最终产品的唯一途径，是软件开发阶段的最重要的步骤。结构化软件设计方法把软件设计分为总体设计和详细设计两个阶段。总体设计是解决“概括地说，系统应该如何实现”这个问题，包括应用软件系统总体结构设计、数据库设计、计算机网络系统配置方案设计。而详细设计是解决“具体系统应该如何实现”的问题，包括代码设计、用户界面设计、计算机处理过程设计等。软件设计的方法也很多，包括结构化设计方法、面向数据结构设计方法和面向对象设计方法等。

在需求分析中得到的数据流图是系统总体设计的基本出发点，根据系统流程图、数据字典、成本/效益分析及实现这个系统的计划来综合考虑和选取设计方案，在用户和相关专家审查后，若确认该方案符合用户需要并能够实现，就可以进入系统设计阶段了。

系统总体设计主要包括系统模块结构设计和计算机物理系统的配置方案设计。

系统模块结构设计的任务是划分子系统，然后确定子系统的模块结构，并画出模块结构图。在这个过程中必须考虑到如何将一个系统划分成多个子系统；每个子系统如何划分成多个模块；如何确定子系统之间、模块之间传送的数据及其调用关系；如何评价并改进模块结构的质量等问题。

在进行总体设计时，还要进行计算机物理系统具体配置方案的设计，要解决计算机软硬件系统的配置、通信网络系统的配置、机房设备的配置等问题。计算机物理系统具体配置方案要经过用户单位和领导部门的同意才可进行实施。

开发软件系统的大量经验教训说明，选择计算机软硬件设备不能只看广告或资料介绍，必须进行充分的调查研究，最好应向使用过该软硬件设备的单位了解运行情况及优缺点，并征求有关专家的意见，然后进行论证，最后写出计算机物理系统配置方案报告。

在系统总体设计的基础上，第二步进行的是详细设计，主要有处理过程设计以确定每个模块内部的详细执行过程，包括局部数据组织、控制流、每一步的具体加工要求等。一般来说，处理过程模块详细设计的难度已不太大，关键是用一种合适的方式来描述每个模块的执行过程，常用的有流程图、问题分析图、IPO 图和过程设计语言等。除了处理过程设计，还有代码设计、界面设计、数据库设计、输入/输出设计等。

最后系统设计阶段的结果是通过系统设计说明书体现出来的，它主要由模块结构图、模块说明书和其他详细设计的内容组成。

9.3.2 软件设计原则

（1）抽象化

抽象(Abstraction)是抽出事物的本质特性而暂时不考虑它们的细节。软件工程过程的每一步，都是对软件解法的抽象层次的一次细化。在可行性研究阶段，软件被看作是完整系统部分；在需求分析阶段，使用熟悉的术语来描述软件的解法；当进行系统设计由总体设计阶段转入到详细设计阶段时，抽象的程度进一步减少；最后当源程序写出来时，就达到了抽象的最低层。对软件进行模块设计的时候，可以有不同的抽象层次。在最高的抽象层次上，可以使用问题所处环境的语言描述问题的解法，而在较低的抽象层次上，则采用过程化的方法。

（2）模块化

模块(Module)是能够单独命名并独立地完成一定功能的程序语句的集合，是结构化系统的基本元素。从逻辑上看，模块就是处理功能，给它一定的输入信息，经过加工处理后，输出结果信息；从物理上看，高级语言中的过程、函数、子程序等都可以作为模块。模块化是软件的一个重要属性，它为人们提供了一种处理复杂问题的方法，也可以使软件得到有效的管理。在实际中，如果模块是相互独立的，当模块变得越小，每个模块花费的工作量越低；但当模块数增加时，模块间的联系也随之增加，把这些模块联接起来的工作量也随之增加，如图 9-11 所示。

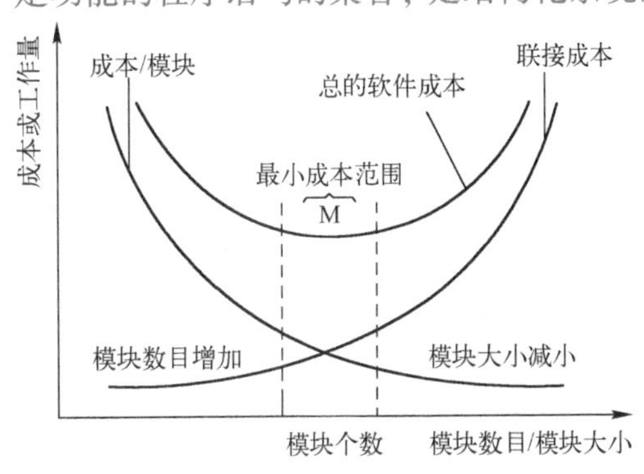

图 9-11　模块大小、数目与成本的关系

因此，存在一个模块个数 M，它使得总的开发成本达到最小。

(3) 独立性

结构化设计思想要求模块之间要相对独立。所谓两个模块彼此的独立，是指其中一个模块在运行时，与另一个模块存在无关。既然各模块隶属于一个系统，它们之间必然存在着或多或少的联系，所以模块之间的独立性是一个相对的概念。保证模块独立性高是设计一个系统的关键，模块独立性高是指模块具有独立的功能而且和其他模块之间相互作用少。模块独立性高可以使系统容易开发，提高系统的可靠性，并且使系统更加容易维护。为保证模块能相对独立，就需要模块内部自身的联系紧密，而模块外部相互之间的信息联系尽可能减少，所以模块独立性度量的标准有凝聚和耦合。模块凝聚是用以衡量一个模块内部自身功能的内在联系是否紧密，按照凝聚程度可以分为偶然凝聚、逻辑凝聚、时间凝聚、数据凝聚和功能凝聚。模块的耦合是模块之间的信息联系方式，是衡量模块间结构性能的重要指标，模块间的耦合有 3 种类型：数据耦合、控制耦合和非法耦合。为了保证模块的独立性，要求模块之间互相传递的数据要尽可能少；努力避免控制耦合，特别是避免自下而上传递的控制信号并且要消除任何形式的非法耦合。“一个模块，一个功能”是模块化设计的一条准则，在软件设计过程中，要尽量使用凝聚程度高的模块，模块之间的耦合要尽可能减少。

(4) 自上而下，逐步求精

在设计中系统按层次进行模块划分工作。首先要把整个系统看作一个模块，将其按功能分解成若干第 1 层模块，每个第 1 层模块又进一步分解成更简单的第 2 层模块，再继续分解，越下层的模块功能越具体、越简单。也就是将软件的体系结构按自顶向下方式，对各个层次的过程细节和数据细节逐层细化，直到用程序设计语言的语句能够实现为止，从而最后确立整个的体系结构。

(5) 信息屏蔽

信息屏蔽是指模块所包含的信息对其他模块来说应该是隐蔽的，也就是说，模块中所包含的信息(包括数据和过程)不允许其他不需要这些信息的模块使用。信息的屏蔽对于软件测试和维护都非常有好处，因为对于软件其他部分来说，绝大多数数据和过程都是隐蔽的，这样在修改期间就可以将错误造成的影响局限在一个或几个模块内部，就不需要涉及其他部分了。

9.3.3 软件设计方法

从系统设计的角度出发，软件设计方法可以分为 3 大类。第 1 类是根据系统的数据流进行设计，称为面向数据流的设计或者过程驱动的设计，以结构化设计方法为代表。第 2 类是根据系统的数据结构进行设计，称为面向数据结构的设计或者数据驱动的设计，以程序逻辑构造(LCP)方法、Jackson 系统开发方法和数据结构化系统开发(DSSD)方法为代表。第 3 类设计方法即面向对象的设计。

(1) 结构化设计方法

结构化设计(Structured Design，SD)方法是 20 世纪 70 年代中期由 Stevens、Myers 与 Constantine 等人率先倡导的。20 世纪 70 年代后期，Yourdon 等人提出了 SA 的方法，把结构化的思想推广到分析阶段，进而形成了包括 SD 与 SA 在内的基于数据流的系统设计方法。SD 方法是基于模块化、自顶向下细化、结构化程序设计等程序设计技术基础上发展起来的。该方法实施的要点：① 建立数据流的类型；② 指明流的边界；③ 将数据流图映射到程序结构；④ 用“因子化”方法定义控制的层次结构；⑤ 用设计测量和一些启发式规则对结构进行细化。

在软件设计开始之前，首先要分清数据流图(DFD)所显示的系统特征，在 DFD 所代表的

SA 模型中，所有系统都可以纳入到两种典型的形式，即变换型结构和事务型结构。

变换型数据处理问题的工作过程大致分为 3 步，即取得数据、变换数据和给出数据。如图 9-12 所示。这 3 步反映了变换型问题数据流的基本思想。其中，变换数据是数据处理过程的核心工作，而取得数据只不过是为它做准备，给出数据则是对变换后的数据进行后处理工作。

图 9-12 变换型数据流

变换型系统结构如图 9-13 所示，相应于取得数据、变换数据、给出数据，系统的结构图由输入、中心变换和输出 3 部分组成。

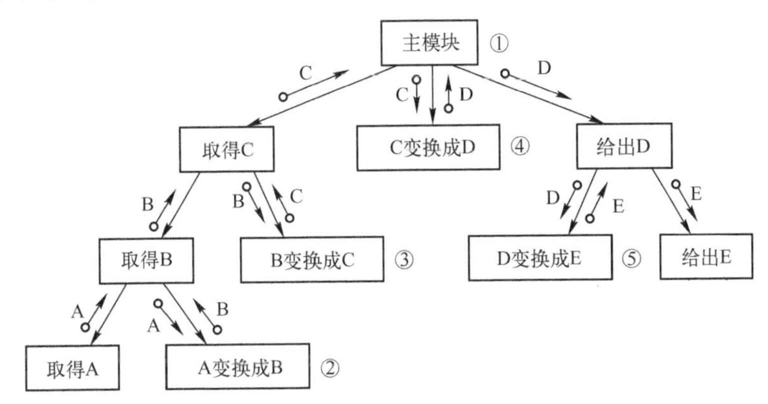

图 9-13 变换型系统结构图

在事务流与事务型系统结构图中，事务型数据处理问题的工作机理是接受一项事务，根据事务处理的特点和性质，选择分派一个适当的处理单元，然后给出结果。我们把完成选择分派任务的部分叫作事务处理中心，或分派部件。这种事务型数据处理问题的数据流图如图 9-14 所示。其中，输入数据流在事务中心 T 处做出选择，激活某一种事务处理加工。$D_1 \sim D_4$ 是并列的供选择的事务处理加工。事务型数据流图所对应的系统结构图就是事务型系统结构图，如图 9-15 所示。

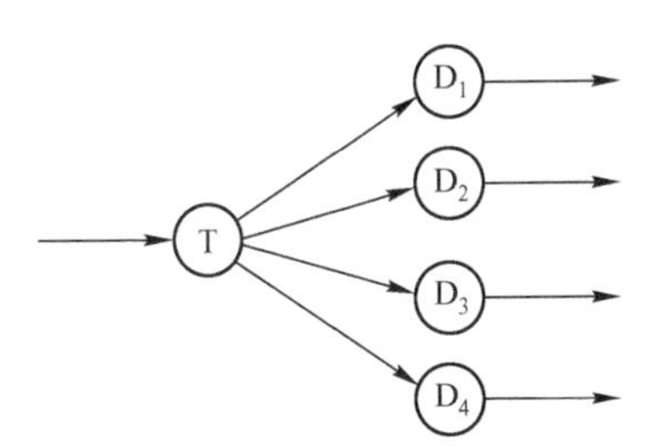

图 9-14 事务型数据处理问题

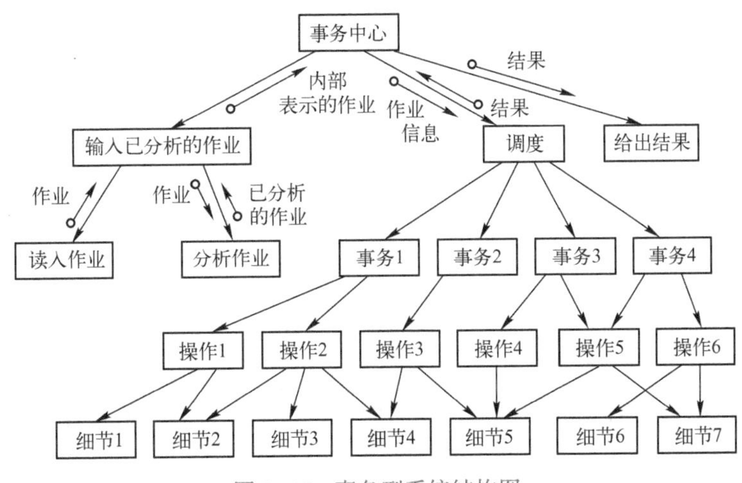

图 9-15 事务型系统结构图

（2）Jackson 系统开发方法

Jackson 方法是一种典型的面向数据结构的分析与设计方法。早期的 Jackson 方法用于小系统的设计，称之为 Jackson 结构程序设计方法，简称 JSP 方法。它是按输入、输出和内部信息的数据结构进行软件设计的，即把数据结构的描述映射成程序结构描述。若数据结构有重复性，则对应程序一定有循环控制结构；若数据结构具有选择性，则对应程序一定需要有判定控制结构，以此揭示数据结构和程序结构之间的内在关系，设计出反映数据结构的程序结构。JSP 方法的 3 步曲是信息 → 数据结构 → 程序结构，这 3 步曲减少了设计决策上的盲目性。但是，当把 JSP 方法用于大系统设计时，就会出现大量复杂的难以对付的结构冲突。因此，促使 M. J. Jackson 提出了 JSD 方法，即 Jackson 系统开发方法。

Jackson 系统开发方法把分析的重点放在构造与系统相关联的现实世界，并建立现实世界的信息域的模型上。它实际上是支持软件分析与设计的一组连续的技术步骤。而且，JSD 方法的最终目标是生成软件的过程性描述，没有特别考虑程序模块化结构，模块只是作为过程的副产品而出现，没有特别强调模块独立性。

Jackson 提出的数据结构表示有 3 种基本的构造类型，如图 9-16 所示。图 9-16a 是顺序结构，即数据结构 A 由 B、C、D 这 3 个成分组成且按 B、C、D 顺序排列。图 9-16b 是选择结构，即数据结构 A 或者由 B 组成，或者由 C 组成，两者必具其一。可选择的数据（子结构或数据项）加“°”表示。图 9-16c 是重复结构，即数据结构 A 由多个 B 子结构组成，子结构用“*”加以标记。

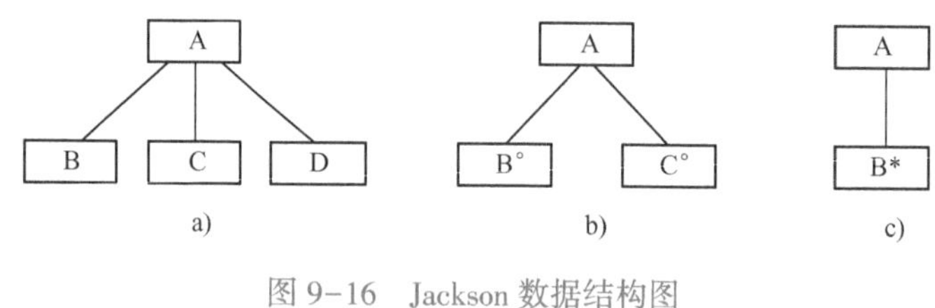

图 9-16 Jackson 数据结构图

a）顺序结构 b）选择结构 c）重复结构

3 种基本结构可以组合，形成更复杂的结构体系。最后，利用 Jackson 给出的 3 种图解来表示程序或进程的执行逻辑。这种图解类似于程序设计语言，实际上它是一种伪码表示。3 种基本控制结构的图解如图 9-17 所示。

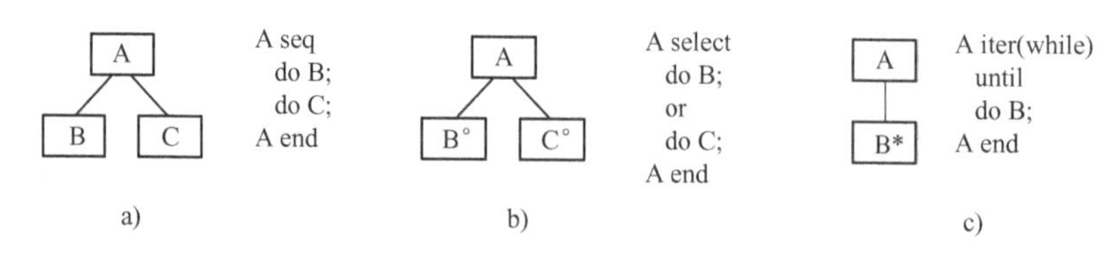

图 9-17 3 种基本控制结构的图解

a）顺序型 b）选择型 c）重复型

（3）面向对象的程序设计

面向对象的程序设计，就是把面向对象的思想应用到软件工程中，并指导开发维护软件。面向对象的程序设计（OOP）主要是由于 C++和 Java 等语言的传播。用面向对象的语言可以处理任何其他计算机语言所能完成的事情。然而当建立基于智能体的模型时，面向对象的程序设计对于开始的程序员和后来的程序读者都表现出了很大的优势。

面向对象的程序设计方法是一种支持模块化设计和软件重用的编程方法。它把程序设计的主要活动集中在建立对象和对象之间的联系上，所以一个面向对象的程序就是相互关联的对象的集合。面向对象的程序设计主要有以下特点：抽象、封装、继承和多态。

面向对象程序设计的基本要素是抽象，程序员通过抽象来管理复杂性。管理抽象的有效方法是使用层次式的分类特性，这种方法允许用户根据物理含义分解一个复杂的系统，把它划分成更容易管理的块。例如，一个计算机系统是一个独立的对象，而在计算机系统内部由几个子系统组成：显示器、键盘、硬盘驱动器、DVD-ROM、软盘、音响等，这些子系统每个又由专门的部件组成。关键是需要使用层次抽象来管理计算机系统（或其他任何复杂系统）的复杂性。面向对象程序设计的本质：这些抽象的对象可以被看作具体的实体，这些实体用来告诉什么消息进行响应。

封装是对象的特征之一，是对象和类概念的主要特性。封装也就是把客观事物封装成抽象的类，并且类可以把自己的数据和方法只让可信的类或者对象操作，对不可信的进行信息隐藏。

继承是指可以使用现有类的所有功能，并在无须重新编写原来的类的情况下对这些功能进行扩展。通过继承创建的新类称为“子类”或“派生类”。被继承的类称为“基类”“父类”或“超类”。继承的过程，就是从一般到特殊的过程。

多态是允许将父对象设置成为和一个或更多的它的子对象相等的技术，赋值之后，父对象就可以根据当前赋值给它的子对象的特性以不同的方式运作。简单地说，多态就是允许将子类类型的指针赋值给父类类型的指针。实现多态有两种方式：覆盖和重载。覆盖是指子类重新定义父类的虚函数的做法；重载是指允许存在多个同名函数，而这些函数的参数表不同。

9.4 软件编程

本节主要介绍软件的编程，包括软件编程概述和软件编程风格。

9.4.1 软件编程概述

软件编程阶段是软件系统物理实现阶段，是为了借助计算机来达到某一目的或解决某个问题，而使用某种程序设计语言编写程序代码，并最终得到结果的过程。软件编程主要包括编程方法及编程语言的确定、程序内部文档的书写、编程风格的讨论以及程序效率的考虑等因素。在软件开发过程中，首先必须通过分析阶段来确定用户的需求，然后经过设计阶段来制订一个周密的编码计划，包括确定系统的模块结构、各模块内部的控制流程等，直到编码条件具备了，于是就可以进入编码阶段了。

编码阶段就是要为每个模块编写程序，首先需要为遇到的问题选择一种合适的程序设计语言，然后根据软件工程中的需求分析和系统设计方案确定如何编写一个良好的程序。良好的程序不仅仅是没有语法错误，还必须是逻辑上正确并有利于阅读的程序，使程序具有良好的可读性，便于理解、易于维护，而且隐含错误的可能性也大大降低。

9.4.2 软件编程风格

软件编程风格又称为程序设计风格，良好的编程风格能够在一定程度上弥补编程语言所存在的缺点，然而不注意编程风格，即使使用了结构化高级语言，也很难写出高质量的程序。程序编程风格归纳起来需要做到在程序设计过程中，尽量采用自顶向下和逐步细化的原则，由粗到细，一步步展开；在编写程序时，强调使用几种基本控制结构，通过组合嵌套形成程序的控制结构，同时尽可能避免使用GOTO语句。具体要求如下：

1）在程序设计中要使用语言中的顺序、选择、循环等有限的基本控制结构表示程序逻辑。

编程语言提供了3种基本语言来描述，分别是顺序结构、选择结构和循环结构。虽然现在大多数现代语言都提供了比3种基本结构还要多的控制结构，比如3种选择结构、3种循环结构等，但是这也是为了增加程序的可读性，提高程序的执行效率，这些结构都可以用上面3种基本结构来描述。在尽量采用标准结构的同时，还要避免使用比较容易引起混淆的结构和语句。

2）要严格控制GOTO语句。GOTO语句是一种跳转语句，在使用此语句时由于会引起程序迂回曲折，使程序难以理解，所以应尽量少用或不用。但是GOTO语句也不应该完全禁止，在现代语言中可以使用GOTO语句和IF语句组成用户定义的新控制结构，并且GOTO语句还可以提前退出循环或转移到错误处理中。所以在使用时仅在用一个非结构化的程序设计语言去实现一个结构化的构造，或者在某种可以改善而不是损害程序可读性的情况下才可以使用GOTO语句，除此之外GOTO语句应尽量不用。

3）程序输入输出的要求。在编写程序中选用的控制结构只准许有一个入口和一个出口。对于程序语句组成容易识别的块，每块也只有一个入口和一个出口。程序需要对输入数据进行有效的检验，用来防止对程序有意或无意地破坏。输入的格式要求要简单、一致，并尽可能采用自由格式输出，输出的数据要有必要的说明，所有的输出报表、报告要有良好的格式。

4）需要实现程序的文档化。软件是程序和文档的组合，为了提高程序的可维护性，源代码需要实现文档化，包括需要对有意义的变量名称、程序的开始和结尾处以及难读懂的程序段上加上适当的注释；要用统一、标准格式来书写源程序；在注释与程序段以及不同程序段之间插入空行，以便于提高源程序的可读性。

另外，在详细设计和编码阶段，应当采取自顶向下、逐步求精的方法，把一个模块的功能逐步分解，细化为一系列具体的步骤，进而翻译成一系列用某种程序设计语言写成的程序。还需要注意到的数据结构的合理化问题，即数据结构访问的规范化、标准化问题。

9.5 软件测试

本节主要介绍了软件测试，主要包括软件测试概述、软件测试用例的设计和软件测试的步骤。

9.5.1 软件测试概述

软件测试是为了发现程序中的错误而执行程序的过程。软件测试的目的不是说明软件的正确性，而是尽可能地发现软件迄今为止没有发现的错误。美国的Grenford J. Myers在《The Art of Software Testing》一书中表述了他对软件测试的观点：

1）程序测试是为了发现错误而执行程序的过程。

2）测试是为了证明程序有错，而不是证明程序无错误。

3）一个好的测试用例是在于它能发现至今未发现的错误。

4）一个成功的测试是发现了至今未发现的错误的测试。

发现错误并不是软件测试的唯一目的，软件测试的目的还需要通过分析错误产生的原因和发生趋势来帮助项目管理者发现当前软件开发过程中的缺陷，以便于及时改进，同时这种分析也能够帮助测试人员设计出有针对性的测试方法来改善测试的效率和有效性，完整的测试是评定软件质量的一种方法。

软件测试的主要工作内容是验证(Verification)和确认(Validation)。验证是保证软件正确地实现一些特定功能的一系列活动，是试图证明在软件生命周期各个阶段，以及阶段间的逻辑协调性、完备性和正确性。验证包括确定软件生命周期中的一个给定阶段的产品是否达到前阶段确立的需求，是否采用正确的形式来表示程序等。确认是一系列的活动和过程，目的是想证实在一个给定的外部环境中软件的逻辑正确性。确认包括需求规格说明的确认和程序的确认，而程序的确认又分为静态确认与动态确认。静态确认一般不在计算机上实际执行程序，而是通过人工分析或者程序正确性证明来确认程序的正确性；动态确认主要通过动态分析和程序测试来检查程序的执行状态，以确认程序是否有问题。

确认与验证工作都属于软件测试。在对需求理解与表达的正确性、设计与表达的正确性、实现的正确性以及运行的正确性的验证中，任何一个环节上发生了问题都可能在软件测试中表现出来。

软件测试应当遵循以下几条原则：

1）软件开发者应本着“尽早地和不断地进行软件测试”的原则。

2）测试用例应由测试输入数据和与之对应的预期输出结果两部分组成。

3）程序员应避免检查自己的程序。

4）在设计测试用例时，应当包括合理的输入条件和不合理的输入条件。

5）充分注意测试中的群集现象。

6）严格执行测试计划，排除测试的随意性。

7）应当对每一个测试结果做全面检查。

8）妥善保存测试计划、测试用例、出错统计和最终分析报告，为维护提供方便。

软件测试的步骤有单元测试、集成测试、系统测试和验证测试 4 步。而软件测试的方法有白盒测试、黑盒测试和灰盒测试。

软件开发过程是一个自顶向下、逐步细化的过程，而测试过程则是按照自底向上的顺序逐步集成的过程，低一级测试为上一级测试准备条件。首先对每一个程序模块进行单元测试，消除程序模块内部在逻辑上和功能上的错误和缺陷；再对照软件设计进行集成测试，检测和排除子系统(或系统)结构上的错误，再对照需求，进行确认测试；随后从系统全体出发，运行系统，看是否满足要求；最后从用户的角度做验收测试，完成用户需求，达到质量合格。

9.5.2 软件测试用例的设计

在测试需求收集完毕后，就要开始测试用例的设计。测试用例就是一个文档，用来描述输入、动作或者时间和一个期望的结果，其目的是确定应用程序的某个特性是否能正常工作。

设计测试用例的方法有人工测试和基于计算机的测试，计算机测试方法又分为白盒测试、黑盒测试和灰盒测试。

1. 白盒测试

白盒测试(White Box Testing)也称结构测试或逻辑驱动测试，它是按照程序内部的结构测试程序，通过测试来检测产品内部动作是否按照设计规格说明书的规定正常进行，检验程序中的每条通路是否都能按预定要求正确工作。这一方法是把测试对象看作一个打开的盒子，测试人员依据程序内部逻辑结构相关信息，设计或选择测试用例，对程序所有逻辑路径进行测试，通过在不同点检查程序的状态，确定实际的状态是否与预期的状态一致。

白盒测试的主要方法有代码检查法、静态结构分析法、静态质量度量法、逻辑覆盖法、基本路径测试法、域测试、符号测试、Z 路径覆盖、程序变异。白盒测试法的覆盖标准有逻辑覆盖、循环覆盖和基本路径测试。其中逻辑覆盖包括语句覆盖、判定覆盖、条件覆盖、判定/条件覆盖、条件组合覆盖和路径覆盖。

语句覆盖是设计若干测试用例，运行被测试的程序，使程序中每个语句至少执行一次。判定覆盖又称为分支覆盖，是指设计若干测试用例，使每个判断取真和判断取假的分支至少执行一次。判定覆盖虽然比语句覆盖面更广一些，但是只是判定覆盖，并不能保证查出在判断条件中查出的错误，所以还需要更强的覆盖去检验判断内部条件，即条件覆盖。条件覆盖是指通过给出的测试用例，判断其中每个条件都获得各种可能的结果。条件覆盖可以深入到判定中的每个条件，但可能不能满足判定覆盖的要求，所以引入了判定/条件覆盖。判定/条件覆盖是指选择足够多的测试数据，使判断中的每个条件都取得一定的数值，同时还使每个判断表达式也取得各种可能的结果。条件组合覆盖可以更为全面地使每个判断中条件的各种可能组合都至少出现一次。路径测试就是设计足够的测试用例，覆盖程序中所有可能的路径，路径测试是最强的覆盖准则，但在路径数目很大时，真正做到完全覆盖是很困难的，必须把覆盖路径数目压缩到一定限度。

2. 黑盒测试

黑盒测试(Black Box Testing)是测试人员将程序看作一个黑盒，不关心程序内部是如何实现的，而只是检查程序是否符合功能要求。黑盒测试常用的方法有等价类划分、边界值分析、因果图法和错误推测法。

等价类划分是将输入数据划分成若干等价类，每一个类都需要有一个或几个有代表性的数据来进行测试。等价类划分包括有效等价类和无效等价类。有效等价类是指合理的、有意义的输入数据的集合，可以通过有效等价类来验证程序是否实现了规格说明预先规定的功能和性能。无效等价类是指不合理的、无意义的输入数据的集合，可以利用无效等价类来检查程序的功能和性能的实现是否有不符合规格说明要求的地方。所以在设计测试用例的时候要兼顾有效等价类和无效等价类，设计出相应的测试用例，既要检验出软件可以接收合理的数据，还可以检验软件在接受无效和不合理数据的时候要经受得住意外考验，这样软件才可以获得高可靠性。

人们通过长期的测试工作经验得知，大量的错误是发生在输入或输出范围的边界上，而不是在输入范围的内部。因此针对各种边界情况设计测试用例，可以查出更多的错误。比如输入数据的值的范围是-2.0~2.0，则可以选择-2.0、2.0、-2.001、2.001 等数据进行测试。使用边界值分析方法设计测试用例，首先应确定边界情况。通常输入等价类与输出等价类的边界，就是应着重测试的边界情况。应当选取正好等于、刚刚大于或刚刚小于边界的值作为测试数据，而不是选取等价类中的典型值或任意值作为测试数据。边界值分析方法是有效的黑盒测试方法，但当边界情况很复杂时，要找出适当的测试用例还需针对问题的输入域和输出域边界，耐心细致地逐个考虑。

人们也可以靠经验和直觉推测程序中可能存在的各种错误，从而有针对性地编写检查这些错误的例子，这就是错误推测法。错误推测法的基本想法：列举出程序中所有可能有的错误和容易发生错误的特殊情况，根据它们选择测试用例。

前面的测试方法都仅仅考虑了输入条件，而并没有考虑到输入条件之间的联系。因果图法就能解决这一问题，因果图法侧重分析输入条件的各种组合，每种组合条件就是“因”，它必然有一个输出的“果”。因果图法最终生成“判定表”，它适用于检查输入条件的各种情况。

3. 灰盒测试

灰盒测试(Gray Box Testing)是介于白盒和黑盒之间的，灰盒测试关注输出对于输入的正确性，同时也关注内部表现，这种关注不像白盒测试那样详细、完整，只是通过一些表征性的现象、事件、标志来判断内部的运行状态。

在实际应用中，通常将白盒测试、黑盒测试和灰盒测试等测试技术结合起来进行测试用例的设计。要综合几种测试的策略，比如在任何情况下都使用边界值的分析方法、必要时需要使用等价类划分的方法、对照程序逻辑还要检查已经设计的测试方案，以及再补充一些其他测试方案。

在测试中一般选择以黑盒测试方案为主，其他测试方法为辅的策略，综合采用各种测试方案，尽可能多地发现程序的错误。

9.5.3 软件测试步骤

在系统设计人员和软件测试人员编写完测试大纲、明确了软件测试的内容和测试通过的准则，设计完合适的测试用例后，就需要开始进行软件测试了。一般软件测试的步骤可分为4步：单元测试、集成测试、系统测试和验收测试。

1. 单元测试

单元测试(Unit Testing)又称为模块测试，是对一个模块或几个模块组成的小功能单元做测试，一般以白盒测试为主，多个模块可以并行进行。它集中对用源代码实现的每一个程序单元进行测试，检查各个程序模块是否正确地实现了规定的功能。模块内部的测试包括模块接口、局部的数据结构、重要的执行通路、出错处理以及影响上述各方面的边界条件。单元测试能够发现编码阶段的错误，是整个测试的基础。

2. 集成测试

集成测试(Integration Testing)是在单元测试的基础上，按照需求说明将所有模块按照一定的策略组成系统再进行测试，这种测试也称为组装测试。集成测试的策略有两种方法，分别是自顶向下和自底向上。

自顶向下的结合是从主控模块(主程序)开始，沿着软件控制层次向下移动，然后再逐渐把整个模块结合起来，在组合中可以使用深度优先或宽度优先策略。自底向上的结合是从软件结构最底层的模块开始组装和测试。

自顶向下的方法可以不需要测试驱动程序，能够早期发现上层模块的接口错误，但底层关键模块的错误发现比较晚，并且不能在早期展开测试，而自底向上的方法正好与之相反。所以有时在集成测试过程中可以对软件结构中较上层，使用自顶向下法，而对软件结构的中下层，使用自底向上法，这就是将两者结合在一起的混合策略。

3. 系统测试

系统测试(System Testing)是将计算机系统包括硬件、软件和与此相关的其他设备以及人员等集成为一个整体进行测试的过程。系统测试的对象不仅仅包括需要测试产品系统的软件，还要包含软件所依赖的硬件、外设甚至包括某些数据、某些支持软件及其接口等。因此，必须将系统中的软件与各种依赖的资源结合起来，在系统实际运行环境下来进行测试。在系统测试中需要进行性能测试、压力测试、容量测试、系统安全测试等。

4. 验收测试

如果说系统测试主要是系统测试人员进行测试的话，验收测试(Acceptance Testing)就是用户和独立测试人员根据测试计划和结果对系统进行测试和接收。系统测试是管理性和防御性控制，它让系统用户决定是否接收系统，其确定的产品是否能够满足合同或用户所规定的需求。

9.6 软件维护

在软件系统投入运行后，由于系统外部环境的变化，内部人为的、机器因素的影响，需要系统能够适应变化，消除各种干扰，因而需要进行系统维护。系统维护的目的是保证系统正常而可靠地运行，并随着环境的变化，不断改善和提高，始终处于正确的工作状态。

根据维护对象的不同，系统维护可以分为应用软件维护、数据维护、代码维护和硬件设备维护。

应用软件维护是在软件中业务处理出现问题或发生变化的时候，要修改相应的程序和应用文档，这是系统维护最主要的内容。根据维护具体目标的不同，应用软件维护又可以分为完善性维护、适应性维护、纠错性维护和预防性维护。完善性维护是在应用软件使用期间内为不断改善和加强系统的功能和性能，来满足用户日益增长的需求所进行的维护工作。适应性维护是为了让应用软件系统更适合运行环境的变化而进行的维护活动。纠错性维护是纠正开发期间未能发现的遗留错误。预防性维护主要是维护人员不应被动地等待用户提出要求才做维护工作，而是应该选择那些还有较长使用寿命，目前虽然能运行但不久就需要做较大变化或加强的系统来进行维护，目的是维护系统未来的修改与调整奠定良好的基础，减少后期维护所需要的工作量。

数据维护主要是系统在投入运行后要对数据库进行不断地评价、调整和修改，要维护数据库正常的活动，并要提高数据库的设计工作。维护阶段的主要工作是数据库安全控制、数据库正确性的维护、转储与恢复、数据库的重组织和重构造。

代码维护是要随着系统应用范围和应用环境的变化，对系统中的各种代码进行增加、删除、修改以及设置新代码。

硬件设备维护主要是针对系统主机和外部设备的日常维护和管理、故障检修、易损零件的更换、某些设备功能扩展等。

为了保证计算机软件系统的正常运行，还需要建立起一整套运行管理制度，主要包括系统操作员制度、子系统操作员操作制度、计算机机房管理制度、文档管理制度和应用软件维护制度等。各项运行制度需要制定相应的考核细则，并与有关人员的业绩考核相结合，真正能够保证系统的正常运行。

9.7 习题

1. 简述软件的发展经历了哪几个阶段。
2. 软件的生命周期分为哪几个阶段？每个阶段的任务是什么？
3. 简述常见的生命周期模型。
4. 什么叫数据流图？什么叫数据字典？
5. 软件设计的原则有哪些？
6. 什么叫软件测试？软件测试的方法和步骤有哪些？
7. 简述软件的系统维护。

第10章　数据库技术

电子计算机的出现，给整个社会带来巨大的变化。随着计算机硬件和软件的发展，对信息的处理成为计算机的一个重要的应用，而这一应用正是以数据管理技术为基础的。人们常说现在是信息社会，信息社会中存在大量数据信息，数据的管理尤为重要，这就是为什么数据库技术有着如此重要的作用。目前，数据库系统应用成为信息处理、办公自动化、计算机辅助设计/制造、人工智能等的主要软件工具之一。

10.1　数据库系统概述

随着1946年第一台电子计算机在美国宾夕法尼亚大学的问世，经过70多年的发展，计算机的应用从早期的主要用于数值计算，发展到现在的信息处理、实时控制、人工智能等，计算机渗透到社会的各种领域，人们的生活已经越来越离不开计算机了。生产技术的进步，社会活动的复杂化，使我们进入到了一个信息化的社会，信息处理成为当今世界上一项主要的社会活动。而信息的处理是指对各种数据进行收集、存储、加工和传播的过程，它的核心是数据管理技术。数据管理是指如何分类、组织、存储、检索及维护数据。

10.1.1　数据管理技术的产生和发展

在社会应用需求的推动下和计算机软件、硬件发展的基础上，数据管理技术经历了人工管理、文件管理、数据库系统管理3个阶段，各阶段的特点如表10-1所示。

表10-1　数据管理技术3个阶段的比较

阶　段	人工管理阶段	文件管理阶段	数据库系统管理阶段
应用目的	科学计算	科学计算和数据管理	大规模数据管理
计算机硬件条件	纸带、磁带和卡片	磁盘和磁鼓	大容量磁盘
计算机软件条件	无操作系统	具有文件系统和操作系统	具有操作系统和数据库管理系统
处理方式	批处理	联机实时处理和批处理	分布处理、联机实时处理和批处理
数据管理者	用户(程序员)	文件系统	数据库管理系统
数据面向的对象	某一应用程序	某一应用	现实世界
数据共享程度	无共享，冗余度大	共享性差，冗余度大	共享性好，冗余度小
数据的独立性	不独立，完全依赖于程序	独立性差	独立性好
数据的结构化	无结构	记录内有结构，整体无结构	整体结构化
数据控制能力	由应用程序控制	主要由应用程序控制	由数据库管理系统控制

(1) 人工管理阶段

20世纪中期，计算机问世不久，其价格昂贵，硬件只有纸带、磁带和卡片，没有磁盘等直接存取存储设备；而软件状况是还没有操作系统，没有数据管理软件，只有汇编语言。计算机主要用于科学计算，数据的处理方式是批处理，数据的管理由用户(即程序员)自行安排。这一时期的主要的特点如下。

- 数据不保存。
- 数据由应用程序管理。
- 数据不具有独立性和共享性。

（2）文件管理阶段

20世纪50年代至20世纪60年代期间，由于晶体管技术的出现，计算机的价格有了极大的降低，性能上有了极大的提高。在硬件方面有了磁盘、磁鼓等外部存储设备；在软件方面，形成了操作系统，出现了专门的管理数据的软件，一般称为文件系统。这一时期计算机不仅用于科学计算，也开始用于数据管理。从处理方式上讲，不仅有了批处理，而且能够联机实时处理。

在这种背景下，这一阶段的数据管理形成了以下几个特点。

- 数据可以长期保存。
- 数据由文件系统管理。
- 数据独立性和共享性差。

与人工管理阶段相比，文件系统对数据管理的效率提高了很多，但这种方法仍然存在缺点，如数据独立性差、共享性差，数据冗余大。文件系统中，文件仍然是面向应用的，一个文件基本上对应于一个应用程序。当不同的应用程序具有相同的数据时，也需要建立各自的文件，不能共享相同的数据，因此造成数据冗余大，浪费了存储空间。同时由于相同数据重复存储，各自管理，容易造成数据的不一致性，给数据的修改和维护带来困难。

文件系统中的文件是为某一个特定的应用目标服务的，文件的逻辑结构对该应用程序来讲是优化的，但是如果应用目标需要进行修改，如添加某些功能时，系统则不容易扩充。一旦数据的逻辑结构改变，则必须修改文件结构的定义和应用程序。因此数据与应用程序之间仍然缺乏独立性。

（3）数据库系统管理阶段

从20世纪60年代后期开始，以集成电路为基础的计算机技术日益成熟，这时从硬件条件上，已经有了大容量磁盘，硬件价格大幅度下降，使得计算机在社会生活中的应用更为广泛，用于管理的数据规模也越来越大，由于数据量急剧增长，为编制和维护系统软件及应用程序所需的成本相对增加，也就是软件价格上升。而在处理方式上，联机实时处理的要求增多，并开始提出和考虑分布式处理。在这样一种客观需求的背景下，数据库技术应运而生，出现了能够统一管理数据的专门软件系统——数据库管理系统（DataBase Management System，DBMS），满足了应用需求，解决了多用户、多应用共享数据的要求。

数据库系统管理阶段的指导思想：对所有的数据实行统一的、集中的、独立的管理，使数据存储独立于使用数据的程序，实现数据共享。

在管理数据方面，数据库管理系统比文件系统具有明显的优势，从文件系统到数据库管理系统是数据管理技术的一次飞跃。数据库系统最主要的特点表现在以下几个方面。

- 数据结构化。
- 数据由DBMS管理和控制。
- 数据共享性和独立性高。

数据库管理系统的出现，使信息系统从简单的数据处理发展到信息管理和更高层次的决策支持系统，数据库已成为现代信息系统的重要的基础组成部分。从1968年IBM研制出第一个商品化的信息管理系统（Information Management System，IMS）开始，数据库系统成为信息处理、办公自动化、计算机辅助设计/制造、人工智能等应用的主要软件工具之一，而数据库技术也成为计算机领域中发展最快的技术之一。

10.1.2 数据库系统基本术语

下面介绍一些数据库技术中最常用的术语和基本概念，如数据库、数据库管理系统和数据库系统等。

(1) 数据库

数据库(DataBase，DB)是存放数据的仓库。只不过这个数据仓库是在计算机存储设备上，数据是按一定的格式存放的。所以说，数据库是指长期存储在计算机内的、有组织的、可共享的数据集合。数据库中的数据按一定的数据模型组织、描述和存储，具有较小的冗余度、较高的数据独立性和易扩展性，并可为各种用户共享。

(2) 数据库管理系统

数据库管理系统是位于用户与操作系统之间的一层数据管理软件。它的主要功能包括以下几个方面。

- 数据定义功能。
- 数据操纵功能。
- 数据库的运行管理。
- 数据库的建立和维护功能。

(3) 数据库系统

数据库系统(DataBase System)一般由数据库、数据库管理系统、应用开发工具、应用系统、数据库管理员和用户组成。什么是数据库管理员呢?应当指出的是，数据库的建立、使用和维护等工作只靠一个 DBMS 是远远不够的，还要有专门的人员来完成，这些人被称为数据库管理员(DataBase Administrator，DBA)。

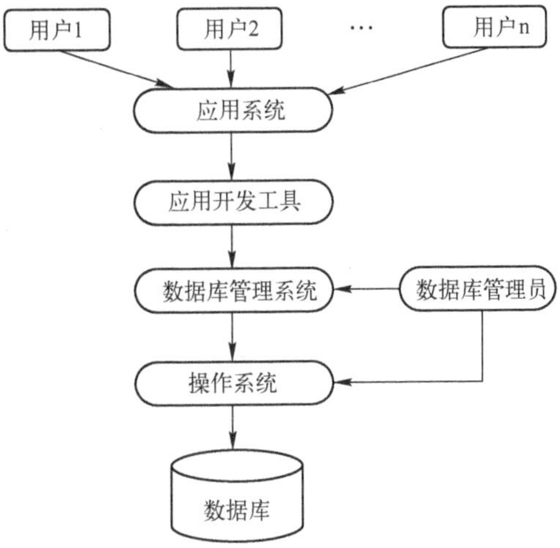

图 10-1　数据库系统

数据库系统如图 10-1 所示。

数据库技术的发展是以数据模型的发展为基础的，可以称数据模型的发展过程就是分析数据库技术发展的主线。

10.1.3 数据模型

数据库是针对一个应用系统涉及的所有数据的集合，它不仅要反映数据自身的内容，而且要反映数据之间的联系。由于计算机不能直接处理现实世界中的具体事物，因此必须要把具体事物转换为计算机可以处理的数据形式，这个转换过程就是对现实世界进行模拟，通过建立模型的手段创建数据模型，利用这一工具表示和处理现实世界中的数据和信息。

根据应用的不同，模型分为两类，它们分属两个不同的层次。一类模型是概念模型，也称信息模型，是从现实世界到信息世界的第一层抽象。这种模型不涉及信息在计算机中的表示和实现，是按用户的观点进行数据信息建模，强调语义表达能力，这种模型比较清晰、直观，容易被理解。另一类是数据模型，也称为结构数据模型，是从信息世界到机器世界的转换。这种模型是面向数据库中数据逻辑结构的，如关系模型、层次模型、网状模型和面向对象的数据模型等，数据库管理系统正是使用这些数据模型，定义、组织和操纵数据库中的数据。它们之间的关系如图 10-2 所示。

概念模型用于信息世界的建模，是将客观世界中的事物用某种信息结构表示出来，达到从现实世界到信息世界的抽象。但概念模型是独立于计算机系统的，不是某一个 DBMS 支持的模型，计算机不可能直接处理，因此必须把概念模型转换为计算机能够处理的数据，即用数据模型这个工具来抽象和表示各种事物，实现从信息世界到机器世界的转换。而要将现实世界的事物转换为机器世界(计算机)能处理的数字信息，需要经过抽象和数字化：首先从现实世界的事物抽象到信息世界的概念模型，再将信息世界的概念模型经过数字化，转化为机器世界的数学模型。

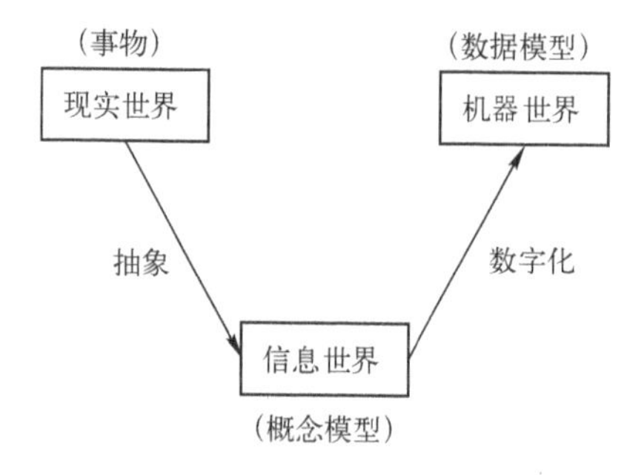

图 10-2　事物、概念模型和数据模型的关系

下面分别介绍两个层次的模型——概念模型和数据模型。

1. 概念模型

概念模型用于信息世界的建模，是现实世界到信息世界的第一层抽象，是数据库设计人员和用户间进行数据库设计的有力工具。概念模型描述了现实世界中各种具体事物、事物间复杂的联系以及用户对数据对象的处理要求，因此要求概念模型具有较强的语义表达能力，而且应该简单、清晰、灵活，易于理解。

要建立概念模型，首先应学习一些信息世界中的基本概念。

(1) 信息世界中的基本概念

在信息世界的描述中，涉及的主要概念如下。

1) 实体(Entity)：客观存在并相互区别的事物称为实体。如一名学生、一个系、一门课程都是实体。

2) 实体集(Entity Set)：具有相同特征的实体的集合称实体集。全体教师是一个实体集，全体学生也是一个实体集。

3) 属性(Attribute)：实体所具有的特征。例如，“学生”实体的属性可以由学号、姓名、性别、出生日期、专业、照片等组成，这些属性表示了学生的特征。再如，实体“系”的属性则为系名、系号、系主任。不同的实体具有不同的特征，因此也就具有不同的属性，从属性的集合可以区分出不同的实体。

4) 关键字(Key)：能唯一标识实体的属性组。一个实体具有很多属性，在这些属性中会存在由一个或若干个属性构成的属性组，这个属性组的值能够区分出一个实体集中的不同的个体，例如每一名学生的学号是不同且唯一的，因此学号可以标识每一名学生，是学生实体的关键字。关键字也称键或码。

5) 域(Domain)：属性的取值范围称为该属性的域。例如：当学号由 6 位整数组成时，学号的域就为 6 位整数；若规定姓名必须由字符串构成，则姓名的域为字符串；而性别的域为“男”或“女”。

6) 实体型(Entity Type)：用实体名及其属性名描述同一类实体为实体型，如描述学生实体的实体型为学生(学号、姓名、性别、出生日期、专业、照片)，而描述教师实体的实体型为教师(教师号、姓名、专业、职称、性别、年龄、部门)。

以上是信息世界中的基本概念，在理解了这些概念的基础上，我们将学习如何建立概念模型。

（2）实体间的联系

建立概念模型的关键是分析实体间的相互联系。现实世界中事物内部和事物之间都是有联系的，这些联系在信息世界中反映为实体内部和实体间的联系。实体内部的联系是指组成实体的各属性间的联系，实体间的联系是指不同实体集间的联系。

下面重点讨论实体间的联系。两个实体间的联系分为以下 3 类。

1）一对一联系。

如果实体集 A 中的每一个实体在实体集 B 中只有一个实体与之联系，反之亦然，则实体集 A 与实体集 B 具有一对一联系，记作 1:1。假设有实体集“系”和实体集“系主任”（见图 10-3），由于一个系只有一个系主任，而一个系主任也只能是某一个系的主任，例如在“系”实体集中存在一个实体——自动化系，则在“系主任”实体集中只有实体——胡敏与之对应，系主任实体集中的其他实体与“自动化系”均不存在系与系主任的对应关系；反之，“胡敏”也只能与“自动化系”存在对应关系，这时称“系”与“系主任”之间具有一对一联系。

2）一对多联系。

如果实体集 A 中的每一个实体在实体集 B 中有 n 个实体与之联系，反之，对于实体集 B 中的每一个实体在实体集 A 中只有一个实体与之联系，则实体集 A 与实体集 B 具有一对多联系，记作 1:n。例如一个系有多个教师，而每个教师只属于某一个系，则实体集“系”与实体集“教师”之间具有一对多联系，如图 10-4 所示。

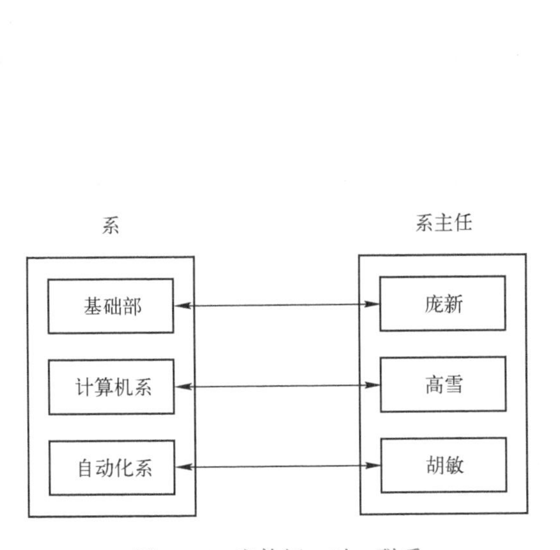

图 10-3　实体间一对一联系

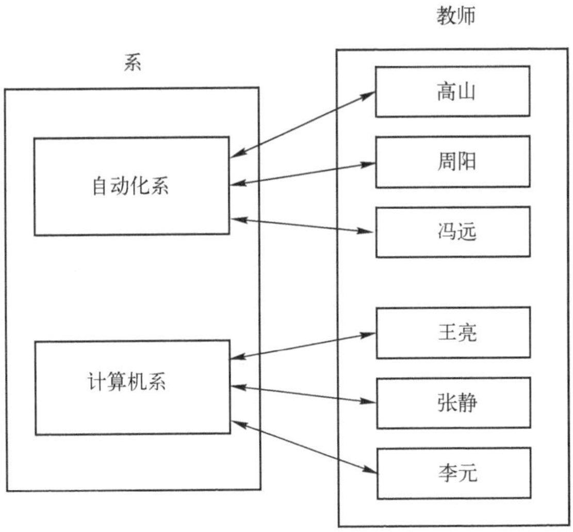

图 10-4　实体间一对多联系

3）多对多联系。

如果实体集 A 中的每一个实体在实体集 B 中有 n 个实体与之联系，反之，对于实体集 B 中的每一个实体在实体集 A 中有 m 个实体与之联系，则实体集 A 与实体集 B 具有多对多联系，记作 m∶n。例如对于实体集“课程”和“学生”（见图 10-5），如果规定一个学生可以同时选修多门课程，而每门课程同时有多个学生选修，则“学生”与“课程”之间具有多对多联系。

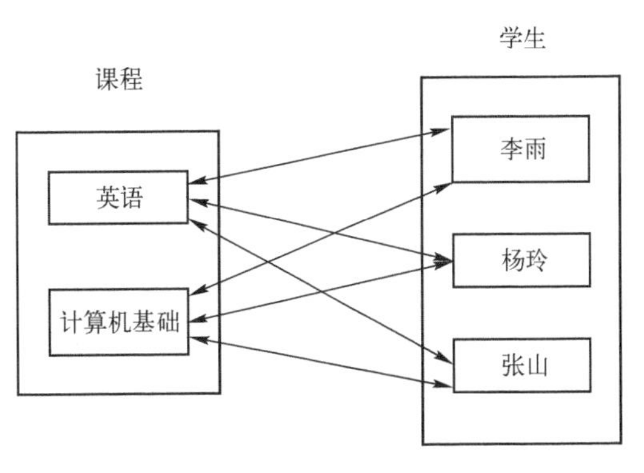

图 10-5　实体间多对多联系

2. 数据模型

概念模型虽然将现实世界中的具体事物进行了抽象，但还不能作为计算机直接处理的对象。数据库之所以能统一管理和操纵数据，是因为数据库中的数据是按照特定方式组织和存储的。这种数据的组织方式也就是我们要讨论的数据模型，即结构数据模型。数据模型应满足3方面的要求：一是能真实地模拟事物；二是容易为人理解；三是便于在计算机上处理。数据模型的形式与数据库系统是密切相连的，是DBMS的存储模型。

（1）数据模型的组成

数据模型通常由数据结构、数据操作和数据完整性3部分组成。

数据结构是研究存储在数据库中对象的型的集合，是对系统静态特性的描述。例如人事管理的数据库中，每个人的基本情况(姓名、单位、出生年月、工资、工作年限等)说明了对象——人的特征，是数据库中存储的框架，即对象的型。它是系统建立数据库逻辑结构的方式。

数据操作是指对数据库中各种对象实例的操作及有关的操作规则，是对系统动态特性的描述。例如检索、插入、删除、修改对象实例的值等。

数据完整性是用来限定符合数据模型的数据库状态以及状态的变化，保证数据的正确性、有效性和相容性。

在这3个组成部分中，数据结构是描述数据模型的最根本要素，它决定着DBMS的功能、组成及管理数据的方式，也决定着数据模型的种类。不同种类的数据模型，这3部分的具体内容也不相同。

（2）常用数据模型的种类

目前DBMS中最常用的数据模型有4种：层次模型、网状模型、关系模型和面向对象数据模型。

层次模型、网状模型是早期DBMS采用的数据模型，属非关系模型；关系模型是1970年由美国IBM公司首次提出的，自20世纪80年代以来推出的数据库管理系统几乎都支持这种关系模型，因此是目前应用最广泛的一种数据模型；面向对象模型是数据库技术与面向对象程序设计方法的产物，是一种新型的数据模型。

1）层次模型的特点如下：

- 有且仅有一个结点无双亲，该结点称为根结点。
- 其他结点有且只有一个双亲。
- 上一层和下一层记录类型间联系是1∶n。

2）网状模型的特点如下：

- 有一个及以上的结点没有双亲。
- 结点可以有多于一个的双亲。

网状模型去掉了层次模型的限制，允许多个结点没有双亲结点，也允许结点有多个双亲结点。

面向对象数据模型至今没有一个统一的严格的定义，虽然有很多论文对面向对象数据模型进行讨论，但目前仍然缺少统一的规范说明。但是有一点是统一的，即面向对象数据模型具有面向对象的根本特征——对象、类、类层次、封装、继承等，这里就不做详细介绍了。

关系模型是目前DBMS使用最多的一种组织数据的方式，是最重要的一种数据模型，其应用最为广泛，下面重点介绍以关系模型为数据模型的关系数据库理论。

10.2 关系数据库基本理论

1970年美国IBM公司San Jose研究室的E. F. Codd首次提出了数据库的关系模型，开创了关系数据库的理论研究。关系模型的提出，是数据库发展史上具有划时代意义的重大事件。关系理论的研究，进一步促进了关系数据库管理系统的研制。20 世纪 80 年代以来推出的数据库管理系统大多支持关系模型，其产品都称为关系型数据库，如 Microsoft Access、Oracle、Microsoft SQL Server、Sybase、Informix 和 DB2 等，关系型数据库管理系统的应用几乎遍布各个领域。

关系模型由关系数据结构、关系操作和关系完整性组成，下面分析这 3 个要素在关系模型的具体内容。

10.2.1 关系的定义

在介绍关系的定义前，先了解域和笛卡儿积的概念。

1. 域(Domain)

域是一组具有相同数据类型的值的集合。例如整数、实数、字符串、大于 0 且小于 500 的整数、{“男”，“女”}等都可以是域。

2. 笛卡儿积(Cartesian Product)

给定一组域 $D_1, D_2, \cdots, D_n$，则 $D_1, D_2, \cdots, D_n$的笛卡儿积表示：

$$D_1 \times D_2 \times \cdots \times D_n = \{(d_1, d_2, \cdots, d_n) \mid d_i \in D_i, i=1,2,\cdots,n\}$$

其中每一个$(d_1, d_2, \cdots, d_n)$叫作一个 n 元组或简称元组，元组中的每一个值 d_i叫作一个分量。

笛卡儿积可以表示为一张二维表。表中每一行即对应一个元组，表中的每一列对应一个域。

若 $D_i(i=1, 2, \cdots, n)$为有限集，其基数为 $m_i(i=1, 2, \cdots, n)$，则 $D_1 \times D_2 \times \cdots \times D_n$的基数 M 为 $M = \prod_{i=1}^{n} m_i$ 。

例如给出以下 3 个域：

D_1=男人集合 Men={王兵，李军，张伟}
D_2=女人集合 Women={丁梅，吴芳}
D_3=孩子集合 Children={王一，李一，李二}
$D_1 \times D_2 \times D_3$={(王兵，丁梅，王一)，(王兵，丁梅，李一)，(王兵，丁梅，李二)，
(王兵，吴芳，王一)，(王兵，吴芳，李一)，(王兵，吴芳，李二)，
(李军，丁梅，王一)，(李军，丁梅，李一)，(李军，丁梅，李二)，
(李军，吴芳，王一)，(李军，吴芳，李一)，(李军，吴芳，李二)，
(张伟，丁梅，王一)，(张伟，丁梅，李一)，(张伟，丁梅，李二)，
(张伟，吴芳，王一)，(张伟，吴芳，李一)，(张伟，吴芳，李二)}

该笛卡儿积的基数=3×2×3=18，即有 18 个元组，这 18 个元组可以组成一张二维表，见表 10-2。

表 10-2 D_1、D_2、D_3的笛卡儿积

Men	Women	Children
王兵	丁梅	王一
王兵	丁梅	李一
王兵	丁梅	李二
王兵	吴芳	王一

（续）

Men	Women	Children
王兵	吴芳	李一
王兵	吴芳	李二
李军	丁梅	王一
李军	丁梅	李一
李军	丁梅	李二
李军	吴芳	王一
李军	吴芳	李一
李军	吴芳	李二
张伟	丁梅	王一
张伟	丁梅	李一
张伟	丁梅	李二
张伟	吴芳	王一
张伟	吴芳	李一
张伟	吴芳	李二

3. 关系

$D_1 \times D_2 \times \cdots \times D_n$的子集叫作在域$D_1$，$D_2$，…，$D_n$上的关系，表示：$R(D_1, D_2, \cdots, D_n)$。其中R表示关系名，n是关系的度。

关系是笛卡儿积的有限子集，所以关系也是一张二维表。表中的每列对应一个域，表中的每行对应一个元组。由于域可以相同，为了加以区分，必须给每列起一个名字，称为属性。

例如针对Men、Women、Children集合，存在这样的事实：王兵与丁梅是一对夫妻，拥有子女王一；李军和吴芳是一对夫妻，拥有李一和李二两个子女，则从原笛卡儿积中可以得到一个子集R：

R={(王兵，丁梅，王一)，(李军，吴芳，李一)，(李军，吴芳，李二)}

R即称为一个关系，若将该关系命名为Family，可得到二维表10-3。

表10-3　关系Family

Men	Women	Children
王兵	丁梅	王一
李军	吴芳	李一
李军	吴芳	李二

关系具有以下性质：

1）关系中每一列的值都是同一类型的数据，来自同一个域。

2）关系中不同的列可以对应同一个域，但必须给予不同的属性名。

3）关系中任意两个元组不能完全相同。

4）关系中元组的次序可以随意交换。

5）关系中列的次序可以任意交换。

6）关系中每一个分量必须是不可分的数据项。

每个表中的分量都是唯一的，不可再分的。也就是说，二维表中的每一行、每一列的交叉位置上总是存在一个值，而不是值的集合。

10.2.2 关系模型的常用术语

在现实世界中，人们经常以表格的形式表示数据信息，例如表 10-4 和表 10-5 分别是教师情况表和系部一览表。从表 10-4 中可知每一个教师的基本情况，从表 10-4 和表 10-5 可知李元的系主任是高雪(注意有阴影的两行)，说明这两个表是有联系的，这一联系通过“部门”建立起来。

表 10-4 教师情况表

教师号	姓名	专业	职称	性别	年龄	部门
010103	林宏	英语	讲师	男	32	基础部
020211	高山	自动化	副教授	男	48	自动化系
020212	周阳	自动化	讲师	女	30	自动化系
030101	王亮	计算机	教授	男	58	计算机系
030106	李元	计算机	助教	男	27	计算机系

表 10-5 系部一览表

部门编号	部门	系主任
0101	基础部	庞新
0202	自动化系	胡敏
0301	计算机系	高雪
0302	信息工程系	韩克
0303	管理系	任强

在关系模型中，数据的组织形式都类似于上述的二维表格。在关系模型中有以下一些常用术语。

1）关系：即二维表格，见表 10-4。

2）元组：表中的一行。

3）属性：表中的一列，通常每列有一个列名，即属性名，如表 10-5 对应 3 个属性，部门编号、部门和系主任。

4）键：表中可以唯一确定一个元组的属性组，如表 10-5 中的“部门编号”，只要给定一个确定的部门编号，就可以确定该部门的部门名称及电话等其他属性值。

注意：键可以是一个属性，也可能由几个属性组合构成。

一个关系中可能存在多个属性组都可以唯一确定一个元组，那么这些属性组就分别是这个关系的候选键。例如“学生”关系中，如果确定学生没有重名，这时属性“学号”“姓名”就都是候选键，可以从候选键中选取任意一个作为主键 。一个关系的候选键可能有多个，但主键只能有一个。

5）域：属性的取值范围，如表 10-4 教师情况表中：属性“性别”的域是“男”或“女”；属性“部门”的域是一个学校所有部门的集合。

6）关系模式：对关系的描述，其表示形式：

关系名(属性 1，属性 2，…，属性 n)

例如表 10-5 的关系可描述为：

系部一览(部门编号，部门，系主任)

注意：关系模式是型，可以理解为是二维表的表头；而关系是值，是若干元组(行)的集合，要注意两者的区别。

10.2.3 关系代数

关系的操作通常用代数方式或逻辑方式来表示，分别称为关系代数和关系演算。这里只介绍关系代数。

关系代数是关系数据操纵语言的一种传统表达方式，关系代数的运算对象是关系，运算结果也为关系。

关系代数中使用的运算符包括 4 类：传统的集合运算符、专门的关系运算符、比较运算符和逻辑运算符，见表 10-6。其中传统的集合运算将关系看成元组的集合，其运算是从关系的"水平"方向即行的角度来进行；专门的关系运算不仅涉及行而且涉及列；比较运算符和逻辑运算符用于辅助专门的关系运算符进行操作。

表 10-6 关系代数运算符

运算符类型	运算符名称	运算符符号
传统的集合运算符	并	$\cup$
	交	$\cap$
	差	—
	广义笛卡儿积	$\times$
专门的关系运算符	选择	σ
	投影	Π
	连接	$\bowtie$
	除	$\div$
比较运算符	大于	$>$
	大于等于	$\geqslant$
	小于	$<$
	小于等于	$\leqslant$
	等于	$=$
	不等于	$\neq$
逻辑运算符	非	$\neg$
	与	$\wedge$
	或	$\vee$

1. 传统的集合运算

传统的集合运算包括并、交、差、广义笛卡儿积 4 种运算。

设关系 R 和关系 S 具有相同的度 n(即两个关系都有 n 个属性)，且相应的属性取自同一个域，则它们的并、交、差和广义笛卡儿积运算定义如下。

(1) 并

由属于关系 R 或关系 S 的元组组成的集合为 R 与 S 的并，记作：

$$R \cup S = \{t \mid t \in R \vee t \in S\}$$

通常关系中的每一个元组用 t 表示。

(2) 交

同时属于关系 R 和关系 S 的元组组成的集合为 R 与 S 的交，记作：

$$R \cap S = \{t \mid t \in R \wedge t \in S\}$$

(3) 差

由属于关系 R 而不属于关系 S 的元组组成的集合为 R 与 S 的差，记作：

$$R - S = \{t \mid t \in R \wedge t \notin S\}$$

关系 R 与 S 的交运算可以用差运算来表示，即 $R \cap S = R - (R - S)$。

(4) 广义笛卡儿积

两个分别为 n 度和 m 度的关系 R 和 S 的广义笛卡儿积是一个(n+m)度的关系，关系中的每一个元组的前 n 列是关系 R 中的一个元组，后 m 列是关系 S 中的一个元组。若 R 中有 x 个元组，S 中有 y 个元组，则关系 R 和 S 的广义笛卡儿积中有 x×y 个元组。记作：

$$R \times S = \{\widehat{t_r t_s} \mid t_r \in R \wedge t_s \in S\}$$

运算时可从 R 的第一个元组开始，依次与 S 的每一个元组组合，然后对 R 的第二个元组进行同样的操作，直至 R 的最后一个元组也进行完同样的操作为止。

【例 10-1】 已知关系 R、S 和 T 见表 10-7~表 10-9，求出 R∪S、R∩S、R-S 和 R×T。

R∪S、R∩S、R-S 和 R×T 的结果分别见表 10-10~表 10-13。

表 10-7 关系 R

A	B	C	D
A_1	B_1	C_1	D_1
A_1	B_2	C_2	D_2
A_2	B_2	C_1	D_3

表 10-8 关系 S

A	B	C	D
A_1	B_2	C_2	D_1
A_1	B_3	C_2	D_2
A_2	B_2	C_1	D_3

表 10-9 关系 T

B	E
B_1	E_1
B_2	E_2

表 10-10 关系 R∪S

A	B	C	D
A_1	B_1	C_1	D_1
A_1	B_2	C_2	D_2
A_2	B_2	C_1	D_3
A_1	B_2	C_2	D_1
A_1	B_3	C_2	D_2

表 10-11 关系 R∩S

A	B	C	D
A_2	B_2	C_1	D_3

表 10-12 关系 R-S

A	B	C	D
A_1	B_1	C_1	D_1
A_1	B_2	C_2	D_2

表 10-13 关系 R×T

R. A	R. B	R. C	R. D	T. B	T. E
A_1	B_1	C_1	D_1	B_1	E_1
A_1	B_1	C_1	D_1	B_2	E_2
A_1	B_2	C_2	D_2	B_1	E_1
A_1	B_2	C_2	D_2	B_2	E_2
A_2	B_2	C_1	D_3	B_1	E_1
A_2	B_2	C_1	D_3	B_2	E_2

2. 专门的关系运算

专门的关系运算包括投影、选择、连接和除运算。

(1) 投影

关系 R 上的投影是从 R 中选择若干属性列组成新的关系，记作：

$$\prod_A(R)=\{t[A] \mid t\in R\}$$

其中，A 为 R 中的属性列。

投影可看作是对一个表的垂直分割，提供了交换列的次序和构造新关系的方法。

【例 10-2】 已知关系 S 见表 10-8，计算出$\prod_{A,C}(S)$。

$\prod_{A,C}(S)$的结果见表 10-14。

表 10-14 关系$\prod_{A,C}(S)$

A	C
A_1	C_2
A_2	C_1

注意：关系中任意两个元组不能完全相同，因此进行投影运算后得到的关系应消去重复的元组。

(2) 选择

选择是在关系 R 中选择满足给定条件的元组，记作：

$$\sigma_F(R)=\{t \mid t\in R\wedge F(t)=\text{'真'}\}$$

其中，F 表示选择条件，它是一个逻辑表达式，取逻辑值“真”或“假”。F 是由比较运算符或逻辑运算符连接组成的表达式，运算对象可以是常量、变量(属性名)或简单函数，属性名也可以用其序号来代替。

选择运算实际上就是从关系 R 中选取使逻辑表达式 F 为真的元组，它是对关系的水平分割。

【例 10-3】 已知关系 S 如表 10-8 所示，计算出 $\sigma_A=\text{'}A_1\text{'}(R)$。

结果见表 10-15。

表 10-15　关系 σ_A='A_1'(R)

A	B	C	D
A_1	B_1	C_1	D_1
A_1	B_2	C_2	D_2

(3) 连接

连接是从两个关系的笛卡儿积中选取属性满足一定条件的元组，记作：

$$R \underset{A\theta B}{\bowtie} S = \{\widehat{t_r t_s} \mid t_r \in R \land t_s \in S \land t_r[A]\theta t_s[B]\}$$

其中，A 和 B 分别是 R 和 S 上的属性组，在 A 和 B 中包含的属性数相同且可比。θ 为比较运算符。连接运算是从 R 和 S 的广义笛卡儿积 R×S 中选取 R 关系在 A 属性组上的值与 S 关系在 B 属性组上值满足比较关系 θ 的元组。

在连接运算中，有两种最重要、最常用的连接——等值连接和自然连接。

等值连接是 θ 为"="的连接运算，它是从 R 和 S 广义笛卡儿积中选取属性组 A、B 属性值相等的元组，记作：

$$R \underset{A=B}{\bowtie} S = \{\widehat{t_r t_s} \mid t_r \in R \land t_s \in S \land t_r[A] = t_s[B]\}$$

自然连接是一种特殊的等值连接，它要求两个关系中进行等值比较的分量必须是相同的属性组，并且在结果中去掉重复的属性列。若 R 和 S 具有相同的属性组 B，则自然连接可记作：

$$R \bowtie S = \{\widehat{t_r t_s} \mid t_r \in R \land t_s \in S \land t_r[B] = t_s[B]\}$$

进行自然连接运算的步骤如下：

1) 计算两个关系的笛卡儿积。

2) 在笛卡儿积中选择同名属性上值相等的元组。

3) 去掉重复属性。

【例 10-4】　已知关系 R 和 S 见表 10-16 和表 10-17，计算 R⋈S。

表 10-16　关系 R

A	B	C
1	2	3
4	5	6
7	8	9

表 10-17　关系 S

C	D
3	2
6	3
8	5

R⋈S 是自然连接，结果见表 10-18。

表 10-18　关系 R⋈S

A	B	C	D
1	2	3	2
4	5	6	3

(4) 除

设关系 R(X, Y) 和 S(Y, Z)，其中 X、Y、Z 为属性组。R 中的 Y 与 S 中的 Y 为对应的属性，可以有不同的属性名，但必须出自相同的域集。则 R 与 S 的除运算得到一个新的关系 P(X)，记作：

$$R \div S = \{t_r[X] \mid t_r \in R \land \prod_y(S) \subseteq Y_x\}$$

关系 P 的属性由属于 R 但不属于 S 的所有属性组成，且 P 的任一元组与关系 S 组合后都成为 R 中原有的一个元组。

【例 10-5】 已知关系 R、S1 和 S2 见表 10-19～表 10-21，计算 R÷S1 和 R÷S2。

R÷S1 及 R÷S2 的结果见表 10-22 和表 10-23。

表 10-19 关系 R

A	B	C
a	1	A
a	2	B
a	3	C
b	2	C
b	3	A
c	1	C
d	3	B
e	2	B

表 10-20 关系 S1

B
3

表 10-21 关系 S2

B	C
2	B

表 10-22 关系 R÷S1

A	C
a	C
b	A
d	B

表 10-23 关系 R÷S2

A
a
e

10.2.4 关系的完整性

关系的完整性包括实体完整性、参照完整性和用户自定义完整性。

实体完整性要求主键属性的值不能为空值。主键是用来唯一标识实体集中的个体，也可以理解为在一个二维表(关系)中，可以找到唯一一行数据(元组)的值。

例如关系“选修(学号，课程号，分数)”中(见表 10-24)，记录了学生选修的课程和成绩。由于一个学生选修了多门课程，而一门课程又有多名学生选修，在这个关系中由学号和课程号构成的属性组是主键，这两个属性都不能为空，一个分数值只有在说明了是某人某门课程的成绩才有意义，只有给出了一对确定的学号和课程号，才能在关系中找到唯一的一个元组。

表 10-24 关系选修

学　号	课　程　号	分　数
961101	G03	85
961101	J01	90
961102	G03	73
961102	J01	94
⋮	⋮	⋮

参照完整性是多个关系间属性引用的一种限制。

例如有以下 3 个关系模式，其中带下画线的属性为主键(以后带下画线的属性均为主键)。

学生(学号、姓名)
课程(课程号、课程名)
选修(学号、课程号、分数)

参照完整性保证两个关系间正确联系。在上述 3 个关系中，学生和课程是两个实体，通过选修建立联系，它们之间存在着多对多的关系，存在着属性的引用，即“选修”关系引用了“学生”关系的学号和“课程”关系的课程号，这就要求“选修”关系中学号和课程号的值必须分别是“学生”关系和“课程”关系中存在的值，即“选修”关系中学号和课程号的取值分别需要参照“学生”和“课程”关系中对应属性的值。

用户定义完整性是根据数据库系统应用环境所形成的一些特殊约束条件。例如假定成绩采用百分制，则选修关系中分数属性的取值应在 0~100；再如预订同一航班的旅客人数不能超过飞机的定员数等。用户定义完整性反映了某一具体应用所涉及的数据必须满足的逻辑要求。

10.3 数据库系统结构

虽然目前关系型数据库软件产品较多，但大多数数据库系统在内部体系上大多采用三级模式的总体结构，在这种模式下，形成两级映像，实现数据的独立性。

数据库系统的三级模式结构由外模式、模式和内模式构成，如图 10-6 所示。

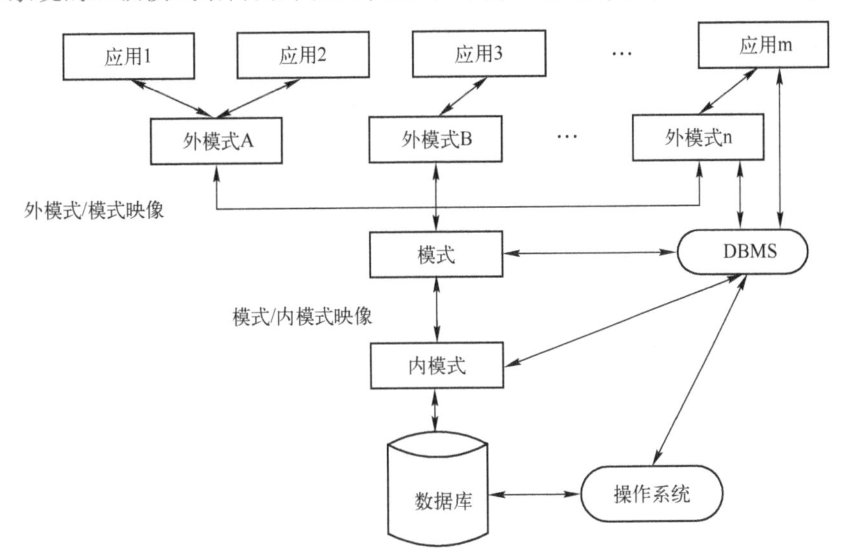

图 10-6 数据库系统的三级模式结构

10.3.1 数据库的三级模式

1. 模式

模式又称逻辑模式，是数据库中全体数据的全局逻辑结构和特性的描述，与数据的物理存储和硬件环境无关，也与具体应用程序无关，它是数据库系统模式结构的中间层，用于连接外模式和内模式。

模式是数据库数据在逻辑级上的表示形式，一个数据库只有一个模式。它定义了数据的逻辑结构和数据之间的联系，还定义了有关数据的安全性和完整性。

2. 内模式

内模式又称存储模式，是数据在数据库系统中的内部表示，即数据的物理结构和存储方式的描述。内模式位于数据库系统模式结构的最底层，一个数据库只有一个内模式。它定义了数据的组织方式、存储方式和存储结构等。

3. 外模式

外模式又称用户模式或子模式，是数据库使用者能够看见和使用的数据的局部逻辑结构和特性的描述。外模式根据用户需求的不同而存在差异。一个数据库可以有多个外模式，同一个外模式可以被多个应用程序使用，但一个应用程序只能使用一个外模式。用户只能通过应用程序，访问所对应的外模式中的数据。

10.3.2 数据库的两级映像

数据库系统的三级模式是对数据库中数据的三级抽象，用户之所以可以不必考虑数据的物理存储细节，是因为数据库系统在这三级模式的结构中，提供了两级映像：外模式/模式映像、模式/内模式映像。

1. 外模式/模式映像

外模式/模式映像定义了外模式与模式的对应关系。对于每一个外模式，数据库系统都有一个映像，使之实现与模式的转换。当模式发生改变时，由数据库管理员修改各个相应外模式/模式的映像，从而保持外模式不变。这样根据外模式编写的应用程序也不必修改，保证了数据与应用程序的逻辑独立性。

2. 模式/内模式映像

模式/内模式映像定义了内模式与模式的对应关系。由于一个数据库只有一个模式和一个内模式，因此模式/内模式的映像也是唯一的。当内模式发生改变时，由数据库管理员修改相应模式/内模式的映像，从而保持模式不变。应用程序也不必改变，保证了数据与应用程序的物理独立性。

数据库系统结构上的三级模式和两级映像机制，使得数据的定义和描述从应用程序中分离出来，简化了应用程序的编制，减少了应用程序维护的工作量。

10.4 数据库设计

数据库设计不是设计一个完整的数据库管理系统，而是根据一个给定的应用环境，构造最优的数据模型，利用 DBMS 建立数据库应用系统(如“教学管理系统”)，使之能够有效地存储数据，满足用户对信息的使用要求。在对信息资源合理开发、管理的过程中，数据库技术是最为有效的手段。如何建立一个高效适用的数据库应用系统，是数据库应用领域中的一个重要课题。数据库设计是一项软件工程，具有自身的特点，已逐步形成了数据库设计方法学。

简单地讲，数据库设计包括结构设计和行为设计。

结构设计是指按照应用要求，确定一个合理的数据模型。数据模型是用来反映和显示事物及其关系的。数据库应用系统管理的数据量大，数据间联系复杂，因此数据模型设计得是否合理，将直接影响应用系统的性能和使用效率。结构设计的结果简单地说就是得到数据库中表的结构。结构设计要求满足：正确反映客观事物；减少和避免数据冗余；维护数据完整性。数据完整性是保证数据库存储数据的正确性。例如：一个人参加工作的时间不可早于他的出生日期；在教学管理系统中“学生成绩”表中出现的学生必须在“学生情况”表中有对应记录等。

行为设计是指应用程序的设计，即利用 DBMS 及相关软件，将结构设计的结果物理化，实施数据库，如完成查询、修改、添加、删除、统计数据，制作报表等。行为设计要求满足数据的完整性、安全性、并发控制和数据库的恢复。并发控制是当多个用户同时存取、修改数据时不发生干扰，不使数据的完整性受到破坏。

数据库设计是一项复杂的工作，它要求设计人员不但具有数据库基本知识，熟悉 DBMS，而且要有应用领域方面的知识，了解应用环境和具体业务内容，才能设计出满足应用要求的数据库应用系统。

10.4.1 数据库设计过程

数据库设计过程一般分为以下 6 个阶段：需求分析、概念结构设计、逻辑结构设计、物理结构设计、数据库实施和数据库运行与维护。

数据库设计过程如图 10-7 所示。

数据库设计过程的基本思想是过程迭代和逐步求精。每完成一个设计阶段，就进行评价，根据评价结果，决定是进行下一阶段或是重新进行这一阶段的工作，甚至更前一阶段的工作。因此整个设计过程往往是上述 6 个阶段的不断反复。

注意：鉴于目前使用的 DBMS 大多是关系型的，因此这里所介绍的数据库设计方法也都是针对关系型数据库而言的。至于用其他数据模型建立的数据库的设计方法，这里不再赘述。

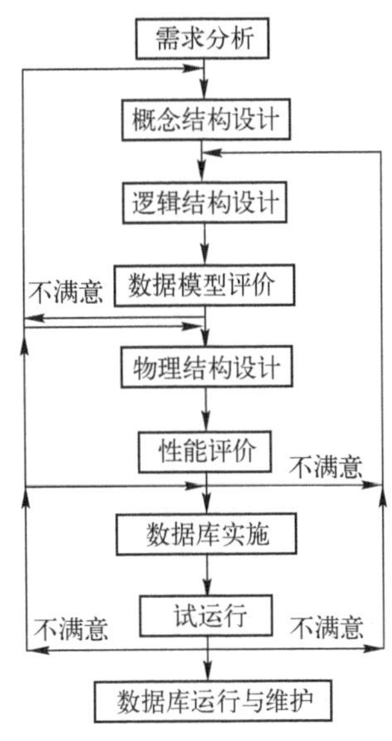

图 10-7 数据库设计过程

10.4.2 需求分析

需求分析是数据库设计的起点，它的主要任务就是分析用户的要求。需求分析的结果是否正确，直接影响着后面几个阶段的设计和整个系统的可用性。

进行需求分析时首先是通过各种调查方式，明确用户的使用要求。调查的重点是“数据”和“处理”。如果设计者对系统的业务流程很熟悉，这一阶段的工作相对就简单一些，否则它将是最困难、最费时的一步。因为用户与设计者之间存在专业知识间的巨大差距，用户可能无法准确、全面地以符合计算机专业术语要求的形式表述出最终需求；而设计者对未来系统应用领域可能比较陌生，这就要求设计人员深入地与用户交流，逐步确定用户的实际要求。

进行调查的内容一般包括：各部门的组成和业务活动内容。在熟悉业务活动的基础上，帮助用户进一步明确系统的各种最终要求。调查中可以采取发调查表、请专业人员介绍、询问、跟班作业、查阅资料等方式。

在充分了解了用户的需求后，认真分析用户的要求，与用户进行反复交流，达成共识，并将需求分析结果形成标准文档——数据流程图、数据字典等。

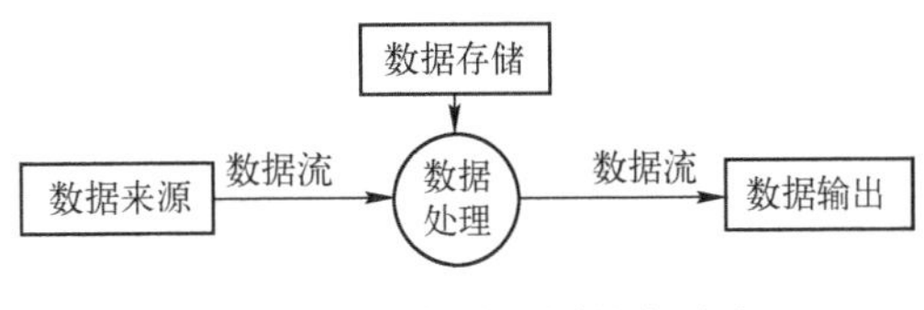

图 10-8 数据流程图基本画法

数据流程图的基本画法如图 10-8 所示。

数据流程图要表述数据来源、数据处理、数据输出以及数据存储，它主要反映了数据和处理的关系。

对于数据更详尽的内容则通过数据字典描述。数据字典通常包括数据流、数据存储、数据结构、数据项和数据处理 5 个部分。其中，数据项是数据的最小组成单位，若干数据项构成一个数据结构，数据字典正是通过数据项和数据结构来描述数据流和数据存储的逻辑内容的。数据字典可以使用文字、卡片、表格等方式表示。

关于数据流程图和数据字典的具体画法，请参看软件工程等相关书籍，本书不做详细介绍。

需求分析后形成的文档，必须提交给用户，以取得用户的认可。

10.4.3 概念结构设计

概念模型的表示方法很多，最著名的是采用实体—联系方法，这种方法也称 E-R 模型法。该方法用 E-R 图描述概念模型，E-R 图提供了表示实体、属性和实体间联系的方法。

E-R 图使用的图例如下。

- 实体：用矩形表示，矩形框内写明实体名。
- 属性：用椭圆表示，椭圆内写明属性名，并且将椭圆用线与相应的实体连接。
- 实体间联系：用菱形表示，菱形框内写明联系名，并用线分别与有关的实体连接起来，同时在线上注明联系类型(1∶1，1∶n 或 m∶n)。

例如有实体学生(学号，姓名，性别)和课程(课程号，课程名，学时)，因为一名学生可以选修多门课程，而一门课程可能有多名学生选修，所以这两个实体间的关系是多对多的关系。图 10-9 为学生实体和课程实体的属性及其联系的 E-R 图。

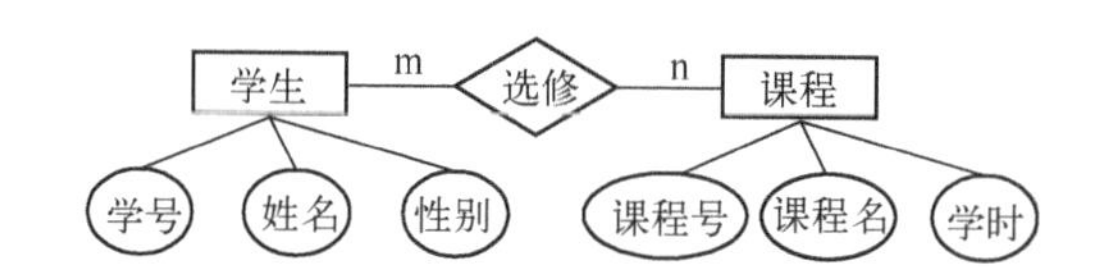

图 10-9 学生实体和课程实体的属性及其联系的 E-R 图

下面以教学管理系统为例，讲述构建 E-R 模型的一般方法。

根据设计要求，教学管理系统应对学校中的教师、学生、课程进行管理，掌握课程设置和教师配备情况，并对学生成绩进行管理。通过需求分析可知该系统涉及的实体包括教师、系、学生和课程。而对于每一实体集，根据系统输出数据的要求，抽象出如下属性：

系(系号，系名，系主任，电话)
教师(教师号，姓名，专业，职称，性别，年龄)
学生(学号，姓名，性别，出生日期，专业，照片)
课程(课程号，课程名，学时，类别)

作为一个系统内的实体集，这些实体间并不完全相互独立，而存在着联系，对实体间的联系分析如下：

- 假定在一个学校内一个系有多名教师，而一名教师只能属于一个系，因此系与教师之间是一对多联系。
- 假定一个系有多名学生，而一名学生只能属于一个系，因此系与学生之间是一对多联系。
- 假定一名教师可以讲授多门课程，而一门课程也可以由多个教师讲授，每名教师讲授的每一门课程具有不同的效果(评价)，因此教师与课程之间是多对多联系。
- 假定一名学生可以选修多门课程，而一门课程也可以被多个学生选修，每名学生选修某门课程都有一个分数，因此学生与课程之间是多对多联系。对于教学管理系统，学生成绩的管理正是系统的重要内容，因此需要记录每名学生的每一门课程的成绩，而成绩是由学生选修课程后而获得的，因此学生和课程实体间的联系“选修”具有“分数”这一属性。

- 每名教师讲授的每一门课程具有不同的效果，如果希望将教师讲课的效果记录下来，教师与课程之间的联系“讲授”应具有属性，这里以“评价”表示。

将实体属性和联系的属性考虑后，图 10-10 给出了教学管理系统完整的 E-R 图。

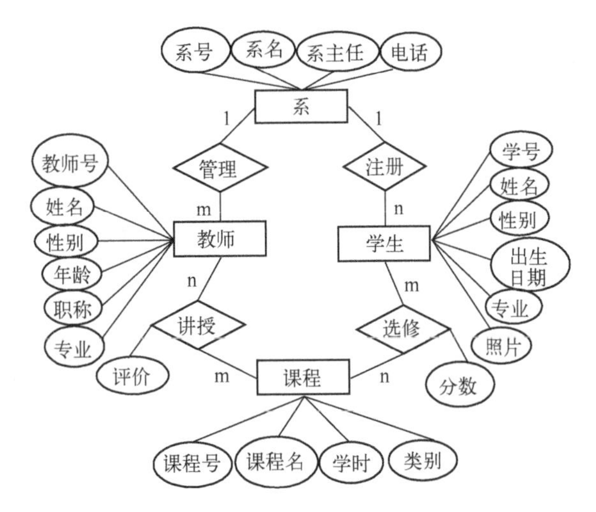

图 10-10　教学管理系统完整的 E-R 图

在建立 E-R 模型时有以下几点需要注意。

（1）相对原则

建立概念模型的过程是一个对现实世界事物的抽象过程，实体、属性、联系是对同一对象抽象过程的不同解释和理解，不同的人抽象的结果可能不同。

（2）简单原则

建立 E-R 模型时，为了简化模型，现实世界的事物能作为属性对待的，尽量归为属性处理。

属性和实体间没有一定的界限，一般一个事物如果满足以下两个条件之一的，可作为属性对待：

- 属性在含义上是不可分的数据项，不再具有需要描述的性质。
- 属性不可能与其他实体具有联系。

例如，在讨论学生实体时，有学号、姓名、性别、出生日期、专业等属性，假设还要考虑学生的住宿问题，需要记录下学生的宿舍编号，这时宿舍编号就可以作为学生实体的一个属性，学生实体的 E-R 图如图 10-11 所示。

如果对于宿舍还需要有进一步的详细信息，如宿舍的管理员、宿舍的等级、宿舍管理费、竣工时间、学生入住的时间等，这时宿舍就成为一个实体，其 E-R 图如图 10-12 所示。

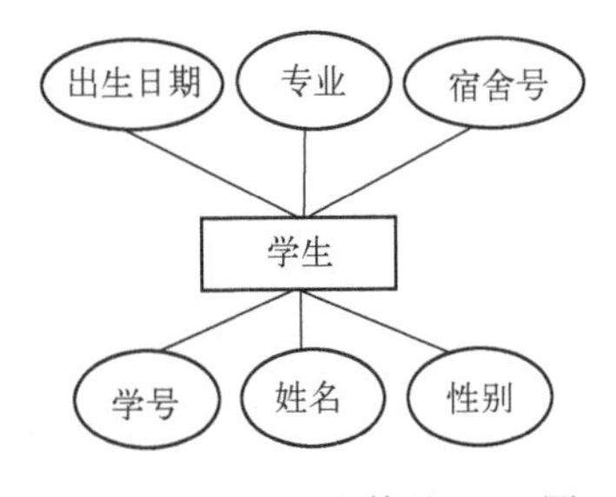

图 10-11　学生实体的 E-R 图

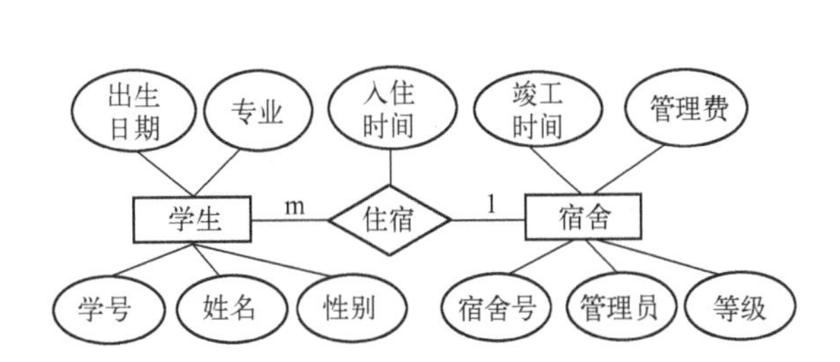

图 10-12　宿舍由属性成为实体的 E-R 图

(3) 设计过程

对于复杂的系统，建立概念模型时按照先局部再总体的思路进行，也就是先根据需求分析的结果，将系统划分为若干个子系统，按子系统逐一设计分 E-R 图，然后再将分 E-R 图集成，最终得到整个系统的概念模型——E-R 图。

由于各个局部的 E-R 模型可能面对不同的应用特点，由不同的人员设计，因此各局部E-R模型通常存在许多不一致的地方，形成冲突。在集成全局 E-R 模型时，首先要合理地消除局部 E-R 模型之间的冲突，初步生成 E-R 图。

冲突的种类主要有以下 3 类。

1) 命名冲突：指实体名、属性名、联系名之间存在同名异义或同义异名的情况。

同名异义，即不同意义的对象在不同的局部 E-R 图中具有相同的名称。例如，局部 E-R 图中具有很多称为“姓名”的属性，但这些属性并不是同一实体的属性，有的是教师的姓名，有的是学生的姓名。

同义异名，即同一意义的对象在不同的局部 E-R 图中具有不同的名称。

对于这类冲突，各模块的设计人员要通过讨论、协商等手段达成一致，使同一意义的对象具有相同且唯一的命名。

2) 属性冲突：指属性值类型、取值范围、取值单位的冲突。例如“年龄”，有的模块以出生日期表示职工的年龄，有的模块可能用整数表示职工的年龄，这就出现了冲突。

对于这类冲突，解决的办法也是各模块的设计人员要通过讨论、协商等手段，达成一致。

3) 结构冲突：有两种情况，一种是同一实体在各局部 E-R 图中包含的属性个数和属性次序不完全相同，另一种是同一对象在不同的应用中具有不同的抽象。

同一对象在不同的应用中具有不同的抽象是指同一对象在某个局部 E-R 图中被当作实体，而在另一个局部 E-R 图中又被作为一个属性，这时通常根据情况，考虑是将实体变换为属性，或是将属性变换为实体。变换时仍然要遵循前面讲到的有关实体与属性的设计原则。

消除了冲突后形成的 E-R 图，还可能存在一些冗余的实体或实体间联系。所谓冗余的联系是指可以由其他联系导出的联系。出现冗余会增加数据库维护的难度，应当予以消除，以形成最终的 E-R 图。

10.4.4 逻辑结构设计

逻辑结构设计的内容简单地说，就是将概念结构设计结果——E-R 图转换为某一种 DBMS 支持的数据模型。根据 E-R 图设计出数据表结构：共有几个表，每一个表包括哪些字段，每一个字段的类型和数据域是什么，数据完整性有哪些。

逻辑结构设计的步骤一般分为以下 3 步。

1) 将概念结构转换为数据模型。

2) 将转换来的模型向特定 DBMS 支持的数据模型转换。

3) 对数据模型进行优化。

因为目前使用的 DBMS 多为支持关系数据模型的(Relationship Database Management System，RDBMS)，因此这里只介绍由概念设计结果——E-R 模型向关系模型的转换。

1. E-R 模型转换为关系模型的方法

E-R 模型向关系模型的转化要解决的问题是如何将实体和实体间的联系转换为关系模型中的关系模式，如何确定关系模式的属性和主键。

E-R 模型向关系模型转化时，对于实体、联系及实体间联系类型的不同，需要采用不同的转换方法。转换时一般遵循以下原则。

(1) 实体的转换

一个实体转换为一个关系模式。实体的属性就是关系模式的属性，实体的键就是关系的键。例如，上一节中分析的教学管理系统中共有教师、系、学生和课程 4 个实体(见图 10-10)，它们转换为关系模式后分别为：

教师(<u>教师号</u>，姓名，专业，职称，性别，年龄)
系(<u>系号</u>，系名，系主任，电话)
学生(<u>学号</u>，姓名，性别，出生日期，专业，照片)
课程(<u>课程号</u>，课程名，学时，类别)

(2) 实体间联系的转换

对于实体间的联系分为以下几种不同情况。

1) 对于 1:1 联系可以转换为一个独立的关系模式，也可以与任意一端对应的关系模式合并。图 10-13 所示为具有一对一联系实体的 E-R 图。其中，实体“班级”和“班长”转换为关系模式如下：

班级(<u>班号</u>，专业，人数)
班长(<u>学号</u>，姓名，专长)

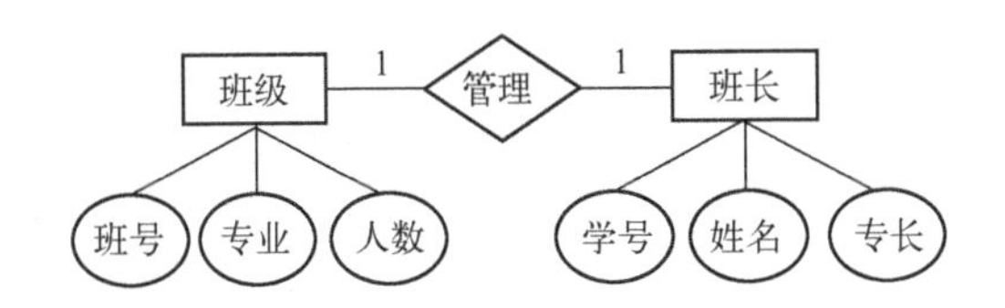

图 10-13　班级和班长的 E-R 图

如果联系“管理”转换为一个独立的关系模式，则关系的属性由联系本身的属性和与之联系的两个实体的键组成，而关系的候选键是各实体的键。

管理(<u>班号</u>，<u>学号</u>)

键可以选择“班号”或“学号”。

对于一对一的联系也可以与某一端的关系模式合并。如果与某一端的关系模式合并，则在该关系模式中加入联系自身的属性及另一关系模式的键。如将联系“管理”与“班级”关系模式合并，则“班级”修改为(此例的联系“管理”本身无属性，因此只加入关系模式班长的键——学号)：

班级(<u>班号</u>，专业，人数，学号)

2) 对于 1:n 联系可以转换为一个独立的关系模式，也可以与“n”端对应的关系模式合并。

如果转换为一个独立的关系模式，则关系的属性由联系本身的属性和与之联系的两个实体的键组成，而关系的候选键通常为“n”端实体的键。例如，图 10-14 所示的 E-R 图中，“系”和“教师”通过管理建立一对多联系。其中实体“系”和“教师”转换为关系模式后分别为：

系(<u>系号</u>，系名，系主任，电话)
教师(<u>教师号</u>，姓名，专业，职称，性别，年龄)

如果将管理转换为一个独立关系模式，则关系模式中包括两个实体的键——教师号和系号及联系的属性(此例的联系“管理”本身无属性)，关系的候选键通常由 n 端实体——教师的键，即教师号构成：

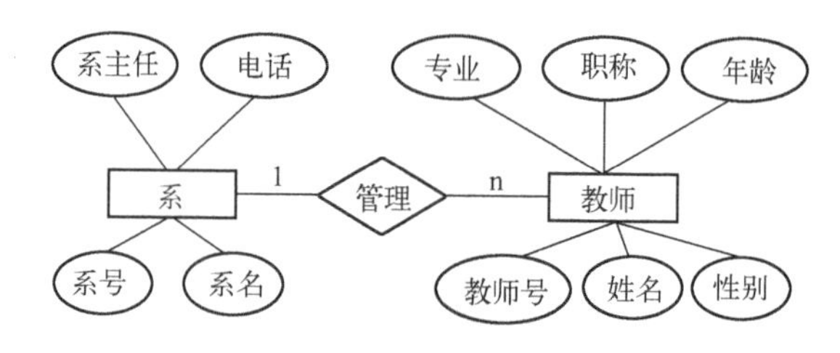

图 10-14　系和教师的 E-R 图

管理(教师号, 系号)

如果采用合并的方式，应将“管理”与“n”端的实体——教师关系模式合并，合并时在教师属性中加入“1”端实体——系的键。合并后候选键没有变化，教师关系模式修改为：

教师(教师号, 姓名, 专业, 职称, 性别, 年龄, 系号)

此例的联系“管理”本身无属性，因此最好采用合并的方式。

3）对于 m∶n 联系转换为一个关系模式，关系的属性由联系本身的属性和与之联系的两个实体的键组成，而关系的候选键由各实体的键组合而成。例如，学生和课程实体(见图 10-15)间通过“选修”存在多对多的联系，此联系转换为

选修(学号, 课程号, 分数)

其中，“分数”为联系本身的属性，“学号”和“课程号”分别是“学生”实体和“课程”实体的键。

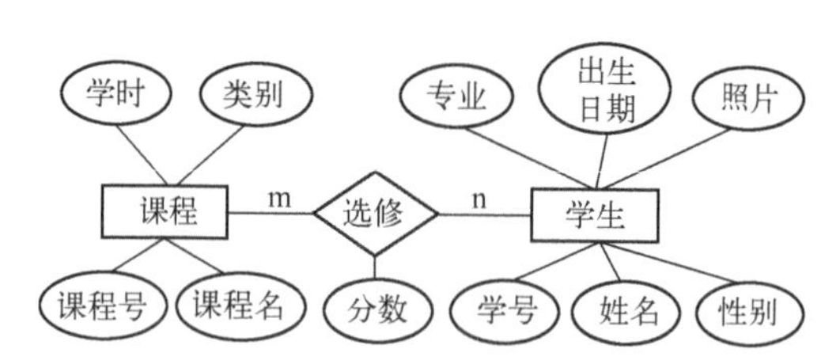

图 10-15　学生和课程的 E-R 图

【例 10-6】　根据图 10-10 所示的教学管理 E-R 模型建立教学管理系统的关系模型。

1）首先将各实体转换为关系模式，分别为

系(系号, 系名, 系主任, 电话)
教师(教师号, 姓名, 专业, 职称, 性别, 年龄)
学生(学号, 姓名, 性别, 出生日期, 专业, 照片)
课程(课程号, 课程名, 学时, 类别)

2）将“系”与“教师”间的联系——管理，与教师关系模式合并，由于系与教师是一对多的关系，且联系无属性，这里采用合并的方式，将实体“系”的主属性——系号(以斜体标注)，合并到关系“教师”中，键不变，得到新的教师关系模式：

教师(教师号, 姓名, 专业, 职称, 性别, 年龄, 系号)

3）将“系”与“学生”间的联系——注册，与“学生”关系模式合并，合并方法同上，得到新的“学生”关系模式：

学生(学号, 姓名, 性别, 出生日期, 专业, 照片, 系号)

4）将“学生”与“课程”间的联系——选修，转换为关系模式“选修”，因为“学生”与“课程”间是多对多联系，所以必须转换为一个独立的关系模式，其属性由两个实体的主属性及联系自身的属性构成，关系的候选键由两个实体的键组合而成：

选修(学号，课程号，分数)

5）同上，将“教师”与“课程”间的联系转换为关系模式——课程评价：

课程评价(教师号，课程号，评价)

6）整理后，如图 10-10 所示的教学管理系统完整的 E-R 图：

系(系号，系名，系主任，电话)
教师(教师号，姓名，专业，职称，性别，年龄，系号)
学生(学号，姓名，性别，出生日期，专业，照片，系号)
课程(课程号，课程名，学时，类别)
选修(学号，课程号，分数)
课程评价(教师号，课程号，评价)

2. 数据完整性设计

数据完整性设计是指实体完整性、参照完整性和用户定义完整性。

实体完整性在确定主键时就完成了，因此不再考虑。参照完整性是维护实体间的联系，保证关系模式间属性的正确引用。这些属性通常出现在由实体间的联系转换出的关系模式中所联系的实体的主键属性，如教学管理系统中关系模式“选修”中的“课程号”和“学号”；或者实体间的联系为一对多或多对多关系，在采用与实体关系模式合并的方法转换实体间联系时，这些属性出现在它合并到的实体关系模式中，如关系模式“教师”和“学生”中的“系号”，它在实体关系模式中，不是该实体的主键，但是它是被合并的实体“系”的主键。因此要保证被引用的属性值必须来自它所相对应实体的主键属性值，即“系号”的值必须来自实体“系”的主键值。

用户定义完整性要根据具体应用的实际逻辑要求定义。通常是属性值的取值范围，如学生课程成绩只能取 0~100 的数据；或者是几个属性间数据取值的相互约束关系，如对于一个库存管理，出库数量必须小于现有库存数量。要保证用户定义完整性的正确，一定要认真做好需求分析，了解实际系统的数据要求。

得到关系模式，进行了数据完整性设计后，逻辑结构设计部分的工作就完成了大部分，有时有些模式可能还需要进行规范化(见 10.5 节)，如果没有必要进行规范化，就可以进入数据库设计的下一个阶段——物理设计，根据使用的计算机软硬件环境和数据库管理系统，为数据模型选择合理的存储结构和存取方法，决定存取路径和分配存取空间，以便完成数据库的实施、运行和维护。

10.4.5 物理结构设计

物理结构设计是根据使用的计算机软、硬件环境和数据库管理系统，确定数据库表的结构，并进行优化，为数据模型选择合理的存储结构和存取方法，决定存取路径和分配存取空间等。

数据库系统一般都提供多种存取方法，只有通过选择相应的存取方法，才能满足多用户的多种应用要求，实现数据共享。最常用的存取方法是索引方法，索引类似于图书的目录，在数据库中使用索引可以快速地找到所需信息。建立索引的基本原则如下。

1）如果一个属性(或一组属性)经常在查询条件或在连接操作的连接条件中出现，则考虑在这个属性(或这组属性)上建立索引(或组合索引)。

2）如果一个属性经常作为最大值或最小值等聚合函数的参数，则考虑在这个属性上建立索引。

对于记录的存取格式应考虑如何节省存取空间，例如，使用0、1分别代表性别的男、女，这个字段就可以节省一半的空间。

除了采用必要的存取方法外，还应确定数据的存放位置，这需要综合考虑存取时间、存储空间利用率和维护代价3方面的因素。这3个方面经常是相互矛盾的，因此需要进行权衡，选择一个折中的方案。

设计出物理结构后要进行评价，如果满足设计要求，就可以进入数据库实施阶段，否则就要修改甚至重新设计物理结构。

10.4.6 数据库实施

数据库实施是运用DBMS建立数据库，创建各种对象(表、窗体、查询等)，编制与调试应用程序，录入数据，进行试运行。

建立表时，一个关系模式就是一个数据表，而关系模式括号内的每一项将成为表中的一个字段。可以使用关系模式的名称作为表的名称，也可以采用其他符号。每个表中的每一个字段应对应关系模式中的每一项。字段名也可以使用关系模式中的描述，也可以重新命名。确定了表中包括哪些字段后，还应确定每一个字段的类型及数据长度。

10.4.7 数据库运行与维护

数据库系统正式投入使用后，还应不断进行评价、修改与调整。这一时期的工作就是数据库的运行和维护。

10.5 关系模式的规范化

为了提高数据库应用系统的性能，一般应根据需要适当地修改、调整数据模型结构，这就是数据模型的优化。关系模型具有严格的数学理论基础，并形成了一个有力的工具——关系数据库规范化理论。数据模型的优化以规范化理论为基础，本节将介绍有关规范化理论的知识。

10.5.1 问题的提出

一个关系模型中的各属性值之间有时存在着相互依赖而又相互制约的关系。例如，针对供应商建立了如表10-25所示的关系模式。

表10-25　关系供货(供应商编号，供应商名称，联系方式，商品名称，商品价格)

供应商编号	供应商名称	联系方式	商品名称	商品价格
101	华讯	12345678	光驱	180
101	华讯	12345678	光盘	150
101	华讯	12345678	打印纸	20
102	欣欣	87654321	光盘	160
102	欣欣	87654321	鼠标	56
⋮	⋮	⋮	⋮	

这个模式存在如下问题：

- 数据冗余大。每个供应商可能提供多种商品，如编号为 101 的供应商提供的商品有光驱、光盘、打印纸，因此在此关系中同一供应商，每提供一种商品就要重复保存一次供应商名称和联系方式，出现大量重复数据。
- 数据不一致性。由于冗余大，易产生数据的不一致性。多次重复输入供应商名称和联系方式时，如果出现误操作，就可能造成同一个编号的供应商具有两个不同的供应商名称或联系方式，造成数据错误；而当供应商联系方式发生变化时，就要修改涉及的每一个元组，漏改一项数据又会造成数据的不一致性。
- 操作异常。如果某一个供应商还未提供商品，则无法记录该供应商的编号、名称和联系方式等信息，此为插入异常；而如果删除某供应商的全部商品，则该供应商的其他全部信息也将丢失，这称为删除异常。

由此可见，该关系模式不是一个好的模式，为了解决上述问题，需要对关系模式进行规范化。

10.5.2 函数依赖和键

在进行规范化过程中有两个很重要的概念——函数依赖和键。

（1）函数依赖

现实世界中实体的属性之间具有相互依赖而又相互制约的关系，这种关系称为数据依赖。数据依赖是通过关系中属性值的相等与否体现出来的数据间的相互关系。目前有许多种类型的数据依赖，其中最重要的是函数依赖。

函数依赖在现实生活中广泛存在，例如，描述学生关系：

```
学生(学号，姓名，性别，出生日期，专业)
```

这个关系中有多个属性，由于一个学号只对应一名学生，因此只要学号的值确定了，姓名、性别、出生日期、专业等属性的值也就唯一确定了，这就类似于当自变量 x 确定后，函数值 f(x)也就唯一确定了一样。这种数据依赖称为函数依赖，上例中称学号函数决定姓名、性别、出生日期、专业，或者说姓名、性别、出生日期、专业函数依赖于学号，该关系的函数依赖集表示：

```
学号→性别
学号→出生日期
学号→专业
```

函数依赖又分为完全依赖、部分依赖和传递依赖。例如，有一个成绩关系：

```
成绩(学号，姓名，课程号，课程名，分数)
```

在成绩关系中，学号和课程号是关键码，分数完全依赖于学号和课程号，即只有确定了学号值和课程号的值时才能确定分数值；而课程名只依赖于课程号，姓名只依赖于学号。这里分数就是完全依赖，其函数依赖集表示：

```
(学号，课程号)→分数
```

课程名和姓名是部分依赖，它们的函数依赖集表示：

```
学号→姓名
课程号→课程名
```

注意：在函数依赖中起决定因素的属性可以是单个属性，也可以是复合属性，如此例中的学号和课程号就是复合属性，分数函数依赖于学号和课程号。

假设一个学生只属于一个班，一个班有一个辅导员，但一个辅导员负责几个班，这样可以得到一个关系：

辅导(学号，班级，辅导员)

此关系的函数依赖关系：学号决定其所在班级，而班级决定了辅导员，即：

学号→班级
班级→辅导员

这个关系中就存在着传递依赖，这时辅导员传递依赖于学号，即：

学号→辅导员

注意：班级不能决定学号。

(2) 键

前面已介绍过键的概念，这里用函数依赖的概念理解键，简单地说在函数依赖中起决定因素的属性或属性组合即为键，也称为候选键。

在一个关系模型中，包含在候选键中的属性称为主属性，不包含在候选键中的属性称为非主属性。例如前面“成绩”关系中，学号和课程号是主属性，而姓名、课程名和分数是非主属性。

外部键是另一个重要概念。观察下面两个关系：

系(部门编号，系名，系主任，电话)
教师(教师号，姓名，专业，职称，性别，年龄，部门编号)

在关系“教师”中有一个属性——部门编号，它不是此关系的键，但它是关系“系”的主键，这时“部门编号”就称为关系“教师”的外部键，即若属性(或属性组)X 并非关系 R 的主键，但却是另一关系的主键时，则属性 X 是关系 R 的外部键。

10.5.3 关系模式的范式与规范化

当关系满足不同层次的要求时称为范式，满足最低要求的是第一范式，记作 1NF。目前范式包括 1NF、2NF、3NF、BCNF、4NF 和 5NF。

一个低一级范式的关系模式可以分解转换为若干个高一级范式的关系模式的集合，这个过程叫作规范化。简单地说，规范化的过程就是将低级范式进行分解的过程。

在数据库设计中通常应达到第三范式。下面讲述 1NF、2NF、3NF 的具体要求和如何进行规范化。

1. 第一范式(1NF)

如果关系模式 R 的每一个属性只包含单一的值，则关系模式 R 满足 1NF。

例如，表 10-26 所示的关系 score0 就不满足 1NF，因为它的课程名和成绩属性出现重复组，不是单一值——每一个学生有多个成绩，将 score0 修改为表 10-27 所示的关系 score1 后，关系中每一个属性就只包含单一的值了，这时关系 score1 满足了 1NF。

关系 score1 虽然满足 1NF，但存在以下的问题。

1) 如果删除某门课程的成绩，则将学生的信息(学号和姓名)也一同删除了，出现删除异常。

2) 如果某个学生没有考试成绩，则学生的信息(学号和姓名)也无法输入，出现插入异常。

表 10-26　非规范化的关系 score0

学　号	姓　名	课　程　名	成　绩
991101	李雨	英语 计算机基础	85 90
991102	杨玲	英语 计算机基础	73 94
991103	张山	英语 计算机基础	76 85

表 10-27　满足 1NF 的关系 score1

学　号	姓　名	课　程　名	成　绩
991101	李雨	英语	85
991101	李雨	计算机基础	90
991102	杨玲	英语	73
991102	杨玲	计算机基础	94
991103	张山	英语	76
991103	张山	计算机基础	85

3）学生的信息（学号和姓名）重复数据较多，冗余大，这一方面造成存储空间的浪费，另一方面又可能会出现数据的不一致。

要解决这些问题，就要将关系 score1 进一步进行规范，将其变换为满足 2NF 的关系模式。

2. 第二范式（2NF）

如果关系模式 R 满足 1NF，而且它的所有非主属性完全依赖于主属性，则关系模式 R 满足 2NF。分析关系 score1 的函数依赖关系可得到下面结论：

学号→姓名
（学号，课程名）→成绩

由此可知，学号和课程名是主属性，姓名和成绩是非主属性，其中成绩完全依赖于主属性学号和课程名，而姓名只依赖于学号，属于部分依赖。遵循第二范式的要求，将关系 score1 中属于部分依赖的属性分解出来，生成一个新的关系模式，即将关系 score1 分解为关系 score2_1 和 score2_2。

score2_1（学号，姓名）
score2_2（学号，课程名，成绩）

这样每一个关系都满足完全依赖。

有些满足了 2NF 的关系仍然有可能存在操作异常的问题，例如，前面提到的关系“辅导”：

辅导（学号，班级，辅导员）

在这个关系中，一旦确定了学号，其所在的班级和辅导员就可确定，因此满足 2NF，但在插入、删除时还会存在这样的问题：

- 未分配辅导任务的教师就无法加入到关系中。
- 如果教师不再承担辅导任务，从关系中删除时相应的学号和班级信息也将被删除。
- 如果某个班级更换了辅导员，则要修改与该班级有关的所有元组的内容，稍有疏忽就有可能造成数据的不一致。

存在这些问题的原因是该关系中虽然满足 2NF，但存在传递函数依赖，因此要向 3NF 转换，去除非主属性对主属性的传递函数依赖。

3. 第三范式(3NF)

如果关系模式 R 满足 2NF，而且它的所有非主属性都不传递依赖于主属性，则关系模式 R 满足 3NF。

关系辅导(学号，班级，辅导员)中辅导员传递依赖于学号，要去除非主属性辅导员对主属性学号的传递函数依赖，应将原关系分解为两个关系——班级和辅导：

班级(学号，班级)
辅导(班级，辅导员)

分解后的两个关系模式就满足 3NF 了。

在关系数据库中，对关系模式的基本要求是满足第一范式，实际应用中通常要求满足第三范式。关系模式的规范化过程是通过对关系模式的分解实现的，把低一级的关系模式分解为若干高一级的关系模式。

进行规范化的关键是分析函数依赖，在保证关系中每一个属性只包含单一值的情况下，将关系模式中存在部分函数依赖和传递函数依赖的属性分离出来，分别建立新的关系模式，这样形成的关系模式就达到了第三范式要求。

下面举个数据库规范化的应用实例。

【例 10-7】 分析 10.5.1 节中关系模式——供货(供应商编号，供应商名称，联系方式，商品名称，商品价格)的函数依赖集，并将其规范到第三范式。

分析：由于每一个供应商编号可以唯一确定一个供应商，因此供应商编号决定了供应商的名称和联系方式。对于同一种商品，不同的供应商提供该商品的价格会不同，所以商品价格是由供应商编号和商品名称共同决定的。通过上述分析，可知这个关系模式的函数依赖集：

供应商编号→供应商名称
供应商编号→联系方式
(供应商编号，商品名称)→商品价格

可以看出这个关系模式存在部分依赖，需要进行分解，转换为以下两个关系：

供应商(供应商编号，供应商名称，联系方式)
供货信息(供应商编号，商品名称，商品价格)

分解后得到的关系模式不再存在部分函数依赖，满足了第二范式；同时由于其不存在传递函数依赖，因此也达到了第三范式。

10.6 SQL Server 使用初步

目前关系型的数据库管理系统有很多，这里以微软的 SQL Server 2008 为例，来介绍数据库管理系统的使用。

10.6.1 SQL Server 的管理工具和使用方法

SQL Server 2008 有许多版本，其中 SQL Server 2008 Express 是微软提供的免费版本，可以从微软官方网站下载，安装过程这里不做介绍，读者可以按照安装说明和安装向导进行安装。安装完成后依次选择“开始→程序→ Microsoft SQL Server 2008 → 配置工具 → SQL Server 配置管理器”，打开 SQL Server 配置管理器，启动 SQL Server 服务，如图 10-16 所示。

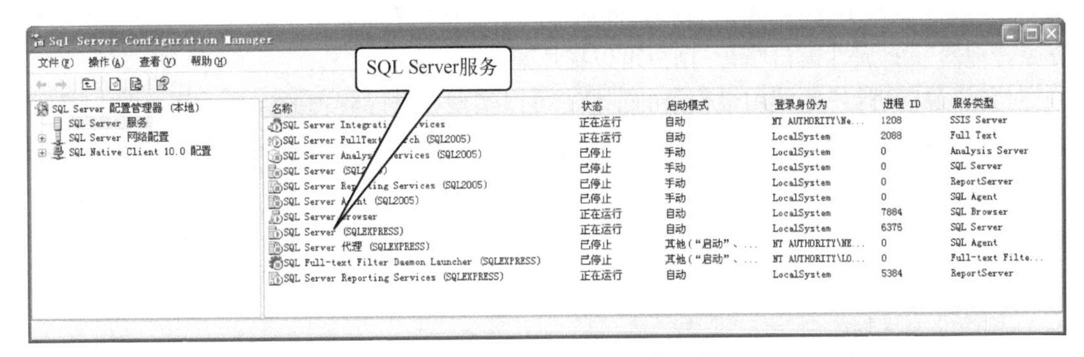

图 10-16　SQL Server 配置管理器

SQL Server 最核心的管理工具是 Microsoft SQL Server Management Studio（MSSMS），使用 MSSMS 可以完成数据库的所有基本操作。依次选择“开始→程序→ Microsoft SQL Server 2008 → SQL Server Management Studio ”，系统首先打开“连接到服务器”对话框，如图 10-17 所示。

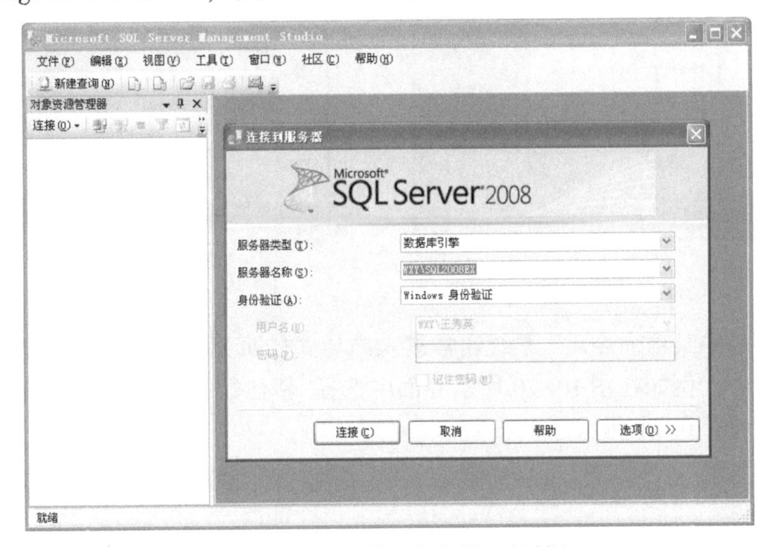

图 10-17　“连接到服务器”对话框

在“服务器类型”下拉列表中选择“数据库引擎”。“服务器名称”下拉列表中默认值通常是本机。

“身份验证”下拉列表框具有两个选项：“Windows 身份认证”和“ SQL Server 身份认证”。依安装时的选项进行选择。单击“连接”按钮，打开 Microsoft SQL Server Management Studio 窗口，如图 10-18 所示。

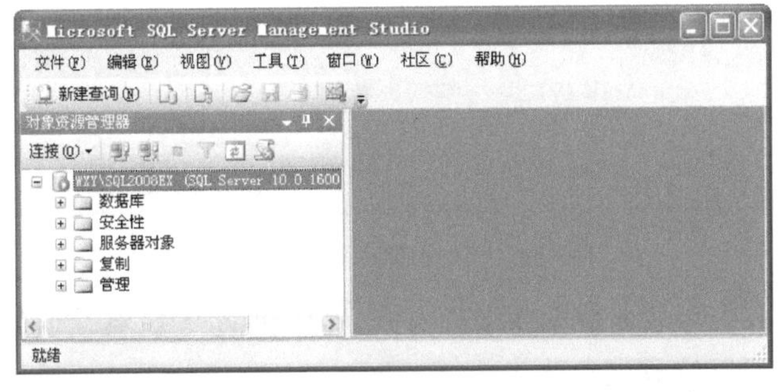

图 10-18　Microsoft SQL Server Management Studio 窗口

Microsoft SQL Server Management Studio 基本界面会默认打开“对象资源管理器”。打开“视图”菜单，如图 10-19 所示，可以看到系统还提供了其他工具，如常用的“已注册的服务器”“模板资源管理器”和“属性窗口”等。用户可以根据需要打开相应工具。

“对象资源管理器”是使用最频繁的工具，可以实现数据库管理的许多功能。“对象资源管理器”详细列出目前所连接的数据库引擎服务器下的所有对象，单击各节点前“+”号，可以展开节点下的具体内容。

右击“对象资源管理器”某个节点，可以打开相应快捷菜单。如右击“数据库”，则打开图 10-20 所示快捷菜单。快捷菜单中列出针对该节点对象最常用的操作。

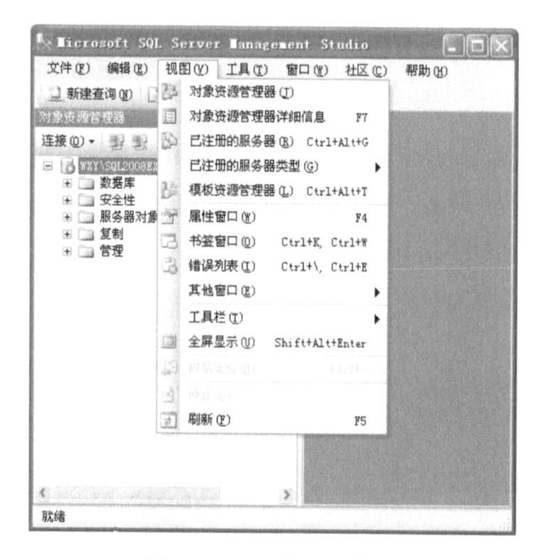

图 10-19 “视图”菜单

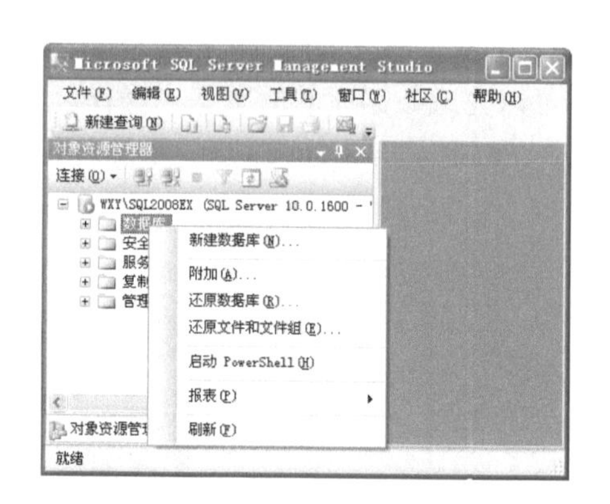

图 10-20 “数据库”快捷菜单

选择快捷菜单中某项命令后，系统通常进入向导式的页面，用户输入必要参数后，由系统自动完成相应任务。例如在图 10-20 所示界面中选择“新建数据库”命令，系统将打开“新建数据库”向导页，如图 10-21 所示。

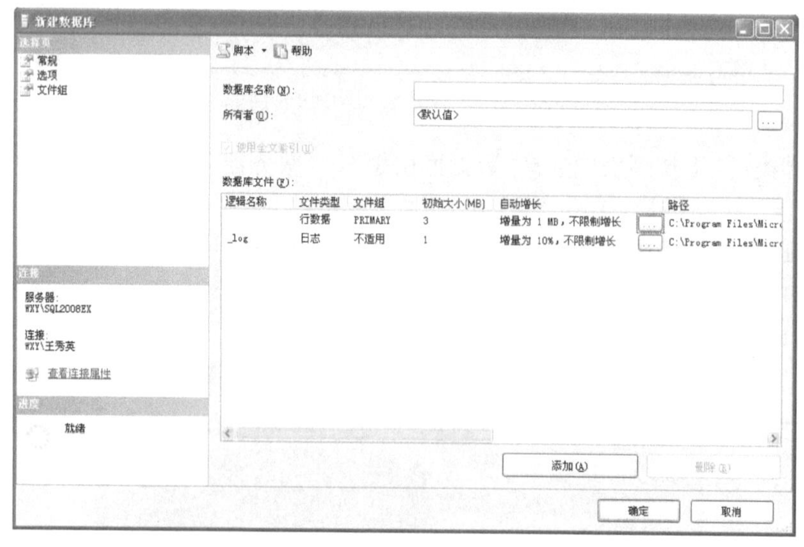

图 10-21 “新建数据库”向导页

创建数据库时的一些参数如数据库增长方式、存储路径等已有默认值，用户单击该参数下的“浏览”按钮 ... ，可以修改该参数。

图 10-21 所示向导页，在“数据库名称”文本框中输入欲建立的数据库名称(如 testDB)，系统将自动填充数据库主数据库文件和日志文件的逻辑名称，如果需要添加其他数据文件或日志文件，则单击“添加”按钮，在“数据库文件”列表中出现新的一行，做好各项参数设置后，可以单击“确定”按钮，等待系统执行，完成数据库建立后，系统自动关闭“新建数据库”窗口。右击打开数据库快捷菜单(见图 10-20)，选择“刷新”命令，单击“数据库”前的“+”，可以显示出用户新创建的数据库。

数据库中包括许多对象，其他对象的建立与数据库的建立相似，都可以通过菜单，打开向导进行操作。

以上是 Microsoft SQL Server Management Studio 的一个简单介绍，工具中菜单项及工具栏的详细介绍，读者可以参看联机丛书，这里不做详尽介绍。

10.6.2 数据库中主要对象

数据库中包含多种对象，主要的对象有数据表、索引、视图、规则、默认、存储过程、数据库关系图、文件组、用户、角色等。在这些对象中，最重要的是数据表。下面简单地介绍几种。

数据表就是包含了实体数据的关系，是一张二维表。数据库中实际的数据都存储在数据表，许多对象的创建也都依据数据表。以 SQL Server 2008 样例数据库 AdventureWorks 中 Production. Product 表为例，数据表的显示形式如图 10-22 所示。

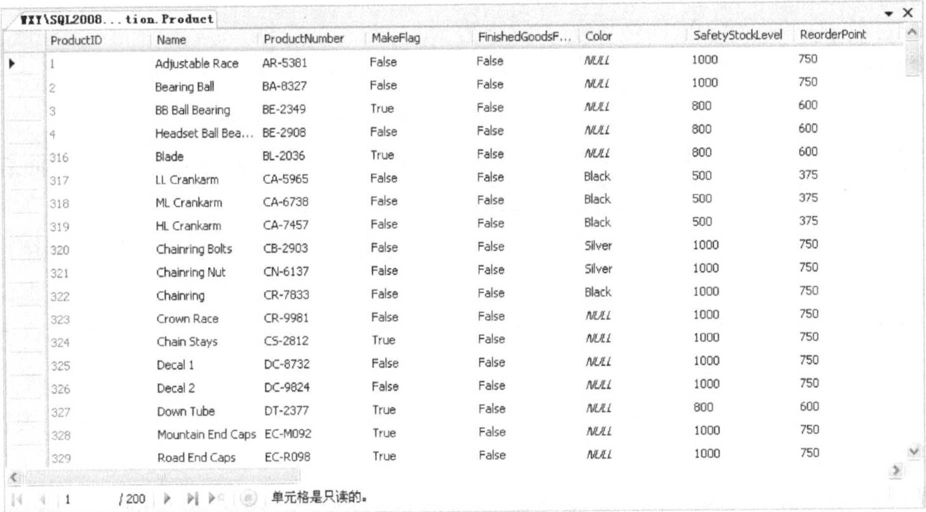

WXY\SQL2008... tion. Product

ProductID	Name	ProductNumber	MakeFlag	FinishedGoodsF...	Color	SafetyStockLevel	ReorderPoint
1	Adjustable Race	AR-5381	False	False	NULL	1000	750
2	Bearing Ball	BA-8327	False	False	NULL	1000	750
3	BB Ball Bearing	BE-2349	True	False	NULL	800	600
4	Headset Ball Bea...	BE-2908	False	False	NULL	800	600
316	Blade	BL-2036	True	False	NULL	800	600
317	LL Crankarm	CA-5965	False	False	Black	500	375
318	ML Crankarm	CA-6738	False	False	Black	500	375
319	HL Crankarm	CA-7457	False	False	Black	500	375
320	Chainring Bolts	CB-2903	False	False	Silver	1000	750
321	Chainring Nut	CN-6137	False	False	Silver	1000	750
322	Chainring	CR-7833	False	False	Black	1000	750
323	Crown Race	CR-9981	False	False	NULL	1000	750
324	Chain Stays	CS-2812	True	False	NULL	1000	750
325	Decal 1	DC-8732	False	False	NULL	1000	750
326	Decal 2	DC-9824	False	False	NULL	1000	750
327	Down Tube	DT-2377	True	False	NULL	800	600
328	Mountain End Caps	EC-M092	True	False	NULL	1000	750
329	Road End Caps	EC-R098	True	False	NULL	1000	750

1 / 200 单元格是只读的。

图 10-22 数据表

创建数据表的主要任务就是确定数据表各列的属性特征——列的名称、类型和长度。列的名称按标识符(见 10.6.3 节)规定定义，常用数据类型见表 10-28。

定义数据表时有时要考虑数据的完整性——实体完整性、参照完整性、用户自定义完整性，需要建立主键、唯一、外键、默认、检查等约束。

表 10-28 常用数据类型

数据类型	标识
字符型	char(n), varchar(n), text
Unicode 字符型	nchar(n), nvarchar(n), ntext
日期时间类型	datetime, smalldatetime, date, time(n)

（续）

数据类型		标　识
数值类型	整数类型	bigint, int, smallint, tinyint
	浮点数类型	float(n), real
	精确数类型	decimal, numeric
	货币型	money, smallmoney
二进制型		binary, varbinary, image
位型		bit
特殊类型		timestamp, xml, cursor, table, HierachyID, Geography, Geometry

注：表中有“(n)”的类型表示使用时要定义数据长度，长度值为 n。

对于已经建立的数据表，可以创建索引。索引是组织数据的一种方式，它可以提高查询数据的速度。对于没有建立索引的数据表，当需要从表中查询数据时，就只能按照表中数据存储的物理顺序，从头开始一条一条地查找，直到检索出来所需要的数据为止。

SQL Server 提供了两种类型的索引——聚集索引(Clustered)和非聚集索引(nonClustered)。聚集索引是一种物理存储方式。数据表中的数据是按照聚集索引指定方式或者说是顺序，保存在磁盘空间中，因此一个数据表只能建立一个聚集索引。非聚集索引是一种逻辑存储方式，索引的次序并不影响数据的物理存储顺序。SQL Server 中通过建立一个页，存放按非聚集索引次序形成的数据次序的指针，指向数据的实际存放地址。

视图是从一个或者多个表或视图中导出的表，其结构和数据是建立在对表的查询基础上的。和真实的表一样，视图也包括几个被定义的数据列和多个数据行。但从本质上讲，这些数据列和数据行来源于其所引用的表。因此，视图不是真实存在的基础表，而是一个虚拟表。

通过视图可以将用户的注意力集中在所关心的数据上，而那些不需要的或者无用的数据则不在视图中出现。若用户需要的数据通过基本表构造比较麻烦，则可以将需要的数据结构定义成视图，用户只是对这个视图虚表的简单查询，从而简化了用户的操作。当多个用户共享同一个数据库时，通过视图机制可以实现各个用户对数据的不同使用要求。在设计数据库应用系统时，针对不同用户定义不同的视图，使机密数据不出现在不应看到这些数据的用户视图上，从而提供了对机密数据的安全保护功能。

存储过程是 SQL Server 编程功能基础。通常是组成一个逻辑单元的 Transact-SQL(见 10.6.3 节)语句的有序集合。存储过程允许使用参数和变量。创建好的存储过程进行编译后，以后可以直接运行，节省了运行时间。

10.6.3　SQL 初步

结构化查询语言(Structured Query Language，SQL)可以完成创建、修改数据库各种对象的功能，类似于前面利用向导创建表、进行查询等的各种操作，都可以使用结构化查询语言中的命令完成。可以说，掌握了结构化查询语言，就掌握了使用关系型数据库的精髓。

1. SQL 发展历史及特点

SQL 是由 IBM 实验室的 Boyce 和 Chamberlin 开发的。1974 年，IBM 的 Ray Boyce 和 Don Chamberlin 将 Codd 关系数据库的 12 条准则的数学定义以简单的关键字语法表现出来，里程碑式地提出了 SQL 语言。SQL 语言的功能包括查询、操纵、定义和控制，是一个综合的、通用的关系数据库语言；同时又是一种高度非过程化的语言，只要求用户指出做什么而不需要指出怎么做。在SQL产生之前，所有的查询语言都是由不同的数据库管理系统自己实现的。SQL集成实现了数据库生命周期中的全部操作。自产生之日起，SQL语言便成了检验关系数据库的试金石，而SQL语言标准的每一次变更都引导着关系数据库产品的发展方向。1986年10月，美国国家标准局(American National Standard Institute，ANSI)的数据库委员会X3H2把SQL批准为关系型数据库语言的美国标准，并公布了标准文本——ANSI SQL-86，同年公布了标准SQL文本。1987年，国际标准化组织(International Standard Organization，ISO)也通过了该标准。

目前SQL标准有多个版本。基本SQL定义是ANSIX3135-89，“Database Language - SQL with Integrity Enhancement”[ANSI89]，一般叫作SQL-89。SQL-89定义了模式定义、数据操作和事务处理。SQL-89和随后的ANSIX3168-1989，“Database Language-Embedded SQL”构成了第一代SQL标准。ANSIX3135-1992[ANSI92]描述了一种增强功能的SQL，叫作SQL-92标准。SQL-92包括模式操作、动态创建和SQL语句动态执行、网络环境支持等增强特性。在完成SQL-92标准后，ANSI和ISO即开始合作开发新的SQL标准，推出SQL-95、SQL-99。主要特点在于抽象数据类型的支持，为新一代对象关系数据库提供了标准。

SQL语言简洁，功能丰富，很快被许多数据库厂商采用，经过不断修改完善，SQL最终成为关系型数据库的标准语言。

SQL成为国际标准后，它在数据库以外的领域也受到了重视。在许多领域，不仅把SQL作为数据检索的语言规范，还把它作为图形、声音等信息类型检索的语言规范。SQL已经成为并将在今后相当长时间里，继续成为数据库领域以及信息领域的主流语言。

SQL虽然具有国际标准，但各数据库厂商在自己的数据库产品上，都有各自的实现版本，每种SQL版本都有自己的扩充。例如，大型数据库管理系统Oracle使用的是PL/SQL，适用于Oracle的所有版本。它是由标准SQL和一组能够根据不同条件控制SQL语句执行的命令组成。再如Transact-SQL是Sybase和Microsoft SQL Server的数据库产品，也称为T-SQL。它不仅包含了ANSI SQL的大多数功能，而且对语言做了一些扩充，加入了流程控制语句，局部变量等功能，可以执行更为复杂的语句。

SQL是一种非过程化、面向集合的数据库语言。所谓非过程化，就是只要向系统说明需要做什么，希望得到的结果是什么即可，而不需要列出实现目标的详细过程。

2. SQL主要命令

如果在SQL Server中运行T-SQL命令则需要通过“文件→新建→使用当前连接查询”或单击工具栏中“新建查询”按钮，系统在文档区域打开新文档，在文档中输入SQL命令，如图10-23所示。单击“执行”按钮，系统将执行SQL命令，并给出执行结果。

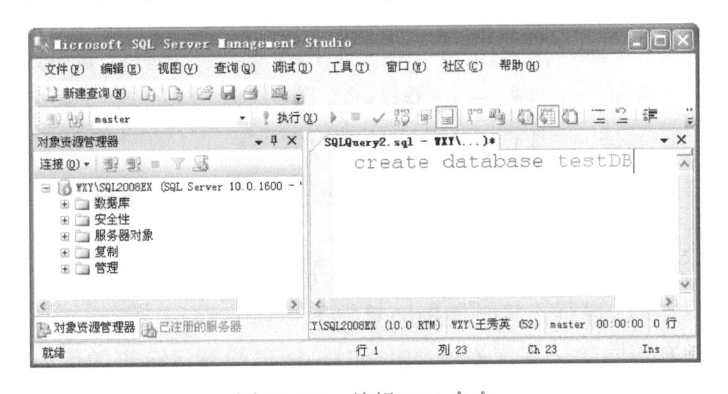

图10-23 编辑SQL命令

SQL 最核心的语句是实现查询功能的 select 语句。但 SQL 的功能不仅限于完成查询操作，还包括数据定义、数据操纵及数据控制方面的功能。每一个语句有一个主要动词，SQL 语句的核心动词有 9 个，详见表 10-29。

表 10-29　SQL 语句的 9 个核心动词

功能分类	动　词	含　义
数据定义（Data Definition Language，DDL）	create	创建对象
	alter	修改对象
	drop	删除对象
数据操纵（Data Manipulation Language，DML）	select	检索数据
	insert	添加数据
	update	更新数据
	delete	删除数据
数据控制（Data Control Language，DCL）	grant	授予用户权限
	revoke	删除用户权限

在书写 SQL 语句时要注意：SQL 语句中的西文字符不区分大小写，且标点必须使用西文标点。

在后面讲述 T-SQL 命令时，对于书写格式做以下约定：

- 中括号括起的参数表示可以省略。
- 大括号括起的参数表示选择项。
- 用竖线分隔开的参数表示从中选择其中之一。

下面简单介绍 T-SQL 的主要内容。

（1）标识符

标识符是由用户定义的可识别的字符序列，通常用来标识服务器、数据库、数据库对象、常量、变量等。命名标识符时必须遵循以下规则：

- 第一个字符必须是下列字符之一：

字母、下画线(_)、@ 或者#，其中以@ 和#为首字符时有特殊含义(在以后章节中介绍)。

- 后续字符可以是字母、数字、_、#、$、@ 等符号。
- 标识符最多 128 个字符，临时对象则是 116 个字符。

注意：不能使用 SQL 中的关键字和运算符，不允许嵌入空格或其他特殊字符。

（2）运算符

运算符用来进行数学运算或比较运算。T-SQL 的运算符主要有以下几类。

- 算术运算符：包括加(+)、减(-)、乘(*)、除(/)和取模即整除取余(%)运算等。
- 赋值运算符：等号(=)，用于对变量等赋值。
- 比较运算符：包括等于(=)、大于(>)、小于(<)、大于或等于(>=)、小于或等于(<=)、不等于(<>)。
- 逻辑运算符：主要包括 and、between、exists、in、like、not、or 等。
- 连接运算符：字符串进行连接时使用加号(+)。

不同的运算符具有不同的运算优先级，使用时一定要注意运算符的优先级。上述运算符的优先顺序如下所示。

*、/、%　　　高
+、-
=、>、<、>=、<=、<>
not
and
between、in、like、or
=　　　低

排在前面的运算符的优先级高于其后的运算符。在一个表达式中，先计算优先级高的运算，后计算优先级低的运算；相同优先级的运算按表达式自左向右的顺序依次进行；对于有括号的，自然先运算括号内的表达式。

（3）变量

T-SQL 中的变量分为全局变量和局部变量。全局变量由系统定义及维护，用户只能定义局部变量。

局部变量是由用户定义，可对其赋值并参与运算的一个实体。

局部变量名前必须有一个@ 符号。用户使用局部变量时必须先通过 declare 语句对变量进行声明。declare 语句的格式如下：

```
declare @变量名 变量数据类型[,…]
```

被声明的局部变量在没有赋值之前，它的值是空值，如果需要对变量赋值，使用 select 语句。select 语句的格式如下：

```
select @变量名=常量值
```

注意：如果 select 语句后面只有一个变量名时，系统将变量的值输出到屏幕上。

全局变量通常被服务器用来跟踪系统信息，不能被显式地声明或赋值。全局变量的变量名前必须有@@。系统中定义了许多全局变量，如@@servername（本地服务器名称）、@@version（SQL Server 和操作系统的版本），用户可以使用 select 语句查看全局变量的值，其格式：

```
select @@变量名
```

（4）数据定义 DDL

数据定义语句用于对数据库及数据库内各种对象的创建、修改和删除操作，分别使用动词 create、alter、drop。

1）在 T-SQL 中使用 create database 命令建立数据库，语法格式如下。

```
create database 数据库名
[on primary
(name=…,filename=…,size=…,maxsize=…,filegrowth=…)
…
log on
(name=…,filename=…,size=…,maxsize=…,filegrowth=…)
…
filegroup 文件组名]
```

中括号的部分是可以省略部分，这些参数用于设置数据文件、日志文件的物理名称、大小、增长方式等。如果省略这些参数，系统将按照默认值创建数据库。

【例 10-8】 创建学生管理库 stuDB，文件参数使用默认值。

创建 stuDB 数据库命令及运行结果如图 10-24 所示。

2）在 T-SQL 中建立数据表的命令如下。

```
create table  数据表名
(列名 1  数据类型  {identity |not null| null},
 列名 2  数据类型  {identity |not null| null},
…)
```

其中大括号内的 3 个参数的含义如下。

- null。表示该列的值可以为空值，空值意味着没有存储任何数据。这是默认参数，当所定义的列允许为空值时，参数 null 可以省略。

注意：不要把空值理解为该列的值是 0 或空字符串等值。

- not null。表示该列的值不能为空值。
- identity。称为计数器，表示该列的值是一组递增的整数数据。初始值默认为 1，增长步长默认为 1。用户也可以自己指定初始值和增长步长。

【例 10-9】 在学生管理库 stuDB 中创建数据表 student，包括字段 sno、sname、ssex、sphone，分别表示学号、姓名、性别、联系电话。

创建 student 数据表命令及运行结果如图 10-25 所示。

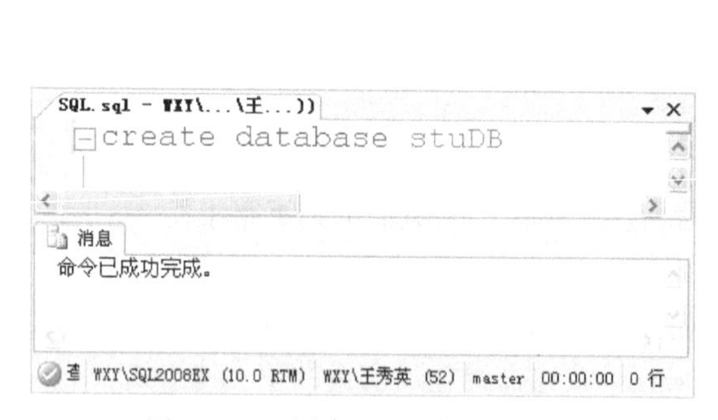

图 10-24 创建 stuDB 数据库命令

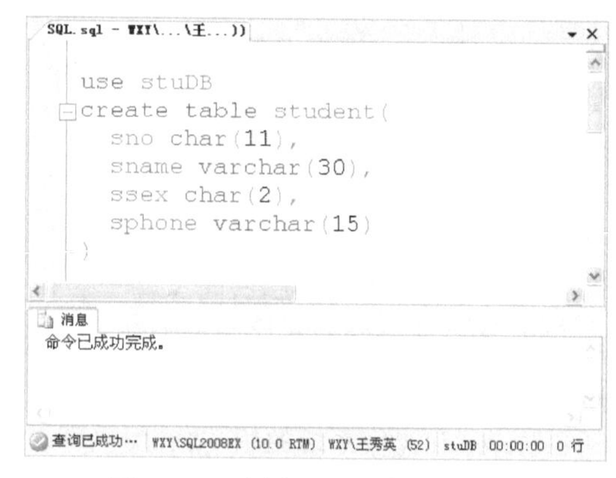

图 10-25 创建 student 数据表命令

3）在 T-SQL 中建立视图的命令如下。

```
create view 视图名 [(列名组)]
[with encryption]
as 子查询
[with check option]
```

该语句的功能是定义视图名和视图结构，将子查询得到的元组作为视图的内容。

with encryption 选项表示对视图定义进行加密，使用户不能通过系统存储过程 sp_helptext 查看视图定义。

with check option 表示对视图进行 update、insert、delete 操作时要保证更新、插入或删除的行满足定义中子查询中的条件，即 where 子句的条件。

列名组是视图各列的列名。若省略了视图的各个列名，则该视图的列是子查询中的 select 子句的目标列。

【例 10-10】 在 AdventureWorks 中创建视图 v_contact。

创建视图 v_contact 命令及运行结果如图 10-26 所示。

图 10-26　创建视图 v_contact 命令及运行结果

4）建立索引的语法如下。

```
create [unique] [clustered | nonclustered] index 索引名 on 表名(列名 1,列名 2,…)
```

其中，unique 选项的含义为唯一索引，即数据表中任意两行数据在被索引列上不能存在相同值；clustered | nonclustered 选项指定索引类型为聚集索引或非聚集索引。

5）T-SQL 中创建存储过程的语法如下。

```
create proc[edure] 过程名
    [@参数名 参数类型 [ = 默认值 ][ output]…]
  as  sql 语句组
```

sql 语句组是存储过程中要包含的任意数目的 Transact-SQL 语句。

6）对于已经创建的数据库或数据库中的对象，使用 alter 可以修改定义，基本格式如下。

```
alter {database | table | view | index | proc | …} 对象名称
对象定义
```

对象定义部分的内容同建立该对象时使用的参数相同。

7）删除对象的 SQL 命令：

```
drop  {database | table | view | index | proc | …}  对象名称
```

（5）数据操纵 DML

数据操纵语句包括对数据表中的数据进行查询、添加、更改和删除的操作，分别使用 select、insert、update、delete。

1）实现查询功能的 select 命令：

```
select 字段列表
from 表名列表
[where 条件表达式]
[group by 字段列表 [having 条件表达式]]
[order by 字段列表 [asc|desc]]
```

语句的含义是在 from 后给出的表中查询满足 where 条件表达式的记录，然后按 select 后列出的字段列表形成结果集。如果有 group by 短语，则结果集按 group by 后的字段列表分组，having 后的条件表达式是分组时结果集输出条件。order by 短语表示结果集按后面字段列表升序(asc)或降序(desc)输出。升序输出时“asc”可省略。

【例 10-11】 在 AdventureWorks 中针对数据表 Person. Contract，检索出女性联系人数据，

并按照姓名升序顺序输出。

创建查询命令及运行结果如图 10-27 所示。

	Title	FirstName	LastName	Phone	EmailAddress
1	Ms.	Catherine	Abel	747-555-0171	catherine0@adventure-works.com
2	Ms.	Kim	Abercrombie	334-555-0137	kim2@adventure-works.com
3	Ms.	Carla	Adams	107-555-0138	carla0@adventure-works.com
4	Ms.	Frances	Adams	991-555-0183	frances0@adventure-works.com
5	Ms.	Kim	Akers	440-555-0166	kim3@adventure-works.com
6	Ms.	Lili	Alameda	1 (11) 500 555-0150	lili0@adventure-works.com
7	Ms.	Amy	Alberts	727-555-0115	amy1@adventure-works.com
8	Ms.	Anna	Albright	197-555-0143	anna0@adventure-works.com
9	Ms.	Mary	Alexander	344-555-0133	mary7@adventure-works.com
10	Ms.	Michelle	Alexander	115-555-0175	michelle0@adventure-works.com

图 10-27　查询命令及运行结果

2）添加数据时，如果每次增加一条记录，其命令格式：

insert [into] 表名(字段 1, 字段 2, …) values(数据值 1, 数据值 2, …)

注意：参数“字段 1, 字段 2, …”的顺序不要求与数据表中定义字段时的顺序相同，但关键字 values 后给出的参数“数据值 1, 数据值 2, …”一定要与表名后给出的字段相对应。

【例 10-12】　在数据库 stuDB 中针对数据表 student，输入一组数据。

创建输入数据命令及运行结果如图 10-28 所示。

```
use stuDB
insert into student(sno,sname,ssex,sphone)
   values('20141000101','郑毅','男','13001010001')
```

(1 行受影响)

查询已成功执行。

图 10-28　创建输入数据命令及运行结果

如果从其他数据表或视图中将若干条记录一次性地加入到数据表时，采用如下命令：

insert [into] 表名(字段 1, 字段 2, …) select 子句

注意：select 子句输出的字段顺序要与“字段 1, 字段 2, …”相对应。

3）对于输入到数据表中的数据，有时需要做出修改。修改语句的命令格式：

update 表名 set 列名=值[, 列名=值, …]
　　[where 条件表达式]

使用 where 子句可以按条件修改满足一定条件记录中的字段的值。

【例 10-13】　将数据表 student 中郑毅的联系电话改为 13001010000。

创建更改数据命令及运行结果如图 10-29 所示。

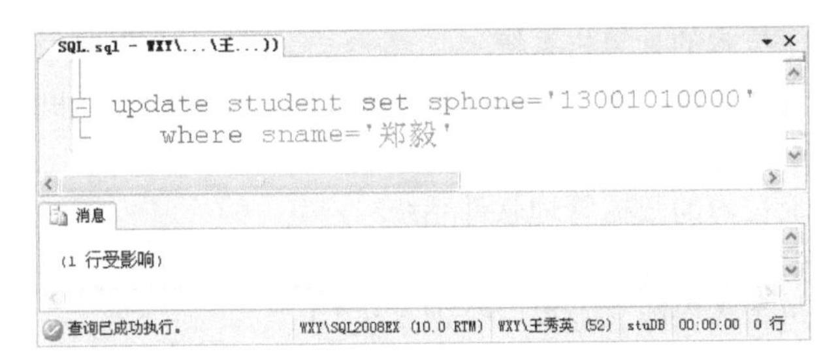

图 10-29　创建更改数据命令及运行结果

4）T-SQL 中使用 delete 语句删除数据表中的记录，其语法格式：

```
delete from 表名 [where 子句]
```

包含 where 子句时，可以删除表中使 where 条件表达式为真的记录。若无 where 子句，将删除表中所有记录，但数据表依然存在，只是表中没有记录。

注意：不要与 drop table 语句混淆，drop table 语句是将数据表删除，使用 delete 语句删除的数据是不可恢复的，使用时一定要慎重。

【例 10-14】　删除数据表 student 中郑毅的数据。

创建删除数据命令及运行结果如图 10-30 所示。

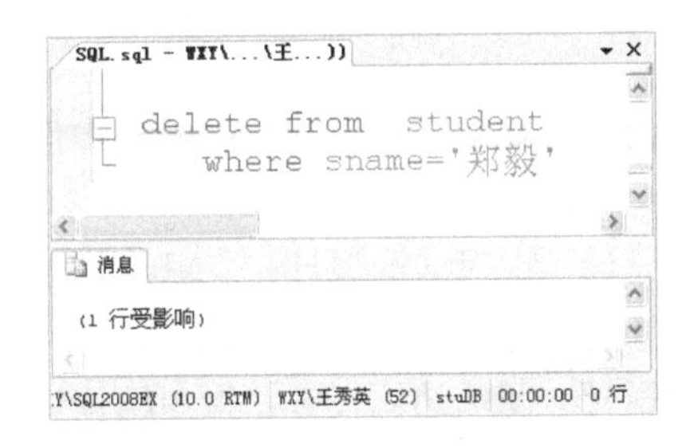

图 10-30　创建删除数据命令及运行结果

（6）数据定义 DCL

1）SQL 使用 grant 语句向用户授予操作权限。grant 语句格式：

```
grant 权限 [,权限…]
    on 对象类型　对象名
      to 用户[,用户…]
          [ with grant option ]
```

可以把多种权限一次性地赋给多个用户。

2）赋予的权限可以通过 revoke 收回。revoke 语句格式：

```
revoke 权限 [,权限…]
  on 对象类型　对象名
    from 用户[,用户…]
```

10.7　习题

一、选择题

1. 数据库管理系统是一种(　　)。

A. 采用了数据库技术的计算机系统

B. 包括数据库管理人员、计算机软硬件以及数据库系统的计算机系统

C. 位于用户与操作系统之间的一层数据管理软件

D. 包含操作系统在内的数据管理软件系统

2. 数据库、数据库系统、数据库管理系统这三者之间的关系是(　　)。

A. 数据库系统包含数据库和数据库管理系统

B. 数据库管理系统包含数据库和数据库系统

C. 数据库包含数据库系统和数据库管理系统

D. 数据库系统就是数据库，也就是数据库管理系统

3. 在关系理论中，如果一个关系中的一个属性或属性组能够唯一地标识一个元组，那么可称该属性或属性组为(　　)。

A. 索引码　　B. 关键字　　C. 域　　D. 关系名

4. 下列实体类型的联系中，属于一对多联系的是(　　)。

A. 学生与课程之间的联系　　B. 学校与班级之间的联系

C. 商品条形码与商品之间的联系　　D. 公司与总经理之间的联系

5. 数据库设计过程的流程为(　　)。

A. 需求分析、概念结构设计、逻辑结构设计、物理结构设计、数据库实施、数据库运行和维护

B. 需求分析、逻辑结构设计、概念结构设计、物理结构设计、数据库实施、数据库运行和维护

C. 需求分析、概念结构设计、物理结构设计、逻辑结构设计、数据库实施、数据库运行和维护

D. 需求分析、概念结构设计、逻辑结构设计、物理结构设计、数据库运行和维护、数据库实施

6. 在数据库设计中，E-R 模型是进行(　　)的一个主要工具。

A. 需求分析　　B. 概念设计　　C. 逻辑设计　　D. 物理设计

7. 关系模式规范化的常规流程为(　　)。

A. 先消除非主属性对主属性的部分依赖，再消除非主属性对主属性的传递依赖

B. 先消除非主属性对主属性的传递依赖，再消除非主属性对主属性的部分依赖

C. 对于满足 1NF 的关系模式，先消除非主属性对主属性的部分依赖，再消除非主属性对主属性的传递依赖

D. 对于满足 1NF 的关系模式，先消除非主属性对主属性的传递依赖，再消除非主属性对主属性的部分依赖

8. SQL 适用于(　　)。

A. 层次型数据库管理系统　　B. 网状型数据库管理系统

C. 关系型数据库管理系统　　D. 混合型数据库管理系统

9. SQL 的运算参数和结果都是(　　)形式。

A. 关系　　B. 元组　　C. 数据项　　D. 属性

10. 创建数据库使用(　　)命令。

A. create database　　B. alter database

C. drop database　　D. dbcc shinkdatabase

11. 如果一个关系中的属性或属性组不是该关系的关键字，但它们是另外一个关系的关键字，则称这个关键字为该关系的(　　)。

A. 主关键字　　B. 内关键字　　C. 外部关键字　　D. 关系

12. 视图是一种特殊类型的表，下面叙述中正确的是(　　)。

A. 视图由自己的专门表组成

B. 视图仅由窗口部分组成

C. 视图自己存储着所需要的数据

D. 视图所反映的是一个表和若干表的局部数据

13. 下列关于视图的描述中，不正确的是(　　)。

A. 视图是子模式

B. 视图是虚表

C. 使用视图可以加快查询语句的执行速度

D. 使用视图可以简化查询语句的编写

14. 以下描述不正确的是(　　)。

A. 存储过程可以根据用户的要求或者基表定义的改变而改变

B. 存储过程是封装好的复杂的 SQL 语句

C. 存储过程与视图相同

D. 存储过程分为系统提供的存储过程和用户自定义的存储过程

二、填空题

1. 数据管理技术经历了人工处理阶段、________和________3 个发展阶段。

2. 现实世界中客观存在并且可以________的事物被称为实体，同类实体的集合被称为________。

3. 在关系中，一个属性的取值范围叫作________。

4. 当前数据库系统的主流是________型数据库系统。

5. 数据模型通常由________、________和________3 部分组成。

6. 在 E-R 图中，实体用________表示，属性用________表示，实体之间的联系用________和________表示。

7. ________完整性维护实体间的联系。

8. 目前关系型数据库的标准操纵语言是 SQL，它的中文含义是________，其英文表述为________。

9. SQL 是一种非________、面向________的数据库语言。

10. 删除数据库的命令为________。

三、综合题

1. 现有一网上商城订单管理系统，需要管理订单信息，主要包括记录用户名、收货人姓名、联系电话、送货地址、邮政编码、订货日期、订单状态。每张订单需要有流水号，且一张订单可以购买多种商品。订单中要记录商品编号、商品名称、商品规格、商品单价、购买数量。请用 E-R 图表示出该系统的概念模型，并设计出系统的关系模型。

2. 有一图书发行公司，将各出版社的图书发行到各书店。书店订书时，每笔订单可能订购多种图书。假设有如下一个关系模式：图书发行(订单号，书店编号，书店名称，书店地址，书店联系电话，书号，书名，单价，订购数量，出版社编号，出版社名称，出版社联系电话，付款方式，经手人，订书日期)，请将该关系模式规范为第三范式。

附录　软件技术基础实验

实验一　斐波那契数列的实现算法及分析

实验目的

1. 掌握分别用递归和非递归方法计算斐波那契(Fibonacci)数列。
2. 掌握算法性能测试的方法，并能进行算法分析和比较。

实验环境(硬/软件要求)

Windows XP/Windows 7，Visual C++ 6.0

实验内容

二阶 Fibonacci 数列的定义如下：$F_0=1$，$F_1=1$，$F_2=2$，$F_3=3$，$F_4=5$，…，$F_i=F_{i-1}+F_{i-2}(i\geqslant1)$。试用递归和非递归两种方法写出计算 F_n 的函数。

实验要求

1. 完成计算 Fn 的递归函数 Fib_rec。
2. 完成计算 Fn 的非递归函数 Fib_ite。
3. 当 N=10，15，20，25，30，35，40，45 时测试以上两种算法的执行时间，并把测试结果填写在附表 1-1 中。

附表 1-1　测试表

N \ 函数	10	15	20	25	30	35	40	45
	89	987	10946	121393	1346269	14930352	165580141	1836311903
Fib_rec 运行时间								
Fib_ite 运行时间								

注：表格中填写的是测试时间，单位 μm。

4. 试解释两种算法在执行时间上的不同，并对两种算法进行算法分析。

【C 语言源程序】

```
#include <stdio.h>
#include <time.h>
long Fib_rec(int n)
{    if(n==0||n==1)return(1);
     else return(Fib_rec(n-1)+Fib_rec(n-2));
}
long Fib_ite(int n)
{    long fib1,fib2,fib;
     int i;
     fib1=1;
     fib2=1;
     for(i=2;i<=n;i++)
```

```
        {fib=fib1+fib2;
        fib1=fib2;
        fib2=fib;
        }
        return fib;
        }
    void main()
    {      clock_t us1,us2;
           int n;
           printf("请输入 n:\n");
           scanf("%d",&n);
           us1=clock();
           printf("递归函数计算结果:%ld\n",Fib_rec(n));
           us2=clock();
           printf("递归函数执行时间%ld 毫秒\n",us2-us1);
               us1=clock();
           printf("非递归函数计算结果:%ld\n",Fib_ite(n));
               us2=clock() ;
           printf("非递归函数执行时间%ld 毫秒\n",us2-us1);
    }
```

【运行测试】

```
请输入n:
30
递归函数计算结果:1346269
递归函数执行时间125毫秒
非递归函数计算结果:1346269
非递归函数执行时间94毫秒
```

实验二　顺序表的实现和应用

实验目的

1. 掌握线性表的概念。
2. 熟练掌握线性表的顺序存储结构。
3. 熟练掌握线性表在顺序存储结构上的运算。
4. 了解测试的思想。

实验环境(硬/软件要求)

Windows XP/Windows 7, Visual C++ 6.0

实验内容

1. 编写算法实现顺序表中元素的逆置。要求按用户输入的数据建立一个顺序表，在逆置的过程中使用最少的辅助存储单元。

测试数据：10，9，8，7，6，5，4，3，2，1。

2. 编写算法，在非递减有序的顺序表中插入一个给定的元素，插入后该顺序表仍然递增有序。

有序表中的数据：12，16，24，33，45，66，68，89；需要进行测试的插入数据：9，13，25，33，88，91。

实验要求

1. 完成顺序表的结构定义。

2. 完成顺序表的就地逆置函数和主函数。

3. 完成在非递减有序表中的插入数据的函数和主函数。

【C 语言源程序】

```
#include<stdio.h>
#define maxsize 1024
typedef int datatype; /* datatype 可为任何类型，这里假设为 int */
/* 线性表可能的最大长度，这里假设为 1024 */
typedef struct
{   datatype data[maxsize];
    int length;
} sequenlist;
void setNull(sequenlist *L)
{   L->length=0;   }
void reverse(sequenlist *L)              /* 顺序表的就地逆置 */
{   int i,j;
    datatype t;
    for(i=0,j=L->length-1;i<j;i++,j--)
    {   t=L->data [i];L->data [i]=L->data [j];L->data [j]=t;   }
}
void insert(sequenlist *L,int x)        /* x 插入到递增有序的顺序表 L 中 */
{  int i,k;
    i=0;
    while((i<=L->length-1)&&(x>=L->data[i])) i++; /* 找正确的插入位置 */
    for(k=L->length-1;k>=i;k--) L->data[k+1]=L->data[k];
    /* 元素从后往前依次后移 */
    L->data[i]=x; /* x 插入到正确位置 */
    L->length ++;
}
void main()
{   sequenlist L1,L2;
    int i,x;
    datatype data;
    /* 测试顺序表逆置函数 */
    setNull(&L1);
    printf("请输入逆置顺序表的初始数据,以-1 表示结束\n");
    scanf("%d",&data);
    while(data!=-1)
    {   L1.data[L1.length]=data;
        L1.length++;
        scanf("%d",&data);
    }
    reverse(&L1);
    printf("逆置后的顺序表如下\n");
    for(i=0;i<=L1.length-1;i++)   printf("%d ",L1.data [i]);
    printf("\n");
    /* 测试有序表插入函数 */
    setNull(&L2);
    printf("请输入非递减有序顺序表的初始数据,以-1 表示结束\n");
    scanf("%d",&data);
    while(data!=-1)
    {   L2.data[L2.length]=data;
```

```
        L2.length++;
        scanf("%d",&data);
    }
    printf("请输入要插入的数据\n");
    scanf("%d",&x);
    insert(&L2,x);
    printf("逆置后的顺序表如下\n");
    for(i=0;i<=L2.length-1;i++)
        printf("%d",L2.data[i]);
    printf("\n");
}
```

【运行测试】

```
请输入逆置顺序表的初始数据，以-1表示结束
10 9 8 7 6 5 4 3 2 1 -1
逆置后的顺序表如下
1  2  3  4  5  6  7  8  9  10
请输入非递减有序顺序表的初始数据，以-1表示结束
12 16 24 33 45 66 68 89 -1
请输入要插入的数据
9
逆置后的顺序表如下
9  12  16  24  33  45  66  68  89
```

实验三　链表的实现和应用

实验目的

1. 掌握链表的概念。
2. 熟练掌握线性表的链式存储结构。
3. 熟练掌握线性表在链式存储结构上的运算。

实验环境(硬/软件要求)

Windows XP/Windows 7，Visual C++ 6.0

实验内容

1. 编写算法，根据用户输入的字符数据用尾插入法创建一个带头结点的单链表，“#”作为输入数据的结束符。

测试数据共有 4 组，分别是①“#”；②“a#”；③“ab#”；④“abcd#”。

2. 编写算法，实现在带有头结点的单链表中按序号查找的函数。

假设单链表中包含 6 个数据元素，测试数据：①查找第 0 个；②查找第 1 个；③查找第 2 个；④查找第 6 个；⑤查找第 7 个。

实验要求

1. 完成链表存储结构的类型设计。
2. 完成链表带头结点尾插入法函数。
3. 完成按序号查找函数。
4. 编写主函数完成实验内容的要求。

【C 语言源程序】

```
#include<stdio.h>
#include<stdlib.h>
typedef char datatype;
```

```
typedef struct node
{    datatype data;
     struct node * next;
} linklist;
linklist * createlist ( )                    /* 尾插入法建立带头结点的单链表, 返回表头指针 */
{    char ch;
     linklist * head, * s, * r;
     head=(linklist * )malloc(sizeof(linklist));        /* 生成头结点 head */
     r=head;
     printf("请输入字符产生链表,以#结束\n");           /* 尾指针指向头结点 */
     ch=getchar( );
     while(ch!='#')                                    /* "#"为输入结束符 */
     {    s=(linklist * )malloc(sizeof(linklist));     /* 生成新结点 * s */
          s->data=ch;
          r->next=s;                                   /* 新结点插入表尾 */
          r=s;                                         /* 尾指针 r 指向新的表尾 */
          ch=getchar( );                          /* 读入下一个结点的值 */
     }
     r->next=NULL;
     return head;                                 /* 返回表头指针 */
}                                                 /* createlist */
/* 在带头结点的单链表 head 中查找第 i 个结点, 若找到, 则返回该结点的存储位置; 否则返回
NULL */
linklist * get(linklist * head, int i)
{    int j;
     linklist * p;
     p=head;j=0;                                  /* 从头结点开始扫描 */
     while ((p->next!=NULL) &&(j<i))
     {     p=p->next;                             /* 扫描下一个结点 */
           j++;                                   /* 已扫描结点计数器 */
     }
     if (i==j) return p;                          /* 找到了第 i 个结点 */
     else return NULL;                            /* 找不到, i≤0 或 i>n */
}                                                 /* GET */
void main( )
{
     linklist * head, * r;
     int num;
     head=createlist( );
     printf("链表信息为:");
     r=head->next;
     while(r)
     {
          printf("%c",r->data);
          r=r->next;
     }
     printf("\n");
     printf("请输入要查询的序号:\n");
     scanf("%d",&num);
     r=get(head,num);
     if(r==NULL)printf("没有查到\n");
     else
     printf("查找的结果为:%c\n",r->data);
}
```

【运行测试】

```
请输入字符产生链表,以#结束
abcdefg#
链表信息为:abcdefg
请输入要查询的序号:
3
查找的结果为:c
```

实验四　栈的实现和应用

实验目的

1. 掌握栈的定义。
2. 掌握栈基本操作的实现，并能用于解决实际问题。

实验环境（硬/软件要求）

Windows XP/Windows 7，Visual C++ 6.0

实验内容

1. 实现栈的如下基本操作：push，pop，isempty，isfull，createstack。
2. 利用栈的基本操作实现 conversion( )函数，该函数能将任意输入的十进制整数转化为二进制形式表示。

实验要求

1. 用顺序存储结构实现栈的基本操作：push，pop，isempty，isfull，createstack。
2. 利用栈的基本操作实现 conversion( )函数。
3. 编写主函数完成实验内容 2。

【C 语言源程序】

```
#include<stdio.h>
#include<stdlib.h>
#define maxsize 1024
typedef int datatype;
typedef struct
{    datatype elements[maxsize];
     int Top;
}Stack;
void setNull(Stack *S)
{    S->Top=-1;
}
int isfull( Stack *S)
{    if(S->Top>=maxsize-1)return(1);
     else return(0);
}
int isempty ( Stack *S)
{    if (S->Top>=0) return (0);
     else return (1);
}                /*isempty*/
void push ( Stack *S, datatype E)
{    if (S->Top>=maxsize-1)
     {    printf ("Stack Overflow"); }          /*上溢现象*/
     else
     {    S->Top++;
```

```
            S->elements[S->Top]=E;
        }
    }
    datatype *pop( Stack *S)
    {   datatype *temp;
        if (isempty(S))
        {   printf ("Stack Underflow");
            return (NULL);
        } else
        {   S->Top--;
            temp=(datatype *)malloc(sizeof (datatype));
            *temp=S->elements[S->Top+1];
            return (temp);
        }
    } /* pop */
    void conversion(int n)
    {   Stack S;
        setNull(&S);
        int r,m;
        r=n;
        while(r)
        {   m=r%2;
            if(isfull(&S))printf("Over flow\n");
            else push(&S,m);
            r=r/2;
        }
        printf("转换后的二进制为\n");
        while(!isempty(&S))
            printf("%d", *(pop(&S)));
        printf("\n");
    }
    void main()
    {   int num;
        printf("请输入需要转换为二进制的十进制数据\n");
        scanf("%d",&num);
        conversion(num);
    }
```

【运行测试】

```
请输入需要转换为二进制的十进制数据
10
转换后的二进制为
1010
```

实验五　二叉树的创建和遍历

实验目的

1. 掌握二叉树的二叉链表存储结构。
2. 掌握利用二叉树创建方法。
3. 掌握二叉树的先序、中序、后序的递归实现方法。

实验环境(硬/软件要求)

Windows XP/Windows 7, Visual C++ 6.0

实验内容

在计算机中创建如附图 1-1 所示的二叉树，分别对它进行中序、先序、后序遍历，并输出遍历结果。

注：采用二叉链表作为二叉树的存储结构。

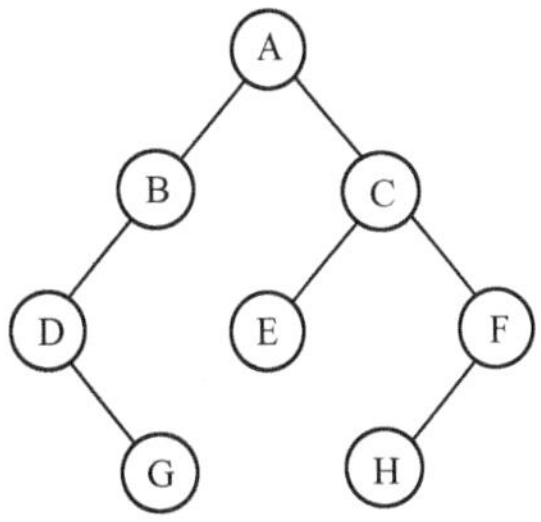

附图 1-1　二叉树

实验要求

1. 编写创建如附图 1-1 所示二叉树的函数，函数名：create。

2. 编写递归实现二叉树的中序、先序和后序遍历算法。函数名分别为 inorder，preorder，postorder。

3. 编写主函数测试以上二叉树的创建和遍历函数。

【C 语言源程序】

```
#include <stdio.h>
#include <stdlib.h>
#include <string.h>
#define   maxsize 1024
typedef   char datatype;

typedef   struct     node
{   datatype   data;
    struct     node  * lchild, * rchild;
}   bitree;
bitree      * CREATREE( )                    /* 建立二叉树函数，函数返回指向根结点的指针 */
{   char ch;                                 /* 结点信息变量 */
    bitree  * Q [maxsize];                   /* 设置指针类型数组来构成队列 */
    int   front, rear;                       /* 队头和队尾指针变量 */
    bitree  * root,  * s;                    /* 根结点指针和中间指针变量 */
    root=NULL;                               /* 二叉树置空 */
    front=1;rear=0;                          /* 设置队列指针变量初值 */
     printf("请输入二叉树的各结点,@表示虚结点,#表示结束:\n");
     scanf("%c",&ch);
     while(ch!='#')                          /* 输入一个字符，当不是结束符时执行以下操作 */
     {   putchar(ch);
         s=NULL;
         if(ch!='@')                         /* @表示虚结点，当不是虚结点时建立新结点 */
         {   s=(bitree *)malloc(sizeof (bitree));
             s->data=ch;
             s->lchild=NULL;
             s->rchild=NULL;
         }
         rear++;                             /* 队尾指针增 1，指向新结点地址应存放的单元 */
         Q[rear]=s;                          /* 将新结点地址入队或虚结点指针 NULL 入队 */
         if (rear==1) root=s;                /* 输入的第一个结点作为根结点 */
         else
         {   if (s && Q[front])              /* 孩子和双亲结点都不是虚结点 */
                 if (rear%2==0)   Q[front]->lchild=s;
                                             /* rear 为偶数，新结点是左孩子 */
                 else Q[front]->rchild=s;
                                             /* rear 为奇数且不等于 1，新结点是右孩子 */
```

```
            if (rear % 2==1)      front++;
                                                /* 结点 * Q[front]的两个孩子处理完毕，出队列 */
         }
         scanf("%c",&ch);
      }
      return root;                              /* 返回根指针 */
   }
   void preorder(bitree  *p)                    /* 先序遍历二叉树，p 指向二叉树的根结点 */
   {  if (p!=NULL)                              /* 二叉树 p 非空，则执行以下操作 */
      {  printf (" %c ", p->data);              /* 访问 p 所指结点 */
         preorder (p->lchild);                  /* 先序遍历左子树 */
         preorder (p->rchild);                  /* 先序遍历右子树 */
      }
      return;
   }
   void inorder(bitree    *p)                   /* 中序遍历二叉树，p 指向二叉树的根结点 */
   {    if (p!=NULL)
        {  inorder (p->lchild);
           printf (" %c ", p->data);
           inorder (p->rchild);
        }
        return;
   }
   void postorder (bitree  *p)                  /* 后序遍历二叉树，p 指向二叉树的根结点 */
   {    if (p!=NULL)
        {  postorder (p->lchild);
           postorder (p->rchild);
           printf (" %c ", p->data);
        }
        return;
   }
   void main()
   {    bitree  *root;
        root=CREATREE( );
        printf("\n 先序遍历结果如下：\n");
        preorder(root);
        printf("\n 中序遍历结果如下：\n");
        inorder(root);
        printf("\n 后序遍历结果如下：\n");
        postorder(root);
        printf("\n");
   }
```

【运行测试】

```
请输入二叉树的各结点，@表示虚结点，#表示结束：
ABCD@EF@G@@@@H#
ABCD@EF@G@@@@H
先序遍历结果如下：
 A  B  D  G  C  E  F  H
中序遍历结果如下：
 D  G  B  A  E  C  H  F
后序遍历结果如下：
 G  D  B  E  H  F  C  A
```

实验六　哈夫曼树及哈夫曼编码

实验目的

1. 掌握哈夫曼树的概念。
2. 掌握哈夫曼树的构造过程。
3. 掌握哈夫曼树编码。
4. 掌握哈夫曼树译码。

实验环境(硬/软件要求)

Windows XP/Windows 7, Visual C++ 6.0

实验内容

输入 n 个叶子结点的权值构造哈夫曼树;根据哈夫曼树构造哈夫曼编码,以指向字符串的指针数组来存放,从叶子到根逆向求每个叶子结点的哈夫曼编码;对密文完成解码工作。

注:n 个叶子结点的权值。

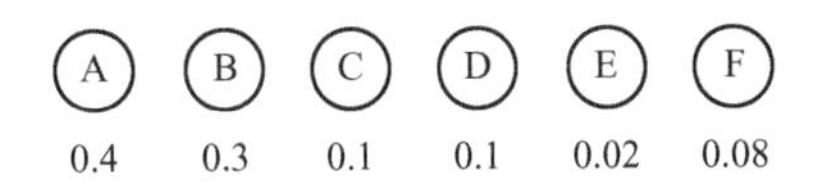

实验要求

1. 编写哈夫曼构造函数。
2. 编写哈夫曼编码函数和解码函数。
3. 编写主函数构造哈夫曼树,并显现编码和解码功能测试。

【C 语言源程序】

```
#include<stdio.h>
#include<stdlib.h>
#include<string.h>
#define n   6                    /* 叶子数目 */
#define m   2*n-1                /* 结点总数 */
#define Maxval    1              /* 最大权值 */
typedef   char datatype;
typedef   struct                 /* 定义为结构类型 */
{    float weight;               /* 权值 */
     datatype data;
     int lchild, rchild, parent;
} hufmtree;
hufmtree tree[m];
typedef   struct
{    char bits[n];               /* 编码数组位串,其中 n 为叶子结点数目 */
     int   start;                /* 编码在位串的起始位置 */
     datatype data;
} codetype;
codetype code[n];
HUFFMAN(hufmtree tree[ ])
{    int   i,j,p1,p2;
     char ch;
     float small1,small2,f;
     for( i=0;i<m;i++)           /* 初始化 */
```

```
    { tree[ i]. parent=0;tree[ i]. lchild=0;
        tree[ i]. rchild=0;
        tree[ i]. weight=0.0;
        tree[ i]. data= '0';
    }
    for( i=0;i<n;i++)                          /* 输入 n 个结点的权值 */
    {   scanf("%f ", &f);
        tree[ i]. weight=f;
        scanf("%c", &ch);                      /* 输入 n 个结点的值 */
        tree[ i]. data=ch;
    }
   for(i=n;i<m;i++)
    {   p1=p2=0;
        small1=small2=Maxval;
    for ( j=0;j<=i-1;j++)
        if ( tree[ j]. parent==0)
            if ( tree[ j]. weight<small1)
            {   small2=small1;
                small1=tree[ j]. weight;
                p2=p1;
                p1=j;
            } else if( tree[ j]. weight<small2)
            {   small2=tree[ j]. weight;
                p2=j;
            }
            tree[ p1]. parent=i;            tree[ p2]. parent=i;
            tree[ i]. lchild=p1;            tree[ i]. rchild=p2;
            tree[ i]. weight = tree[ p1]. weight+tree[ p2]. weight;
    }
HUFFMANCODE( codetype code[ ],hufmtree tree[ ])
/* code 存放求出的哈夫曼编码的数组 */
{   int i,c,p;
    codetype cd;
    for ( i=0;i<n;i++)
    {   cd. start=n;
        c=i;
        p=tree[ c]. parent;
        cd. data=tree[ c]. data;
        while( p!=0)
        {   cd. start--;
        if( tree[ p]. lchild==c)
            cd. bits[ cd. start] ='0';
        else cd. bits [ cd. start] ='1';
        c=p;
        p=tree[ c]. parent;
    }
    code[ i] =cd;               /* 一个字符的编码存入 code[ i] */
    printf("%c:",cd. data); /* 输出 cd 的数据语句 */
    for( int k=cd. start;k<n;k++) printf("%c",cd. bits[ k]);
    printf("\n");
  }
```

```
}
HUFFMANDECODE(codetype code[ ],hufmtree tree[ ])
{   int  i,c,p,b;
    int endflag=2;
    i=m-1;
    scanf ( "%1d", &b);
    while ( b!= endflag)
    {   if( b==0)   i=tree[i].lchild;
        else   i=tree[i].rchild;
        if ( tree[i].lchild==0)
        {   putchar( code[i].data); i=m-1;  }
        scanf("%1d", &b);
    }
    if ((tree[i].lchild! =0)&&(i!=m-1))
        printf("\nERROR\n");
}
void main()
{   printf("输入结点的权值和结点字母,用空格隔开:(如0.4 a)\n");
    HUFFMAN(tree);
    printf("\n 编码结果\n");
    HUFFMANCODE(code, tree);
    printf("\n 开始译码,请输入密码: \n");
    HUFFMANDECODE(code, tree);
    printf("\n");
}
```

【运行测试】

```
输入结点的权值和结点字母，用空格隔开:(如: 0.4 a)
0.4 A
0.3 B
0.1 C
0.1 D
0.02 E
0.08 F

编码结果
A:0
B:11
C:1011
D:100
E:10100
F:10101

开始译码，请输入密码:
1110100010101
BEAF
```

实验七　查找算法的实现

实验目的

1. 掌握顺序表上查找的实现及监视哨的作用。

2. 掌握折半查找所需的条件、折半查找的过程和实现方法。

3. 掌握二叉排序树的创建过程,掌握二叉排序树查找过程的实现。

4. 掌握哈希表的基本概念，熟悉哈希函数的选择方法，掌握使用线性探测法和链地址法进行冲突解决的方法。

实验环境(硬/软件要求)

Windows XP/Windows 7, Visual C++ 6.0

实验内容

通过具体算法程序，进一步加深对各种查找方法的掌握，以及对实际应用中问题解决方法的掌握。

各查找算法的输入序列：26 5 37 1 61 11 59 15 48 19。

输出要求：查找关键字 37，给出查找结果。

实验要求

1. 顺序查找：首先从键盘输入一个数据序列生成一个顺序表，然后从键盘上任意输入一个值，在顺序表中进行查找。

【C 语言源程序】

```
#include<stdio.h>
#define MAX 100
typedef int keytype;
typedef struct
{    keytype key;
}elemtype;
typedef struct
{    elemtype elem[MAX+1];
     int length;
}SStable;
void create_seq(SStable *list);
int seq_search(SStable *list,keytype k);
void main()                                    /*主函数*/
{    SStable *list,table;
     keytype key;
     int i;
     list=&table;
     printf("请输入顺序表的长度:");
     scanf("%d",&list->length);
     create_seq(list);
     printf("创建的顺序表内容:\n");
     for(i=0;i<list->length;i++)
          printf("list.elem[%d].key=%d\n",i+1,list->elem[i].key);
     printf("输入查找关键字:");
     scanf("%d",&key);
     seq_search(list,key);
}
void create_seq(SStable *list)                 /*创建顺序表 list 的函数*/
{    int i;
     printf("请输入顺序表的内容:\n");
     for(i=0;i<list->length;i++)
     {    printf("list.elem[%d].key=",i+1);
          scanf("%d",&list->elem[i].key);
     }
}
int seq_search(SStable *list,keytype k)        /*在顺序表中查找给定的 k 值*/
{    int i=0,flag=0;
     while(i<list->length)
```

```
    {   if(list->elem [i].key==k)
        {   printf("查找成功 .\n");
            flag=1;
            printf("list.elem[%d].key=%d\n",i+1,k);
        }
        i++;
    }
    if(flag==0)
        printf("没有找到数据%d! \n",k);
    return(flag);
}
```

【运行测试】

```
请输入顺序表的长度:10
请输入顺序表的内容:
list.elem[1].key=26
list.elem[2].key=5
list.elem[3].key=37
list.elem[4].key=1
list.elem[5].key=61
list.elem[6].key=11
list.elem[7].key=59
list.elem[8].key=15
list.elem[9].key=48
list.elem[10].key=19
创建的顺序表内容:
list.elem[1].key=26
list.elem[2].key=5
list.elem[3].key=37
list.elem[4].key=1
list.elem[5].key=61
list.elem[6].key=11
list.elem[7].key=59
list.elem[8].key=15
list.elem[9].key=48
list.elem[10].key=19
输入查找关键字:37
查找成功.
list.elem[3].key=37
```

2. 折半查找：任意输入一组数据作为各数据元素的键值，首先将此序列进行排序，然后在该有序表上使用折半查找算法进行对给定值 key 的查找。

【C 语言源程序】

```
#include<stdio.h>
#define MAX 100
typedef struct
{   int elem[MAX+1];
    int length;
}Stable;
void creat_seq(Stable *list);
int sort_seq(Stable *list);
int bin_search(Stable *list,int k,int low,int high);
void main()
{   Stable *list,table;
    int i,key;
    list=&table;
    printf("请输入线性表的长度:");
    scanf("%d",&list->length);
    creat_seq(list);
```

```
    sort_seq(list);
    printf("排序后的数据\n");
    for(i=1;i<=list->length ;i++)
    printf("list.elem[%d].key=%d\n",i,list->elem [i]);
    printf("\n 请输入查找的值:");
    scanf("%d",&key);
    bin_search(list,key,1,list->length);
}
void creat_seq(Stable *list)
{   int i;
    printf("请输入顺序表的内容:\n");
    for(i=1;i<=list->length;i++)
    {   printf("list.elem[%d].key=",i);
        scanf("%d",&list->elem[i]);
    }
}
int sort_seq(Stable *list)                         /*冒泡法排序*/
{   int i,j,flag;
    for(i=1;i<list->length;i++)
    {   flag=0;
        for(j=1;j<list->length-i+1;j++)
            if(list->elem [j]>list->elem [j+1])
            {   list->elem [0]=list->elem [j+1];
                list->elem [j+1]=list->elem [j];
                list->elem [j]=list->elem [0];
                flag=1;
            }
        if(flag==0) return 1;
    }
}
    int bin_search(Stable *list,int k,int low,int high)  /*折半查找法的递归函数*/
    {   int mid;
        if(low>high)
        {   printf("没有找到要查找的值\n");
            return(0);
        }
        mid=(low+high)/2;
        if(list->elem [mid]==k)
        {   printf("查找成功\n");
            printf("list[%d]=%d\n",mid,k);
            return(mid);
        }
        else
            if(list->elem [mid]<k)
                return(bin_search(list,k,mid+1,high));
            else
                return(bin_search(list,k,low,mid-1));
    }
```

【运行测试】

```
请输入线性表的长度:10
请输入顺序表的内容:
list.elem[1].key=26
list.elem[2].key=5
list.elem[3].key=37
list.elem[4].key=1
list.elem[5].key=61
list.elem[6].key=11
list.elem[7].key=59
list.elem[8].key=15
list.elem[9].key=48
list.elem[10].key=19
排序后的数据
list.elem[1].key=1
list.elem[2].key=5
list.elem[3].key=11
list.elem[4].key=15
list.elem[5].key=19
list.elem[6].key=26
list.elem[7].key=37
list.elem[8].key=48
list.elem[9].key=59
list.elem[10].key=61

请输入查找的值:37
查找成功
list[7]=37
```

3. 二叉树查找：任意输入一组数据作为二叉排序树中结点的键值，首先创建一棵二叉排序树，然后在此二叉排序树上实现对给定值 k 的查找过程。

【C 语言源程序】

```c
#include<stdio.h>
#include<stdlib.h>
typedef struct bitnode
{   int key;
    struct bitnode *lchild;
    struct bitnode *rchild;
}bnode;
void ins_bitree(bnode *p,int k)
{   bnode *q;
    if(p->key >k&&p->lchild)
        ins_bitree(p->lchild,k);
    else
        if(p->key <=k&&p->rchild)
            ins_bitree(p->rchild,k);
        else
        {   q=(bnode *)malloc(sizeof(bnode));
            q->key=k;
            q->lchild=NULL;
            q->rchild=NULL;
            if(p->key>k)
                p->lchild=q;
            else
                p->rchild=q;
        }
}
void bit_search(bnode *p,int k)
{   if(p->key >k&&p->lchild)
        bit_search(p->lchild,k);
```

```
        else
            if(p->key <k&&p->rchild)
                bit_search(p->rchild,k);
            else
                if(p->key ==k)
                    printf("查找成功!\n");
                else
                    printf("%d 不存在!\n");
}
void inorder(bnode *p)
{   if(p)
    {   inorder(p->lchild);
        printf("%4d",p->key);
        inorder(p->rchild);
    }
}
void main()
{   int k;
    bnode *p;
    p=NULL;
    printf("请输入二叉树结点的值,输入 0 结束:\n");
    scanf("%d",&k);
    p=(bnode *)malloc(sizeof(bnode));
    p->key =k;
    p->lchild =NULL;
    p->rchild =NULL;
    scanf("%d",&k);
    while(k>0)
    {   ins_bitree(p,k);
        scanf("%d",&k);
    }
    printf("\n");
    printf("二叉树排序的结果:");
    inorder(p);
    printf("\n 请输入查找的值:\n");
    scanf("%d",&k);
    bit_search(p,k);
}
```

【运行测试】

```
请输入二叉树结点的值,输入0结束:
26 5 37 1 61 11 59 15 48 19 0

二叉树排序的结果:   1   5  11  15  19  26  37  48  59  61
请输入查找的值:
37
查找成功!
```

4. 哈希表查找：任意输入一组数值作为各元素的键值，哈希函数为 Hash(key)= key%11，用线性探测再散列法解决冲突问题。

【C 语言源程序】

```
#include<stdio.h>
#define MAX 11
void ins_hash(int hash[],int key)            /*本函数实现将值 key 存入哈希表的相应位置中*/
{   int k,k1,k2;
    k=key%MAX;
    if(hash[k]==0)
    {   hash[k]=key;
        return;
    }
    else
    {   k1=k+1;
        while(k1<MAX&&hash[k1]!=0)
            k1++;
        if(k1<MAX)
        {   hash[k1]=key;
            return;
        }
        k2=0;
        while(k2<k&&hash[k2]!=0)
            k2++;
        if(k2<k)
        {   hash[k2]=key;
            return;
        }
    }
}
void out_hash(int hash[])                    /*输出哈希表*/
{   int i;
    for(i=0;i<MAX;i++)
        if(hash[i])
            printf("hash[%d]=%d \n",i,hash[i]);
}
void hash_search(int hash[],int key)         /*在哈希表中查找给定的值*/
{   int k,k1,k2,flag=0;
    k=key%MAX;
    if(hash[k]==key)
    {   printf("hash[%d]=%d",k,key);
        flag=1;
    }
    else
    {
        k1=k+1;
        while(k1<MAX&&hash[k1]!=key)
            k1++;
        if(k1<MAX)
        {   printf("hash[%d]=%d",k1,key);
            flag=1;
        }
        k2=0;
        if(!flag)
        {while(k2<k&&hash[k2]!=key)
```

```
                k2++;
            if(k2<k)
            {   printf("hash[%d]=%d",k2,key);
                flag=1;
            }
        }
            if(flag)
            {   printf("查找成功!\n");
                return;
            }
            else
            {   printf("查找失败!\n");
                return;
            }
    }
}
void main()
{   int i,key,k,sum=0;
    int hash[MAX];
    for(i=0;i<MAX;i++)
        hash[i]=0;
    printf("请输入数据,以0结束:\n");
    scanf("%d",&key);
    sum++;
    while(key&&sum<MAX)
    {   ins_hash(hash,key);
        scanf("%d",&key);
        sum++;
    }
    printf("\n");
    out_hash(hash);
    printf("\n");
    printf("请输入查找的值:");
    scanf("%d",&k);
    hash_search(hash,k);
    printf("\n");
}
```

【运行测试】

```
请输入数据,以0结束:
26 5 37 1 61 11 59 15 48 19 0

hash[0]=11
hash[1]=1
hash[2]=19
hash[4]=26
hash[5]=5
hash[6]=37
hash[7]=61
hash[8]=59
hash[9]=15
hash[10]=48

请输入查找的值:37
hash[6]=37查找成功!
```

实验八　内部排序算法的实现

实验目的

掌握直接插入排序、希尔排序、快速排序算法的实现。

实验环境(硬/软件要求)

Windows XP/Windows 7, Visual C++ 6.0

实验内容

对于给定的某无序序列，分别用直接插入排序、希尔排序、快速排序等方法进行排序，并输出每种排序下的各趟排序结果。

各排序算法输入的无序序列：26　5　37　1　61　11　59　15　48　19。

实验要求

编程实现直接插入排序、希尔排序、快速排序各算法函数，并编写主函数对各排序函数进行测试。

【C语言源程序】

```
#include<stdio.h>
#include<time.h>
#define size 11
typedef char datatype;                    /*记录其他域的类型，根据需要更改*/
typedef struct
{   int key;
    datatype others;                      /*记录的其他域*/
} rectype;
/************************以下为插入排序算法************************/
void INSERTSORT(rectype R[ ])        /*对数组R按递增序进行插入排序，R[0]是监视哨*/
{   int i, j;
    for (i=2;i<=size;i++)                 /*依次插入R[2], …, R[n]*/
    {   R[0]=R[i];
        j=i-1;
        while (R[0].key<R[j].key)         /*查找R[i]的插入位置*/
        {   R[j+1]=R[j];j--; }            /*将关键字大于R[i].key记录后移*/
        R[j+1]=R[0];                      /*插入R[i]*/
    }
}
/************************以下为希尔排序算法************************/
void SHELLSORT(rectype R[ ], int n)
{   int i,j,h;
    rectype temp;
    h=n/2;
    while(h>0)
    {   for (j=h;j<=n-1;j++)              /*R[h+d]~R[n+d-1]插入当前有序区*/
        {   temp=R[j];                    /*保存待插入记录*/
            i=j-h;
        while ((i>=0)&&temp.key<R[i].key)      /*查找正确的插入位置*/
        {   R[i+h]=R[i];                  /*后移记录*/
            i=i-h;                        /*得到前一记录位置*/
        }
        R[i+h]=temp;                      /*插入R[i]*/
```

```
        }                                      /*本趟排序完成*/
        h=h/2;
    }                                          /*增量为1排序后终止算法*/
}                                              /*SHELLSORT*/
/************************以下为快速排序算法************************/
int PARTITION(rectype R[ ], int l, int h)      /*返回划分后被定位的基准记录的位置*/
/*对无序区R[l]~R[h]做划分*/
{   int i, j;
    rectype temp;
    i=l;j=h;temp=R[i];                         /*初始化, temp为基准*/
    do
    {   while ((R[j].key>=temp.key) && (i<j))
            j--;    /*从右向左扫描, 查找第一个关键字小于temp.key的记录*/
        if (i<j) R[i++]=R[j];                  /*交换R[i]和R[j]*/
        while ((R[i].key<=temp.key) && (i<j))
            i++;  /*从左向右扫描, 查找第一个关键字大于temp.key的记录*/
        if (i<j) R[j--]=R[i];                  /*交换R[i]和R[j]*/
    } while (i!=j);
    R[i]=temp;                         /*基准temp已被最后定位*/
    return i;
}
void QUICKSORT(rectype R[ ], int s1, int t1)   /*对R[s1]~R[t1]做快速排序*/
{   int i;
    if (s1<t1)                         /*只有一个记录或无记录时无须排序*/
    {   i=PARTITION(R,s1,t1);          /*对R[s1]~R[t1]做划分*/
        QUICKSORT(R,s1,i-1);           /*递归处理左区间*/
        QUICKSORT(R,i+1,t1);           /*递归处理右区间*/
    }
}   /*QUICKSORT*/
/*主函数测试*/
void main()
{   rectype R[size];
    int i;
/*插入测试*/
    printf("请输入使用插入算法排序的10个数据\n");
    for(i=1;i<size;i++)          scanf("%d",&R[i].key);
    printf("\n插入排序之前\n");
    for(i=1;i<size;i++)          printf("%d\t",R[i].key);
    INSERTSORT(R) ;
        printf("\n插入排序之后\n");
    for(i=1;i<size;i++)          printf("%d\t",R[i].key);
/*希尔测试*/
    printf("\n请输入使用希尔算法排序的10个数据\n");
    for(i=0;i<size-1;i++)   scanf("%d",&R[i].key);
    printf("\n希尔排序之前\n");
    for(i=0;i<size-1;i++)   printf("%d\t",R[i].key);
    SHELLSORT(R,10);
        printf("\n希尔排序之后\n");
    for(i=0;i<size-1;i++)   printf("%d\t",R[i].key);
/*快速测试*/
    printf("请输入使用快速算法排序的10个数据\n");
    for(i=1;i<size;i++)          scanf("%d",&R[i].key);
```

```
    printf("\n 快速排序之前\n");
    for(i=1;i<size;i++)          printf("%d\t",R[i].key);
    QUICKSORT(R,1,10) ;
        printf("\n 快速排序之后\n");
    for(i=1;i<size;i++)         printf("%d\t",R[i].key);
}
```

【运行测试】

```
请输入使用插入算法排序的10个数据
26 5 37 1 61 11 59 15 48 19

插入排序之前
26      5       37      1       61      11      59      15      48      19

插入排序之后
1       5       11      15      19      26      37      48      59      61

请输入使用希尔算法排序的10个数据
26 5 37 1 61 11 59 15 48 19

希尔排序之前
26      5       37      1       61      11      59      15      48      19

希尔排序之后
1       5       11      15      19      26      37      48      59      61
请输入使用快速算法排序的10个数据
26 5 37 1 61 11 59 15 48 19

快速排序之前
26      5       37      1       61      11      59      15      48      19

快速排序之后
1       5       11      15      19      26      37      48      59      61
```

实验九　数据库应用

实验目的

1. 掌握数据库设计方法、设计步骤。
2. 掌握 SQL Server 基本操作。

实验环境

Windows XP/Windows 7, SQL Server 2008。

实验内容

1. 用 E-R 图表示出图书借阅系统概念模型，并设计出系统的关系模型。
2. 使用 SQL Server 建立数据库。
3. 根据关系模型设计结果建立数据表。
4. 为各数据表输入数据。
5. 输出所有图书信息。
6. 查询出图书借阅情况，要求输出借书证号、姓名、书名、借书日期、还书日期。
7. 查询某出版社出版的图书信息。
8. 按照书名查询出借阅某书的读者的姓名和借书日期。

实验要求

实现图书借阅系统的数据库设计，并使用 SQL Server 建立数据库、数据表，完成数据查询。图书借阅系统要求记录图书的书号、书名、作者、出版日期、类型、页数、价格、出版社名称、读者姓名、借书证号、性别、出生日期、学历、住址、电话、借书日期和还书日期。

参考文献

[1] 夏燕，张兴科，李笑雪，等．数据结构(C语言版)[M]．北京：北京大学出版社，2007.
[2] 李天博．计算机软件技术基础[M]．南京：东南大学出版社，2004.
[3] 陈一华，刘学民，潘道才．数据结构[M]．成都：电子科技大学出版社，1998.
[4] 李春葆．数据结构(C语言篇)——习题与解析[M]．北京：清华大学出版社，2002.
[5] 谭浩强．C语言程序设计学习辅导[M]．2版．北京：清华大学出版社，2009.
[6] 赵英良，仇国巍，薛涛，等．软件开发技术基础[M]．北京：机械工业出版社，2006.
[7] 胡立栓，王育平，夏明萍，等．操作系统原理与应用[M]．北京：清华大学出版社，2008.
[8] 徐甲同，陆丽娜，谷建华．计算机操作系统教程[M]．2版．西安：西安电子科技大学出版社，2006.
[9] 蒋静，徐志伟．操作系统原理·技术与编程[M]．北京：机械工业出版社，2004.
[10] 鲍有文．软件技术基础[M]．西安：西安电子科技大学出版社，2007.